完全図解 在宅介護 実践・支援ガイド

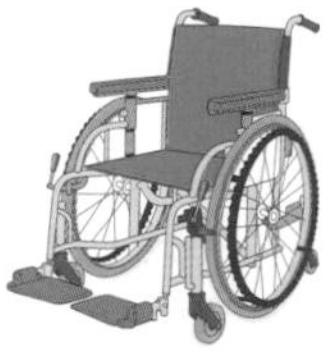

居家照護全書

完全圖解

【暢銷平裝版】

日常起居・飲食調理・心理建設・長照資源・疾病護理・失智對策

第一本寫給照顧者的全方位實用指南

生活與復健研究中心負責人、物理治療師 **三好春樹** 監修

愛媛縣居家照護研修中心所長 **金田由美子** 編著・照護自由記者 **東田勉**

長庚科技大學老人照顧管理系主任 **黃惠玲** 審定

蘇暐婷・游韻馨・蔡麗蓉・周若珍 譯

【監修者序】

為家屬與照顧者間，建立良好溝通

在以前，「照護」的定義是指於安養中心、醫院或老人保健設施等大型機構中照顧長輩，但到了現在，為了讓高齡者能在自己熟悉的地方終老，居家照護及在法律上被定義為「居家」的團體家居照護、臨終照顧也都算在內，民眾對居家照護也越來越重視。

為了滿足這項需求，本書因應而生。與安養中心等機構的照護相比，居家照護有許多優點，例如可以延續被照顧者原本的生活，但同時，照顧者卻也面臨了許多需要考量的因素，最具代表性的，就是照顧服務員與親屬間的關係。除了生活在同一屋簷下的家屬以外，包括住在其他地方的親戚在內，照顧服務員能否與親屬達成共識、成為一條船上的夥伴，往往是照顧者必須面對的課題。

照顧服務員與親屬間的理想關係，在臨終前顯得更為重要。不論是照顧服務員還是親屬，一旦選擇「居家照護」就得抱持很大的覺悟。如何讓被照顧者安穩地離開人世，更是能看出人性百態。只要看完本書的最後一章，相信大家都會深有所感。

不論是否贊成居家照護，一般的照護書大多是蒐集可用制度及社會資源的「導覽書」，以及反過來提倡作者價值觀、強迫讀者「一定要選擇居家照護」的「規範書」居多。

然而，本書並不屬於以上任何一種。本書確實完整介紹了日本照護制度及社會資源，但要如何善加運用，以及該如何看待「照護」，都是我們以擔任照顧服務員的長期經驗，以及最近我自己成為被照顧者家屬的經驗，以此為基礎編寫而成。

本書是日本講談社「完全圖解」大開本照護系列的其中一冊，這個系列始於二〇〇三年六月發行的《圖解長期照護新百科》，不只在日本國內發行，也在韓國、台灣、中國等地推出譯本，自二〇一四年一月歷經全新改版後，至今仍不斷增刷。即使到了今天，這本書仍可視為照護的入門專書。

然而另一方面，這段期間照護界也歷經翻天覆地的變化。自日本在二〇〇〇年度推行「長期照護保險」後，現已在社會深根，若不懂得妥善運用，便無法提供好的照護，因此我們在書系中加入了《照護的結構》，之後又因為失智症照護成為嚴重社會問題，而追加了《新失智症照護〔照顧服務員篇〕》以及《新失智症照護〔醫療篇〕》。

這本《〔完全圖解〕居家照護全書》，記載了過去書系不曾寫過的豐富知識與資訊。前文我提到的照顧服務員與家屬間的關係，以及居家照護的總總，不過是其中的一部分罷了。儘管這些訊息難免參雜了監修者、編著者的照護觀與價值觀，但我還是希望書中內容能幫助到各位讀者，這也是我們無上的榮幸。最後請容我多說一句，不論是身為照護人員，還是被照顧者家屬，照護所帶給我的實在太多了。

三好春樹

【編著者序】

善用本書，將「照護」做得更好

一九八三年，我於老人醫院擔任護理師助手，開啟了我的照護生涯。住院患者大多是從家裡住進醫院，原因以「同住家人不堪負荷」、「同住家人身體不適」居多，而非「症狀惡化」。因為若是「症狀惡化」，就會由原本看診的醫院或急診室來負責，而不必選擇老人醫院。

那時「居家照護」這個詞彙還不常見，在家「照顧」出院的長者，就當時而言雖是理所當然，卻沒有任何服務或協助居家照護的制度（例如沐浴服務、短期療養等）可以使用，因此，在家照顧長輩的親屬往往身心俱疲。我看過太多住院患者哭嚷著「想回家」，家屬也自責「要是我有足夠的能力照顧到底就好了……」，而紅著眼眶離去。

老人醫院的患者出院時不走大門，而是從後門離開，在院裡沒日沒夜地等待，等著工作人員雙手合十將自己送走……。無論如何，我都不願讓自己的父母過這樣的生活。

就在這時，我向一同工作的夥伴下山名月女士（現為生活及復健研究中心研究員）提出自己的想法，我告訴她：「我想打造一個可以安心託付父母的環境，且盡可能地提供協助，讓長輩能夠繼續在家生活。」後來，這份願景也由「生活復健俱樂部」（一九八七年由生活俱樂部合作社創立，開設於川崎市麻生區的日間托老所）實現了。

同一時間，厚生勞動省（類似台灣的衛生福利部）也開始重視一般醫院與急診室床位大多被老人佔據，導致需要治療的患者無法住院的問題。為了讓老人們安心出院，厚生省擬定了出院後的生活配套措施，即「居家照護協助三大系統」，包括：照顧服務員、日間托老、短期療養。原本這是依循日本老人福利法而受託辦理，後來因為政府推行長期照護保險制度，協助居家照護的設施很快就增加許多。但要說「是否能將自己的父母託付給這些設施照顧」，老實說我還是很不放心。

目前我在「愛媛縣居家照護研習中心」工作。這個研習中心於二〇〇四年在愛媛縣創立，目的是讓毫無經驗但決定開始居家照護的人們，進行照護相關的研習。而已經從事照護工作的人員，也可以一起精進。

在居家照護的協助服務上，個案管理（類似台灣的照護管理專員、個案管理人）扮演著舉足輕重的角色。一名照護管理專員了解哪些照護制度，在照護方案的擬定及相關建議的給予上，都會造成很大的差異。要成為一名照護管理專員，包含制度在內，有太多東西必須牢記，而要學會好的照護，更是只能親上第一線從事照顧服務工作。每次研習時，我都會再三強調這點。

這本書囊括的資訊非常豐富，從制度面的介紹，到活用生理學上的知識來進行照護，不只親屬，包含照護管理專員、個案管理及照顧服務員在內，只要是與居家照護相關的人員，我都希望各位能將本書帶在身邊，善用其中的資源。

金田由美子

【編著者序】

獻給與居家照護相關的每個人

長年在其他領域撰文、活動的我，之所以踏入照護的世界，源自於曾有出版社邀我從創刊開始擔任「居家照護支援雜誌」的工作人員。其實一直到現在，居家照護的專書還是很少，想從頭學起，往往苦無門路，為此，當時我開啟了一段摸索讀者（照顧者）有哪些煩惱、渴望哪些資訊的日子。

我決定先到照護的第一現場尋找線索，拜訪提供居家照護服務的機構，每天聽取使用者的心聲，那是一段令人懷念的時光。我剛到相關單位採訪時，聽到好幾次「中心」，卻不明白是什麼意思，過了好一段時間，才知道原來那是「居家照護支援中心」的簡稱。

雖然對照護相關事宜完全是新手，我依然成為了一名專業的照護主題記者，因為我自己也是照護家庭的一員。我的岳母因為蜘蛛膜下腔出血病倒而搬來我家居住，由太太悉心照顧。直到現在，太太已經居家照護持續二十年了，從她身上，我學會了很多事情，尤其是長照保險制度的結構與使用方法、照顧者與被照顧者之間的糾葛、照顧擁有失智父母的子女心境等，能夠近距離觀察這些現象，對照護記者而言，實在受益良多。

之後我結識了三好春樹先生，基於對他的景仰，我追尋他的腳步，聽了「何謂好的照護」演講，那時我有種太太的照護被肯定的感覺，心裡很高興，這份心情，驅使我著手進行掛心許久的居家照護專書。本書有經驗豐富的專家金田由美子女士參與，相信不論是正在居家照護、準備開始居家照護的讀者，或是支援居家照護的社區夥伴，一定會受益良多。

本書預設的讀者層，不僅僅是長照保險制度定義的居家照護服務使用者，還包括了居家照護支援機構的照護管理專員、個案管理、居家拜訪照護機構的管理人、提供照護服務的機構負責人、居家照顧者、居家拜訪的工作人員，以及在日間托老所、日間療養中心、短期療養中心工作的人，範圍非常廣泛。

這代表本書不只詳述了被照顧者的需求，也深刻談及了被照顧者家屬的心聲。身為支援居家照護的人，了解主照顧者有哪些煩惱、為什麼會感到不安，是僅次於被照顧者的需求最該關心的事情。我希望這本書，能幫助從事居家照護工作的人，了解被照顧者及其家屬的心境，在工作上更加順利。

現代社會不斷發生因為不堪負荷長照而自我了斷，或帶父母一同自殺的案例。這當中有一定比例的人，是採用一意孤行的方式進行照護，或者獨自攬下照顧的責任，才會釀成悲劇；照顧者若不懂得向外界求援，很容易發生意想不到的人倫慘案。

但願本書能為民眾打開居家照護的大門，在技術面及精神面，為接下來的超高齡社會貢獻一份心力。

東田勉

【審定者序】

以「人」為出發點的照護，才能提供適合的生活方式

以個案為中心一直都是照護專業的重要理念，但許多專業人員為了給予安全的照護，提供過多的協助與保護措施，往往忘了照護的本質與目的。從護理領域投入老人長照領域，有更多的機會照顧社區中的長者及家屬，更深入體會，個案「想要的生活方式」才是最重要的照護目標及依據。

在老人照顧管理系教學，我常會提醒學生，當你以標準照護流程在提供專業照護或建議時，是否先瞭解被照顧者的想法？家屬需要哪些協助？我們的專業訓練與對專業的要求，常常會以醫療模式思考而提供過度醫療化的照護。當我們為了維持受照顧者的BMI（身體質量指數），激辯應選擇採用鼻餵管灌食或胃造瘻口灌食，但被照顧者想要的可能只是由口進食，感受像以往的正常生活方式；而家屬應該也同時在掙扎，到底應確保長者得到充分的營養？還是顧慮心靈層面的滿足？在老人長照實務上，常會遇到這樣的兩難問題，不僅家屬，專業照顧者亦是無法決策或做了錯誤的決策。因此，透過這本《居家照護全書》可以幫忙回答疑惑。

剛翻閱這本書時，原以為只是統整所有照護技能的手冊，但讀完全書，發現書中每一章都會針對該照顧主題提供一些重要的照護觀點與理念，澄清以往被誤以為正確的錯誤想法。例如：書中提及當失智症長者出現精神行為症狀時，要從生活中找出原因，而非給予鎮靜藥物或關住他。在打造友善環境住家時，提到無論住在多麼無障礙的家中，若是將受照顧的長者整日關在屋裡，就沒有意義，開放式照護才是最好的照護。此外，在日常生活照顧上，協助洗澡是一件辛苦且較為困難的照護工作，書中除了提供協助沐浴的方式，並強調洗澡的目的不只在於保持清潔，也在於使受照顧者獲得平凡生活的喜悅！

在專業照顧者方面，書中也有很多提醒值得我們多加留意，例如：提醒專業照顧者與家屬溝通時，應尊重長者的想法，而非只是聽家屬抱怨，誤解照護需求。提供照護時，專業照顧者的態度與思維將大幅改變被照顧者及家屬的命運，所以專業照顧者要自我提醒，其提供的照護建議，對被照顧者及其家庭往後的生活將有莫大的影響。

書中最後一章，也提及如何協助長者平靜走完最後一程，與家屬的哀傷輔導，都是非常值得參考的照護知能。有一句話讓我深有體會，「人際關係乃是居家照護的基礎」，能否持續居家照護的關鍵，不是身體狀況，而是人際關係，這對專業照顧者在提供照護計畫建議時，是一重要提醒。本書不只家屬照顧者，專業照顧者也很適合閱讀，相信將此書用在居家照護上，必能提供助益。

長庚科技大學老人照顧管理系主任
黃惠玲

本書的特色及使用方法

因應居家照護時代的需求

代表性的照護機構「特別養護老人安養中心」，在日本只有八千所，卻有五十二萬四千人正在排隊使用（二〇一三年度）。從二〇一五年起，更是只有照護需求等級3以上的年長者可以入住。往後將會有越來越多老人無法入住養護機構，居家照護的需求勢必居高不下。

居家照護實用問答集

本書將居家照護的要點以圖解和文章的方式明確標示，堪稱第一本內容豐富、全面收錄居家照護問答集的實用書，將難以系統化的居家照護說明集大成。除了居家照護中的家庭外，也協助居家照護的第一線工作人員能運用書中的照護知識。

養護機構的優點
預防繭居
不同於在養護機構接受照護，居家照護一旦情況惡化，患者就有可能將自己完全封閉在屋內，這是照護時最不願看到的情況。讓患者接受建議並前往養護中心，就能避免他們將自己整天關在屋內。
結交朋友
於養護機構內的老人家較多，有年紀的朋友陪著，會比較安心、在。當然也可以帶他們參加老人或社團，若是日間照護中心，工人員還能幫忙接送及管理健康，以更安全地讓老人交朋友。
美髮沙龍
美容按摩
美食
同學會
電影
音樂會
一日遊
登山健行
照顧者得以喘息
被照顧者只要一天去養護機構數小時，照顧者就能擁有可自由活動的時間。包括日間照護、短期療養等，都能達到相同效果。讓照顧者藉此休生養息，重新面對照護。
外出時的照護 ❶
支援照護的各類型養護機構
養護機構的服務項目，包含日間托老、日間照護、短期療養等。
不能只待在家，人際關係也很重要
一般來說，除了居家照護外，也可選擇日間照護、短期療養或安養服務等。雖然對許多家庭來說，居家照護較方便，但讓患者前往養護機構，其實也不失為一種好方法，有時甚至比單純的居家照護對患者更有利。
「我會建議大家，盡量將可申請補助的額度全部用在日間照護。若經濟寬裕，最好還能自行負擔，增加前往次數。讓患者特別是老人，能與其他老人及工作人員建立社會連結。」（文章出自《老人照護的錯誤常識》三好春樹・新潮文庫出版）。
看到這段話，可能會有人
122

❶ 內容分類淺顯易懂

每個標題前都有內容分類，幫助讀者迅速掌握概要。

❷ 圖解內容一目了然

列出重點，讓圖解內容一目了然。

❸ 標題附精簡引文

所有標題皆附引文，幫助讀者迅速進入狀況。。

❹ 跨頁排版，便於搜尋

全書跨頁排版，可迅速找出相關頁面。

❺ 豐富的插畫

大量使用親切好懂的插畫，加深理解。

❻ 清楚易懂的內文

深入淺出的內文，是「完全圖解」系列共通的特色。

← 各章特色

第1章

透過圖表，說明從開始到臨終照護的始末，並根據各關鍵點說明該做的事項。

第2章

「不知道該找誰商量」，是民眾在居家照護時常見的煩惱。本章將介紹尋求協助的方法。

第3章

說明居家照護的方法，幫助讀者同時學習營造照護環境及照顧服務的技術。

第4章

使用長照保險服務時，一定要有照護計畫，在本章便可借鏡日本，學習如何規劃。

身心急遽改變時的應對

居家照護的親屬及照顧服務員，很容易因為患者身心狀態急遽改變而陷入恐慌，因此本書規劃了許多章節來講解如何面對失智症的症狀，以及老人身心的急遽改變。此外，本書雖然是居家照護書，但也介紹如何挑選安養機構和醫院的技巧，以備不時之需。本書更規劃臨終照護的章節，提供讀者「讓長輩安穩離開的方法」。

說明如何協助家庭照顧者

市面上雖然也有針對接受照護的老人進行心理剖析的書籍，卻鮮少談及家庭照顧者的心聲。從事居家照護服務工作的照顧服務員，除了受照顧的患者需求以外，也必須盡量去滿足家庭照顧者的需求。該把重心放在哪一邊，或者當兩者思維相異時，該以哪邊優先，是照顧服務員永遠的課題。本書將借助經驗豐富的照護服務員的力量，深刻探討兩造之間的關係性。

❼ 該做的事項

被照顧者及家屬容易有哪些煩惱、此時協助者該如何給予幫助等，這些都會簡潔扼要地統整在頁面上。

❽ 實用的專欄

本書還附有「常見的煩惱」、「善用專家角度」等豐富、實用的專欄。

前往養護機構的時機

協助重點

- 較少使用日間照護的老人們，會很排斥被家人以外的人照護，不易說服。
- 面對這些老人時，就不要用「照護」這個詞彙，而要改用某種聚會（例如餐會、復健會）來說明，使老人的接受度提高。
- 面對口裡常說「我不喜歡那種都是老人的地方」的長輩，不妨用請他去幫忙等理由帶他過去，而不是讓他去當被照顧者。
- 照護需求等級越高的人，越需要透過日間照護來擴展生活空間。老想著等哪天身體比較好了再去，只會延誤時機。

失智症患者適合集體照護

失智症加深後，一般都會認為不能再送往養護機構，其實不然，照護業者很習慣照顧失智症患者。比起單一照護，失智症患者更適合集體照護（類似台灣的失智症老人團體家屋），在病情上也能較穩定。

此外，一旦前往養護機構，患者便能在那裡遇見同樣罹患失智症的病友，彼此就會產生共鳴。

照護比完全不與任何人交流相比，確實較好，但這種專家式的居家拜訪，很容易變成單方面的給予。以老人而言，在家被健康的人圍繞，還會覺得自己很悲慘，繼而產生被害妄想症，認為熱心照顧他的照顧者是「小偷」。

想要避免這種情況發生，就一定要幫老人建立「不會產生自卑感的對等關係」。因此，不妨透過到日間照護中心，並與在該處認識的老人同伴們交流，以產生正確觀念。

照顧者及協助者，必須想辦法拓展老人的生活空間，豐富他們的人際關係。想長期持續居家照護，就不能只依賴居家拜訪，而是讓老人有機會多與其他人接觸。（編按：台灣的養護機構依照護類型，種類非常多，建議親自前往參觀，或上中華民國老人福利推動聯盟網站查詢。）

4 了解居家照護的定義及協助範圍

123

幫助照顧者及照顧服務員

本書最大的特色，在於內容對家庭照顧者和照顧服務員都有幫助，因此文中所寫的「照顧者」，可以直接理解為「家庭照顧者及照顧服務員」。需要分開標示時，書中會註明是「家庭照顧者（或居家照護者）」或「照顧服務員」。而書中的「協助者」，則代表協助居家照護的照顧管理專員、行政人員、社區志工等協助被照顧者及家庭照顧者的服務人員。

第5章 說明居家照護時，別讓照顧者倒下的重要性，及讓居家照護長期持續的訣竅。

第6章 在高齡者的照護中，失智症是難以避免的問題。在本章，以介紹失智症的知識為主。

第7章 本章總結了查覺高齡者不適及其應對方法，此外也介紹了許多老年人容易出現的病症。

第8章 家庭照顧者應該知道的照護設施，及挑選醫院的常見Q&A。

第9章 本章總結了居家臨終照顧必備的知識，每一項都是有朝一日一定會派上用場的珍貴資訊。

作者群 · 審定者 · 譯者 · 推薦人介紹

【監修者】

三好春樹
Miyoshi Haruki

1950 年生。1974 年起於老人安養中心擔任生活指導員，之後從九州復健大學畢業，以物理治療師的身份回歸老人看護的第一線。現為「生活與復健研究中心」負責人，每年參與超過 150 場演講及實用技術指導，深受民眾信賴。有多本著作及監修作品，如《失智症照護 從第一線瞭解相關看法與學問》（雲母書房）、《圖解長期照護新百科》等。

【編著者】

金田由美子
Kaneda Yumiko

1949 年生。曾於醫院擔任護理師助手並從事看護工作，歷經特別養護老人安養中心舍監、老人旅館及高齡者居家服務中心工作人員、「居家支援中心生田」所長後，於 2015 年擔任「愛媛縣居家照護研修中心」所長。著有《與失智老人生活》（筒井書房）、《消除照護的不安》（集英社）等書。

東田勉
Higashida Tsutomu

1952 年生。於多間製片公司擔任文案後，轉為自由記者。2005 年至 2007 年間，擔任照護雜誌《ほっとくる》（主婦之友社，現已休刊）的編輯。在醫療、福利、照護方面，擁有豐富的採訪及撰文經驗。著有《上啊！老爹看護》、《失智症的「真相」》等書（以上皆為講談社出版）。

【審定者】

黃惠玲

現任長庚科技大學老人照顧管理系主任，並為三重台北橋公共托老中心執行長，專長為老人護理、失智症照護、復健護理、長期照護等。

【譯者】

蘇暐婷

國立臺北大學中文系畢業，日本明治大學國際日本學系交換留學，譯作領域涵蓋小說、散文等文學類書籍，以及室內設計、保健、食譜、科普、歷史等各類實用書。

游韻馨

與豆府汪星人一起過著鄉下生活的全職譯者。譯作包括《法式料理名廚配菜技法大全》、《吃對油，不失智》、《35 歲開始，你該學著過不健忘的生活》、《妖怪醫院 1-4 集》、《黑貓魯道夫 4：魯道夫與白雪公主》等多部作品。
部落格：http://kaoruyu.pixnet.net/blog
e-mail：kaoruyu@hotmail.com

蔡麗蓉

樂在堆疊文字之美，享受譯介語言之趣，盼初心常在，譯作年年增長。
賜教信箱：tsai.lijung@msa.hinet.net

周若珍
Narumi

日文教師，日文翻譯。對教育充滿熱忱，並從事各領域的口筆譯工作。
深愛動物，支持以領養代替購買，以結紮代替撲殺。
FB 粉絲頁「なるみの楽しい日本語教室」https://facebook.com/narumi.nihongo

【推薦人介紹】（依姓氏筆畫排列）

李世代	台北護理健康大學長期照護研究所所長、輔仁大學醫學院附設醫院副院長
余尚儒	台灣在宅醫療研究會召集人
周麗華	社團法人長期照護專業協會理事長
劉淑娟	輔仁大學護理系教授
黎家銘	台大北護分院家醫科主治醫師、台灣老年學暨老年醫學會秘書長
龔宇聲	臺北市職能治療師公會常務監事、國泰綜合醫院復健科職能治療師

日方協力工作人員一覽（以五十音排序，省略敬稱）

【採訪協力、校閱】

大田仁史	茨城縣立健康廣場管理人、茨城縣立醫療大學名譽教授・附屬醫院名譽院長
高橋千惠子	生田居家照護支援中心照護經理、專業護理師
平田晶子	生田居家照護支援中心所長
藤井江美	社會福利法人三德會、品川區小山居家照護支援中心室長
牧野史子	NPO 法人照護者支援網路中心・阿拉丁 理事長
丸尾多重子	NPO 法人小櫻集會所理事長
山田 穰	復健設計株式會社研究所董事長

【資料・訊息提供】

小川意房　快樂小川有限公司董事長
栗岡紀世美　路易氏體型失智症照護家庭網路懇談會 ・ 閃亮關西組發起人
篠塚恭一　SPI A’EL 俱樂部株式會社董事長、NPO 法人日本緊急看護（外出支援專員）協會理事長
山田滋　安全照護株式會社董事長

目錄

第4章 了解居家照護的定義及協助範圍 109

第8章 挑選養護機構及醫院的方法

第9章

陪伴走過最後一程的臨終照護 269

第 1 章

居家照護的關鍵及協助者的任務

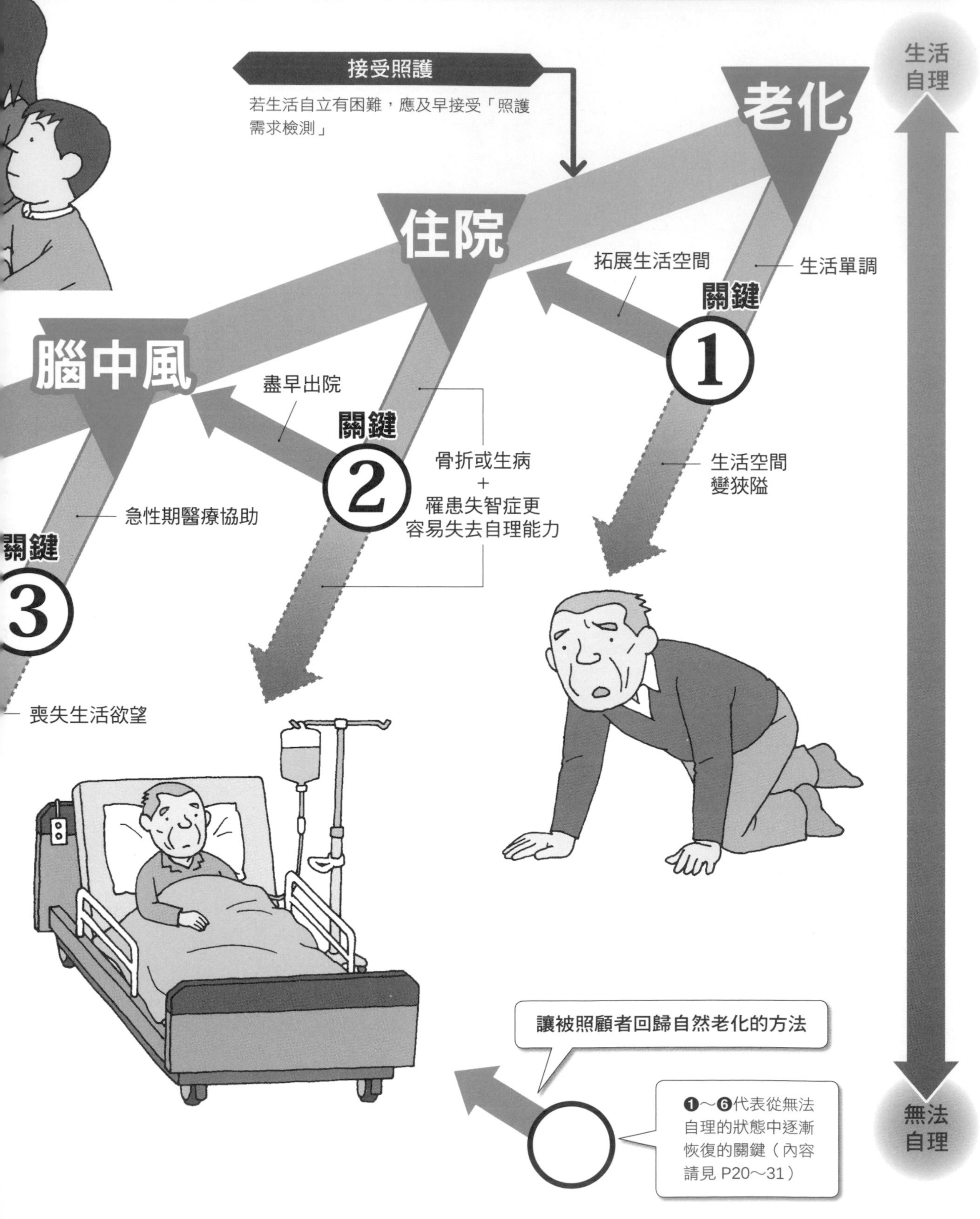
生活
自理
無法
自理
接受照護
若生活自立有困難，應及早接受「照護需求檢測」
老化
住院
腦中風
拓展生活空間
生活單調
關鍵
1
生活空間
變狹隘
盡早出院
關鍵
2
骨折或生病
＋
罹患失智症更
容易失去自理能力
急性期醫療協助
關鍵
3
喪失生活欲望
讓被照顧者回歸自然老化的方法
❶～❻代表從無法自理的狀態中逐漸恢復的關鍵（內容請見 P20～31）

幫助被照顧者回歸自然老化

人不一定都能自然老化，有時也會因為某些因素導致身心功能突然退化。秉持著不放棄的心，幫助被照顧者回歸自然老化，就是居家照顧時，照顧者及協助者最大的任務。

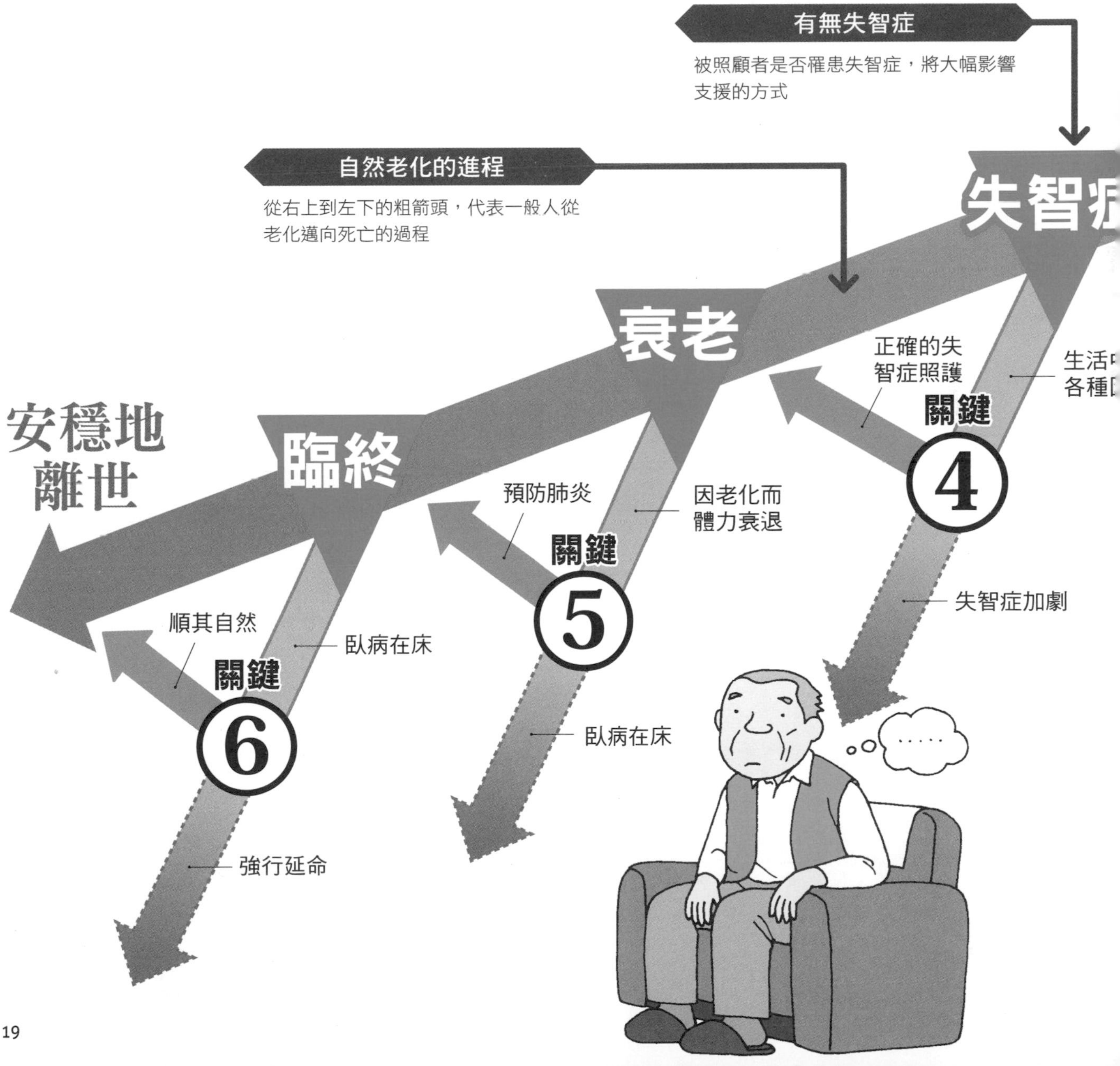
有無失智症
被照顧者是否罹患失智症，將大幅影響支援的方式
自然老化的進程
從右上到左下的粗箭頭，代表一般人從老化邁向死亡的過程
失智
衰老
臨終
安穩地離世
正確的失智症照護
關鍵
4
失智症加劇
預防肺炎
關鍵
5
因老化而體力衰退
臥病在床
順其自然
關鍵
6
臥病在床
強行延命
.....

關鍵1

別讓生活空間變狹隘

當人因為老化，無法自理生活時，生活空間就會變狹隘。

協助者要注意的事項

留心虛弱的年長者

隨著小家庭普及，獨居老人或單獨居住的老夫妻越來越多。發現虛弱的年長者並且保護他們，是地方政府（例如社區支援中心等）的工作，但若各位發現左鄰右舍有這樣的長者時，也請務必通知相關單位。

請年長者接受照護需求檢測

日本的長照保險服務必須在接受照護需求檢測後才能使用。當長輩已經在某種程度上高齡化、變虛弱，就要請他們接受檢測，以防萬一。（編按：台灣稱為長照服務，亦是要經過需求評估後，才能提供長照資源。）

親屬要注意的事項

何謂居家照護的1S5M？

1S 空間 Space

在狹小的床上無法做好照護，若要坐輪椅，走廊也得有足夠的寬度，廁所也要夠寬敞，才方便出入。想做好居家照護，空間一定要足夠。

1M 人力 Manpower

在居家照護中，每一位長者必須搭配一・五人以上的照顧者，否則主照顧者就會無法休息，甚至連外出買東西都不行（當然這會視需照顧的程度而定）。建議多找幾位幫手，以團隊合作的方式進行照護。

相關單元（第 3、4 章）

別整天待在家，請製造外出機會

從老化演變成臥病在床或失智症的最大原因，就是年長者總是關在家裡。協助者（照護管理專員、個案管理、照護關係人、社區志工）不妨找出長者樂於外出的地方，藉此增加外出機會，讓他們擴展生活空間。否則整天關在家，不但容易引發廢用症候群（即因長期臥床、靜止不動或活動減少等，所引發的一系列生理功能衰退的症候群），與照顧者之間的關係也會陷入膠著。

年長者一定要有同伴

讓長者接受日間托老或日間照護，是日本長照保險服務中一定要妥善運用的部分。這時，幫助長者找到喜歡的照顧服務員或合得來的同伴，就是協助者的重要任務了。若長者習慣足不出戶，不妨透過鄰里活動中心或娛樂性社團的親朋好友，邀請他們出門。

2M 金錢 Money

照護需要花錢，無法進行照護的親屬，最好能在經濟上出力。透過某些方法，照顧者也能從被照顧者處獲得一定的酬勞。

3M 設備 Machine

設備指的就是照護用品，尤其是輪椅和床，影響受照顧者的生活品質甚鉅，因此要謹慎挑選；在本書的第三章也收錄挑選的方法。

4M 管理 Management

日本與長照保險相關的事情，可以拜託照護管理專員來處理。另一方面，為了避免親屬間的糾紛，由誰擔任主照護者、由誰出錢，這些協商管理都是不可或缺的。

5M 決心 Mind

居家照護非常辛苦，尤其主照護者必須勞心勞力，一日都不可懈怠。一旦開始照護，就要有充分的覺悟與決心。

關鍵2

住院時間一定要短

為預防「廢用症候群」，建議請年長者盡可能及早出院。

如何預防因住院而導致身心功能退化

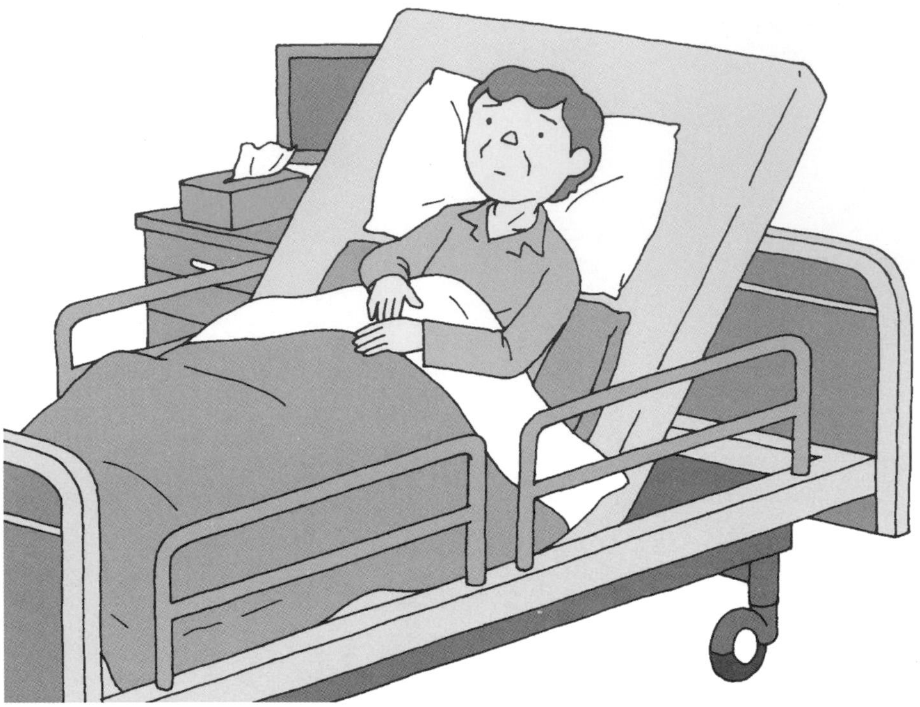

協助者要注意的事項

休息過度，比生病、受傷更可怕

年長者住院後，與自然老化相比，身心功能都會急速下降。這是由於休息過度導致肌力、心臟機能衰退、關節攣縮等廢用症候群所引起的。

有時候，比起住院的病因或受傷，廢用症候群更容易對長者造成身心的負面影響。為了避免這種憾事發生，最好避免讓長者整天臥床，請盡量像上圖一樣把病床抬高，重要的是選擇能讓長者端正坐好（讓腳底碰到地板，像坐在椅子上一樣）及定時協助下床活動的醫療環境。

親屬要注意的事項

若要住院，請縮短時間

一旦步入高齡，住院就會成為長期臥床的開端，因此親屬平日就要注意長輩的慢性疾病是否惡化，並小心別讓長輩跌倒骨折。萬一必須住院或動手術，也要在最短的時間內辦理出院。

即使因住院導致身心功能降低，也要盡量讓長輩以正確的坐姿生活，因為藉由減少駝背，就能恢復原本的生活品質。對親屬而言，此時最關鍵的，是讓長輩衰退的生活機能恢復原本水準。配合照護人員的建議，讓被照顧者從住院後遺症中穩定的回復正常生活。

相關單元（第 8 章 P260 ～ P267）

大部分的長者都會在出院後開始接受居家照護。
因此不妨趁住院時，向居住地的長照單位提出照護申請。

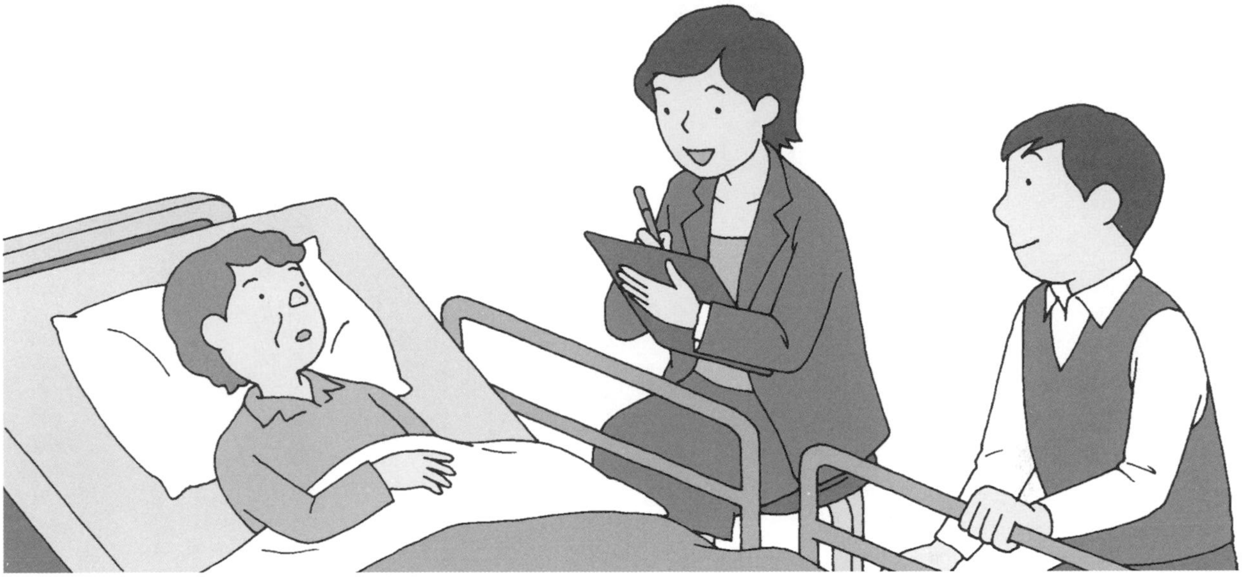

台灣申請長照服務的流程※

1 **提出長照申請**
向各縣市政府的長期照顧管理中心，提出長照需求申請。

2 **專業人員到府評估**
評估基本日常生活活動能力（ADL），及各項生理、心理、社會功能（CDR）。

3 **共同擬定照護計畫**
評估後若符合長照資格，即可獲得居家服務，包括護理、復健及日照等。

可申請長照的對象
65 歲以上的失能老人、55 歲以上的失能原住民、失能的身心障礙者、50 歲以上的失智症患者、日常生活需協助的衰弱或獨居老人。

長照 2.0 服務項目
基本照顧服務（居家服務、日間照顧、家庭托顧）、交通接送、餐飲服務、輔具購買和租借、居家無障礙環境改善、居家護理、居家復健、長照機構服務、喘息服務、家庭照顧者支持服務、銜接出院準備服務、預防失能或延緩失能與失智服務。

長照需求補助原則
依據評估失能程度不同，給予不同的服務補助額度。並依失能者家庭經濟狀況減免部分負擔，超過政府補助額度則由民眾自行負擔：
・低收入者：減免部分負擔
・其他經濟狀況者：有不同額度之部分負擔

與家人充分討論照護相關事宜

居家照護千萬不能推給家庭中的某一個人，因為即便照顧者再熱情、再有愛心，一旦倒下，就無法幫助被照顧者。

因此在居家照護開始前，最好充分和家人、親戚商量，分擔任務與今後的工作。理想的狀況是住在附近的人，可以偶爾來輪流照顧；住在遠方的人，則透過電話向被照顧者及照顧者加油打氣。聆聽主照顧者的情緒傾吐，也是一項很重要的任務。

※ 更多長照 2.0 內容、計畫與常見問題，請上衛生福利部「長照 2.0 專區」網站 http://www.mohw.gov.tw/cht/LTC/

自然老化的過程 腦中風 ③

關鍵3

找回生活的意義

一旦引發半身麻痺等後遺症後，容易喪失對生活的欲望。

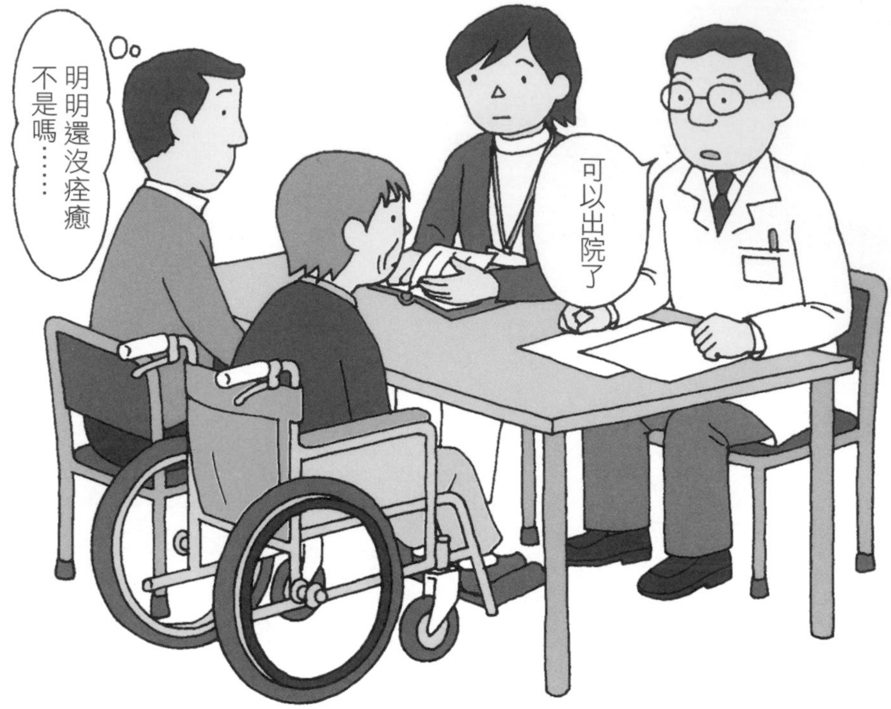

協助者要注意的事項

取得病人與家屬的認同

突發性的腦血管疾病（腦出血、蜘蛛膜下腔出血、腦梗塞等）稱為中風，腦中風是「接受照護的主要原因」中的第一名，照護需求者中，每四人就有一人是因為腦中風而半身麻痺的患者。

因此，讓那些在腦中風下挽回一條命的患者覺得「活著真好」，就是照護中最重要的課題。此時若要求患者及家人進行或接受他們不認同的復健或照護，反而會造成壓力，因此必須向他們充分說明現況及目標，並仔細聆聽患者本人及家人的想法。

親屬要注意的事項

即使本人要求，也不能過度復健

有些半身麻痺的患者在出院後，會埋首於復健中，將人生的樂趣全數摒棄。與其這麼做，倒不如勸患者將日常生活當作一種訓練，善用生理上其他健康的機能去享受生活。

配合身體的不便，改善居住環境

因腦中風而半身麻痺的患者即將出院時，必須盡快改善居住環境。若左右某一側麻痺，就得配合麻痺的那一側將家中重新改裝，補足身體機能所需。一般的無障礙空間並不一定會管用，因此最好請熟知患者狀態的職能治療師給予建議。

照護專家應幫助患者自立生活

即便是住院時無法自理的年長者，回到家中後，仍然必須自主生活。協助者得想辦法重建屬於患者自己的人生，幫助其自立。即使無法自立生活，也要依循自立法則，教導患者如何借助其他方法補足，這就是專家的任務。

即使身體不便，也要活出自己的人生

開始居家照護後，就要果斷放棄「做不到的事情」。不要希冀患者能完全恢復原本的生活，而要調整心態，希望患者即使身體有所不便，還是能活出自己的人生。與其計較失去的，不如珍惜擁有的，這樣才能真正幫助患者身心成長。

重點的是將對於訓練、復健的欲望，轉為對生活的欲望，即使半身不遂，一樣可以享受人生，家人應該陪伴患者體驗新生活，一同接納身體上的改變。

關鍵4

從生活中尋找病因

失智症患者一旦住院，症狀就會急速惡化。

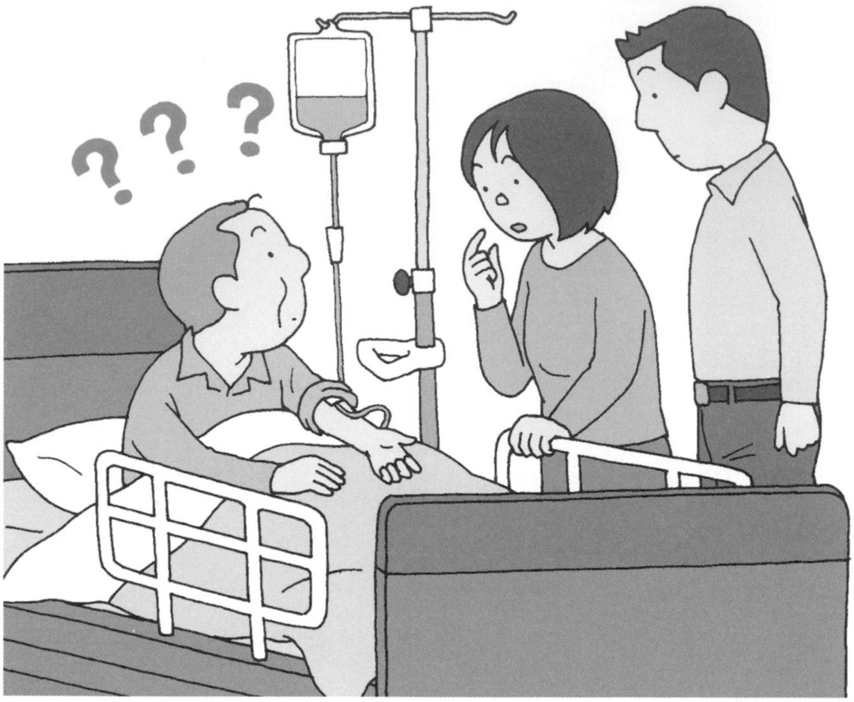

協助者要注意的事項

住院與失智症狀間的關係

許多長者一旦住院，就會產生暫時的失智症狀。他們會因為環境突然轉變，而不曉得自己身在何方。

甚至當兒女們陪他們辦好住院手續、進到病房後，就會反問「你是誰？」這樣的例子屢見不鮮。若是過去就患有失智症的人，住院後病況就會更嚴重。

有些潛在性失智的患者，也會因為住院導致病況浮現，這時就要盡早離開醫院。否則等失智症症狀顯現出來，因精神行為症狀導致院方必須施加約束，就會演變成重度失智。

親屬要注意的事項

即使記憶力退化，也要讓長輩安穩度日

失智症的症狀，分為「核心症狀」及「周邊症狀」（請參考第六章）。若年長者因為記憶障礙等核心症狀而忘記錢包擺放的位置，但並未產生「被某人偷走了」的可怕周邊症狀（被盜妄想）便無妨。

相同狀況也可套用到所有的核心症狀與周邊症狀上。即便長輩因為年齡增長，而出現認知功能障礙（迷路、忘記名字）等核心症狀，只要不會有走失之虞，為他們打造一個「雖然不知道位置，但可安心居住」的環境才是當務之急。

相關單元（第6章）

將長者關在上鎖的房間裡

以鎮定藥物迫使長者安靜

從生活中尋找病因

失智症是一種腦部病變，永久失智是因為腦部器質性病變及萎縮所造成的，部分症狀是來自於便祕、脫水、環境改變等生活因素。找出原因，讓混亂的年長者平靜穩定，就是照顧服務員與協助者的任務，詳細內容請參考本書的第六章。

絕不能以藥物控制或監禁患者

被診斷出失智症的患者，一定會因為某些因素導致溝通能力下降。由於他們無法用言語表達自己在身體上的不適以及對環境的不滿，所以可能會用四處徘徊和暴力等肢體動作來表達他們的需要。身為專業的協助者，絕對不能使用藥物或監禁來壓制這樣的表達。

家屬不要獨自承受，要借助專家力量

獨自照顧失智老人非常辛苦，光靠家屬在家照護，很難做到事事周全，並確保失智症狀不影響全家的日常生活，因此不妨借助失智症照護專家的力量。

照顧失智症患者最重要的關鍵，在於不能讓被照顧者產生排斥感。此外，由於失智症患者不太會表達身體上的不適，因此必須請專家定期確認不穩定※的背後，是否隱藏著身體不舒服或疾病。

※ 指暴躁、焦慮、憂鬱等情緒不穩定的狀態。

關鍵5

避免整天臥床

即便體力衰退，也要讓長輩盡量坐起身。

協助者要注意的事項

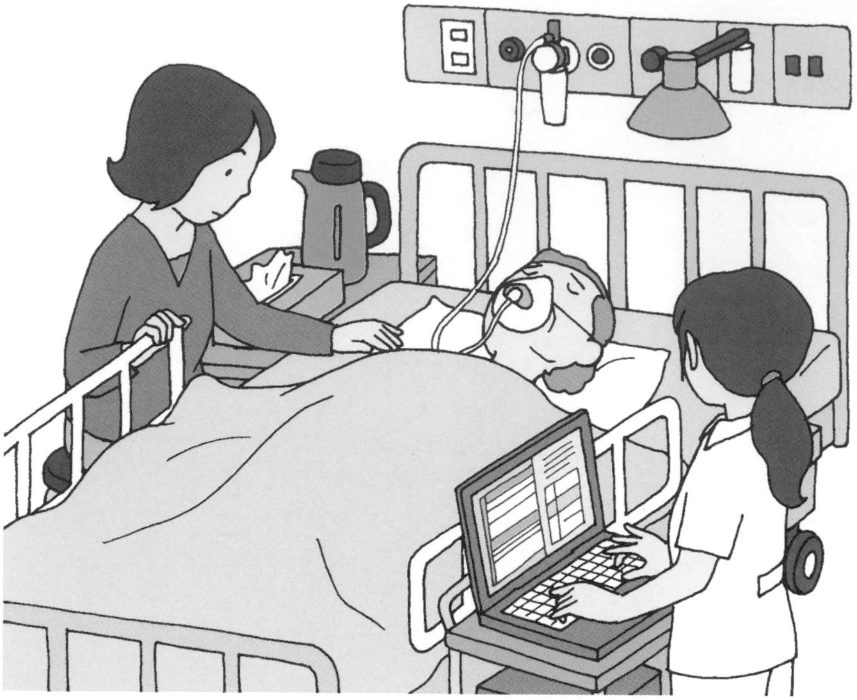

注意是否感染肺炎或吸入性肺炎

當被照顧者因邁入高齡而衰老、虛弱，如何避免其終日臥床，就是協助者必須面對的課題。基本上白天最好離開床鋪，讓長輩能坐著生活。

在健康上，最重要的就是避免肺炎感染；根據統計，日本人的十大死因中，肺炎是第三名，隨著年齡層越高，死於肺炎的人越多，是重大死因之一（編按：在台灣，肺炎則是死因第四名）。

許多年長者都會因為吞嚥能力衰退所導致的吸入性肺炎而死亡，因此平日就要幫助長者進行口腔護理，以維持口腔清潔。

親屬要注意的事項

別讓長輩終日臥床

家人要留心的是，即便長輩變得很虛弱，也盡量別把他當作病人看待。只要在家，長輩就會有他的生活習慣及該做的事，家人應該盡可能保持下去。

一旦照顧者剝奪了長輩原本該做的事，長輩就會變得更虛弱。因此假設原本長輩都是自己整理棉被，就要讓他繼續做，直到做不動為止。

若連被照顧者自己還能做到的事情都要幫忙，他能做的事情就會越來越少，所以家屬千萬不能因為「體貼」，就讓長輩一味臥床，這點非常重要。

相關單元（第 7 章）

必須重視長輩的營養管理

想要有效改善因衰老造成的身心功能低落，可考慮給予額外的膳食營養補助食品。但要注意一點，若長輩整日臥病在床，高熱量的食物反而會產生反效果，造成褥瘡，因此協助者一定要了解長輩的健康狀況，選擇合適的營養補給品。

補充水分可預防脫水

年長者的肌肉量會減少，使體內無法儲存充足的水分，導致尿量增多。因此若不刻意補充水分，很容易就會脫水。

年長者脫水的初期症狀是經常發燒，若發燒的溫度在三十七度上下，除了疾病以外，便很有可能是因脫水引起，這時就要補充水分。

製造自行進食的機會

當長輩越來越衰老，就會漸漸無法以口進食。這時若在醫院或相關機構，院方就會請家人從「請照顧服務員照顧或動胃造廔管手術」中二擇一。但若是居家照護，不妨再製造讓長輩自行進食的機會。

例如上方右圖，只要是能從口中吃下的食物，任何形式都可以，甚至讓長輩用手抓愛吃的食物也無妨。許多老年人在有人餵食的情況下會不願意吃東西，但讓他們拿小顆的飯糰，反而會主動進食。

上方左圖是一位虛弱的長者在喝用嬰兒奶粉沖泡的牛奶，若只喝得下一杯，營養是不夠的，而嬰兒奶粉的營養結構經過調整，成分接近母乳，最適合營養不良的老人家。

臨終
自然老化的過程
⑥

關鍵6

平靜地走完最後一程

只要不補充多餘的水分，人就會慢慢枯竭、最終走向死亡。

如何面對臨終

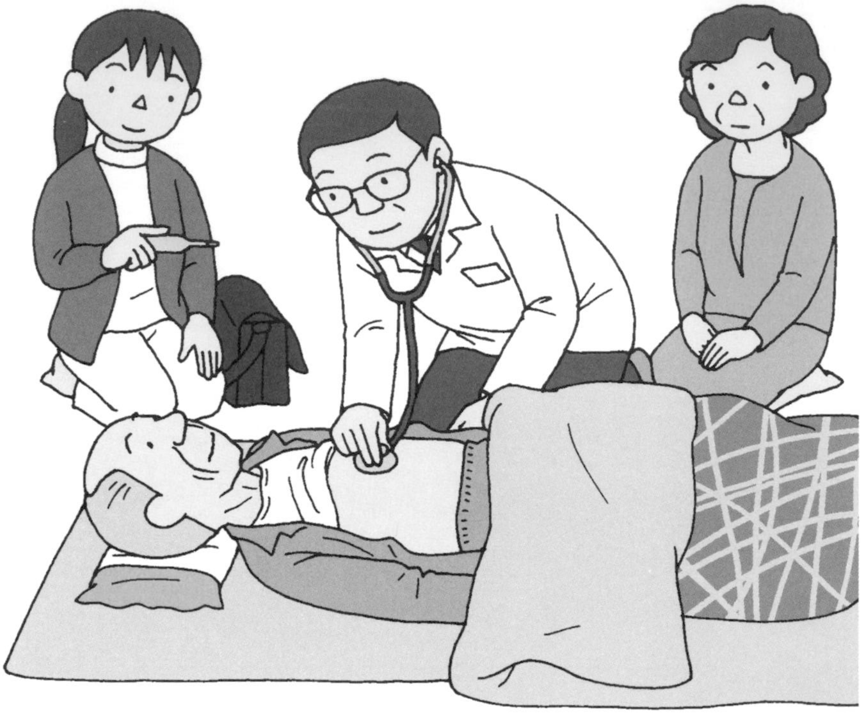

協助者要注意的事項

當長輩在家彌留時

老人家都希望能壽終正寢，但要在家裡渡過彌留期，並由親屬照顧直到身亡，其實非常困難，需要很多照顧者的幫忙。

若家中有兩位以上的照顧者能進行照護，就可以尋找了解狀況的出診醫師前來協助，若再加上能根據醫師指示行動的居家護理所幫忙，人力就更齊全了。

付費的老人安養中心、團體家屋，以及附照護服務的高齡住宅等照護機構，只要條件齊全，也能做為壽終正寢的場所，而不一定要在醫院迎向死亡。

親屬要注意的事項

長輩臨終前，該確認哪些事？

為了避免在長輩臨終時手足無措，一定要事先詢問其自身的意願。若已無法確認，就要和親戚充分討論「本人會希望如何離開」。

和去世地點同樣重要的，還有決定是否進行延命措施。大部分的人在健康時，都會說「不必要」，但臨終時，又會說「要」。為了避免長輩舉旗不定，最好先比較人工呼吸器及胃造瘻管的優缺點。

延命措施等相關知識，不只對被照顧者本人有幫助，對照顧者而言，未來也有一天會派上用場。

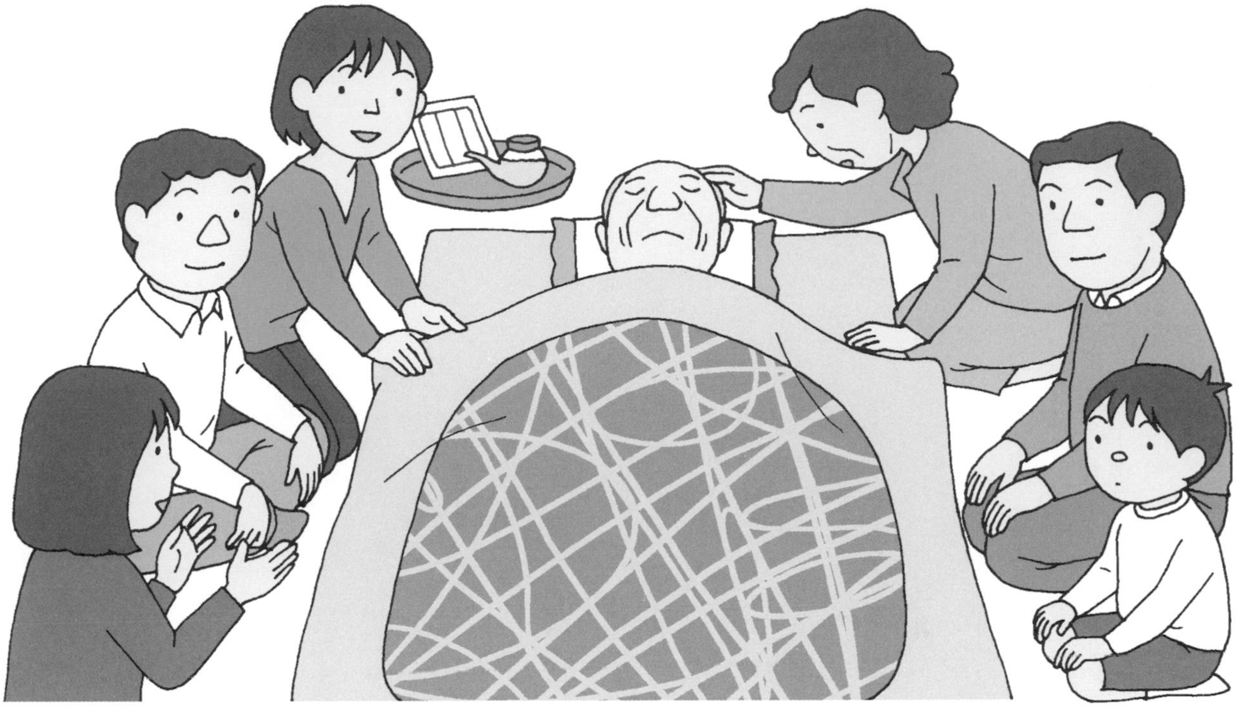

多向親屬聊聊平靜離世的案例

臨終照護的經驗多了，都會曉得該怎麼做，人才能安穩離開。進行臨終照護的親屬出於對死亡陌生，往往都會抱有強烈的不安。這時協助者不妨就過去的經驗，和家屬談談壽終正寢的案例。

有些人是因為慢性疾病惡化而離世，有些是因為癌症，每個人都不太一樣。和家屬談及時，可挑選與被照顧者有過相同經歷的案例，至於是否罹患相同疾病則無妨。向他們談談老人家因為衰老而壽終正寢的實例即可。

此時協助者的任務，就是讓家屬接受：只要是人，都會有油盡燈枯的一日，讓他們對壽終正寢抱有希望。關於臨終照護的內容，請參考本書的第九章。

不勉強延命，讓長輩安穩離開

死亡是無可避免的，若時日無多，最好能避免過多的醫療措施。因為即便因醫療措施而暫時延續了生命，對長輩而言也不過是折磨而已。

我們常聽到原本打算壽終正寢，卻聯絡救護車急救，導致長輩痛苦延續的例子。其實若真的進入彌留期，最好不要刻意延命，應該順其自然，讓長輩平靜離世。

專欄❶

「居家」與「在家」，有什麼不同？

一般我們會將自己居住的地方稱為「自家」，不論是買的還是租的，只要是會在裡頭休息、出門上班、上學又回去的地點，就叫「家」。那麼「居家」和「在家」又有什麼不同呢？

讓我們來比較這兩個字的不同：在家的意義，例如「在家自學」，居家則有「居家服務」、「居家安寧」、「居家往生」、「居家照護支援中心」等。

若硬要區分，在家聽起來比較私人，居家聽起來則帶有公眾性質。其實一般人並不太清楚這兩個詞在意義上的差異，但在醫療用語及照護用語中，居家絕對不是單純「在家」的意思。

在法律上，「居家」的範圍包括了自家以外的付費老人安養中心、團體家屋、附照護服務的高齡住宅以及其他老人公寓等安養照護機構。而居家照護指的就是在上述機構讓高齡者接受照顧，也可直接想成是在長照保險制度規範以外的設施接受照護。

「居家照護的意義有：❶讓被照顧者實際感受家人的關懷；❷讓被照顧者實際感受社區的關懷；❸在接受照護的同時，維持原本的生活。善用居家條件，打造溫暖的人際互動與有趣的生活非常重要，為此，我們必須具備將『居家照護』轉換成『社區照護』的思維才行。」

將以上因素綜合考量，會發現所謂的居家，除了包含因無法在住慣的自家（尤其是透天厝）生活而搬遷至其他地點以外，也囊括了位於住慣的社區中，但能享有一定的自由、不至於變成團體生活的養護機構。

在醫院離世，與居家離世的比例大約是八比二，這龐大的差距，是日本必須克服的重大課題。增加社區、鄰里這類非醫療院所的安養、照護協助，對於居家臨終照護比例的提升，想必會有正面的幫助。（編按：本篇所指的居家，不僅是家中的資源，而是將居家附近可用的資源也包含在內，如社區支持服務、托老中心、日照中心等。）

第 2 章

認識政府之外的照顧者協會

什麼是照顧者協會？

身為居家照顧者的精神支柱，究竟是一個什麼樣的團體呢？

照顧者協會的必要性

罕見疾病患者通常會組成患者協會及家庭互助會（類似台灣的家屬支持團體），而在大醫院組成的醫院家庭互助會，以及社區家庭互助會。若是年長者，有些還會組成帕金森氏症等特定疾病的患者協會，不過由於受照護的患者本人通常很難成立協會，所以一般都是由照顧者所組成。

在日本，以醫院為基礎的照顧者協會，會教導照顧者離開醫院後如何展開居家照護生活。因此照顧者在離院後，最好能在社區尋找照顧者協會，締結在居家照護上能幫忙分憂、解惑的夥伴。

從事居家照護之所以不能不參加照顧者協會，有一個很大的原因。那就是由於照顧者本身的自由是受限的，因此需要有人一起蒐集並統整資訊，然後放心地交流、抱怨。照顧者的辛苦只有照顧者知道，因此聊天對象是否有照護經驗，在溝通上就會有雲泥之別。

而了解辛苦照護的前輩、夥伴，也要注意不要用「上對下」的方式與對方說話，否則照顧者也很難敞開心房。

協會的運作模式

社區的照顧者協會大約每月都會舉辦一至二次聚會。大家會分享居家照護的近況，陪新加入的參加者討論問題，學習疾病的知識與照護的智慧，以及交流社區的資訊。

在這裡，家醜都會赤裸裸地曝光，因此會長在經營照顧者協會時，一定要格外細心。另一個要注意的地方是，不能讓協會變成前輩的指導大會。若無法時時為照顧者著想，並以同理心對待，纖細敏感的照顧者便會逐漸離開。

想要尋找社區的照顧者協會，可以向政府機關的社福單位查詢。工作人員會告知協會的名稱、聯絡方式、例會的地點與舉辦日期等資訊。若不曉得該去哪個行政窗口詢問，也可以向社會福祉協議會諮詢。若仍然不清楚，還可以到公益社團法人失智症患者家庭互助會的網頁，尋找最近的分部。在那裡，將會有人介紹離家較近的其他照顧者協會。（編按：台灣也有「中華民國家庭照顧者關懷總會」，只要撥打0800-507-272，便可諮詢相關事務，讀者若有需求，不妨多加利用。）

日本的照顧者交流單位介紹

照顧者支援網路中心

阿拉丁

特定非營利活動法人團體（NPO），每月會舉行一次聚會，邀請東京近郊的照顧者協會負責人參與，藉此構築通暢的溝通網路。

營運內容包含與照顧者電話諮商、家庭訪談，舉辦照顧者支援養成講座及照顧者交流會（照顧者沙龍），協助成立照顧者協會及營運，舉辦活動與論壇，以及進行調查與研究等，內容非常豐富。

這個團體的目標是「照顧照顧者」，以「給予照顧者直接的照顧與支援」，及「幫助孤立無援的照顧者與社會接軌」為己任。（編按：台灣可直接洽詢台灣失智症協會。）

阿拉丁主辦的「照顧者交流會」，每年都盛況空前（上）。此外，該團體也有經營讓照顧者聚會的咖啡館（左下）。右下是牧野理事長。

NPO 法人照護者支援網路中心・阿拉丁
地址：東京都新宿區新宿 1-25-3 エクセルコート新宿 302
電話：03-2368-2955／傳真：03-5368-2956
網址：http://arajin-care.net/

照護「聚流」

小櫻集會所

這是由出生於大阪市的丸尾多重子女士（綽號小丸子），於阪神西宮車站旁成立的照顧者「集會所」。它不是民間托老所，不提供日間托老服務，而是讓與照護相關的人們一邊分享美食，一邊「聚流」（丸尾女士新創的字，指各式各樣的人聚在一起，彼此談天交流）。場地的使用費一次是五百日元，若要享用持有烹飪執照的丸尾女士所製作的午餐，則要另付五百日元。這裡還會頻繁舉辦各式活動，費用則採實報實銷。

除了室內活動以外，小櫻集會所也會舉辦關懷高齡者的聚會，以及外出支援、照護講座等豐富的活動。

小櫻集會所設在極為普通的民房內，中午時許多銀髮族與他們的家人，以及從事照護、醫療的相關人員，都會熱鬧地聚集在這裡。右下的照片就是丸尾女士。

NPO 法人小櫻集會所
地址：兵庫縣西宮市今在家町 1-3
電話及傳真：0798-35-0251
網址：http://www.tsudoiba-sakurachan.com/

不同立場的煩惱

居家照顧者往往會有許多煩惱，支援者應視對方的立場來思考應對方式。

由妻子照護

會有這些煩惱

- 當妻子必須照顧丈夫，丈夫卻是一個將家中大小事推給妻子、不幫忙教育孩子、只顧著在外面玩的人時，妻子就會很難心甘情願照顧另一半。像這樣的照護，往往就會演變成不幸的開端。
- 即使夫妻感情融洽，能心平氣和照顧另一半的日子也不會長久（參考第三十八～三十九頁）。不少照顧者都因為勉強自己持續居家照護，導致壓力過大，結果併發憂鬱症或癌症。
- 由妻子照顧的丈夫，容易變得不可理喻。比起由女兒或媳婦來照顧，丈夫更傾向對妻子撒嬌。這種撒嬌的呈現方式很複雜，有時甚至會演變成反唇相譏或暴力行為。而這也導致妻子照顧丈夫的難度，往往會超出原本的照護需求等級。

協助重點

- 在被照顧者前往日間托老所的時間，邀請同樣理解照護辛苦的女性朋友們，一起共進午餐。傾聽照顧者對生活的不滿，對她們而言將是一大幫助。
- 照護的辛酸很難透過看書、看電影來消化。由活生生的人聽她們訴苦、發洩（最好能哭出來），才是最好的舒壓管道。
- 有些太太不會隱藏憤怒的情緒，在人前照樣數落丈夫。夫妻之間演變至此，有其背景原因，支援者不該輕易說出「對他溫柔一點」，而要換個角度思考「既然如此還要堅持居家照護嗎？」讓先生住進老人安養中心，或許反倒能修補夫妻關係，讓雙方重拾幸福。

讓照顧者敞開心房交流

在照顧者協會中，有些協會會將擁有相同立場的照顧者們集合起來設立分會，例如「妻子協會」、「女兒協會」、「媳婦協會」等。這樣不但能讓參加的人取得共鳴，也因為人數較少，更能充分交流。

在家照顧親屬的人，一開始都會很難敞開心房。他們容易悲觀消極，擔心自己的照護是否會遭到否定，或者是否有做錯。唯有透過「我懂、我懂」、「我也是這樣」、「一開始大家都會比較辛苦」等同理的語言，才能讓彼此卸下心防。

由女兒照護

會有這些煩惱

● 照顧公公或婆婆時，比較不會有心理障礙（不必去思考被照顧者為何會變成這樣），但若照顧的是親生父母，就會產生許多矛盾了。因為親子間的過往、情感、關係，都會影響到照護。尤其當父母罹患了失智症，身為女兒通常無法接受。

● 開始照顧母親後，女兒會容易想起過去母親將長大成人的自己視為女人敵對的回憶。母親與女兒，不論到了幾歲，都是對立的，而母親也很難乖乖接受女兒的照護。這樣的母親一旦罹患失智症，就容易把女兒誤認成別人。

● 將父母接到婆家照顧的的女兒，容易在丈夫和夫家親戚面前抬不起頭來。若對其他照顧者訴說煩惱，還會被站在媳婦立場的照顧者責難「誰叫妳照顧的是自己的父母」，導致心中有苦說不出。

協助重點

● 女兒和媳婦即使同為照顧者，也會擁有不同的煩惱及怨懟。若要聚會討論煩惱或抱怨，最好能將彼此分開。

● 照護時的矛盾、面對死亡的悲傷……女兒在面對這些問題時，受到的衝擊往往會比媳婦更嚴重，這點請務必體諒。

● 許多女兒在父母病逝後，都會自責「若我當初那麼做、若我能再多做一點」而後悔不已。因此支援的目的，在於不要讓照顧者在照護上後悔，要讓照顧者在照護結束時，能自我肯定「我做得很好」。

● 當女兒將父母接到婆家照顧時，女兒的兄弟姊妹一定要向當事人的丈夫致謝。如果連聲招呼都不打，比起照護本身，女兒會更容易因周遭的閒言閒語而承受不住。當然前提是丈夫必須充分體諒。

共通的煩惱與不同立場的煩惱

接下來，我們將以照顧者協會分會的形式，來探討各個立場的多種煩惱，以及該如何給予支援。首先必須將所有照顧者都會面臨到的煩惱，與立場相異所產生的煩惱分開說明。

居家照護時，所有照顧者共通的煩惱是什麼呢？種類其實很多，其中一個就是「照護永無止境」。照顧者必須經常與「不知要持續到什麼時候」的不安戰鬥，甚至責備夢想著哪天能從照護中解脫的自己。

照護時（尤其是初次照護），幾乎沒有人是樂觀積極的，多數人都是處在幾乎罹患憂鬱症的狀態，因此周圍的人一定要鼓勵照顧者。而面對容易鑽牛角尖的照顧者，也要盡量睜一隻眼閉一隻眼。因立場而產生的煩惱可以說千差萬別。上圖就是其中一種例子。

不同立場的煩惱

由媳婦照顧

會有這些煩惱

● 在日本，以長男為核心的「家庭意識」雖然已經減輕許多，但在某些地區這樣的觀念仍然根深蒂固。若年邁的公婆認為「孩子照顧父母天經地義」，媳婦就會比較辛苦。

● 若過年或過節時親戚會回家省親，媳婦壓力就會很龐大。因為光是丈夫的兄弟姊妹一句「媽就拜託妳了」，聽起來都像在責備現在的照護不夠用心。

● 當在婆家照顧公婆的媳婦，去探望因肺炎而住院的母親時，即便事後母親病癒，回到婆家仍要繼續面對公婆，導致沒有時間和空間可以喘息、放鬆。對自己的父母還會產生沒有好好孝順他們的愧疚感。

協助重點

● 所有的居家照顧者都有一顆敏感脆弱的心，而媳婦更是容易被無心之言傷害。因此旁人講話時一定要深思熟慮，別讓無心的一句話形成媳婦的重擔以及對她的責難。

● 在前篇的內容裡，我們介紹了由友人邀請她們吃午餐、聽她們抱怨，以及營造一個環境，讓心中苦悶的她們放心哭訴的方法。這對女性照顧者而言很有效，但因為在咖啡廳、餐廳不方便哭，所以最好能選擇在不會被人打擾的地方。

● 由媳婦進行照護時，丈夫必須扛起最大的責任。若丈夫不能有同理心，不能感謝妻子的付出，那麼由媳婦來照顧公婆這件事情就無法成立。

過去的相處不能忽略

在家照顧親屬時，不論彼此的關係是配偶還是親子，至今為止的相處模式，都會對照護產生莫大的影響。因此支援者不該只看目前照顧者與被照顧者之間的關係，而應對過去雙方的相處模式充分了解。

以下引用《關係障礙論》（三好春樹著，雲母書房出版）中介紹的案例進行說明。在這個例子中，照顧者是妻子，屬於居家照護的典型。

過去有一對夫婦，時常使用川崎市「生活復健俱樂部」的日間托老服務。之所以前往托老所，是因為正值壯年的丈夫，因蜘蛛膜下腔出血而病倒，留下了嚴重的麻痺後遺症。他能坐輪椅，但幾乎無法說話。當年的出

由男性照護

會有這些煩惱

- 由男性照護（丈夫照顧妻子、兒子照顧父母）算是比較特殊的情況。當男性一人埋頭苦幹，用自己的方式進行照護，就很容易腰痠背痛。這是將照護比照成工作來擬定計劃、追求成果的男性照護者特徵。然而許多時候，照護並不如想像中的有成果，這時男性就會感到憤怒或沮喪。
- 照護其實是家事的延伸。許多男性並不擅長做家事，光是做菜、打掃或洗衣服，就精疲力盡。且做家事還得不到任何人的褒獎，容易感到空虛。
- 近年來，由兒子當照顧者的情況越來越普遍，這是因為沒有從父母家中獨立的兒子變多了。他們並不都是因為覺得居家照護是好的照護才這麼做，而是有些人需要父母的老人年金，才沒有送父母進安養中心。

協助重點

- 不論照顧者是丈夫還是兒子，都要先在家事上給予支援。若丈夫在經濟上有餘裕，那麼可以申請送餐服務或請照顧服務員。若是靠父母的老人年金度日的兒子，就讓他學會做家事。
- 男性照顧者雖然不愛聽他人意見，但一旦知道有人能倚賴，就會慣於依靠他人。態度兩極也是男性照顧者的特徵，他們有些會向被照顧者施虐，有些則把對方當成寵物溺愛。支援者應該建議對方讓其他人介入家中，實行較平衡的照護。
- 男性照顧者協會很容易變成讀書會。這點雖然沒有不好，卻容易流於照顧者炫耀大會。即使喝了酒、氣氛變熱絡，基於男性討厭示弱的天性，大家也很難敞開心房吐露心聲。而一旦待過協會的老前輩開始炫耀、說教，現任照顧者就容易離開，請一定要留意。

血範圍很廣，醫生曾經告知或許會回天乏術。在他的喉嚨上，還留有氣管切開過的痕跡。

丈夫倒下時，太太衷心希望「救活他，即使只有一息尚存也好」，結果丈夫真的奇蹟般地獲救了。但過了幾年後，太太卻沉痛地表示「早知當時就該讓他解脫」。哪一個才是她真實的心聲呢？恐怕兩者都是。

不論感情再好，若只有家人獨立照護，「只要活著就好」的喜悅最多只能維持三年。因此對支援者而言，不論被照顧者與家人感情再好，都只有三年的時間讓你猶豫是否要介入支援。

在這三年內，倘若支援者沒有陪同照顧者建立共同照護的制度，那麼即使家人間相處再融洽，也難以持久。而感情不好的家庭若沒有立刻給予協助，被照顧者就會逐漸凋零，並失去家人的溫情。

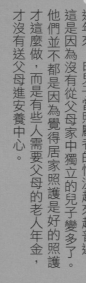

成立協會的方法及營運方式

若讀者想成立照顧者協會，亦可參考本篇中日本的作法。

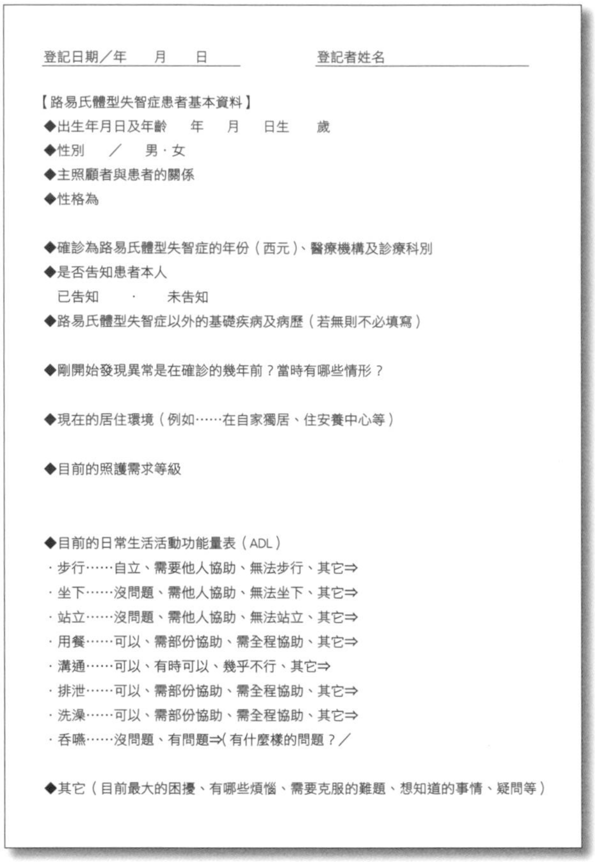

登記日期／年　月　日　　登記者姓名

【路易氏體型失智症患者基本資料】
◆出生年月日及年齡　年　月　日生　歲
◆性別　／　男・女
◆主照顧者與患者的關係
◆性格為

◆確診為路易氏體型失智症的年份（西元）、醫療機構及診療科別
◆是否告知患者本人
已告知　・　未告知
◆路易氏體型失智症以外的基礎疾病及病歷（若無則不必填寫）

◆剛開始發現異常是在確診的幾年前？當時有哪些情形？

◆現在的居住環境（例如……在自家獨居、住安養中心等）

◆目前的照護需求等級

◆目前的日常生活活動功能量表（ADL）
・步行……自立、需要他人協助、無法步行、其它⇒
・坐下……沒問題、需他人協助、無法坐下、其它⇒
・站立……沒問題、需他人協助、無法站立、其它⇒
・用餐……可以、需部份協助、需全程協助、其它⇒
・溝通……可以、有時可以、幾乎不行、其它⇒
・排泄……可以、需部份協助、需全程協助、其它⇒
・洗澡……可以、需部份協助、需全程協助、其它⇒
・吞嚥……沒問題、有問題⇒（有什麼樣的問題？／

◆其它（目前最大的困擾、有哪些煩惱、需要克服的難題、想知道的事情、疑問等）

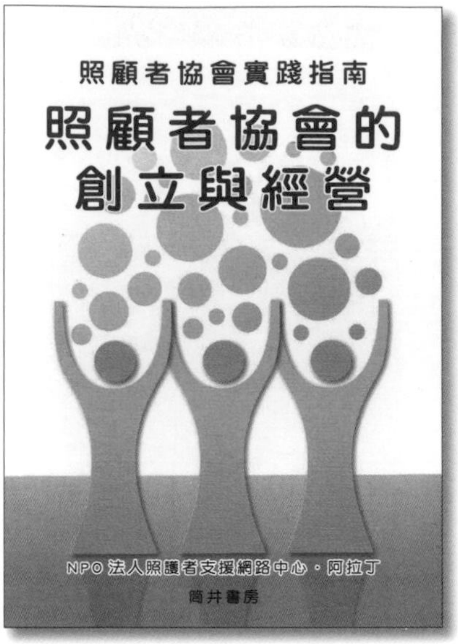
照顧者協會實踐指南
照顧者協會的
創立與經營
NPO法人照護者支援網路中心・阿拉丁
筒井書房

上圖為P35介紹過的「阿拉丁」發行的書，書中介紹成立照顧者協會的方法及營運指南。左圖是初次參加「關西閃亮組」時要填寫的專用表格。

網路時代的照顧者協會

日本照顧者協會的創立模式，在第三十四頁已說明過，除此之外，近年來還有一些協會是透過網路成立的。「路易氏體型失智症照護家庭網路懇談會」（類似台灣失智症協會）就是其中之一。

這個協會最早起源於二〇〇九年的「東京悠遊組」。當時父親是路易氏體型失智症患者的加畑裕美子女士，與透過照護部落格認識的路易氏體型失智症照顧者們，舉辦了網聚，在聚會中，他們聊到「如果有家庭互助會就好了」，於是成立了這個協會。

「路易氏體型失智症的症狀相當龐雜，有些連失智症照顧者協會都愛莫能助。因此我們才想成立這個特殊的交流會，讓大家互相傾聽、分享正確的醫療資訊，讓照顧者擁有更多選擇。」加畑女士說道。

自那之後，路易氏體型失智症照顧者協會便以網路懇談會的形式，於全國陸續誕生，包括「關西閃亮組」、「札幌光輝組」、「石川活力組」等。

住在京都市的栗岡紀世美女士，是這些積極的居家照顧者之一，她於二〇〇九年，與在照護部落格上交流的網友們成立了「關西閃亮組」，並擔任發起人。二〇一一年參與創立「路易氏體型失智症照護家庭網路懇談會」，主要活動內容除了網路上的交流，每兩個月也會於大阪舉行一次懇談會。

關西閃亮組　需照顧者一覽表

2015 年 1 月 25 日／ 2015 年 3 月 14 日活動用

		1	2	3	4	5	6	7	8	9	10	11	12	13	14	15	16	17	18	19
姓名		栗岡																		
關係		婆婆																		
實歲		85 歲																		
出生年月日		1929/6/22																		
性格		頑固																		
關鍵人		媳婦																		
確診年		2007/10																		
初期症狀		身體歪斜																		
		姿勢前傾																		
		憂鬱																		
		無力																		
居住環境		在家																		
		有家人同住																		
告知		已告知																		
照護需求等級		照護 5																		
步行		需照護																		
坐下		需照護																		
站立		需照護																		
飲食		可																		
溝通		可																		
排泄		全程照護																		
沐浴		全程照護																		
吞嚥		會嗆到																		

路易氏體型失智症照護家庭　網路懇談會
「閃亮關西組」編製／禁止隨意轉載

左圖為「關西閃亮組」被照顧者一覽表。圖中除了發起人栗岡女士以外，其它欄位的資料都已刪除。栗岡女士會將參加者的近況資料全都寫在一覽表上，於例會時發給大家。

症狀評估表

（　年　月　日）

您的被照顧者具有以下症狀嗎？（粗體字為示唆症狀）

姓名

「困擾程度評分」以主觀評斷即可／若有症狀但並不造成困擾，可圈「0」。

【陽性症狀】		無	有／困擾程度評分
101	煩躁、生氣、大吼、暴力行為	無	0 1 2 3 4 5
102	抗拒照護、拒絕入浴	無	0 1 2 3 4 5
103	想要回家、企圖出門	無	0 1 2 3 4 5
104	失眠（入睡困難、中途醒來、過早醒來、無法熟睡）	無	0 1 2 3 4 5
105	遊蕩（一整天、白天、晚上）	無	0 1 2 3 4 5
106	自我表現欲、頻頻叫人	無	0 1 2 3 4 5
107	焦慮	無	0 1 2 3 4 5
108	幻視、妄想、幻覺、自言自語	無	0 1 2 3 4 5
109	神經質	無	0 1 2 3 4 5
110	偷竊、偷吃、暴食、異食	無	0 1 2 3 4 5
111	衝動行為（賭博、購物、暴食、性衝動等）	無	0 1 2 3 4 5
112	其他	無	0 1 2 3 4 5
【陰性症狀】		無	有／困擾程度評分
201	食慾不振	無	0 1 2 3 4 5
202	幾乎不動（活動力低）	無	0 1 2 3 4 5
203	晝寢（白天睡過多）、嗜睡、不愛說話、面無表情	無	0 1 2 3 4 5
204	憂鬱（否定性的發言、自殺）	無	0 1 2 3 4 5
205	冷淡（無力、不關心、感情麻木）	無	0 1 2 3 4 5
206	其他	無	0 1 2 3 4 5
【運動症狀】		無	有／困擾程度評分
301	身體傾斜	無	0 1 2 3 4 5
302	容易跌倒	無	0 1 2 3 4 5
303	步伐細碎	無	0 1 2 3 4 5
304	吞嚥不良、嗆到	無	0 1 2 3 4 5
305	顫抖（手腳抖動）	無	0 1 2 3 4 5
306	肌肉僵直、肌肉攣縮（肌肉僵硬）	無	0 1 2 3 4 5
307	不動、少動（動作變緩慢、遲鈍）	無	0 1 2 3 4 5
308	姿勢反射障礙（身體不平衡、步行困難）	無	0 1 2 3 4 5
309	像帶一層面具（臉部缺乏表情）	無	0 1 2 3 4 5
310	言語單調（低聲、小聲地單調說話）	無	0 1 2 3 4 5
311	小字症（字寫得極小）	無	0 1 2 3 4 5
312	突進現象（步行時腳步加快）	無	0 1 2 3 4 5
313	其他	無	0 1 2 3 4 5
【自律神經症狀】		無	有／困擾程度評分
401	便祕	無	0 1 2 3 4 5
402	起立性低血壓（暈眩、站不穩、昏倒）	無	0 1 2 3 4 5
403	排尿障礙 1（蓄尿障礙／貧尿、尿意急迫、尿失禁）	無	0 1 2 3 4 5
404	排尿障礙 2（排出障礙／排尿困難、殘尿、尿閉症）	無	0 1 2 3 4 5
405	排汗障礙（多汗、盜汗）	無	0 1 2 3 4 5
406	汗過少	無	0 1 2 3 4 5
407	脂漏（臉部油膩）	無	0 1 2 3 4 5
408	皮膚出現網狀青斑	無	0 1 2 3 4 5
409	體溫調節障礙	無	0 1 2 3 4 5
410	雷姆睡眠行為障礙（大聲說夢話、胡鬧）	無	0 1 2 3 4 5
411	其他	無	0 1 2 3 4 5
【其它】		無	有／困擾程度評分
501	認知變動（有時清醒．有時迷糊）	無	0 1 2 3 4 5
502	藥劑過敏（出現副作用、藥效過強等）	無	0 1 2 3 4 5
503	嗅覺障礙	無	0 1 2 3 4 5
504	感覺障礙（麻痺、疼痛）	無	0 1 2 3 4 5

「困擾程度評分」……0 ⇒ 有症狀但並不覺得困擾。

路易氏體型失智症照護家庭　網路懇談會
「閃亮關西組」編製

右表為栗岡女士參考多本醫學專書後擬定的路易氏體型失智症評量表（路易氏體型失智症的症狀非常多，因此也適用於其他失智症）。參加者填寫最新資料後，會被整理在下次例會要使用的被照顧者一覽表背面，並以跨頁列印給與會者。

懇談會的經營

詢問栗岡女士經營協會的方法後，我們發現她特別注重交流會前的準備。初次參加者必須按照右頁上方的問卷，以及上圖的症狀評估表，來填寫被照顧者的資訊。此外，她也會請其他參加者填寫近況，並在事前收回再做成一覽表。這些都是栗岡女士特有的準備。

在會場上，栗岡女士會將被照顧者一覽表與症狀評量表發給大家，這麼一來不管是誰發言，參加者都能邊聽邊了解他的狀況。資料每次都會更新，參加者不必額外花時間自我介紹，而能針對上次與會後的情況、心態上的應對、用藥種類、劑量多寡等自由地交流。

在溫馨的氣氛下用餐及討論、學習如何事前避免並減輕症狀加深後帶來的負擔，是懇談會的優點。（編按：本篇可提供有心想成立照顧者協會的讀者參考。）

專欄❷

「社區整合照護」該怎麼做？

日本的社區整合照護概念，最早是在二〇〇三年「二〇〇五年高齡者照護」這份報告中被提出的。定義為「以提供能滿足需求的住宅為基礎，建構含各式福利在內、並於日常生活中適當供給各種生活支援的社區體制，來保障安全、放心、健康的生活」。實現上述理念的，就是「社區整合照護系統」。

這項提議促成了二〇〇六年長照保險法的修訂，進而設置了社區整合支援中心，催生出緊密型社區服務。如今這項服務已經變成了國家政策的指標，目標直指戰後嬰兒潮全數邁向高齡化的二〇二五年，而非二〇一五年。

那麼社區整合照護所包含的地區，究竟有多大呢？在社區整合照護中，住處、醫療、照護、預防、生活支援服務都必須零距離結合在一起，為了實現這份理想，所有的服務項目都會被設定在約三十分鐘內可抵達的地點。

像這樣的區域，又叫作日常生活圈。日常生活圈在擬定長照保險計畫時，就要先規劃好，將緊密型社區服務所預定的數目分配完畢。而多數的地區為了方便，都會將日常生活圈套用在就學的學區中。

「讓使用者本人選擇服務項目」，是長照保險制度設立時強調的目的之一。然而隨著長照保險服務中的緊密型社區服務越來越多，這個理想也越來越難實現。緊密型社區服務必須配合地區每三年一度擬定的長照保險計畫來實行，由於不能立即開業，因此小型企業很難參與。而計畫中沒有的服務項目，企業即便申請，也無法執業。

社區整合型照護的缺點之一在於，日常生活圈很容易被掌握在單一業者手中。為此，大家都必須加強監督，才不會讓照護業界只剩大公司能生存。

在社區整合照護的解說中，經常出現一句話：「讓老人直到最後都在住慣的地方生活」。然而這與第三十二頁專欄中提及的，讓老人在自家持續居住，意思並不相同。這句話的前提是讓老人住進「方便接受居家照護服務的『家』」裡，並為這些在「家」療養的被照顧者們，提供頻繁的定期探視及隨時可協助的居家護理、照護服務，這才是社區整合型照護的模式。（編按：目前台灣的長照計畫也正在推行社區整合服務，希望能提供更多協助。）

第 3 章

學習照護技巧及打造無障礙環境

正確的照護與適合照護的住宅

照顧者若不了解用餐、排泄、沐浴時該給予被照顧者什麼樣的照護，就無法正確改造環境並購買適當的照護用品。因此在這一章的內容，我們將會學習照護的技術（軟體），及了解居住環境和住所、照護用品（硬體）間的密切關聯。

項目	合宜的居家照護環境	移動輔助
基本技術	在開始居家照護前，首先要知道家中其實存在著許多危險。因此居家照顧者在安全上一定要充分用心。	即將要開始居家照護的照顧者，一定要學會輪椅的操作方法。學會跨越大幅度高低落差的輪椅操控技巧，對居家照護將有很大的幫助。
環境營造	改建住宅時，必須以去除危險為第一要務。除此之外，也會列出改建時有哪些補助可以申請，並思考如何規劃一個方便照護的居家環境。	了解輪椅的種類與挑選方式也很重要，在這個單元，我們將會學習如何打造輪椅專用的階梯，以及輪椅可使用的動線等住宅改造的重點。
頁碼	P46 ～ P51	P52 ～ P67

飲食照護 用餐環境

讓被照顧者永遠吃得津津有味，是飲食照護的一大目標。如何讓年長者維持正確的前傾姿勢，並將這個技巧運用在每天的飲食照護裡，也很重要。

要做出正確的前傾姿勢，就一定要配合年長者的身體，調整餐桌與椅子的高度，才能進行正確的飲食照護。

P68 ～ P77

排泄照護 如廁環境

學習協助被照顧者做出正確的排泄姿勢，以及如何在家推輪椅進廁所等。除此之外，本章也收錄戒除尿布的方式，及移動式便座的使用方法。

多數家庭中的廁所，對坐輪椅的年長者而言，較不方便。因此，本章將介紹可方便使用的廁所類型，並教導改裝的重點。

P78 ～ P87

入浴照護 浴室環境

不少照顧者都認為沐浴照護對非專業人士而言比較困難，其實只要掌握訣竅，就算是一般的家庭浴缸，也能輕鬆安全地幫被照顧者洗澡。

日式的半嵌入型家庭浴缸，最適合沐浴照護。在本章中會說明這種浴缸的方便性，以及當家中沒有浴缸時，該如何進行改造。

P88 ～ P97

床鋪 寢室 客廳

挑選正確的床鋪，是照護基礎中的基礎。除了這點以外，我們也要學習如何準備居家服、如何進行夜間照護等，以達到完整的居家照護。

當照護需求等級提高時，該不該在客廳裡加裝廁所呢？在本章中，我們將提供把壁櫥改造成廁所的方式。

P98 ～ P107

打造無障礙環境的補助申請

包含輔具申請以及居家的無障礙環境修繕，都可以向政府申請補助。

日本可申請 16 項補助項目，打造無障礙環境

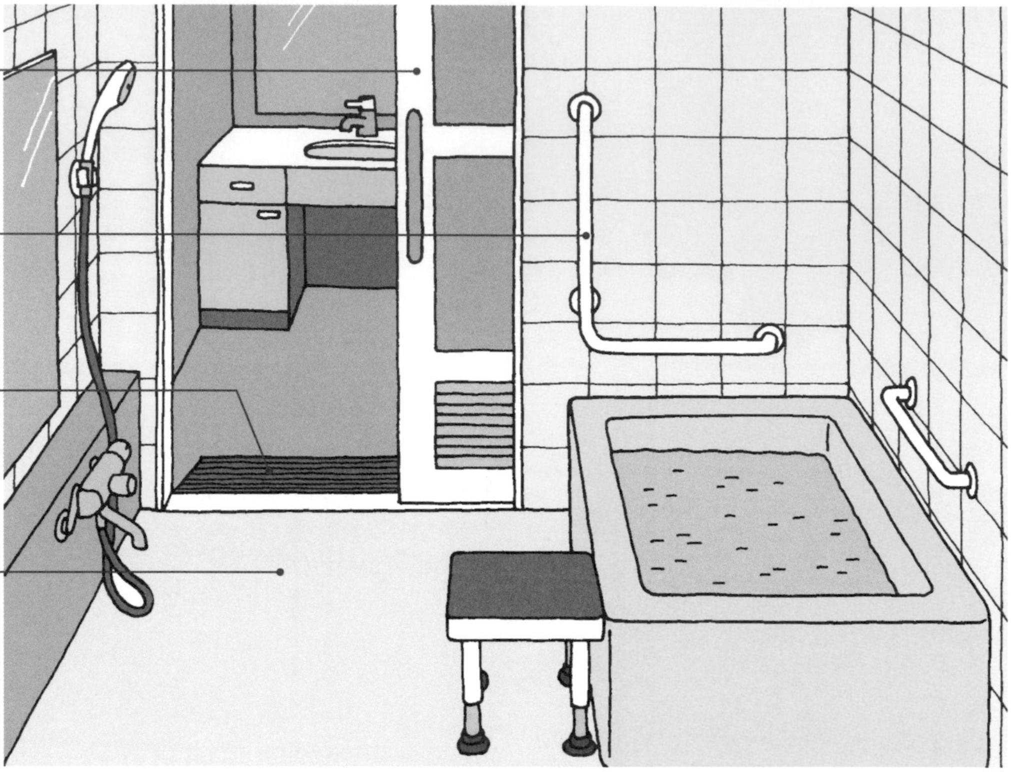

改裝住宅可申請補助費用

在日本若改裝住宅，每位需要照護的人（照護需求等級1至5）都能以二十萬日元為上限，申請八至九成的費用補助。

日本長照保險可申請的住宅改裝項目如上圖所示。除此之外，從玄關到馬路也包含在改裝項目內，改裝前請務必向保險業者確認。

住宅改裝的費用只要在二十萬日元內，都能分批使用。當照護需求等級成長到3以上，及需要搬家時，就可再次申請。但要注意的是，在住民登錄地以外進行的改裝，以及住院時的改裝，都不能列入補助項目。

這個制度必須事前申請並接受審查，雖然看起來很麻煩，但照護管理專員、個案管理或施工業者也都會幫忙申請，因此不妨向他們詢問。此外，在開始居家照護前，事先移除危險的地方（參考下一篇內容）也很重要。（編按：在台灣，依被照顧者的身體狀況，亦能申請改裝補助，並以萬元為限。相關申請條件請洽各地社會局。）

- 將門加寬、改成折疊門、拉門、自動門
- 在走廊、廁所、浴室加裝把手
- 消除高低落差或拆除門檻
- 將地板換成具有止滑功能的材質
- 與上述相關的其他附帶工程

台灣申請補助費用的流程

① 檢附資料，向各縣市社會局提出申請

② 社會局審核（核定補助項目及金額）

③ 審核通過後，由各縣市社會局撥款

申請時必須要檢附的資料

- 居家無障礙環境改善補助申請書
- 評估建議書影本
- 住宅證明
  - 自宅的房屋所有權狀或房屋稅影本
  - 租屋之屋主改善同意書和租貸契約
- 發票和收據正本

※ 評估建議書可由以下管道取得：醫院復健科、輔具中心、衛生局委託的居家復健單位或由社會局直接到宅評估

費用補助標準

- 低收入戶：政府全額補助
- 中低收入戶：政府補助90%，民眾自行負擔10%
- 一般戶：政府補助70%，民眾自行負擔30%

※ 各縣市規範的細則，請在申請前參照各單位的公告。

自治團體的獨立服務（以日本為例）

各自治團體都會以「住宅設備改裝給付」或「住宅裝修費補助」等名目，在資金上援助沒有投保長照保險但卻需要支援、照護的家庭改建住宅。因此不妨向相關單位諮詢。

此外，許多自治團體也會提供加裝自動滅火器等，可防範火災的特別給付服務。

家中容易發生意外的地方

年長者即使在家中也會發生意外，照顧者應了解家中有哪些危險的地方。

年長者在家中發生意外的統計

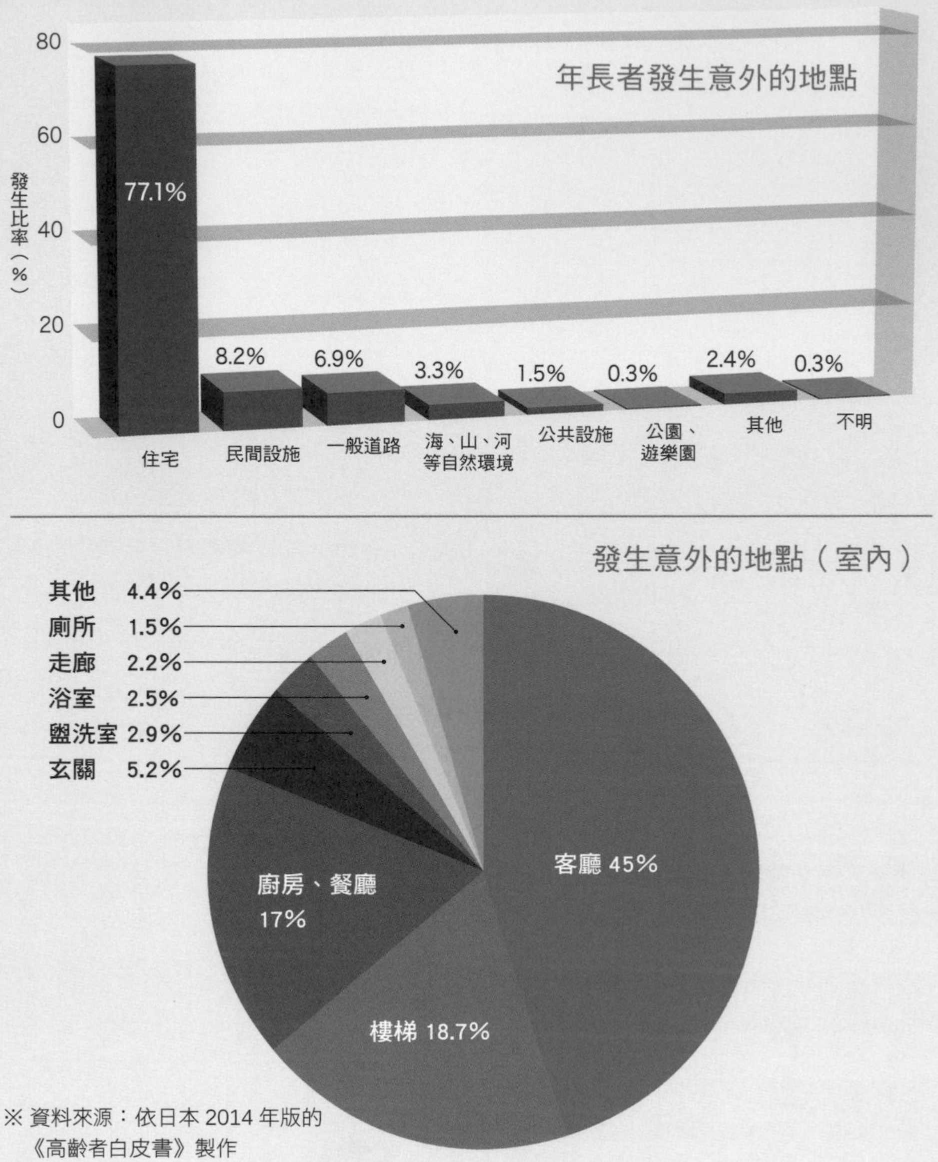
年長者發生意外的地點
發生比率（%）
80
60
40
20
0
77.1%
8.2%
6.9%
3.3%
1.5%
0.3%
2.4%
0.3%
住宅
民間設施
一般道路
海、山、河等自然環境
公共設施
公園、遊樂園
其他
不明
發生意外的地點（室內）
其他 4.4%
廁所 1.5%
走廊 2.2%
浴室 2.5%
盥洗室 2.9%
玄關 5.2%
客廳 45%
廚房、餐廳 17%
樓梯 18.7%

※ 資料來源：依日本 2014 年版的《高齡者白皮書》製作

近八成的意外，都是發生在家中

從上方的柱狀圖中可發現，六十五歲以上老年人發生意外的地點，壓倒性以「住宅」居多，占意外發生地點近八成之高。家中容易發生意外的地點，多為客廳、樓梯、廚房、餐廳、玄關等。這項調查是日本國民生活中心透過醫療機關協助所統整的，統計對象包含獨居年長者在內，雖不一定是居家照護時發生的意外，但從中我們可以了解，就算是待在家裡，也絕對不能輕忽年長者的安全。

因噎到食物而窒息死亡，是不分年紀都會發生的常見意外。此外，也要留心左頁的摔倒、火災、溺斃等意外，千萬不可大意。

預防跌倒、火災、溺斃

跌倒

滑倒

- 踩到沒固定的地墊或地毯而滑倒
- 在木製地板上滑倒
- 踩到放在地上的報紙或塑膠袋而滑倒
- 穿不防滑的拖鞋或襪子而滑倒

摔倒

- 跨越放在地上的東西時摔倒
- 拿取放在高處的物品時摔倒

絆倒

- 被電線絆倒
- 腳抬得不夠高，被高低落差絆倒
- 被棉被、暖桌被、座墊絆倒
- 被隨意擺在地上，沒歸位的東西絆倒
- 被家具突出的部分絆倒
- 被脫到一半的衣物絆倒

不只起居室，樓梯、走廊及家中任何一個地方都潛藏著跌倒的危險性。年長者一旦跌倒，不但容易骨折，住院、動手術後更有可能從此臥病在床。半身麻痺的患者，則容易因麻痺側跌倒導致股骨骨折，這點要特別留意。

溺斃

危險的浴缸

- 太長的浴缸因不容易踩穩，危險性偏高（更多內容請見 P91）。

獨自沐浴的老年人，會比必須由照顧者協助沐浴的老年人更容易發生危險。此外，在浴室還潛藏著跌倒、燙傷、猝死等危險性。

火災

衣服著火

- 神桌的燭火燒到衣服上

習慣在神桌點蠟燭的家庭，一定要特別留意。當電熱毯和電熱地毯過於老舊，也有可能因漏電而著火（廚房的注意事項請參考 P69）。

打造環境的基礎知識 ③

打造適合照護的住家

什麼樣的住宅，才適合居家照護呢？

方案 A

配合被照顧者的身體，量身改造住宅

多數人在得知長輩未來需要長期照護後，都會先考慮「從住宅改造著手」。先確認即將出院的被照顧者身體狀況，再針對不足的部分進行補強、改裝。

此時最理想的方式，是詢問協助被照顧者復健的物理治療師與職能治療師的意見。

快出院了，差不多該改裝了。
問問職能治療師的意見吧！

方案 B

事先打造就算身體不便也能安心居住的家

屋齡只要超過十五年，屋頂和外牆就得重新粉刷。這時除了修補受損的地方以外，趁機改建成適合銀髮族生活的住宅，也不失為一個好辦法。

提早將家中改裝成無障礙空間，優點不容小覷。假如突然需要接年邁的父母過來照顧時，就不會手忙腳亂。

家裡差不多該整修了。
為了未來的老年生活，改裝成無障礙空間吧。

改建的時機沒有標準答案

儘管同樣是「住宅」，但是房子是自購或租屋，是透天厝還是公寓大樓，都會影響居家照護的環境。而家庭成員、需照護的狀態、經濟收入等情況也各不相同，因此該如何改建成照護用的無障礙住宅，其實並沒有正確答案。

上方列舉的方案A與方案B，在住宅改裝的時機與目的上就有很大的不同，但並沒有對錯之分。

就普遍意義而言，「方便照護的住宅」，指的是無障礙住宅，即地板無高低落差，室內也能輕鬆使用輪椅來移動的房子。左頁是一般理想中的無障礙住宅結構圖，提供參考。

無障礙住宅的內部介紹

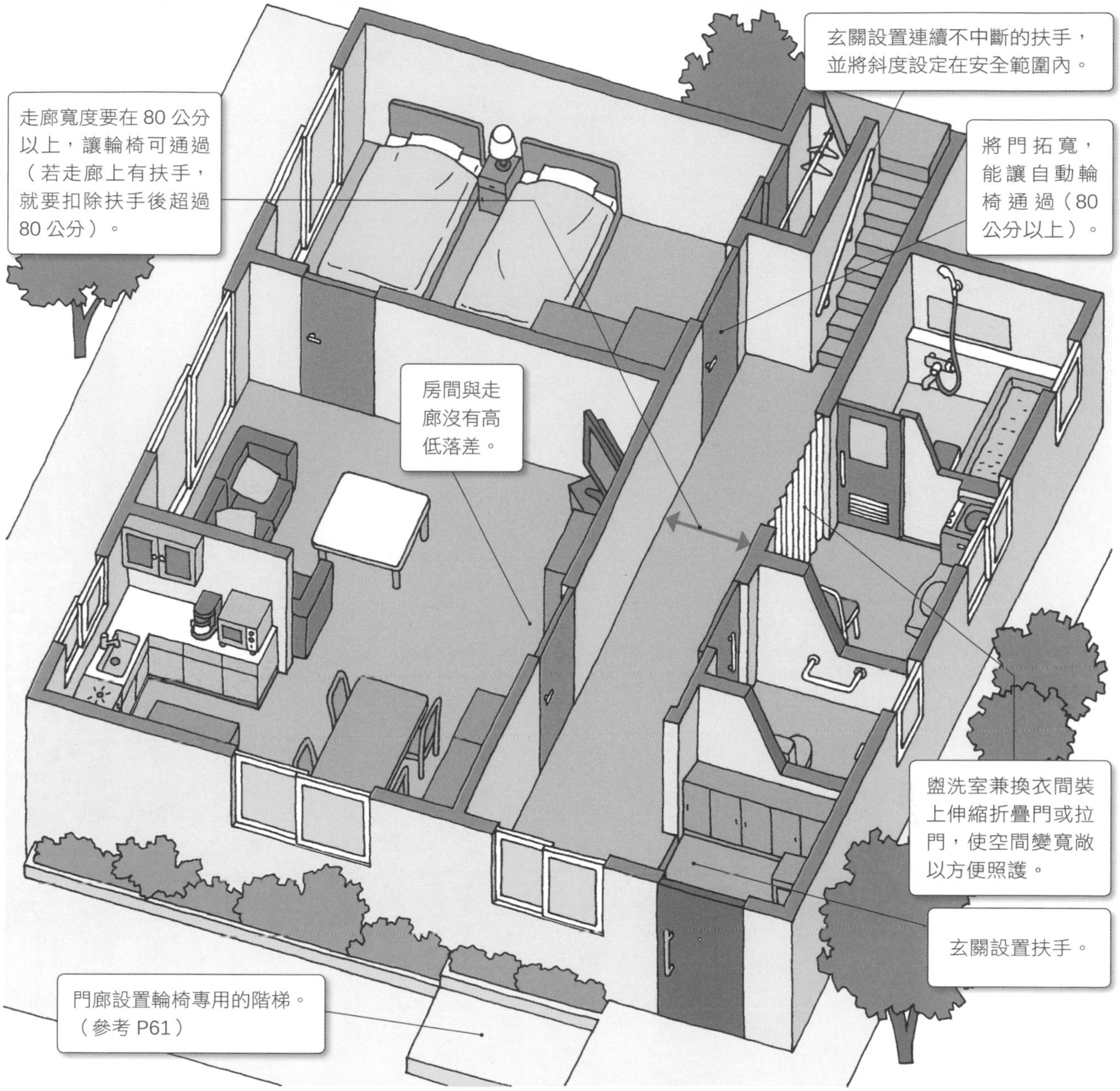
走廊寬度要在 80 公分以上，讓輪椅可通過（若走廊上有扶手，就要扣除扶手後超過 80 公分）。
玄關設置連續不中斷的扶手，並將斜度設定在安全範圍內。
將門拓寬，能讓自動輪椅通過（80 公分以上）。
房間與走廊沒有高低落差。
盥洗室兼換衣間裝上伸縮折疊門或拉門，使空間變寬敞以方便照護。
玄關設置扶手。
門廊設置輪椅專用的階梯。（參考 P61）

開放式照護，才是最好的照護

不論住在多麼方便的無障礙住宅裡，若將被照顧的長者整日關在屋內，也沒有意義。照顧者的照護觀念會形成阻礙，干擾年長者與外界的聯繫，造成反效果。

總共照顧五位家人的羽成幸子女士，在照顧婆婆邁入第五年時，在自家的籬笆上掛了這個招牌：「我們正在照顧臥病在床的年長者。若您是即將開始居家照護，或已經在照護的人，歡迎一起來交流。羽成」

那時日本的長照保險尚未啟用，除了住附近的人會來學習居家照護以外，也有人遠道而來觀摩。不論在哪個時代，開放式照護都是好的照護，值得學習。

觀察雙腿並定期進行足部保養

移動輔助的基礎，在於掌握當事人下半身的力量，幫助他做出更進階的動作。

J・ABC評量表

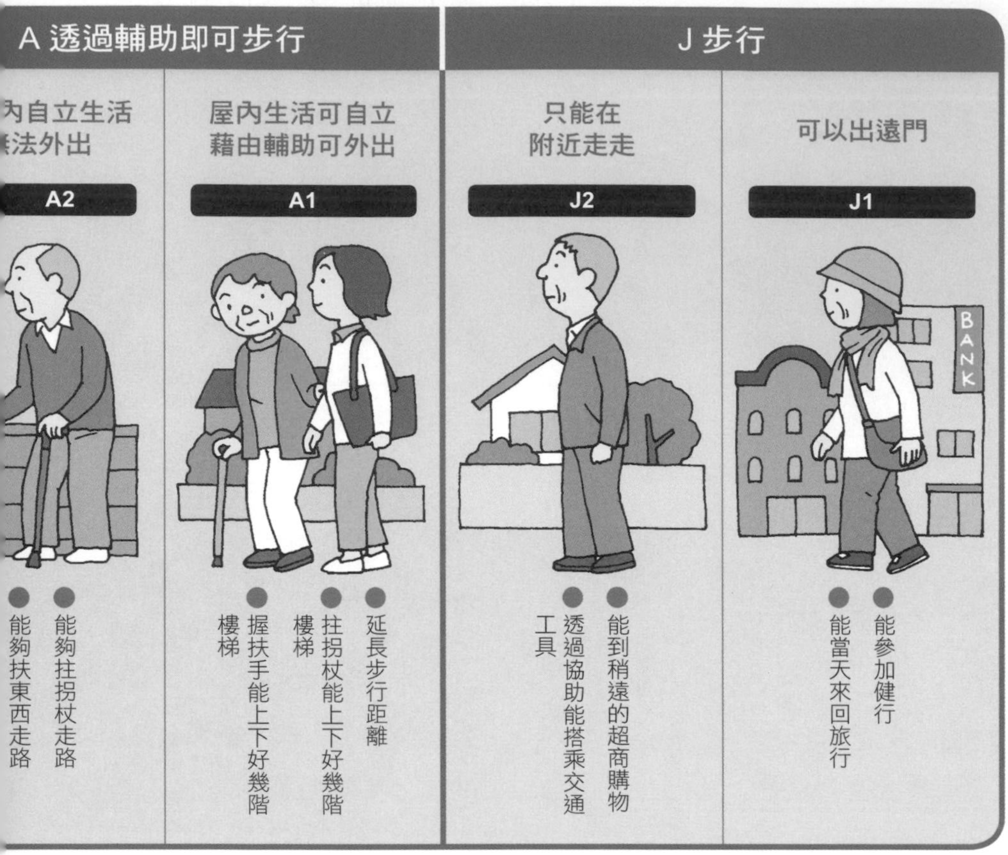
A 透過輔助即可步行
J 步行
內自立生活
法外出
屋內生活可自立
藉由輔助可外出
只能在
附近走走
可以出遠門
A2
A1
J2
J1
BANK
能夠拄拐杖走路
能夠扶東西走路
延長步行距離
拄拐杖能上下好幾階樓梯
握扶手能上下好幾階樓梯
能到稍遠的超商購物
透過協助能搭乘交通工具
能參加健行
能當天來回旅行

每個階段的目標

照顧時，不能只維持現狀

上方的圖表是「高齡身心障礙者日常生活自立程度評量表」，俗稱「臥床檢測表」。評斷標準大致分為J（生活自立）、A（即將臥床）、B（臥床）、C（重度臥床）這四種，每種又細分為兩項，因此這個評量表又稱為「J・ABC評量表」。

等級J的人雖然可以自立生活，但若只能在附近走動，就會被歸類為虛弱年長者（臥床的前期患者）。為了不使重要的身體機能衰退，一定要在日常生活中鍛鍊被照顧者的自理能力。而照護的關鍵，在於協助身體狀態不同等級的年長者，讓他們能往上提升一個等級。

需要移動輔助時，不妨參照J・ABC評量表，幫助判斷當事人擁有多少力氣。然後再按照圖表，提供被照顧者適當的協助，而非維持現狀。

移動的前提是腿與腳趾沒有問題，洗澡時要仔細觀察被照顧者的雙腳，並進行左頁的足部保養。基本上要從外觀開始觀察，指甲有無異常，周遭皮膚有無化膿或發炎等，不過，若被照顧者需要接受糖尿病等疾病相關的專門管理時，最好還是由醫護人員負責。若不需要，由照顧服務員或負責照護的家人幫忙剪指甲亦可，也可以用銼刀磨指甲。

C 臥床（整天躺在床上）		B 臥床（可坐著）	
無法自行翻身	能自行翻身	能透過協助坐輪椅	可以自行乘坐輪椅
C2	C1	B2	B1
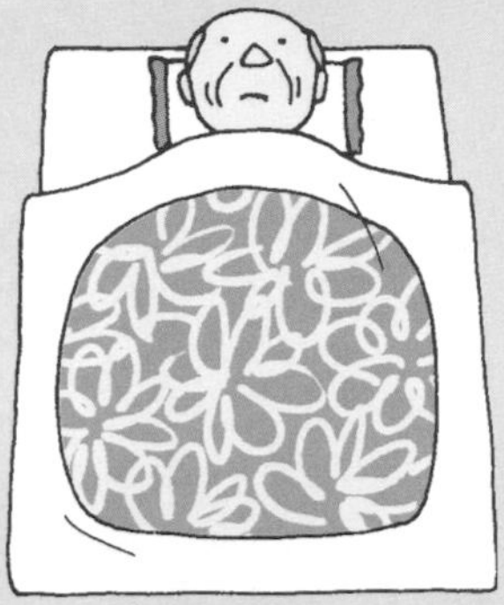			
● 能輕鬆翻身	● 能坐著（沒有椅背） ● 能坐著（有椅背） ● 能起床	● 能靠在他人身上站立 ● 能端正坐好	● 能夠扶東西移位 ● 能夠扶東西站立 ● 能夠扶東西起立

鞋子

照護用的鞋子可說是日新月異。多數業者都接受「單腳訂做」與「左右腳不同尺寸訂做」，若需要可向業者諮詢。左方照片為外出鞋，腳趾與腳跟的鞋底是上揚的，較不容易絆倒。右方照片是室內鞋，使用拉鍊拉開鞋子頂端。由於拖鞋容易滑倒，因此在室內建議穿著室內鞋。

足部保養

當腳或腳趾有問題時，就容易絆到或跌倒。照顧者應每天觀察年長者的雙腳，進行足部保養。

- 洗淨雙腳
- 檢查有無傷痕、是否會疼痛
- 適當修剪指甲
- 進行按摩
- 準備襪子和鞋子

襪子

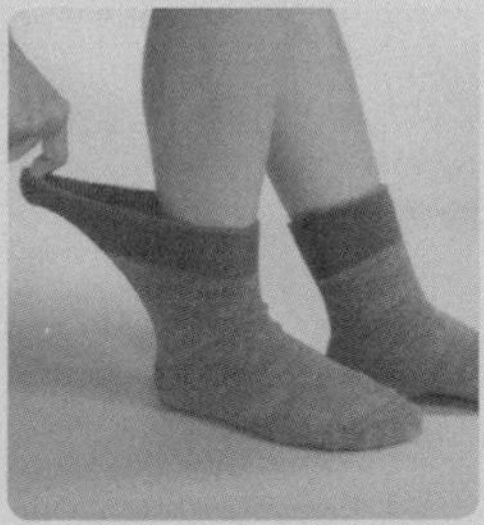

年長者的腳容易浮腫，應盡量挑選不緊繃的襪子。選擇市售不用鬆緊帶、不緊繃，能溫柔包覆足部且合腳的襪子。照片中為柔軟毛巾襪，適合手腳冰冷的人。

移動輔助 ❷

室內輪椅

若要進行完善的輪椅照護，輪椅請分為室內用及室外用兩種。

室內輪椅介紹

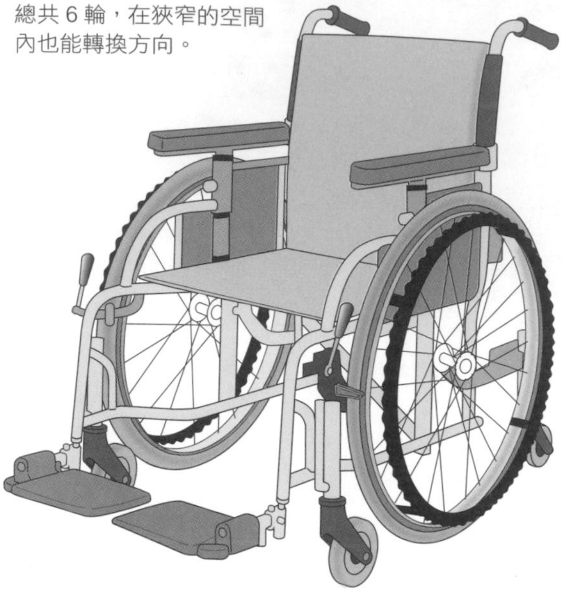

主輪前後附有小輔助輪，總共 6 輪，在狹窄的空間內也能轉換方向。

拆掉踏板、以腳踩地的低矮型輪椅，適合室內。

被照顧者從床上自行移動到輪椅時

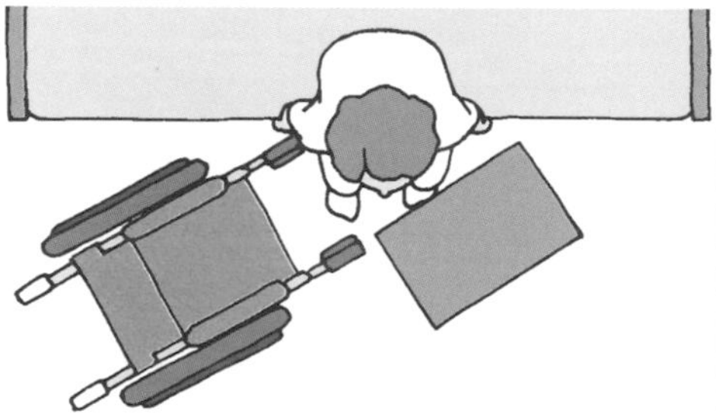

將輪椅斜放在床邊，面對輪椅，在距離 50 至 60 公分處，放上台子。

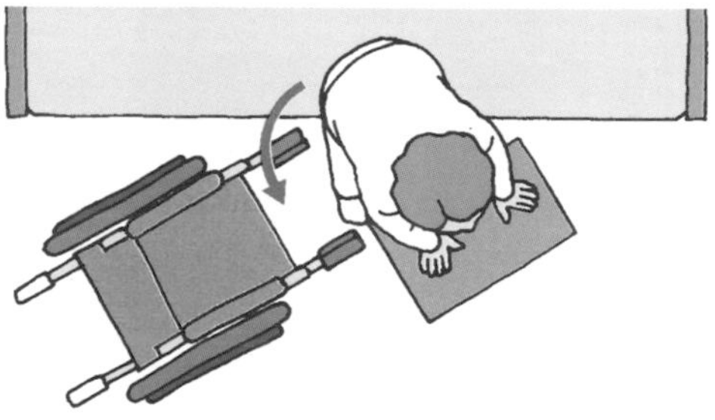

彎腰，把手撐在台子上，手推台子、慢慢將身體撐起，再坐進輪椅內。

在室內有效運用輪椅的方法

輪椅根據用途，分為各種不同類型（參考第五十六～五十七頁）。了解不同輪椅的特性，並區分成室內用及戶外用，較為理想。

室內的輪椅，適合用像上圖一樣的六輪車。手腳較無力的年長者，則建議使用腳可以踩到地面的低矮型六輪車。這種輪椅不但能讓年長者使用手腳來維持身體機能，也因為有輔助輪，較不易發生向後滑等意外。

將室內與室外的輪椅分開使用，能增加移乘次數，幫助維持老年人的腰、腿機能，延緩老化。

居家輪椅輔助（以A女士為例）

1 推輪椅上廁所

當年長者表示想上廁所時，由照顧者推著輪椅到廁所。

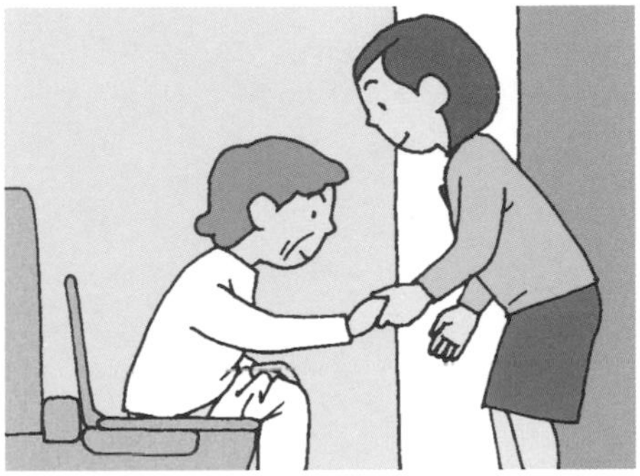

2 從輪椅移到馬桶上

抵達廁所後，協助年長者坐到馬桶上。

3 把輪椅換成拐杖

坐到馬桶上後，將輪椅推回室內。

4 讓長者拄拐杖走回去

確認上完廁所後，父予拐杖，讓年長者拄拐杖走回室內。

透過協助，從床上移到輪椅時

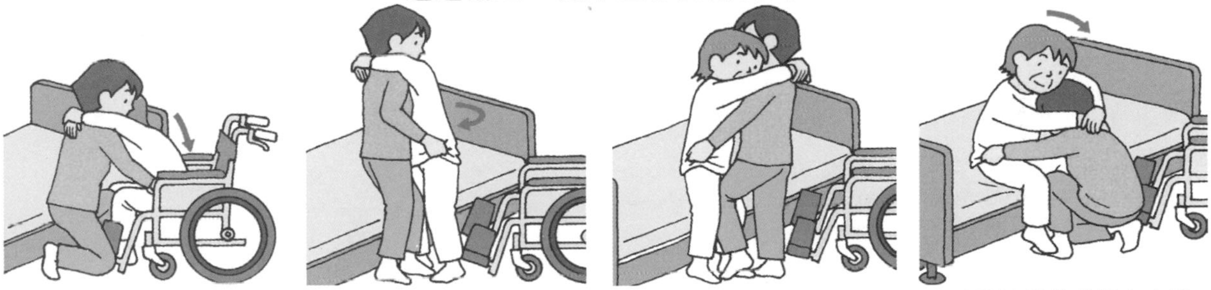

照顧者將膝蓋抵在床邊，讓年長者前傾並能抱住照顧者。

抱好後，將年長者的臀部輕輕往上撐起。

轉動年長者的身體，讓她靠在照顧者身上。

讓年長者膝蓋彎曲、臀部往下坐，用上半身前傾的姿勢坐在輪椅上。

右頁中間的圖，描繪的是從床上移至輪椅的方法。從床上移至輪椅後，接下來就要移動到客廳或餐廳的椅子上。輪椅是移動工具，而不是椅子，千萬不能讓年長者坐在上面一整天。

移動到客廳的椅子後，接下來還有一連串關於如廁、用餐、洗澡、外出的移乘。若不讓年長者保持站立時的力量，在家中也很難協助如廁和沐浴。這也是判斷照護設施優劣的一大重點：該設施是否能讓年長者別一直坐在輪椅上，並幫助其移到沙發或餐廳的椅子。

上方的插畫，是二十年來持續居家照護的A女士其平時輔助被照顧者如廁的流程。為了不讓年長者憋尿或忍住便意，去程她會推輪椅，幫助迅速抵達廁所，回程則讓他們拄拐杖，用自己的力量慢慢走回來，以免腰、腿退化。

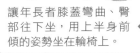

使用戶外輪椅的注意事項

外出的服裝

●注意防曬與防寒。坐輪椅的人會比推輪椅的人更容易覺得冷。●2人都要穿雨衣。

行走時的注意事項

●時時詢問坐輪椅的人「這樣的速度可以嗎？」●上下輪椅及離開輪椅時，一定要煞車。●注意別讓手、衣服、膝蓋毯捲入車輪裡。雙肘不能放到扶手外側。●注意坐輪椅的人，其雙腳是否確實在踏板上。

外出時的準備

●照顧者揹後背包好騰出雙手，穿方便行動的服裝、不易滑倒的鞋子。●後背包裡放水壺、帽子、手套、排泄照護工具、替換衣物、毛巾等。

外出前的確認

●檢查輪椅輪胎的氣壓是否正常。●檢查煞車的靈敏度是否適中。●檢查椅面是否鋪有結實的座墊。●檢查輔助輪與車輪移動是否順暢。

跨越高低落差

將滑輪移到高處，握把往前推，使驅動輪輕鬆跨上台階。

將滑輪抬高

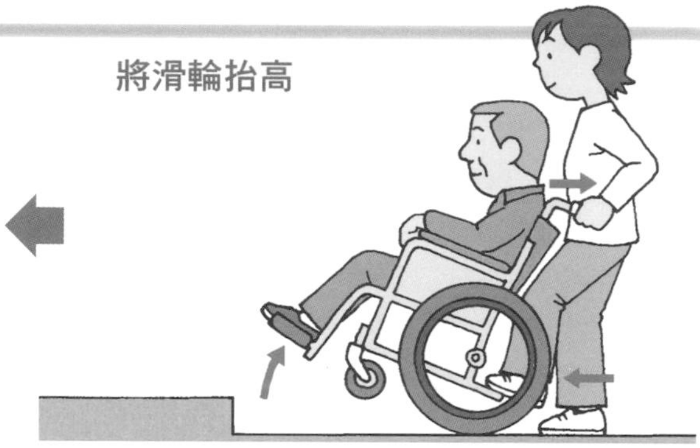

將握把往後拉，單腳踏住翹桿，使驅動輪向前轉動。

利用輪椅跨過台階

附手扶圈（用手轉動輪子的握把）的自走式輪椅，由於驅動輪（後輪）很大，能克服凹凸不平的道路、坡道及高低落差，長時間乘坐也比較不會疲倦，因此即使是無法自行走路的患者，一般也會使用這種輪椅。自走式輪椅的缺點是大而笨重，但只要經過折疊，就能放進一般車輛的行李箱中，因此在戶外幾乎都是使用這種類型的輪椅。

輪椅是讓不良於行的患者能放心外出的方法。雖然還不習慣時，不論是推輪椅的人，還是坐輪椅的人，都會覺得膽顫心驚，但最好還是學會翹桿和煞車的操作方法，盡量增加外出的機會。

外出遇到高低落差時，請像上圖一樣操作，就能輕鬆跨過約二十公分左右的高低落差。

理想的輪椅（可拆式）介紹

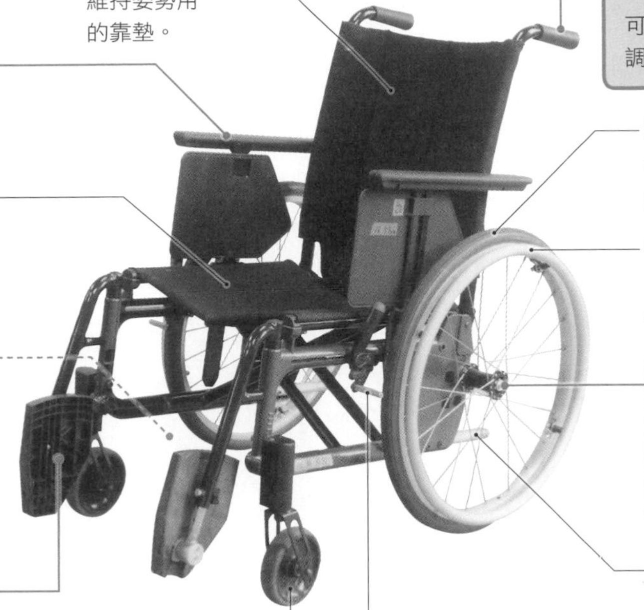
踏板
坐輪椅的人會因為被踏板擋住而無法站起來。所以使用時建議像照片一樣，把踏板收起。
椅背
維持姿勢用的靠墊。
握把的高度可調整
可配合推輪椅的照護者身高，調整成無負擔的高度。
驅動輪
後輪。分為充氣輪胎與無充氣輪胎。
座墊
椅面。折疊款可以將這裡打開或折起來。
手扶圈
自行移動輪椅時，可以用手握住這裡來轉動驅動輪。
踏板可收起來
移乘時腳很容易絆到踏板，所以能拆卸的款式會比較安全。
車軸的位置可以改變
對於切換成自走模式或照護模式，以及調整椅墊高度，是不可或缺的功能。
扶手可拆卸
將扶手（肘護架）收起，移乘時照護會更順暢。
翹桿
控制前輪升降的橫桿。只要踩這裡，滑輪就會抬起。
煞車
一般都是透過把手，直接壓什驅動輪。
滑輪
前輪。可以360度旋轉。

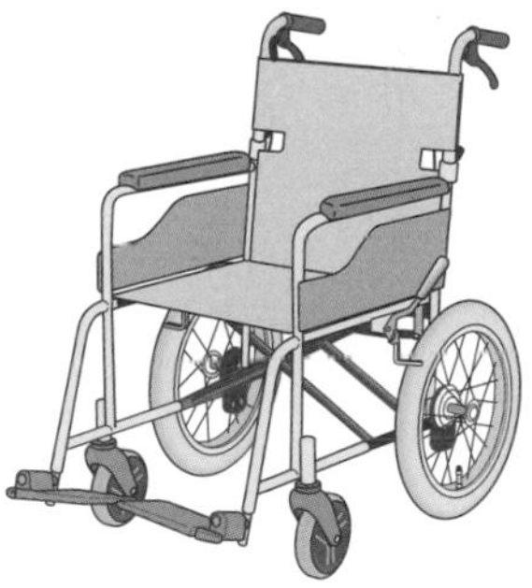

照護用
驅動輪較小，沒有手扶圈，體積小而輕巧。

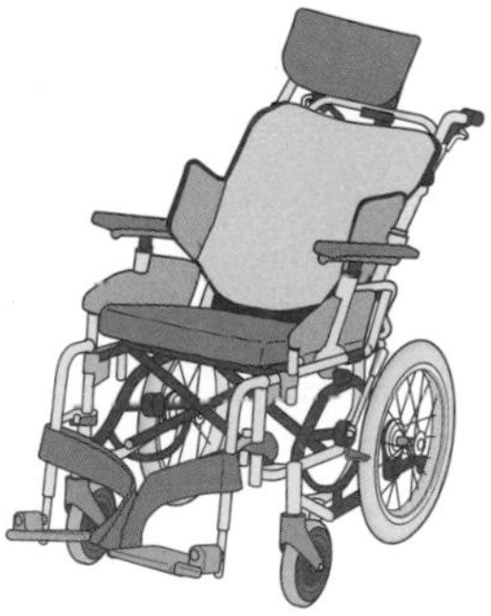

附椅背調整功能
能改變椅背和座墊的角度，往後傾倒。

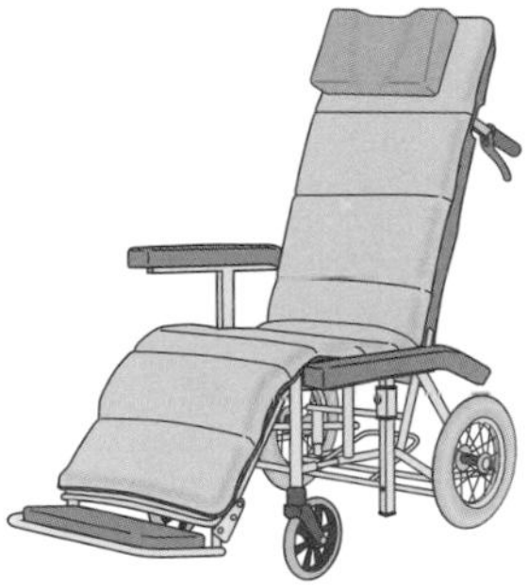

仰躺式
椅背偏長，可以躺姿並直接向後傾斜。

坐輪椅更要常外出

無論是透過租賃、或自行購買輪椅，一般業者都會推薦右頁上方插圖中的標準型輪椅（附把手，可推行的自走式輪椅）。若想要理想的輪椅，則建議選擇像上方照片一樣、部份零件可拆卸的可拆式輪椅。

上圖的三種輪椅，都是為無法自行移動輪椅的人所設計。附椅背角度調整功能的輪椅，適合讓無法維持坐姿、以及背部無法彎曲的人使用；仰躺式則適合臥床者，及身體會突然不舒服的人使用。

由於輪椅的種類有許多，建議要適時運用，讓長者有外出認識朋友的機會。在照護界，永遠都是「擇日不如撞日」，不要想著「等哪天身體好轉」而將想做的事情往後延，善用輪椅，好好享受生活吧！

扶手的設置

打造適合照護的環境時，設置扶手與消除高低落差同樣重要。

不安全的扶手

✕ 過高、過近的扶手

無法前傾

當扶手設在這個位置時，人會無法呈現能自然站起的身體曲線。

攣縮變嚴重

半身麻痺的人用力拉扶手，會導致麻痺的那隻手越來越僵硬。

直立站起

對年輕人來說沒問題，對老年人而言就行不通了。

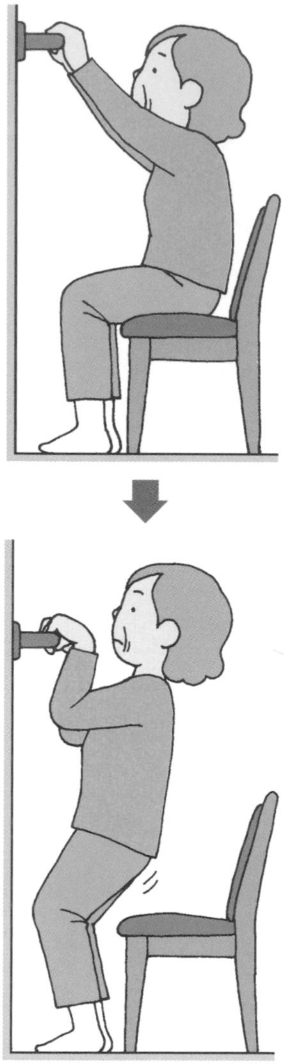

✕ L 字型的扶手

設在廁所及浴室中，方便站起的扶手大多為 L 型。不過這種扶手的原理是透過臂力將身體往上拉，並不適合老年人。

扶手要設置在前方低處

在旅館或百貨公司的廁所中，經常可見L型扶手，或長條型的木棒扶手，設在馬桶側邊的牆壁上。這種設置方式其實並無根據，純粹是因為覺得人是直立站起而設計。而這樣的扶手，對於力氣很小的年長者而言，是不能使用的。

扶手一定要設在前方且較低矮的位置，才能有效幫助年長者站起。實際上，扶手並不是用來「拉」的，而是透過輕推來幫助站起。因此，扶手的位置必須能讓年長者在起立時，確實做出「前傾」動作。只要輕推前方低矮的扶手，就能使臂部抬高，進而站起來。

扶手該設在哪裡？

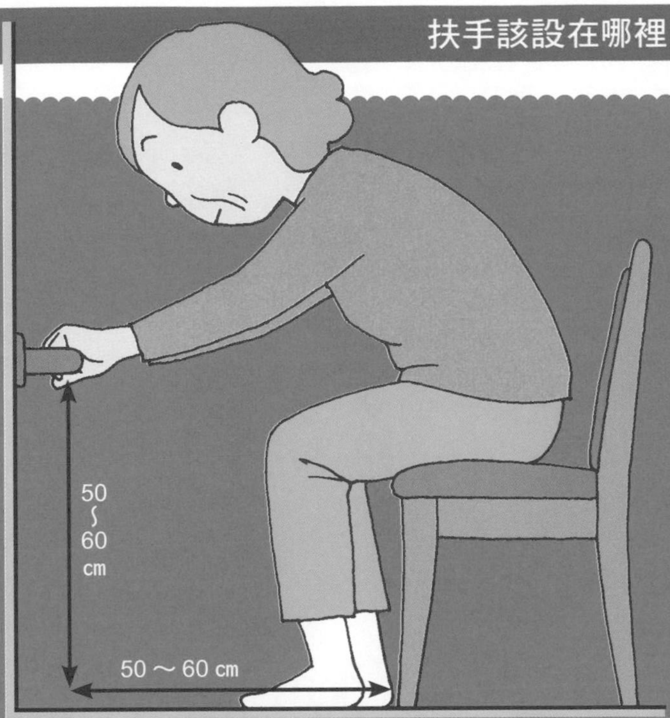

人和扶手間的距離，適合落在距離椅子前腳 50 ～ 60 公分處，高度也是在50～60公分處（與坐在椅子上的人肚臍處同高）。嬌小者可設成 50 公分，高大者則設成 60 公分處。

協助重點

- 進行住宅整修時，要將扶手設在起身位置的前方低處。
- 不妨詢問被照顧者平日習慣如何移動，再來設置其他的扶手。
- 牆壁及家具上若出現手垢，就代表那裡是年長者常扶著的地方。
- 設置扶手時，一定要先補強牆壁，這一點絕對不能忘記。

多為半身麻痺的人著想

半身麻痺的人在沿著扶手走路時，會用健側（沒有麻痺的那一邊）的手來握住扶手。這時患側（麻痺的那側）由於沒有牆壁，即使快要跌倒，也沒有手可以扶，因此對半身麻痺的人而言，拄拐杖步行並讓患側沿著牆壁，會比沿著扶手走路更安全。

使用台子

有時雖然想設置扶手，卻會因為家具的位置等種種因素，而無法安裝在理想的地點。這時就可以用 50 ～ 60 公分高的台子（或椅子）取代。輕推台子站起的動作，與生理上的站立姿勢很相近。

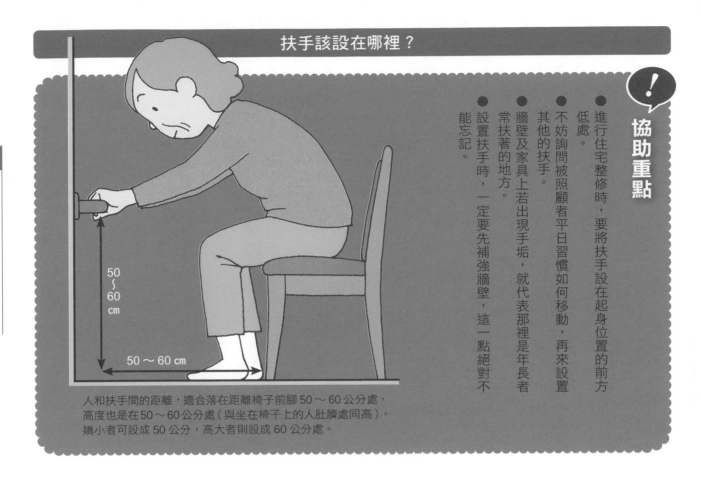

玄關與門廊

考量到照護需求，玄關必須簡化，使出入更方便。

玄關的高低落差，必須是輪椅可以跨越的程度

穿鞋子時

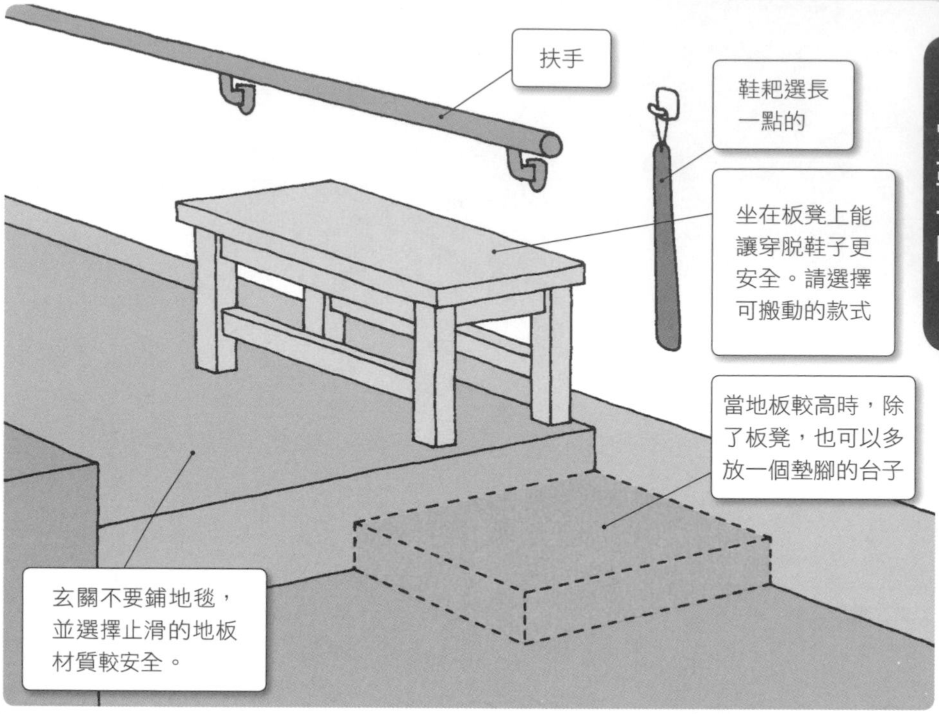
扶手
鞋耙選長一點的
坐在板凳上能讓穿脱鞋子更安全。請選擇可搬動的款式
當地板較高時，除了板凳，也可以多放一個墊腳的台子
玄關不要鋪地毯，並選擇止滑的地板材質較安全。

使用輪椅時

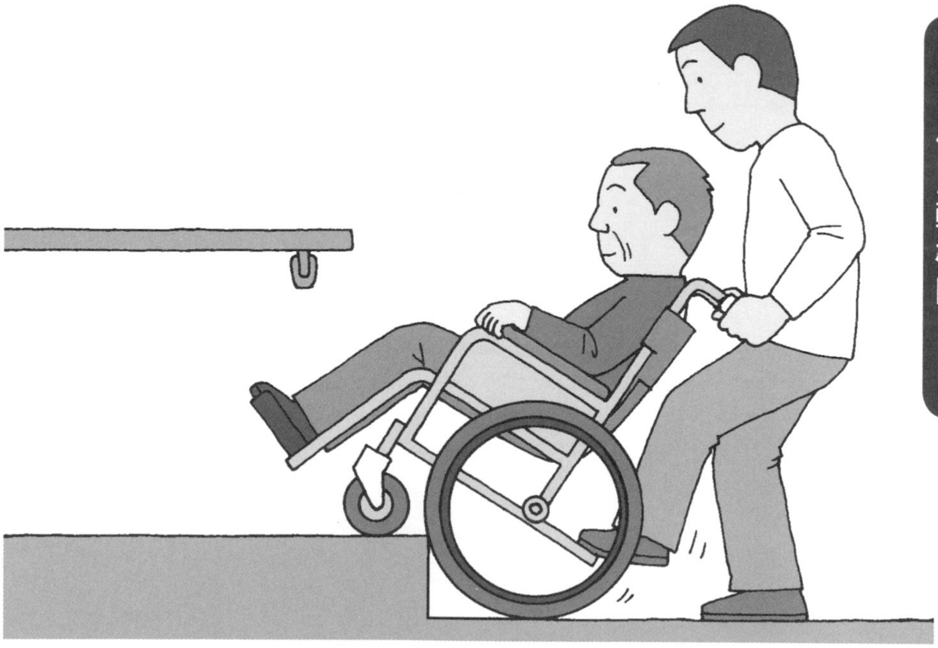

踩翹桿讓滑輪抬起，並將輪椅往前推，等驅動輪碰到台階後，再將滑輪降下來。接著推動把手，讓驅動輪一邊轉動一邊往上，只要是 20 公分左右的高低差，都可以跨過去。下樓時，則使用倒退的方式前進。

符合照護需求的門廊

在蓋新房子或改裝時，不妨以想像送年長者前往日間托老所並接他回來時的情境，再根據這個情境來設計玄關及門廊。能用輪椅讓年長者上下車的門廊最理想。

樓梯面的深度夠長，是輪椅階梯的必備條件。只要每一層都有能容納輪椅及方便被照顧者立足的空間，便能發揮「輪椅擅於克服單層高低落差」的特性。

緩坡很占空間，以個人住宅而言並不實際。因此，較好的方式是像上圖一樣，設置輪椅專用的階梯。左方照片為斜坡太陡的危險範例。

在自家打造有用的輪椅階梯

改造玄關與門廊並符合照護需求的重點，在於讓玄關與門廊變得方便輪椅使用。因此，玄關的板凳和踏腳的台子要選擇可搬動式的（參考右頁上方的插圖）。

大部分的人都不知道，玄關到室內地板的高低差，其實可以靠輪椅克服。只要不是過高的地板，都能將輪椅推上去。但若輪椅是六輪車，就必須將後方的輔助輪拆除或轉向上方，否則會難以跨越。

改造大門到玄關間的空間時，建議一定要規劃輪椅階梯。如上圖，只要有二、三層寬大的階梯，就能讓輪椅往上移動，與斜坡相比，是更實際的選擇。

輪椅階梯比想像中更方便使用，且與斜坡相比更省空間，不妨多加利用。

輪椅從後院出入的方法

若坐輪椅很難從玄關出入，也可以改從院子出入。

使用斜坡板從後院進出

輪椅也可以從後院出入

在日本，不少家庭推輪椅從玄關經由門廊通往庭院大門時，都會遇到阻礙。因為一般人在蓋房子時，並不會考慮到輪椅，導致玄關周圍高低差過多，正面寬度也偏窄。

這時若有後院，就可以從院子出入了。可以向上圖一樣，放一塊出入用的斜坡板，也可以透過改造住宅，裝設永久式的斜坡。移動式的斜坡板，可以透過長照保險來租借，永久式的斜坡板，則可經由長照保險中的住宅裝修服務來申請補助。

從後院出入，能方便外出，例如前往日間托老所時就可用到。

照護的重點在於無障礙空間

有些年長者即使住在豪華的屋子裡，仍會因為家中環境不適合居家照護而住進養護中心，這樣的案例不勝枚舉，原因就在於浴室與廁所的使用。

即便想改造，多數家庭的浴室都是一體成型，連扶手都無法加裝。除了地面和浴缸間的高低落差外，也無法設置輪椅通道（寬至少八十公分）到更衣間。

若沒有多餘的照護人力，要實施居家照護真的很困難。若想解決上述問題，關鍵就在於「從後院出入」，請參考左頁的說明。

若家中有後院，請加蓋浴室與廁所

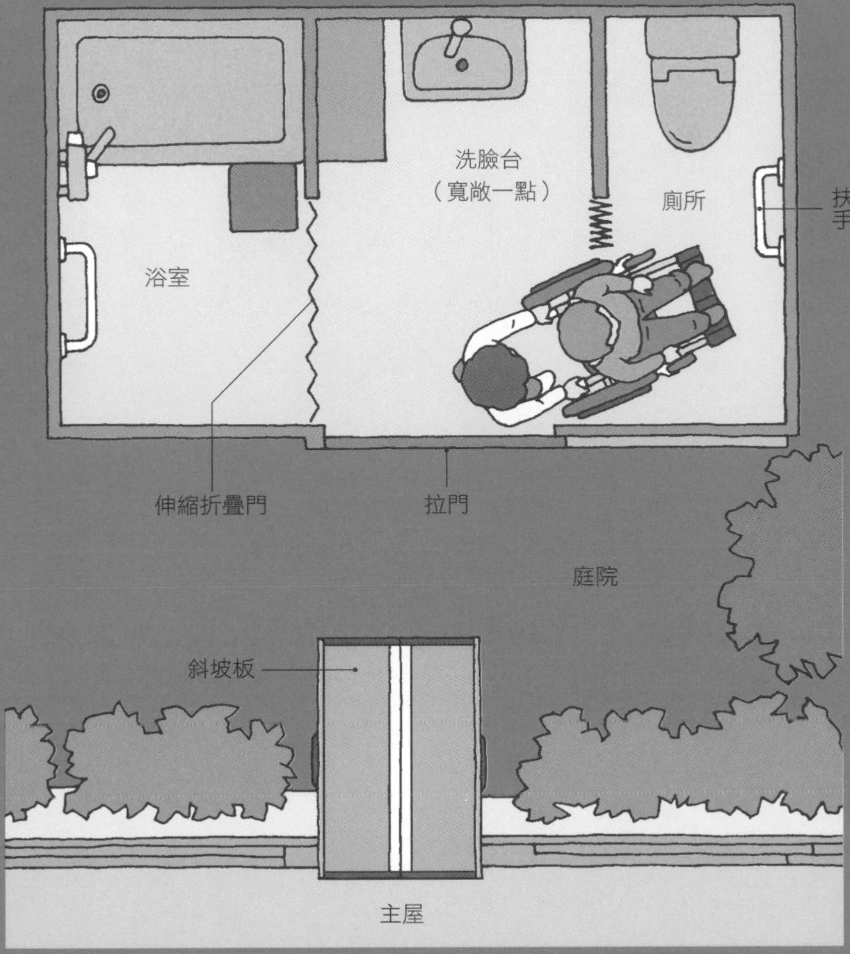
浴室
洗臉台
（寬敞一點）
廁所
扶手
伸縮折疊門
拉門
庭院
斜坡板
主屋

上圖為從俯看浴室、洗臉台、廁所等組合式衛浴的示意圖。只要將上圖的衛浴設備設置在庭院裡，透過斜坡板進出主屋，就能在家進行臨終照護。建議在被照顧者身體狀況還不錯時，替浴室、洗臉台、廁所加裝門板，之後再改成伸縮折疊門。

協助重點

- 了解被照顧者是否強烈希望「不論發生任何事，直到臨終，都想住在家裡」？
- 同住的主照顧者，是否有堅定的信心可以進行照護？
- 少了人與人之間的溫情，不論硬體設備多麼完善，都不是適合壽終正寢的地方。
- 若被照顧者與家人感情極好，就需要一個能提供最佳方案的專家來指點迷津。

最終方案：組裝式衛浴

當無法自行洗澡、如廁的長輩，希望能住在家裡時，究竟能怎麼做呢？既然浴室無法移動，就只能蓋新的。針對這點，復健設計研究所負責人杉田穰提出了一個構想，那就是「將組裝式的浴室、洗臉台（兼更衣室，空間要寬敞些）與廁所，設在庭院裡」。

我們依照這個方案，在上方畫了示意圖。此外也可搭配將床位帶進客廳（參見第一百頁）的方法，把相同的組裝衛浴設在客廳隔壁，不過，這樣家裡就會有兩套衛浴設備。

組裝衛浴的優點在於照護結束後，可移到其他空間（有的款式附有車輪，可移動）。若想購買，只能自費或向相關單位租借。（編按：台灣目前只能在洗澡或排便設備中二選一，有需求可詢問相關業者。）

走廊與樓梯

走廊與樓梯是最容易跌倒、骨折的地方，行走時請務必小心。

協助爬樓梯的方法

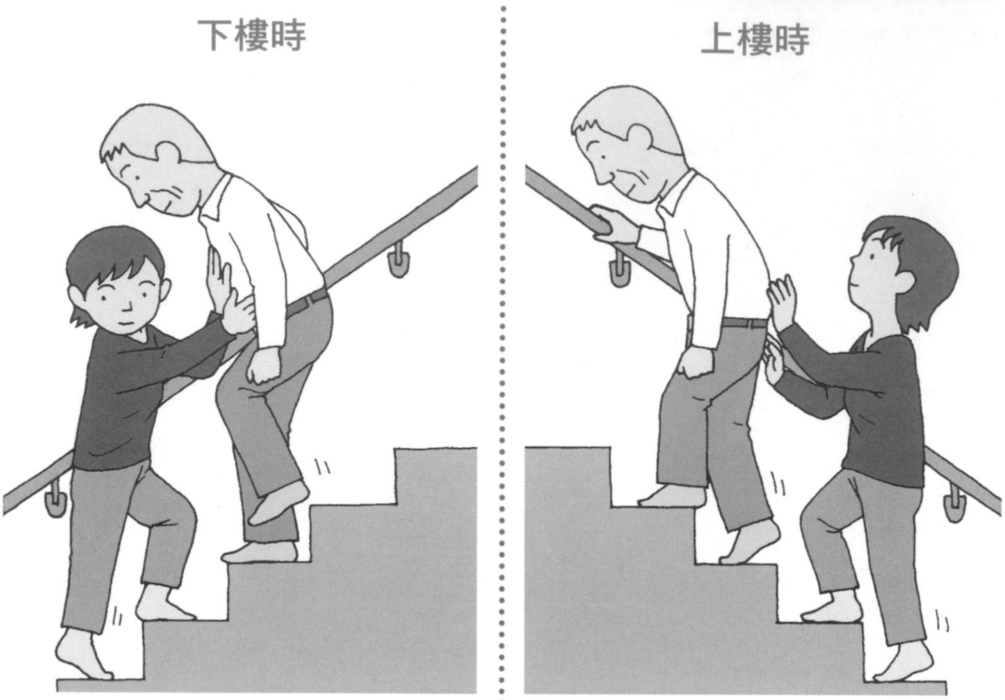

照顧者用倒退的方式下樓，從下方輕輕扶著長輩

照顧者跟在後方上樓，以便跌倒時能立刻扶住

如何預防跌倒？

年長者在走廊跌倒或滾下樓梯，並不罕見。根據日本國民生活中心的資料（二〇一三年）顯示，年長者骨折的比例，是超過二十歲但未滿六十五歲者的兩倍。

年長者一旦骨折便很難痊癒，在「必須長時間治療的嚴重傷患」中，第一名就是骨折。因此一但開始居家照護，就必須想好如何預防年長者在走廊、樓梯上跌倒或滾下。

預防方法必須從兩方面來執行，一是讓家中構造變得更安全，二是依照被照顧者的身體狀況來個別應對。若不能針對個別弱項來補強，例如半身麻痺、衰老或帕金森氏症，就很難預防意外發生。

但在這裡又會衍生出一個問題，那就是「既然被照顧者在爬樓梯時容易發生意外，何不乾脆住在一樓？」關於這點，年長者們也有許多意見，像是「不想改變生活習慣，想繼續待在二樓的寢室裡」、「爬樓梯也是一種復健，能走就走」等。

其實這題並沒有正確答案，最好的方式就是由被照顧者本人與主照顧者充分討論。只要兩人都能接受，只在一樓進行照護也是一種解決之道。

照顧者一定要知道，年長者的骨折意外，最容易在疾病或傷患痊癒、活動性增加時發生。

減少高低落差的方法

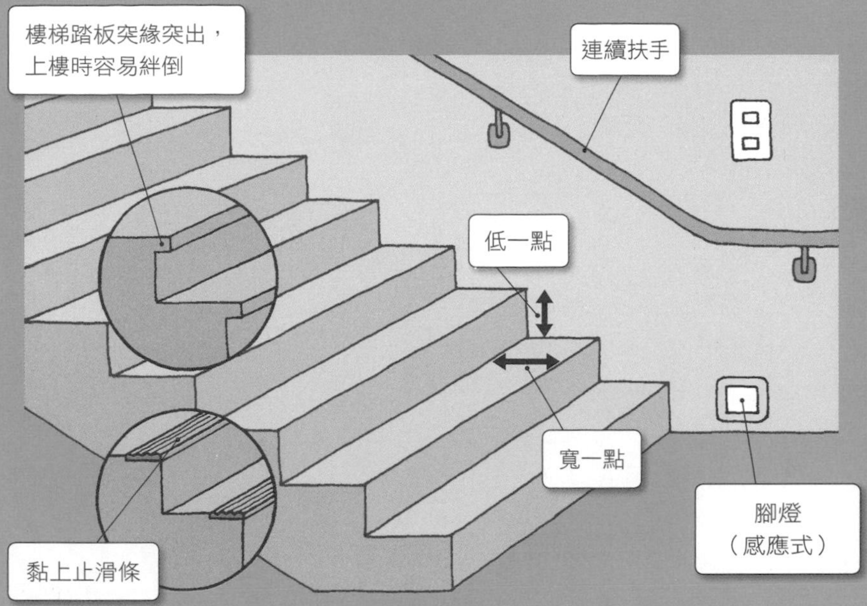
樓梯踏板突緣突出，
上樓時容易絆倒
連續扶手
低一點
寬一點
腳燈
（感應式）
黏上止滑條

若接下來才要蓋房子，可設置平緩的斜坡，幫助盡量擴展平台面而非高低差。照明方面，可在牆壁中嵌入亮一點的感應式地腳燈；走廊的地板則挑選具有防滑功能的材質。

協助重點

- 若家中尚未做好居家照護的準備，至少請先加裝扶手並消除高低落差。
- 確認年長者的身體狀況，並針對個別弱項進行協助（例如購買止滑襪，讓腳抬得動的年長者穿上，但若腳抬不起來，就不適合穿）。

常見的煩惱①

帕金森氏症患者不擅走路

有些帕金森氏症患者會爬樓梯，卻不曉得該怎麼在走廊上走路。由於他們很擅長辨認障礙物，因此不妨在走廊上貼膠帶，模擬樓梯的樣子。這麼一來，超過半數的患者都會知道該怎麼走。

常見的煩惱②

因藥物影響而暈眩

年長者跌倒還有一個不容忽視的因素，那就是藥物影響。一旦服用降血壓藥、安眠藥、抑制失智症亢奮藥物後，走起路來就會搖搖晃晃，照顧者一定要特別留意。若有危險，請盡速和醫師商量。

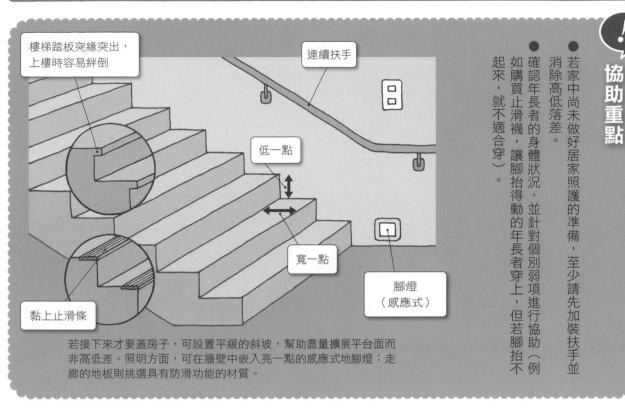

規劃家中動線

保持動線通暢，是讓居家照護長期持續的不二法門。

當客廳到廁所的距離很遠時

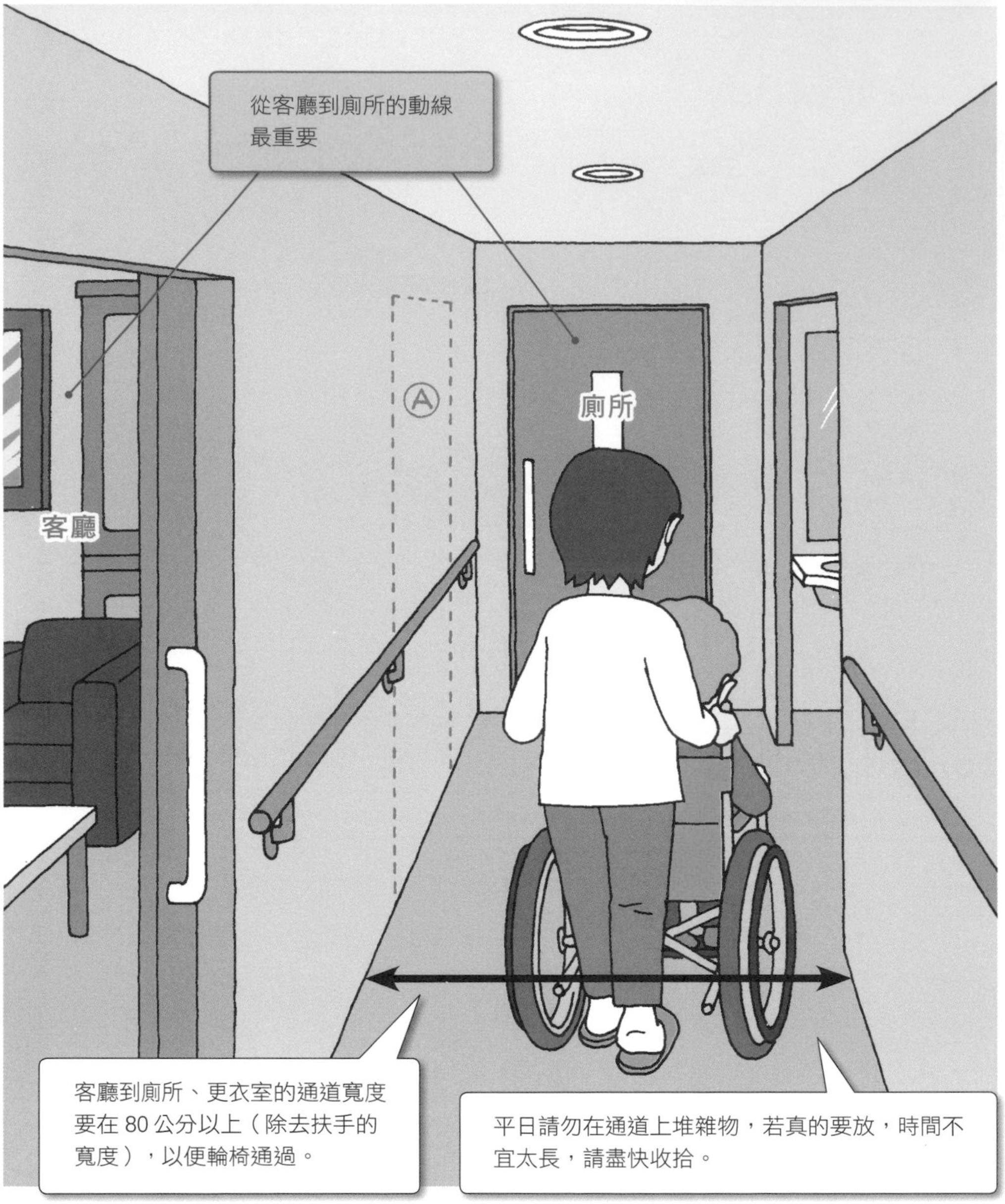
從客廳到廁所的動線
最重要
廁所
客廳
Ⓐ
客廳到廁所、更衣室的通道寬度要在 80 公分以上（除去扶手的寬度），以便輪椅通過。
平日請勿在通道上堆雜物，若真的要放，時間不宜太長，請盡快收拾。

家中走道要夠寬，方便輪椅通過

當因居家照護而與照顧者同住時，改造動線其實並不困難。此時被照顧者與照顧者的活動範圍都會有一定程度的縮減，只要不在移動路線上堆雜物、好方便走動，就沒什麼問題了。

根據被照顧者的身體狀況與步行能力，動線與輪椅通道最少一定要保留八十公分寬。即使年長者家目前可用扶手步行，照顧者也請考量未來的情況，設置輪椅通道。當然，若是「家裡很窄，可以扶牆行走」的房子，就不需要設通道。

有時即使被照顧者坐輪椅，也來不及上廁所。這時請參考左頁下方的辦法，就能順利解決。

動線是否暢通，將影響居家照護的品質

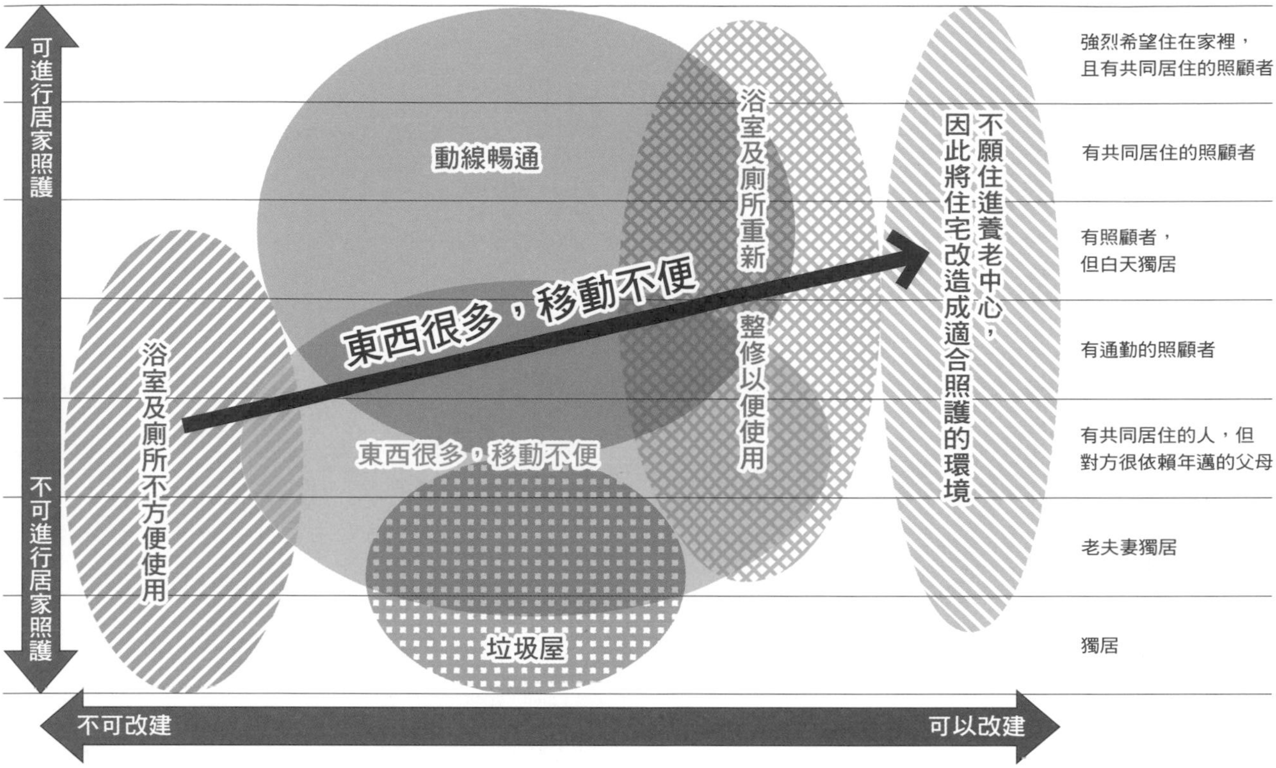
可進行居家照護
不可進行居家照護
不可改建
可以改建
動線暢通
浴室及廁所重新整修以便使用
不願住進養老中心，因此將住宅改造成適合照護的環境
東西很多，移動不便
浴室及廁所不方便使用
東西很多，移動不便
垃圾屋
強烈希望住在家裡，且有共同居住的照顧者
有共同居住的照顧者
有照顧者，但白天獨居
有通勤的照顧者
有共同居住的人，但對方很依賴年邁的父母
老夫妻獨居
獨居

＊左下為不易進行居家照護的住宅，右上為可進行居家照護的住宅。理想的狀況是要落在粗箭頭的上方。

協助重點

努力縮短動線

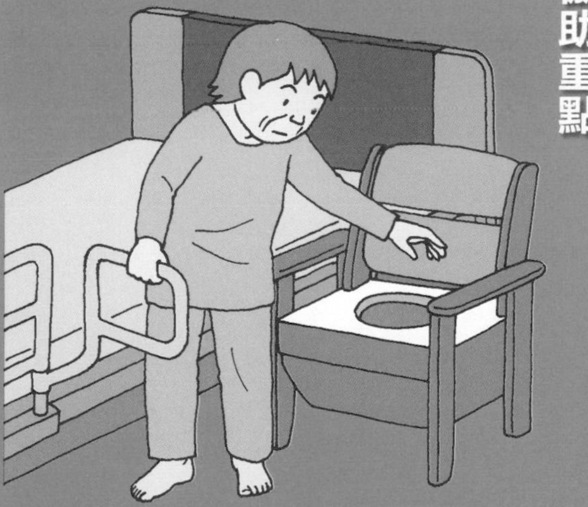

這時候，不妨使用移動式便座，若無論如何都想去廁所排泄，可以將客廳的出入口設在廁所附近，床及沙發也請移到廁所附近。

常見的煩惱

動線通暢，卻很難上廁所

有些年長者在感受到便意或尿意後，即使坐上輪椅，仍會趕不及上廁所。尤其發燒至 38 度左右時，即使平日沒問題，排泄也容易失敗。這麼一來，特意維持的動線就無用武之地了。

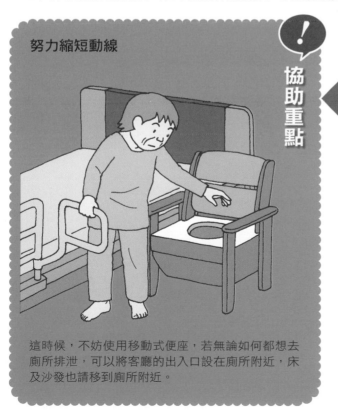

用餐的姿勢與食慾

用餐時，姿勢及食慾都很重要。

容易吞嚥、不易噎到的姿勢

手腕與手肘維持水平

坐下時，手腕可以輕鬆放在餐桌上。手腕與手肘維持水平，或手腕稍低，都是理想的姿勢。

往前傾

背部不能靠在椅背上。頭往前、維持前傾，是最基本的用餐姿勢，較容易吞嚥，不易噎到。

腳底踩在地板上

讓腳底完全踩在地板上，是坐穩的必要條件之一。若腳碰不到地板，請調整椅子的高度。

調整餐桌的高度

桌面高度約與肚臍平行，若被照顧者是小個子的女性，桌面高度約在 58～60 公分左右。

用餐時，什麼最重要？

提到飲食照護，大家腦海中浮現的可能是「用湯匙餵年長者吃東西」。一般只會教導以餵食的方式來進行飲食照護，而在養護機構中，也是由照顧服務員拿湯匙，將食物送進被照顧者口中（因為這樣比較快）。

餵食絕非飲食照護的起點，正確的飲食照護，應該由「想辦法讓被照顧者透過自身力量從口進食」為出發點。看見年長者用餐時力不從心，撒滿桌面時，可能會忍不住想餵他們，但一旦介入照護，食物的滋味就會減半，營養也會吸收不良。

那麼在飲食照護中，什麼才是最重要的呢？營養均衡、使用當季食材、在味道和擺盤上下功夫……，這些固然重要，但在這裡，我們要從照護的角度來思考。對年長者而言最重要的，是讓他們靠自己的力量進食，及營造能愉快用餐的環境。

要讓被照顧者靠自己的力量進食，有三個要點，包括：準備方便食用的餐點（參考第七十頁）、使用方便進食的餐具與用具（參考第七十四頁）、將餐桌與椅子調整至適合用餐的高度。此外，維持像上圖一樣的用餐基本姿勢更是重要，照顧者一定要牢記在心。

有些人因為擔心食物撒出來弄髒衣服，所以會繫圍兜，但他們真的盡力了嗎？只依賴圍兜而不以正確的姿勢用餐，並不可取。

打造愉快的用餐環境

在養護機構裡，人與人的關係很容易變成「餵食的人」與「被餵的人」。在家則不然，大家是一起享用同一套餐點，畢竟一個人吃很容易索然無味。

協助重點

加裝警報器，預防火災

照顧獨居年長者或老夫妻時，容易遇到一個狀況，那就是左鄰右舍會對用火煮飯感到憂心。鄰居會擔心失火，並要求不要煮飯。曾經有一位照護協助者，在好幾位獨居年長者及老夫妻家中的廚房，裝設了灑水器，因此獲得了左鄰右舍的諒解。只要在瓦斯爐上方的抽油煙機處，裝設會噴水或滅火的簡易型自動滅火器，就能讓鄰居們安心。如果不裝滅火器，只安裝火災警報器也是一種解決之道。

常見的煩惱

想讓年長者進食，首先得讓他有活下去的欲望

當年長者喪失活下去的欲望時，會變得怎麼樣呢？請他吃飯，雖然會吃幾口，但漸漸的量會越來越少。強迫他吃，甚至會噎到或嗆到，到時可就麻煩了。遇到這種狀況，讓年長者家覺得「活著真好」，讓他感受到生活的樂趣，會比構思餐點內容更重要。若只是單純的食慾不佳，可以觀察他的運動量。一旦活動量下降，容易陷入還沒感到餓時又要吃下一餐的惡性循環。這時透過日間托老或帶年長者從事有興趣的戶外活動，增加活動身體的機會，就顯得非常重要了。

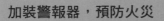

咀嚼、吞嚥機能與食物的型態

想讓年長者靠自己的力量吃飯，就要準備能方便食用的餐點。

依照咀嚼能力，挑選食物

為無法正常飲食的人所設計，軟硬適中、容易入口的食物，稱為照護食品。在大型養護機構中，照護食品會由營養師與管理營養師來設計，在家就只能靠照顧者來製作了。

比較方便的方法是購買市售的照護食品，大多為湯類、可用微波爐加熱的調理包或冷凍食品，不妨事先購買，其營養價值與口味都有一定的水準。

上表為日本照護食品協會提倡的宇宙食品（為咀嚼能力弱的人所設計的易食用加工食品）軟硬度區分表，可當作購買照護食品，及在家烹煮食物的標準。

挑選照護食品的標準

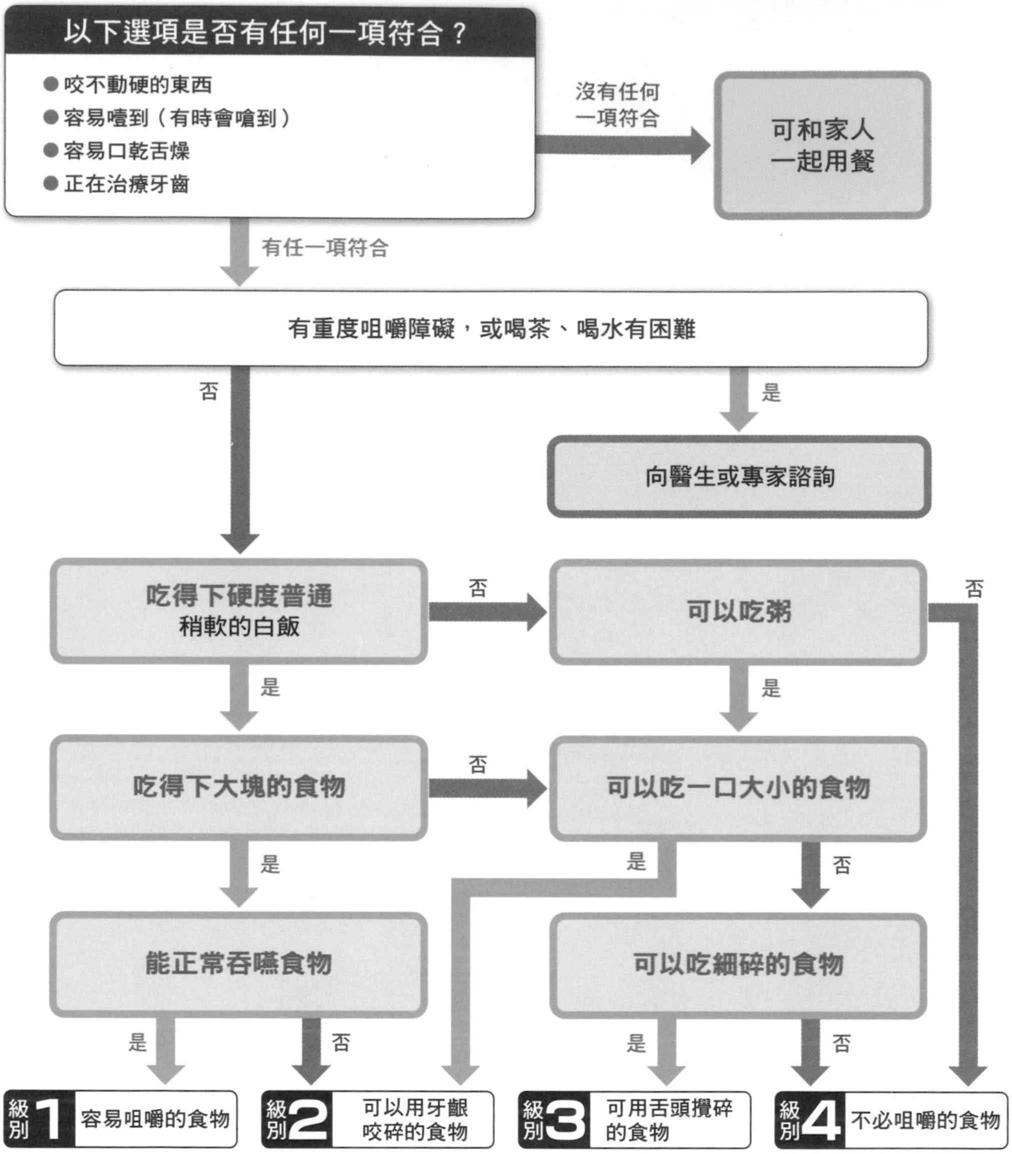
以下選項是否有任何一項符合？
●咬不動硬的東西
●容易噎到（有時會嗆到）
●容易口乾舌燥
●正在治療牙齒
沒有任何一項符合
可和家人一起用餐
有任一項符合
有重度咀嚼障礙，或喝茶、喝水有困難
否
是
向醫生或專家諮詢
吃得下硬度普通稍軟的白飯
否
可以吃粥
否
是
是
吃得下大塊的食物
否
可以吃一口大小的食物
是
是
否
能正常吞嚥食物
可以吃細碎的食物
是
否
是
否
級別1 容易咀嚼的食物
級別2 可以用牙齦咬碎的食物
級別3 可用舌頭攪碎的食物
級別4 不必咀嚼的食物

※依照日本照護食品協會官方網站製成

依咀嚼能力選擇食物

食塊形成流程圖

咀嚼 → **食塊形成** → **吞嚥**

咀嚼
用牙齒將食物磨碎

食塊形成
食物與口中的唾液混合，形成小型的塊狀物

吞嚥
將送進喉嚨深處的食物一口氣吞下

咀嚼有問題
牙齒或假牙有問題，無法將食物磨碎

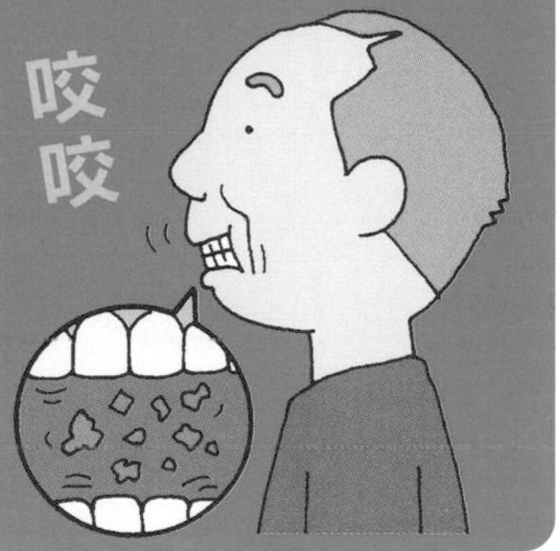

食塊形成有問題
牙齒、舌頭與臉頰的動作不協調，無法將咬碎的食物搓揉成團

吞嚥反射有問題
吞嚥動作產生障礙，如喉嚨閉鎖不完全，食物跑進氣管等

〇 將一口大小的食物或黏稠的食物嚼成一團，比較容易吞嚥
〇 喝有稠度或果凍狀的食物較安全
✕ 切碎的食物會在口中散開，不易嚼成一團
✕ 液體狀的食物在口腔內不易受控，容易嗆到

〇 適合吃柔軟的食物，幫助咀嚼
✕ 將食物切碎來代替咀嚼，反而會讓食物卡在牙縫裡而不利食用

吞嚥能力差，更不能吃糊狀食物

人年紀大了以後，視力、指力都會衰退，導致無法進行較精細的動作，因此照顧者必須將食物切成一口大小提供給被照顧者。但若切太細，食物就會在口中四散，反而不易食用，所以不能把食物切得太碎。

照顧咀嚼能力不佳的人時，最基本的方法就是將硬的食物煮軟。但不少照顧者都會在這裡犯一個大錯，那就是容易噎到的人並不是咀嚼能力變弱，而是吞嚥能力衰退。吞嚥能力弱的人，千萬不能讓他吃最不易吞嚥的糊狀食物。對容易噎到的人來說，吃具有一定硬度的食物是必要的。

咀嚼與有意識的吞嚥是息息相關的（參考上方的食塊形成流程圖）。若頭抬高到一半，吃不經咀嚼就直接流向喉嚨的食物，嗆到的危險性就會提高。

善用送餐服務

在居家照護中善用送餐服務，能讓照護更輕鬆。

高齡者送餐服務（以日本某社福團體為例）

高齡者送餐服務

- 對象為 65 歲以上的高齡者，及因身體虛弱而無法煮飯的人。
- 承辦業者會配送午餐或晚餐任一餐。送餐時，工作人員會確認高齡者是否平安，若健康狀況有異，會聯絡相關機構。
- 除了普通食物，也可選擇軟爛食物，或低鹽、低熱量等特別餐點。
- 一餐約 500 日元，直接付給承辦業者。

照護預防服務

- 由社福團體提供，目的是幫助年長者生活。
- 對象為需預防營養不良的長者。
- 週一至週六配送午餐。
- 一餐的費用為 600 日元。
- 不可與高齡者送餐服務合併使用。

無法自行料理時，可選擇送餐服務

近年來，民間銀髮族社福團體的服務內容越來越完善，其中還包含了送餐服務。送餐是當日現做的飯盒，內容則以低鹽、低油、低卡為主。有的社福團體還提供葷食與素食選擇，菜色也每週變換，非常豐富。

送餐服務的成員多為社福團體的志工，「送餐」也不單單只是「送達餐點」，在一天一次的送餐到府時，志工也會同時做簡單的探訪，確認需要送餐的長者們是否一切安好？有無特殊需求或健康是否發生任何變化等。一旦發現需要幫助的長者，志工就會立刻回報，藉由每日的送餐機會，照料長者們的需求。

在居家照護中會有以下狀況，例如平時有照顧者陪同，但白天獨居；或是由照顧者遠距離照護等情況。藉由送餐服務，能讓已經不太能做家事的年長者不會因飲食不當而營養不良。

無法每餐都為長者們準備的照顧者，可以查詢社福團體或當地政府是否有提供相關的服務，建議直接上網查詢或打電話詢問。（編按：台灣方面若符合申請資格，會由服務提供單位安排送餐到家，相關問題請洽各縣市社會局的老人福利科，或詢問社福團體。）

白天獨居時

照護需求等級 2 的 M 女士（78 歲），每週一、三、五這三天會前往日間托老所。而她週一至週五白天需工作的女兒，則因申請了週二、週四送午餐兼看顧的配餐服務，而放心許多。

協助重點

- 照顧者出外工作時，白天獨自在家的被照顧者是否平安，將是一大問題。
- 被照顧者只有白天前往日間托老所，但不去時該怎麼處理？
- 調查各地區的社福團體或機構，是否提供送餐服務及申請辦法。
- 不去日間托老所時，便可使用送餐服務，幫助持續居家照護。

遠距離照護時

遠距離照護中的 S 先生，很擔心父母營養不良，偏偏父母都無法接受家庭幫傭。自從申請送餐服務後，就能確認父母的營養攝取狀況了。

協助重點

- 當孩子住在都市裡，年邁的父母住在鄉下時，父母的營養狀況往往會逐漸變差。
- 人一上了年紀，即使不太吃東西也不會覺得餓或難受，導致越來越懶得買東西或煮飯。
- 當兒子或女兒回老家時，照護支援者一定要和他們討論該如何準備餐點。
- 送餐服務需要費用，盡量在得到孩子們的體諒與支持下再申請，年長者才會比較安心。

飲食照護及用餐環境④

讓年長者自行用餐

真正的飲食照護並不是用湯匙餵年長者進食，而是讓他們有能力自己用餐。

方便食用的餐具及道具

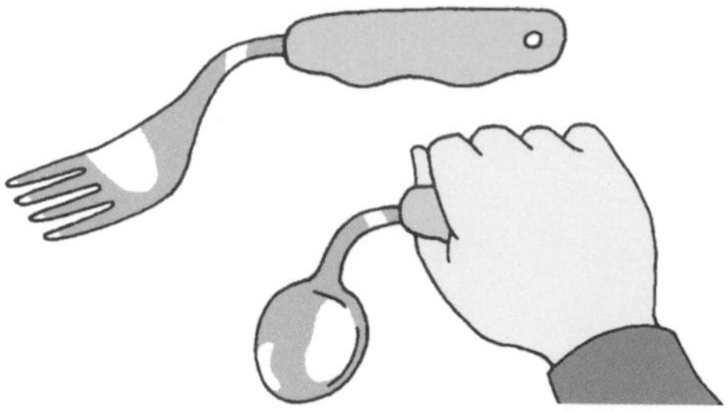

彎曲的湯匙與叉子

不必彎曲手腕或手肘就能使用。因輕巧且握柄大，握力不強也沒關係。

傾斜的餐具

可用單手操作的斜型餐具，餐具下方會鋪止滑墊。

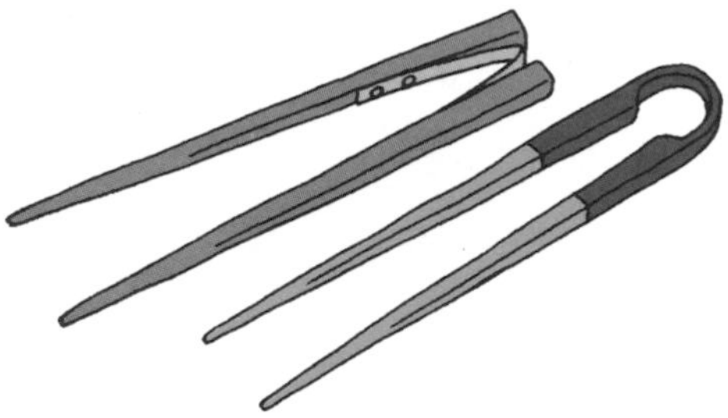

彈簧筷

透過彈簧的力量，輕鬆挾取食物的筷子。種類繁多，可自行挑選。

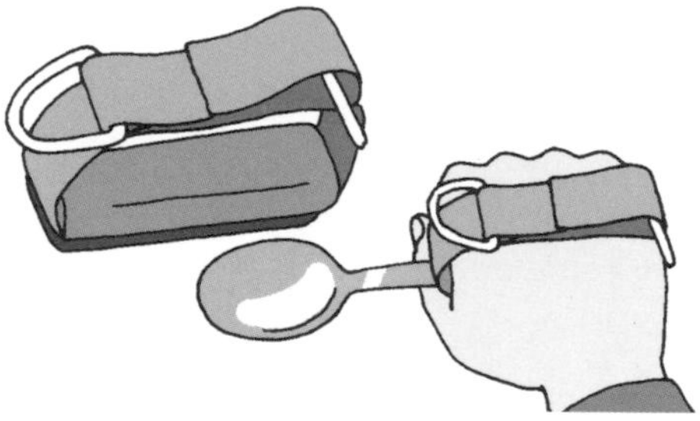

萬用套

綁在手指無力的長者手上，再將湯匙或叉子插入使用。

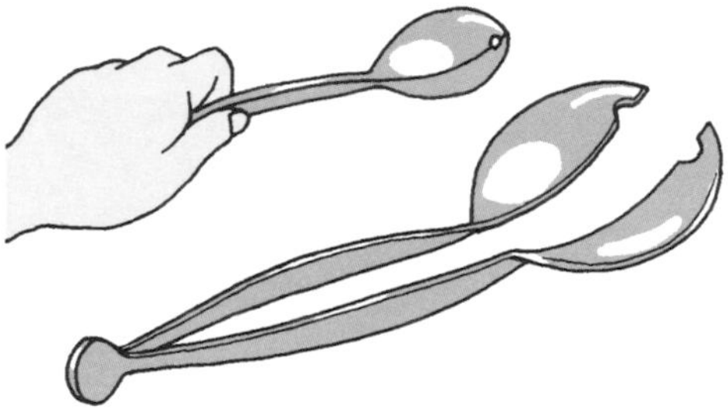

萬能湯匙

能完成筷子、湯匙、叉子、刀子等所有動作的湯匙。（在日本，這種湯匙冠上發明者的名字，稱作「筧治湯匙」）

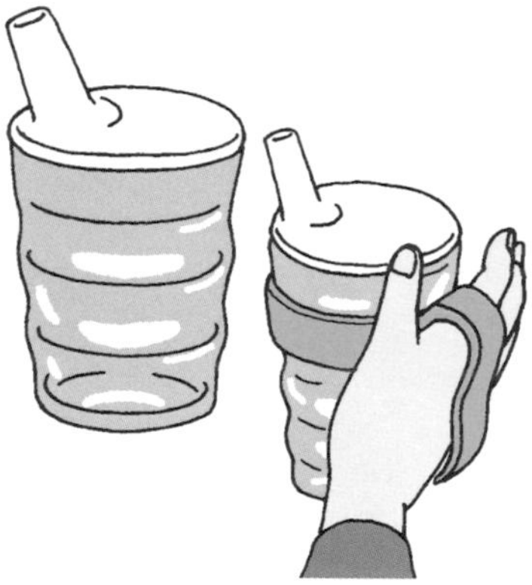

防潑水杯

附吸嘴，不易灑出來的杯子。套上把手就能輕鬆拿起。

只要能自行用餐，方法不限

越要餵患者失智症狀的年長者吃飯，他們就越不想吃。為了避免這種情況，必須讓年長者自行用餐，而不是由照顧者餵食。

只要能讓年長者透過自己的力量吃飯，任何方法都可行，即便是用手抓食物亦無妨。其實用手抓食物，反而能讓他們意識到自己要吃什麼，而被餵食時向後仰的身體，也會因此往前傾，是理想的飲食方式。

除此之外，上圖介紹了各種自助餐具，左頁則提供外送、開派對等引發食慾的方法。請根據年長者的狀態，挑選適合的方式。

偶爾也可「用手抓食物」進食

曾經有位年長者不願接受餵食，大家都認為他來日無多了。某天，照顧者請他拿飯糰，他竟然吃了起來，家人的喜悅自然不言而喻。

協助重點

- 大部分的失智症患者即便症狀加深，也都還會使用筷子。若連筷子都無法使用，那麼也無法使用湯匙和叉子。
- 若惡化至此，就讓年長者試著用手抓食物。比起他人眼光，我們更應該選擇讓年長者靠自己的力量進食。
- 將菜色換成飯糰、三明治等以手就口的食物，並以一口大小的方式最合適。
- 有些專家甚至認為一般食物也可以用手抓取。盡量讓年長者把手伸向愛吃的食物吧。

不肯用餐時，不妨叫外送吧！

開派對

有事情要慶祝時，就辦個豪華餐會。如果煮火鍋，能引起年長者的食慾。

外食

有時氣氛一改變，食慾就來了。最近可讓輪椅進入的餐廳越來越多，對照護而言是一大福音。

叫外賣

是否每天都絞盡腦汁在製作減鹽少油的照護食品呢？偶爾叫外賣，點些愛吃的東西，休息一下。

口腔照護

為了守護老年人的健康，口腔照護不可少，每天都要做。

餐前及日常的口腔訓練

口腔肌肉運動

讓口腔養成形成食塊的力量與吞嚥力。舌頭緊貼上顎，然後用力發聲。

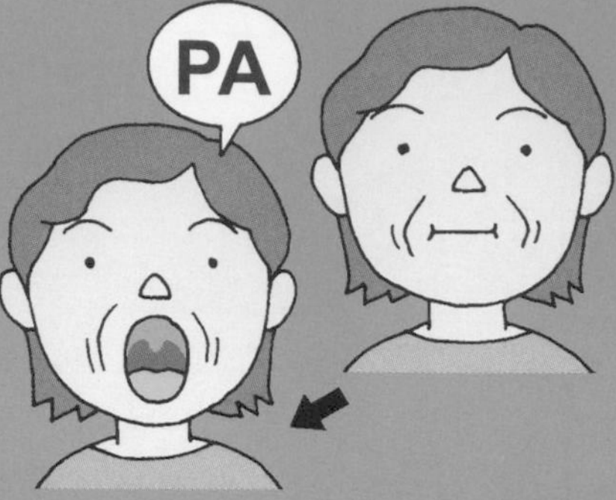

讓食物進入口中後不會溢出來的口腔運動。將嘴唇緊閉，發聲的同時張大嘴巴。

重現將食物送進喉嚨深處的口腔運動。將舌頭捲起，用舌尖輕彈門牙後側並發聲。

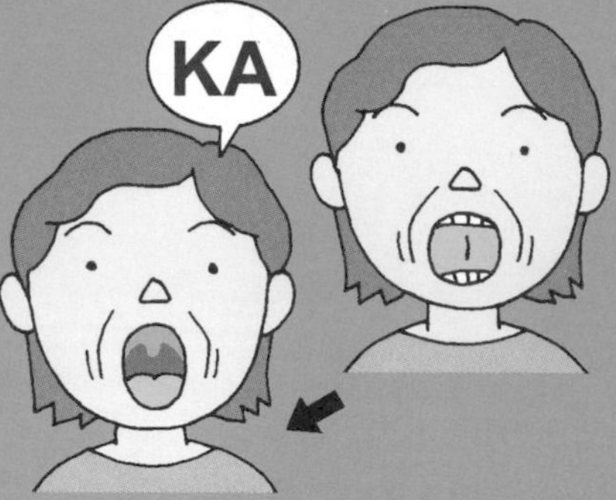

吞嚥時，讓氣管瞬間緊閉的口腔運動。喉嚨深處用力，將空氣大力吐出後再發聲。

按照以下步驟，進行口腔運動：❶ 將 PA、TA、KA、RA 每個音清楚地發出來；❷ 重複發出 PAPAPA、TATATA、KAKAKA、RARARA，每個音各持續五秒；❸ 不斷重複 PATAKARA、PATAKARA；❹ 用繞口令的方式，快速並重複念 PATAKARA。每天練習，就能提升咀嚼力、食塊形成力及吞嚥能力。

口腔訓練與口腔清潔

口腔護理分為兩種，一種是培養咀嚼與吞嚥能力的口腔運動；另一種是餐後的口腔清潔。在養護機構及日間托老所，口腔護理是照顧服務員的工作，因此容易被家屬忽略，但在家中，就是照顧者的工作了。

上圖是口腔訓練運動的一種，透過發出四個音，訓練咀嚼力、吞嚥力等和進食有關的口腔能力，是除了清潔之外，最重要的口腔護理事項。

準備適合的餐點及餵食，並非飲食照護的全部。在日常生活中維持並加強被照顧者的咀嚼及吞嚥能力，使口腔內保持清潔，也是很重要的一環。

餐後的口腔清潔

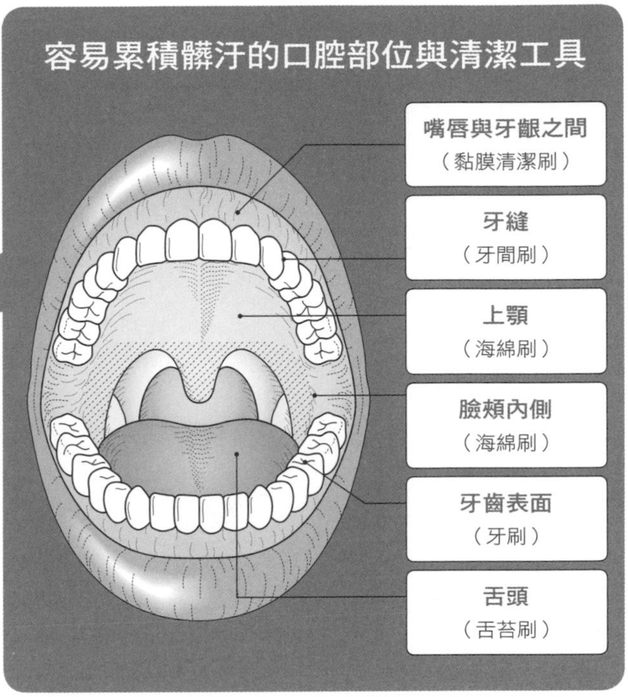
容易累積髒汙的口腔部位與清潔工具
嘴唇與牙齦之間
（黏膜清潔刷）
牙縫
（牙間刷）
上顎
（海綿刷）
臉頰內側
（海綿刷）
牙齒表面
（牙刷）
舌頭
（舌苔刷）

由照顧者代勞，幫年長者維持口腔內的清潔。無法刷牙時，可以像左圖一樣，用口腔護理用的濕紙巾來擦拭。

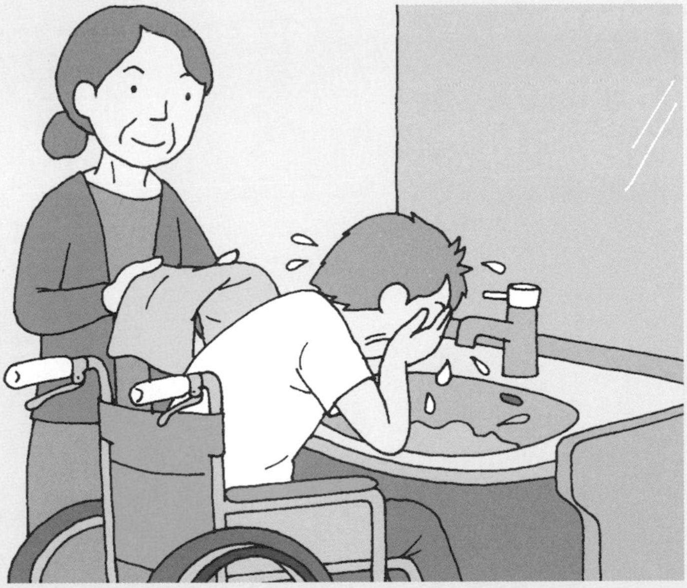

洗臉台下方的空間要大，才能方便清潔口腔

洗臉台的重要性，意外地容易被忽略。一座下方有空間、能讓椅子或輪椅進入的洗臉台，對於每天早晨的儀容整理與飯後的口腔清潔，都是不可或缺的。因此若要打造適合照護的環境，洗臉台也是一定要改裝的項目之一。

排泄姿勢及輔助

排泄越順利，照護就越輕鬆。可是到底該怎麼做，才能順利排泄呢？

「排泄」優先於其他事情

照護時，「排泄」最重要

在照護界有一項守則：排便最優先。意思是，當年長者產生便意時，即便照顧者在忙著餵其他人吃飯、忙不過來，也要以有便意的人為優先。不只排便，也要幫助年長者在對的時機排尿，這就是「排泄最優先原則」。

人體要自然排便，需要三種力量，分別為❶直腸的收縮力、❷腹壓、❸重力（參考左頁的插圖）。其中，❷與❸可以靠坐在馬桶上、雙腳用力踩地板，來發揮到極限。

而❶的直腸收縮力，必須靠自己來出力。直腸收縮時的排便反射，只會在糞便被送往直腸時產生。若錯過了直腸收縮的排便時機，反射作用就會被抑制。

便祕可分為因大腸狹窄、機能衰退所引起的弛緩性便祕，及因直腸排便反射被壓抑所產生的直腸性便祕。大部分的高齡者便祕都是後者，在生活中持續忍耐便意所引起。因此不錯過便意，適時引導他們上廁所，就顯得非常重要了。

要讓腹壓弱的年長者自然排便，必須利用直腸的收縮力。但多數的養護機構都不願聆聽年長者的排便需求，而直接使用尿布，結果就是引發嚴重便祕。

運用三種力量，自然排便

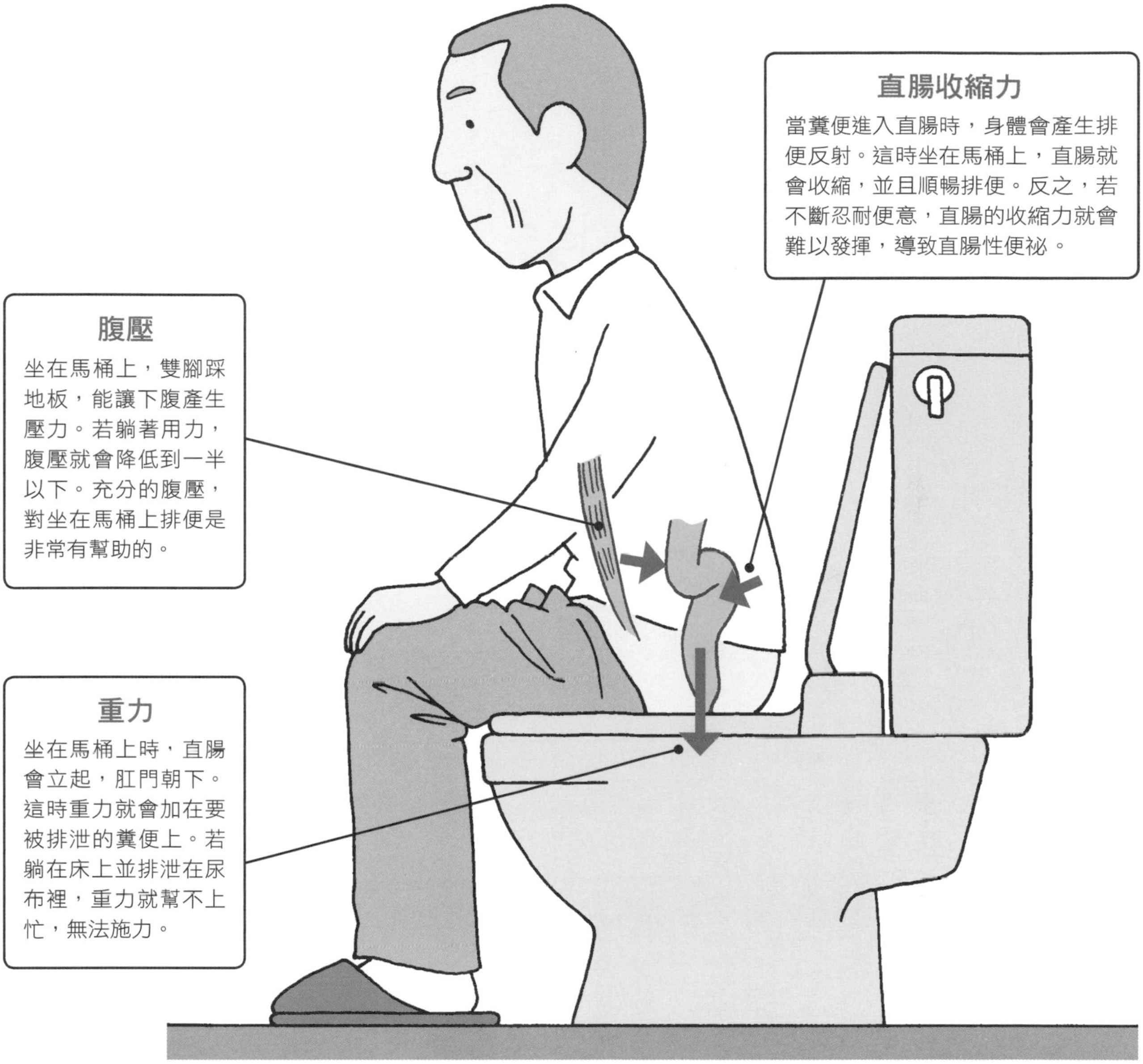
直腸收縮力
當糞便進入直腸時，身體會產生排便反射。這時坐在馬桶上，直腸就會收縮，並且順暢排便。反之，若不斷忍耐便意，直腸的收縮力就會難以發揮，導致直腸性便祕。
腹壓
坐在馬桶上，雙腳踩地板，能讓下腹產生壓力。若躺著用力，腹壓就會降低到一半以下。充分的腹壓，對坐在馬桶上排便是非常有幫助的。
重力
坐在馬桶上時，直腸會立起，肛門朝下。這時重力就會加在要被排泄的糞便上。若躺在床上並排泄在尿布裡，重力就幫不上忙，無法施力。

排便時，一定要坐在馬桶上

為了避免年長者產生直腸性便祕，除了在產生便意（排便反射）的當下立刻上廁所，還必須讓年長者好好坐在馬桶（或移動式便座）上排便，這樣才能讓腹壓與重力發揮作用。一旦擁有上圖描繪的三種力量，年長者就能自然排便。

那麼，排便反射最常出現在什麼時候呢？答案是，在身心放鬆的狀態下，吃了一些食物後，也就是吃完早餐時。想要將這項生理機制運用在排泄照護內，就必須讓年長者即使沒便意，也務必要在「吃完早餐後上廁所，或坐在移動式便座上」，這點非常重要。

只要能持之以恆，即使原本嚴重便祕，也能逐漸改善，開始兩~三天排便一次。多花一點時間，幫助年長者順利排便吧！

廁所改建的重點

廁所該如何改建，才能利於照護呢？

安裝上掀式扶手

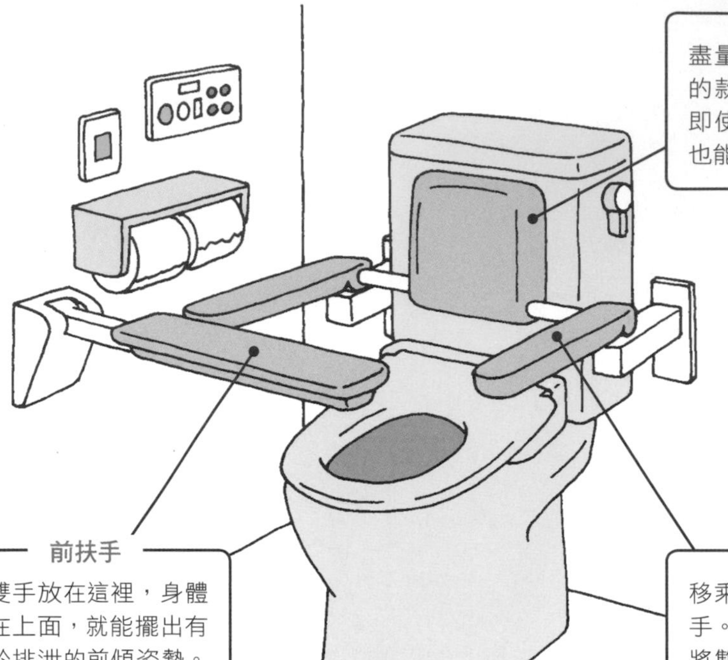
背靠
盡量挑選與扶手成套的款式。有了背靠，即使如廁時間拉長，也能坐得安心。
前扶手
將雙手放在這裡，身體靠在上面，就能擺出有利於排泄的前傾姿勢。不用時能立在牆上，非常方便。
扶手
移乘時可往上掀的扶手。坐好後再放下，將雙肘靠在上方，手握緊，就能穩穩坐在馬桶上了。

改建的重點在於讓移乘更容易

上圖是在現成廁所中加裝西式馬桶扶手。在廁所內進行移乘輔助時，若被扶手擋住將不利於移動，所以請選擇上掀式扶手。訂購扶手時，廠商都會詢問是否要有上掀功能，以及是否需要背靠，此時最好選擇可上掀且有附背靠的扶手。

因為居家照護而改建廁所時，常會在於馬桶配置上遭遇困難。如左頁內容，馬桶與入口的相對位置有三種配置方式，分別為直向（A型）、橫向（B型）、並排（C型）。

若即將買新房，並不建議採用A型。因為這種款式在上了年紀後，即使不坐輪椅，要坐到馬桶上仍會比較辛苦。

若空間充足，建議選擇輪椅能進入的C型廁所。這種廁所還可以針對半身麻痺的患者，將拉門設置在馬桶的左側或右側，好讓患者在出入廁所時，可由健側（未麻痺的那側）橫向移動拉門，是最理想的配置。

而蹲式馬桶雖然已越來越少見，若目前仍使用較不利於照護的蹲式馬桶，也可考慮改用「簡易型坐式馬桶」，方便年長者如廁。（編按：目前台灣也有許多利於年長者如廁的衛浴設備，不妨依需求選購。）

方便輪椅進出的廁所種類

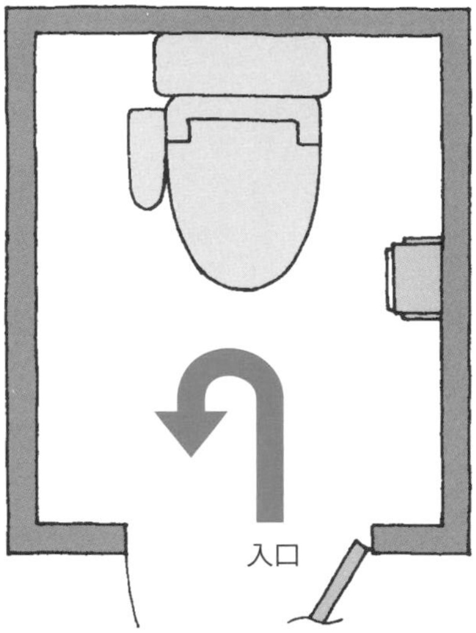
入口

A型

●馬桶正對入口，進入後，身體必須旋轉 180 度才能坐上去，且無法使用輪椅。即使想裝扶手，也因為門檻在前面而無法安裝。

●為了節省空間，許多住宅都是這種款式。畢竟建造房子時，很少有人會顧慮到日後會有照護的需求。這種款式的廁所在改建時，必須改變馬桶的位置，才符合照護需求。

當時不知道！要是早點有人告訴我就好了……

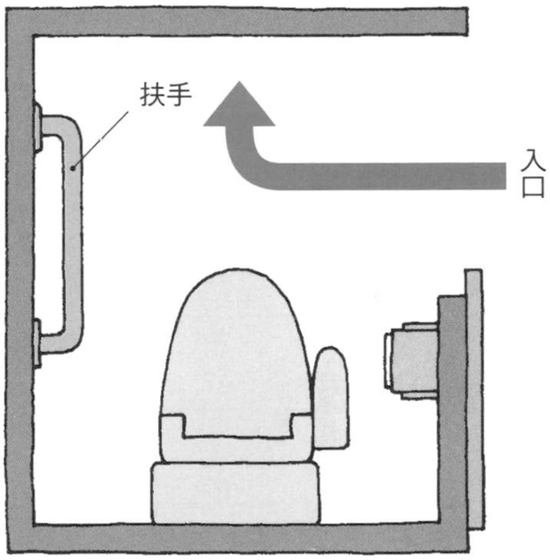
扶手
入口

B型

●從入口進去時，馬桶的方向是橫的。這種廁所只要裝上拉門和扶手即可，不需要大幅度的施工。身體也只要轉 90 度，就能從輪椅坐到馬桶上。

●改裝時，入口必須拓寬。P105 介紹的「將壁櫥改建成廁所」，就是套用這種款式。

雖然空間不大，但用起來很方便！

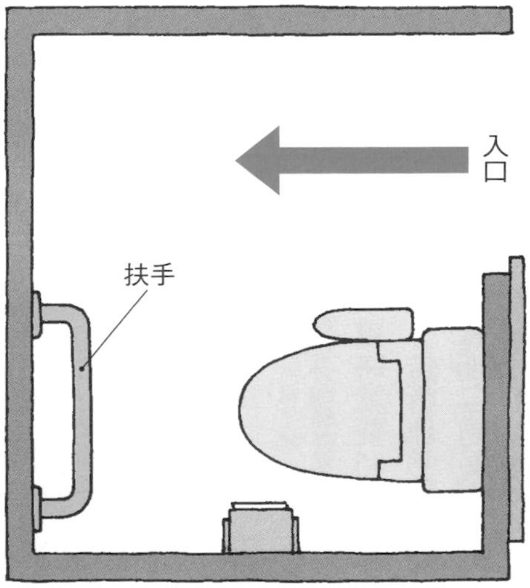
入口
扶手

C型

●馬桶與入口並排。將扶手設在前方較低處，讓身體靠上去，就能把臀部抬高，輕鬆移到馬桶上。照顧者可以從後面撐住被照顧者。

●缺點在於很占空間，設在家中會比較困難。但若在照護中心且空間足夠，建議於馬桶兩側都安裝拉門，讓左半身或右半身麻痺的人也能方便開門。

這種款式對照護最友善。

善用移動式便座

將移動式便座放在床邊，幫助戒除尿布。

理想的移動式便座

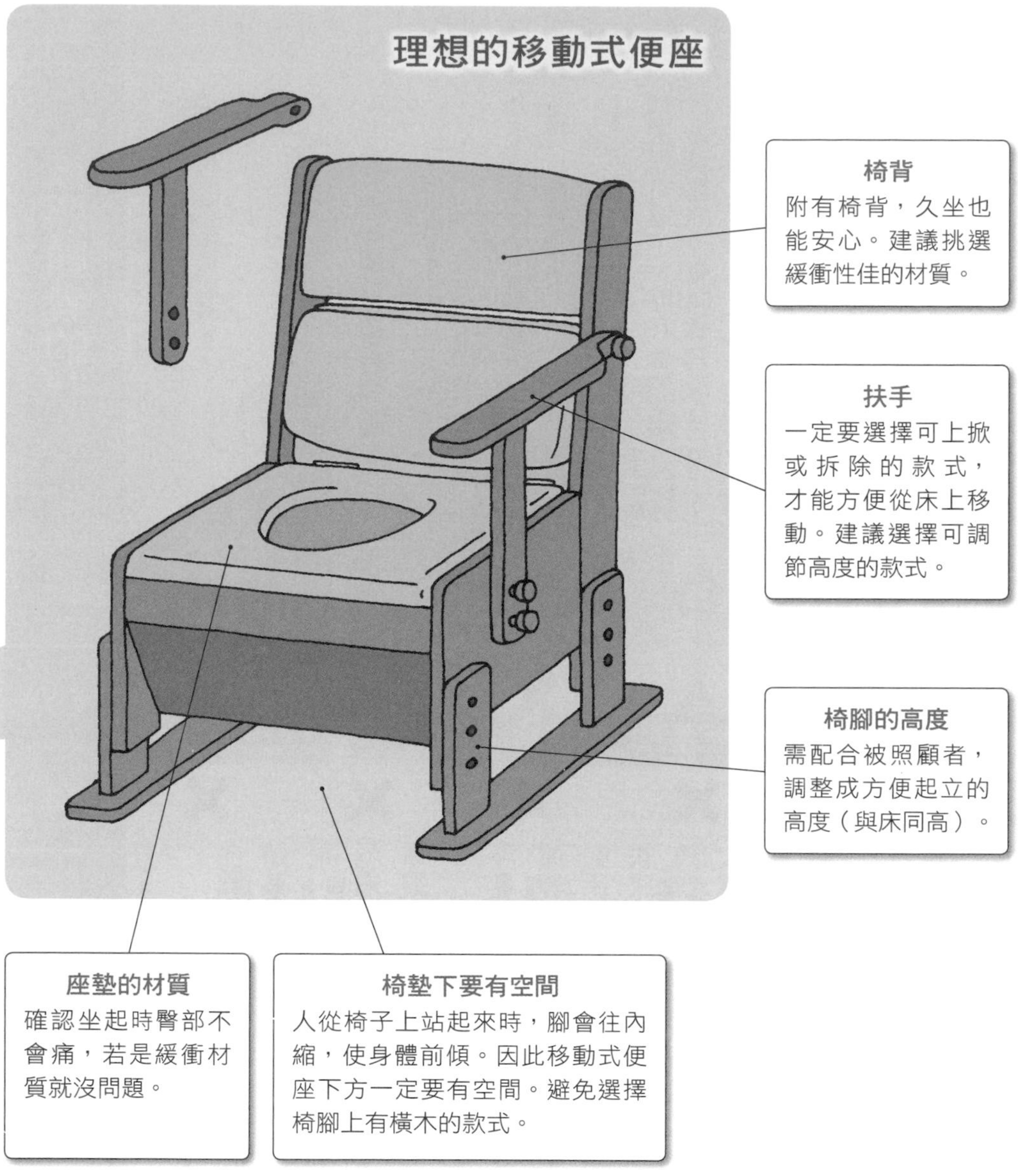
理想的移動式便座
椅背
附有椅背，久坐也能安心。建議挑選緩衝性佳的材質。
扶手
一定要選擇可上掀或拆除的款式，才能方便從床上移動。建議選擇可調節高度的款式。
椅腳的高度
需配合被照顧者，調整成方便起立的高度（與床同高）。
座墊的材質
確認坐起時臀部不會痛，若是緩衝材質就沒問題。
椅墊下要有空間
人從椅子上站起來時，腳會往內縮，使身體前傾。因此移動式便座下方一定要有空間。避免選擇椅腳上有橫木的款式。

用「三大工具」，戒除尿布

正常生活與臥病在床時的排泄，究竟哪裡不同呢？答案是，排泄在廁所裡，或排泄在尿布裡。就生理學而言，不同之處在於排泄時身體是立起的，還是躺著的。

換言之，只要能起身，就能在廁所如廁。很多人不知道，以為不能走路去廁所，代表「這個人就只能包尿布了」，其實這是過去人們對照護還不了解時所產生的舊觀念。

能在床上起身的年長者，就能移乘到輪椅上。即使是半身麻痺，也能使用沒受傷的腳來移動。但因為不易平衡，所以必須借助扶手等輔助工具。

移動式便座的設置方法

不使用時，請勿一直放在房間角落，也禁止一直用布蓋著。
要盡量多使用，並注意空氣流通與除臭。

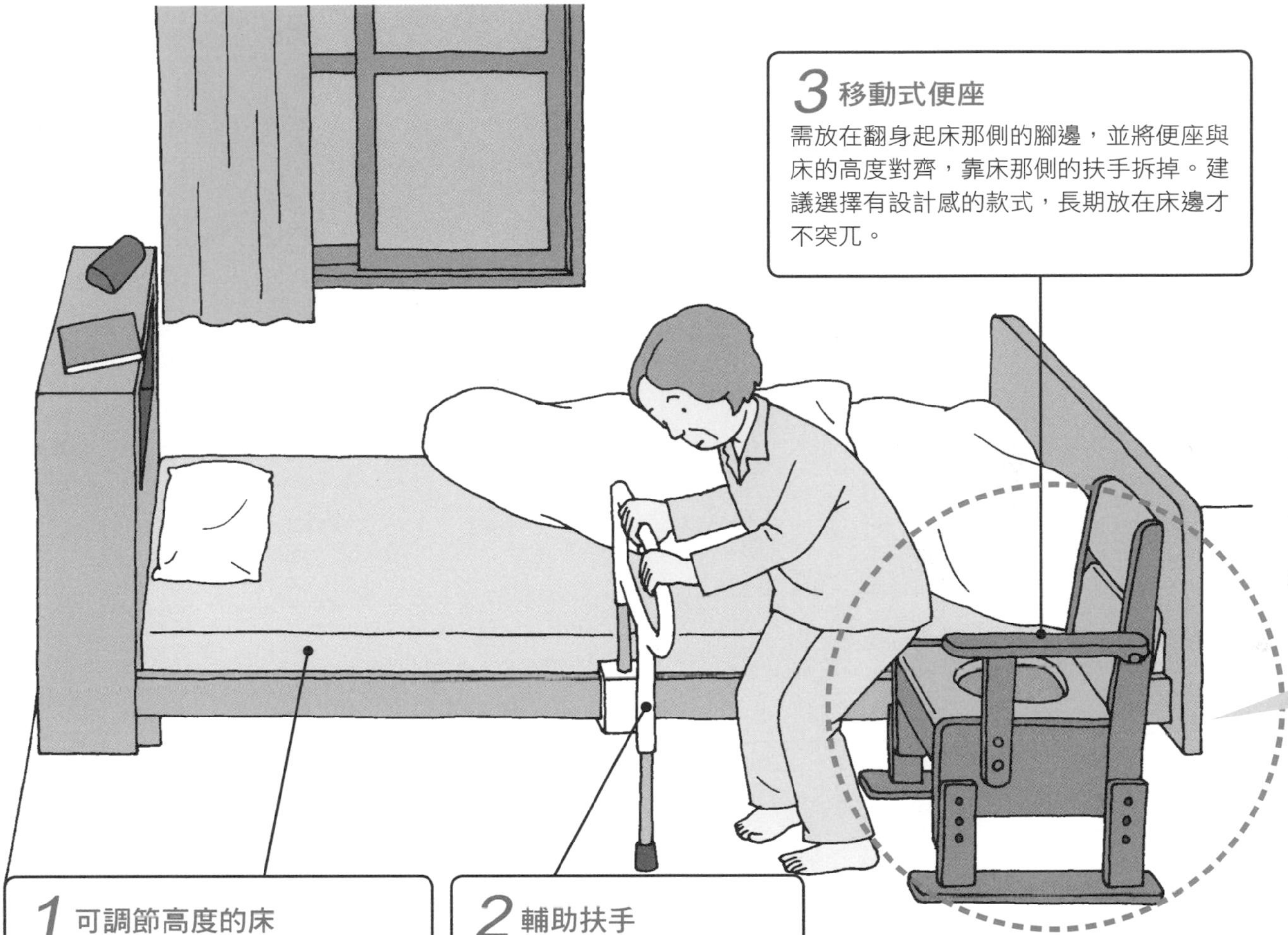

3 移動式便座
需放在翻身起床那側的腳邊，並將便座與床的高度對齊，靠床那側的扶手拆掉。建議選擇有設計感的款式，長期放在床邊才不突兀。

1 可調節高度的床
半身麻痺的人，會用健側起身。將翻身起床的那側空下來，把高度調成跟椅子一樣高，會比較容易站立。

2 輔助扶手
將輔助扶手固定在床邊，起身後坐在床上，握住扶手後就能將臀部抬起，移到移動式便座上排泄。

若覺得「晚上坐輪椅上廁所很麻煩」，不妨在床邊擺放移動式便座。在廁所排泄時，年長者必須透過照顧者幫忙脫內褲，找東西抓住站好；而移動式便座就不必站了，下肢沒力氣的人，可以趁躺著時先脫掉內褲。透過這個方法，絕大多數的年長者都不必包尿布。

上方插圖中的三個要點，在照護界稱為「戒尿布三大工具」。除了照護機構經常使用以外，透過這三個工具，還能在短時間內戒除尿布，是非常棒的輔助工具，希望大家都能協助年長者，在家試試看。

只要準備上述三樣工具，就算不使用尿布，不論被照顧者或是照顧者，都能過得比較輕鬆。

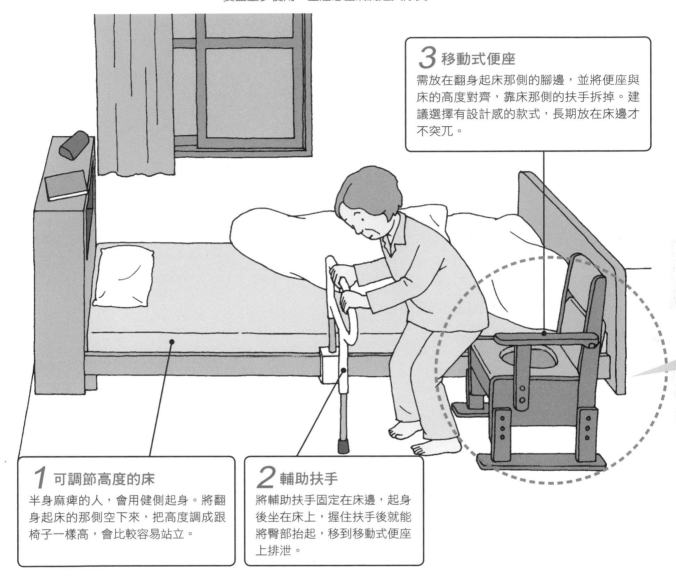

正確使用尿布的方法

年長者有時還是得穿尿布，因此請一起學習正確的使用方法。

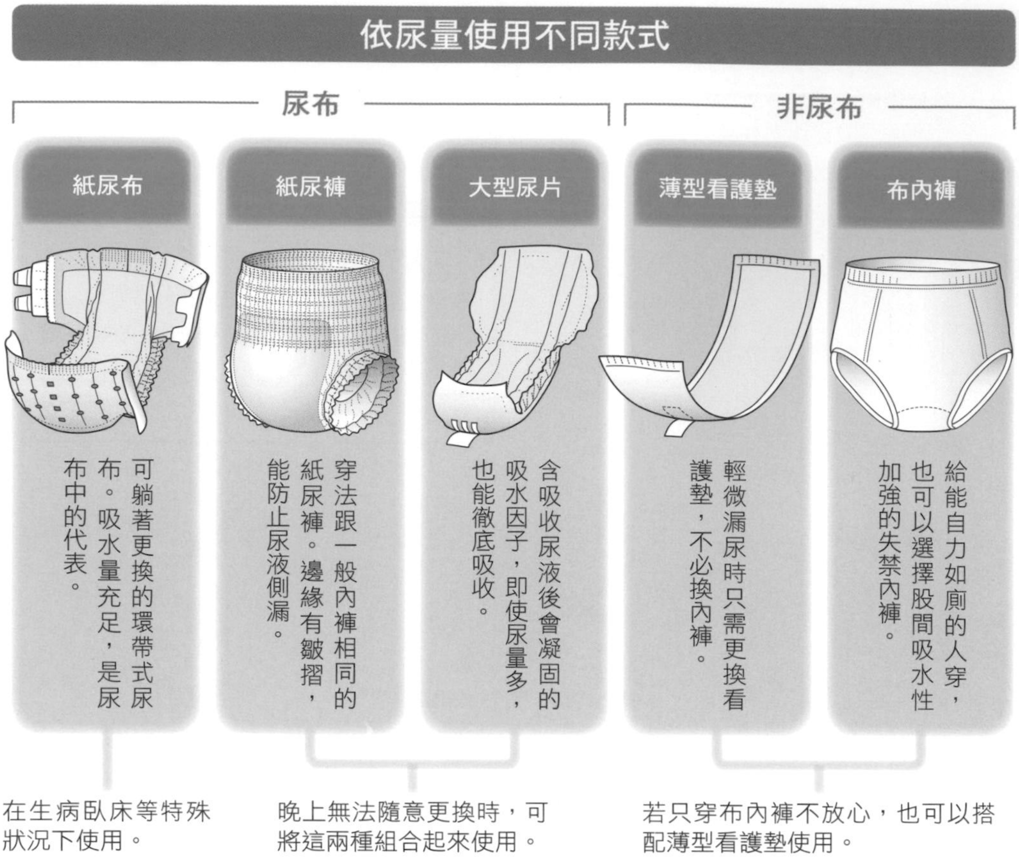
依尿量使用不同款式
尿布
非尿布
紙尿布
紙尿褲
大型尿片
薄型看護墊
布內褲
可躺著更換的環帶式尿布。吸水量充足，是尿布中的代表。
穿法跟一般內褲相同的紙尿褲。邊緣有皺摺，能防止尿液側漏。
含吸收尿液後會凝固的吸水因子，即使尿量多，也能徹底吸收。
輕微漏尿時只需更換看護墊，不必換內褲。
給能自力如廁的人穿，也可以選擇股間吸水性加強的失禁內褲。
在生病臥床等特殊狀況下使用。
晚上無法隨意更換時，可將這兩種組合起來使用。
若只穿布內褲不放心，也可以搭配薄型看護墊使用。

透過尿布，訓練自行排泄

有些年長者因病況無法離開尿布，例如意識不清、臥病在床，身體完全無法動彈，以及不論使用任何方法，都感受不到便意與尿意等，就必須使用。

一旦脊椎受傷，導致四肢麻痺或下半身麻痺，尿意和便意就再也回不來。若有上述狀況，就必須使用尿布排泄。

照顧使用尿布的年長者時，千萬不能只是定時更換尿布，而是一出現髒汙就立刻更換。排泄物黏在陰部或臀部上是很不舒服的，因此當被照顧者在尿布中排泄完後，照顧者就要仔細地清潔擦拭並更換新尿布。此外，臥病在床的年長者即使已更換濕尿布，膀胱內仍會殘留尿液，因此照顧者必須將其身體抬起，用手擠壓下腹部，讓殘尿流出來。

強制讓不想包尿布的年長者穿尿布，容易誘發失智症。因為在尿布裡排泄的不適感，會讓年長者下意識地逃避，假裝「我什麼都不知道」。可怕的是，人很難只挑想忘記的部分遺忘，多數時候甚至會連重要的事情一併忘光，因此千萬不能隨意包尿布。

除了四肢麻痺或下半身麻痺等不得已的情況外，尿布也有其他用處。例如夜晚及外出時，坐輪椅的患者可以穿紙尿褲搭配看護墊，其他說明請見左頁下圖。

即使包尿布，也要讓年長者前往廁所排泄

協助重點

- 當被照顧者及其家人反應「只要意識清醒，就不包尿布」時，協助者應該盡量順應他們的需求。
- 排泄照護的第一步，是讓年長者在用完早餐後坐馬桶如廁。因此早晨時間的運用非常重要。
- 即使沒排便而只有排尿，也別錯失任何一個如廁時機。每次都讓年長者坐上馬桶，一定會排便。
- 記錄排便分量及時間，並從飲食內容預測下次排便的時間。記錄必須同步提供給養護機構及照顧者。

每週有 4 大前往日間托老所的 K 女士的女兒，會請托老所記錄排泄的次數、分量，以及水分的攝取量。她說，「比起媽媽參加了哪些活動，我覺得排泄記錄更重要。」

夜晚及外出時，建議使用尿布

即使是白天或到附近走走，穿布尿褲加薄型看護墊就已經足夠的年長者，在晚上或出遠門時，穿尿布較方便。

晚上包尿布，是為了讓被照顧者及照顧者都能一夜好眠。出遠門時，車站或休息站的廁所可能要排隊，會來不及上廁所，這時尿布就能派上用場了。年長者有時會因為擔心排泄失敗而把自己關在家裡，這點一定要極力避免。

洗澡的重要性

洗澡的目的不只在於維持清潔，也在於獲得平凡生活的喜悅。

洗澡具有特殊意義

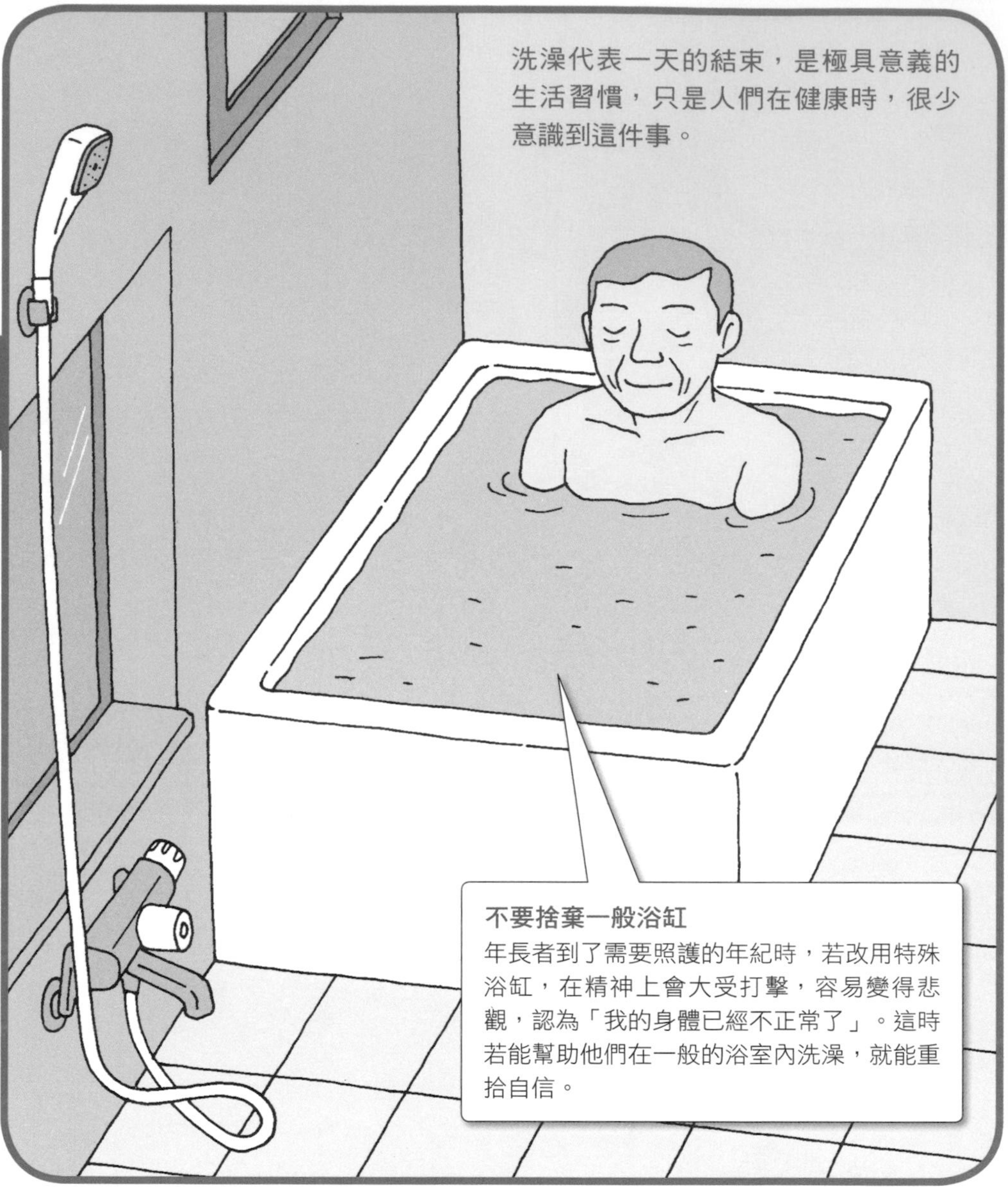
洗澡代表一天的結束，是極具意義的生活習慣，只是人們在健康時，很少意識到這件事。
不要捨棄一般浴缸
年長者到了需要照護的年紀時，若改用特殊浴缸，在精神上會大受打擊，容易變得悲觀，認為「我的身體已經不正常了」。這時若能幫助他們在一般的浴室內洗澡，就能重拾自信。

特殊浴缸，其實並不貼心

入浴與用餐、排泄並稱為「三大照護」，但這或許是日本特有的現象。因為在國外，多數人習慣用淋浴保持清潔，而不會刻意使用浴缸洗澡。

養護機構多設有特殊浴缸。過去不少養護機構誤以為開放式大浴場屬於無障礙空間而大量設置，結果發現腰腿虛弱的老年人根本無法進入泡澡，因此後來都改裝特殊浴缸。

仔細一想，在家可以正常洗澡的年長者進了養護機構後，竟然也得使用特殊浴缸，其實很不自然。若養護機構中也有一般浴缸，那麼年長者就可以和在家裡一因腦中風後遺症而半身麻痺的年長者，以及因生病或骨折長期住院、導致雙腿虛弱的年長者。

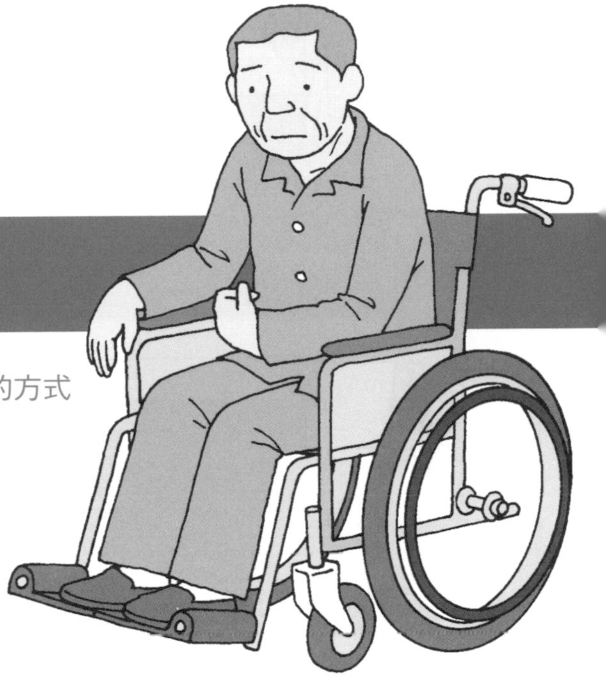

以往的方式

當院方判定年長者無法正常洗澡，就會讓他躺著清洗身體，這會使年長者感到恐懼及羞恥。

躺著清洗身體

到府協助入浴

在簡易的橡膠浴池裡注入熱水，讓年長者躺著泡澡。

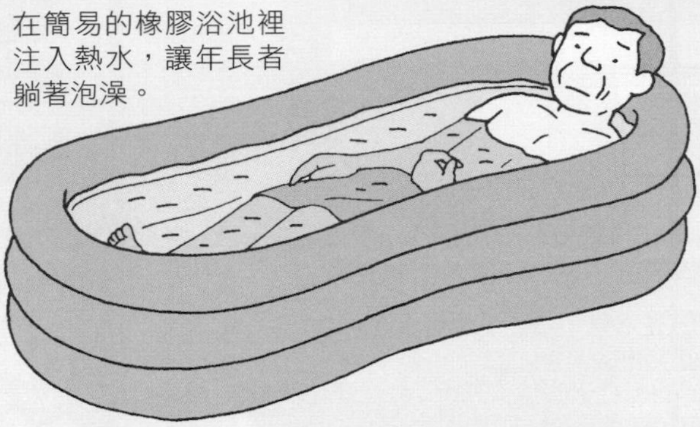

特殊浴缸

將年長者移到擔架上，讓他躺著泡澡。

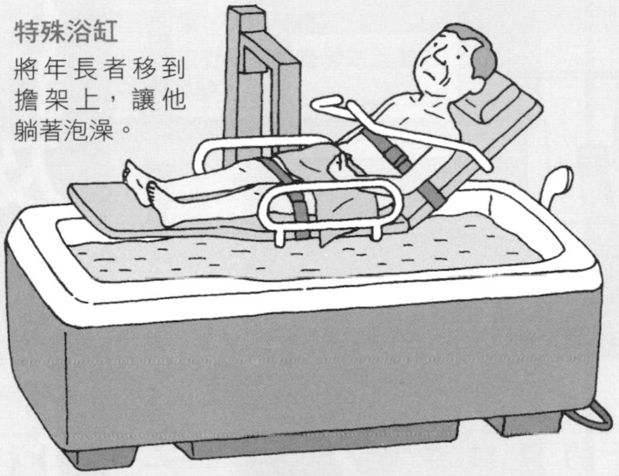

多花點心思

生活復健入浴法

坐在淋浴椅上進入浴缸

將和浴缸同高的淋浴椅一起并列，讓年長者坐在椅上進出浴缸，就能如同過往正常泡澡了。

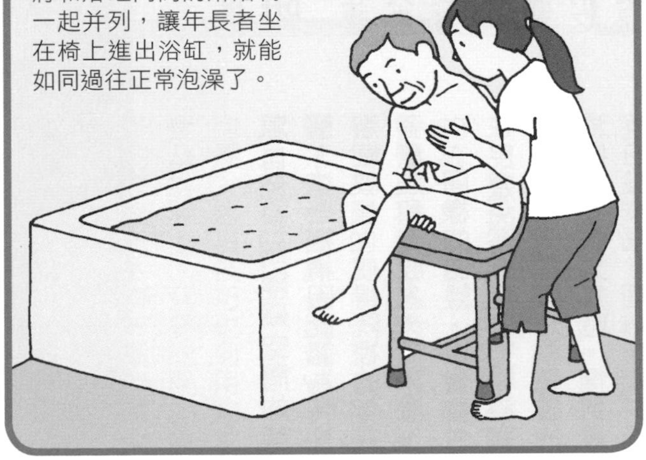

樣，享受泡澡的樂趣了。

「生活復健入浴法」是一種多花點心思，就能讓年長者正常泡澡的照護技巧。方法是請年長者先坐在淋浴椅上清洗身體，接著直接坐在淋浴椅上出入浴缸，而非跨越浴缸。

透過這個方法，就能實現一對一的「個人浴」照護技巧。希望大家在居家照護時，也能細細感受個人浴的優點。

打造適合照護用的浴缸

在半嵌入型日式浴缸旁，放置高度相同的淋浴椅，是最理想的入浴照護。

一般的家庭式浴缸，最容易進出

將家庭浴缸（1.5 人用）安裝成半嵌入型（深 50 ～ 60 公分，從地板突出 40 公分），再把高度相同的淋浴椅靠在旁邊，就能方便出入。

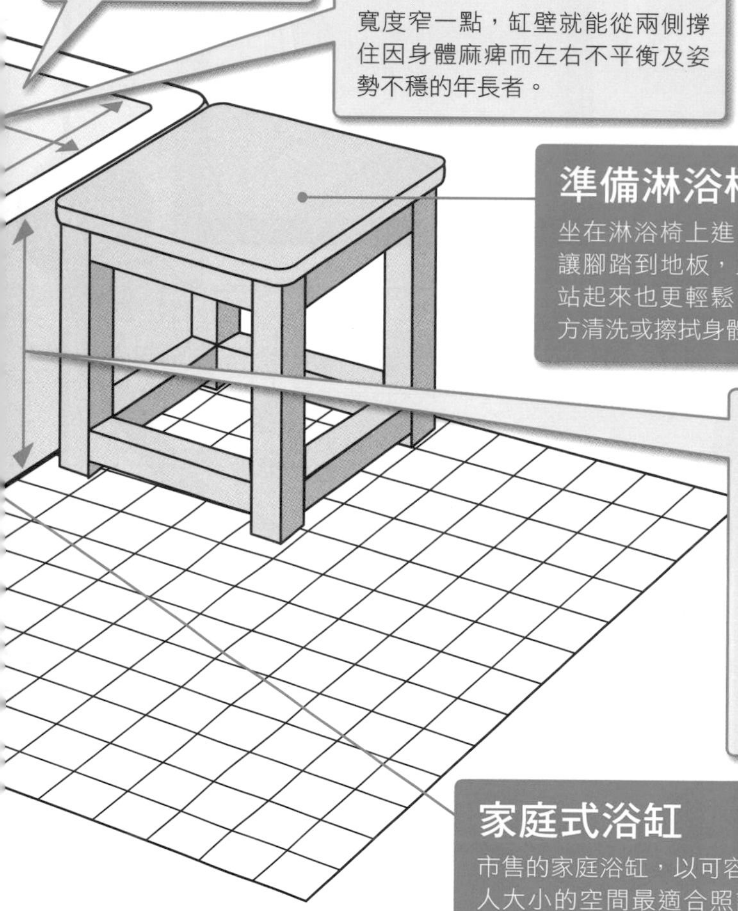
直立式缸壁
缸壁直立，能幫助年長者在出浴缸時，更容易擺出前傾姿勢。
不能太寬
寬度窄一點，缸壁就能從兩側撐住因身體麻痺而左右不平衡及姿勢不穩的年長者。
準備淋浴椅
坐在淋浴椅上進出浴缸，除了能讓腳踏到地板，比較安心以外，站起來也更輕鬆。還可以坐在上方清洗或擦拭身體。
將淋浴椅靠在浴缸旁
淋浴椅要選擇和浴缸同高的款式，才方便出入。浴缸的高度最好是 40 公分，但增減 1、2 公分也無妨。準備一張和浴缸同高的淋浴椅，切記，椅腳較開、椅面無法和浴缸邊緣貼合的款式則不適用。
家庭式浴缸
市售的家庭浴缸，以可容納 1.5 人大小的空間最適合照護。寬度和長度都剛好的浴缸，能穩定姿勢。

浴缸窄一點，入浴時更安全

我們常說需要照護的年長者用特殊浴缸較安全，其實不然。使用半嵌入式且窄而深的浴缸，再請年長者坐在同高的沐浴椅上進出，其實更輕鬆，即使只有一名照顧者，也能安全協助入浴。

狹窄的浴缸能固定雙腳，不讓身體浮起，就算年長者因麻痺而左右不平衡，也不會倒向一邊。在深的浴缸中放滿洗澡水，還有一項優點，那就是能利用浮力，就算只有少量人力，也能完成入浴。

讓泡澡的姿勢穩定，是浴缸的重要功能之一。重新規劃一個方便出入且有利於照護的家庭式浴缸，就照護而言，非常重要。

改造現有浴室的方法

即使家中或養護機構未使用日式或半嵌入式浴缸，也能方便出入。

●地上型

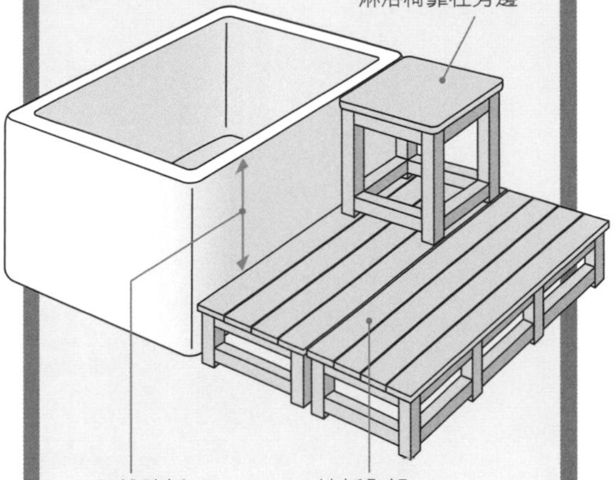
把和浴缸同高的淋浴椅靠在旁邊
距離踏板 40 公分
地板全部鋪上踏板

●下陷型

只要年長者有力氣站起來，離地板 25 公分的款式也能使用。只要將同高的淋浴椅放在一旁即可。

●混合式

要泡澡時，讓年長者的背靠著缸壁的那一側進入浴缸。

●長浴缸

將附吸盤的沐浴椅等工具，橫放進浴缸中並調整深度，讓年長者的腳能碰到底部。

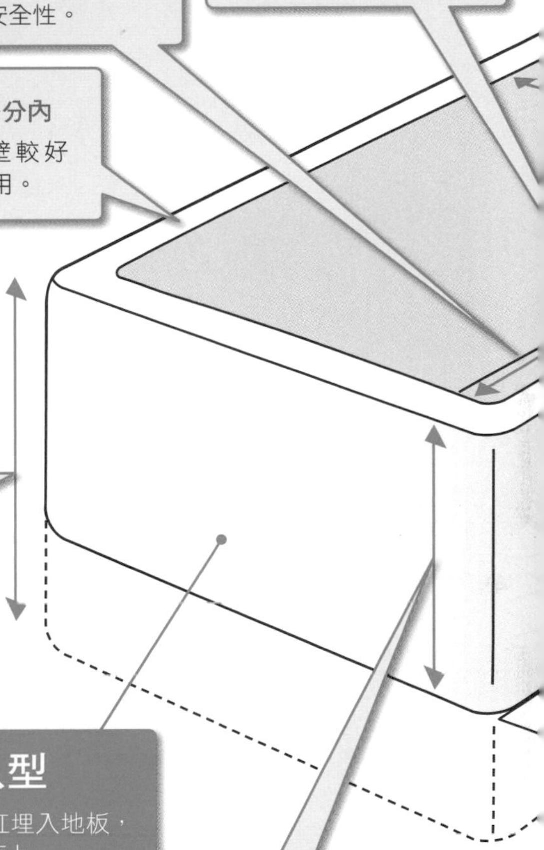
不能太長
膝蓋微彎時，腳底能踩在對面缸壁上，是最理想的浴缸。
加強防滑
在浴缸底部鋪上附有小吸盤的橡膠墊，可預防滑倒，增加安全性。
缸壁的厚度在 5 公分內
5 公分以內的缸壁較好握，可代替扶手使用。
深 50 ～ 60 公分
出入浴缸時需要洗澡水的浮力，因此深度一定要夠，至少要能泡到肩膀。
採用半嵌入型
將深 60 公分的浴缸埋入地板，露出 40 公分在地面上。
離地板 40 公分
這個高度方便坐下也方便起立，對出入浴缸及照護都很方便。

扶手請裝在浴缸外

許多年長者一旦需要照護，便無法在家洗澡，原因就出在抵達浴室的路上有高低落差。因此若要改裝，建議將到達浴室前的動線設計成無障礙空間，規劃出一條寬八十公分、從客廳到浴室的輪椅通道。浴室必須寬敞，好讓輪椅進入，另外還要準備電暖器，以及可坐著換衣服的板凳，是最理想的沐浴環境。

浴室門若是內開式的，容易撞到淋浴椅，所以要選擇拉門或伸縮折疊門。浴缸雖有各種不同的材質，但都不防滑，所以請在浴缸底部貼上附吸盤的止滑墊。

有些浴缸會在內側設置扶手，不但會阻礙出入，還會使照顧者的位置必須離被照顧者較遠。因此若要安裝扶手，一定要裝在浴缸外，並配合年長者的身高與手長，選擇適合的位置。

沐浴時的順序

沐浴時用聊天消除不安，並隨時注意別讓年長者往後倒。

利用沐浴椅，協助出入浴缸

洗澡時一定要讓被照顧者做自己能力所及的事，這點非常重要。照顧者只需協助被照顧者做辦不到的部分，並在一旁看顧即可。大原則是讓被照顧者坐在沐浴椅上清洗身體（幫他洗），然後請他用坐姿，將雙腳陸續放進浴缸中，而不是用跨越的。

針對無法靠自己的力量進出浴缸的年長者，可依照左方插圖的順序來進行沐浴。這裡畫的是左半邊麻痺時，出入浴缸的情況（從健側進入，從患側出來）。

為了讓浮力發揮作用，洗澡水一定要放滿。其實不論是洗完身體後的沖澡，還是直接讓年長者進入浴缸，水都一定會灑出，所以不必擔心水放太多。跨出浴缸時要利用浮力，而不能硬拉。另外，看不見浴缸底部會讓年長者害怕，所以請勿在照護時使用泡澡劑。

進入浴缸時（年長者左半邊麻痺時）

1 將能動的右腳放入浴缸中

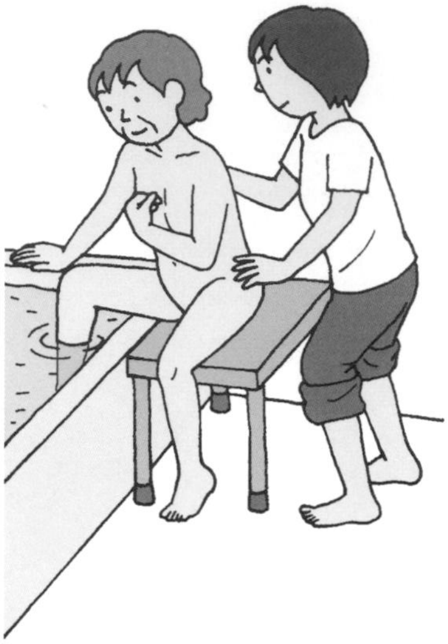

請年長者將能動的右腳放入浴缸中。照顧者從背後攙扶，以免其向後倒。

2 將麻痺的腳放入浴缸中

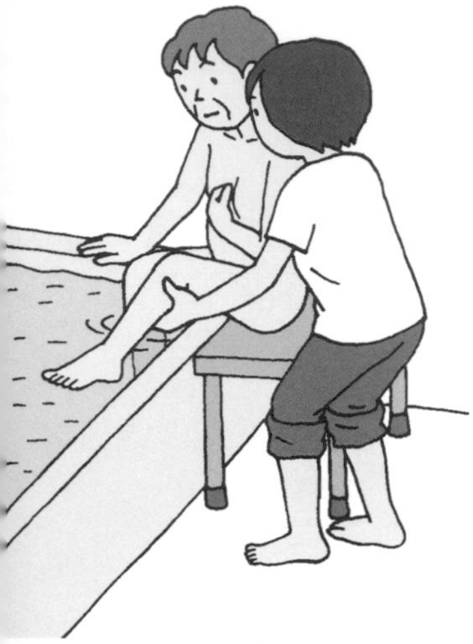

請年長者扶著浴缸，再由照顧者協助，將麻痺的左腳慢慢放入。

從浴缸出來時（年長者左半邊麻痺時）

1 把腳屈起，手往前伸

請年長者將可以動的右腳屈起，右手握住浴缸邊緣，盡量向前伸直。

2 將身體前傾

請年長者把頭往前，讓身體在浴缸裡前傾。注意不要硬拉。

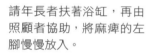

3 雙手扶著臀部

請年長者將扶著浴缸的手往前移動。照顧者單膝跪在淋浴椅上，雙手扶住年長者的臀部。

4 進入浴缸

請年長者將身體往前傾，照顧者從背後輕推臀部，協助年長者進入浴缸。

5 將臀部放進浴缸

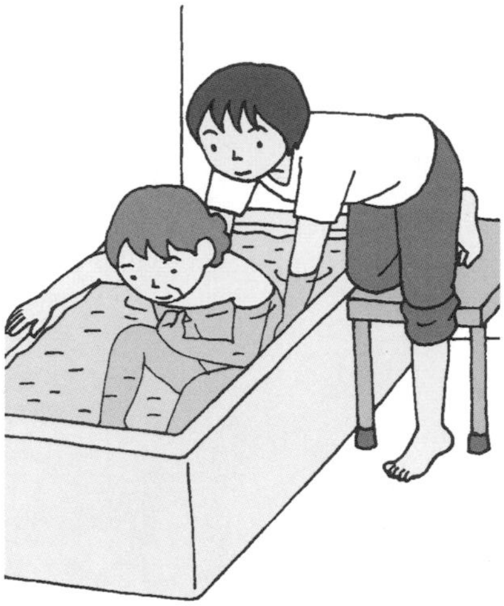

請年長者持續前傾，照顧者將扶著臀部的手往下放。利用洗澡水的浮力，使臀部緩緩下沉。

3 讓臀部自然浮起

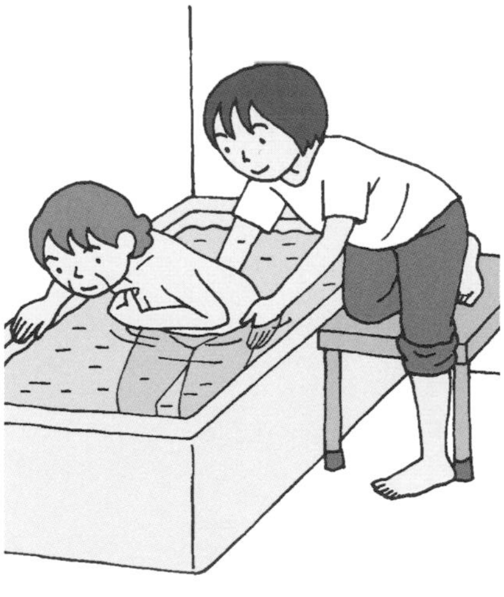

協助年長者，使其臀部浮起，能在洗澡水中慢慢站起來。

4 坐在淋浴椅上

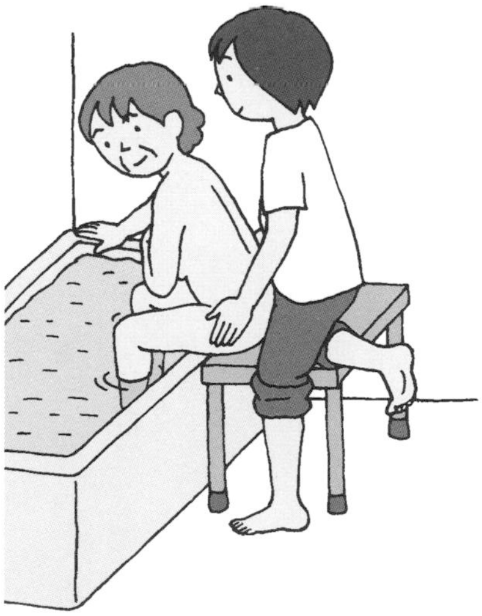

等臀部完全浮起後，由照顧者雙手扶其臀部，協助年長者坐到淋浴椅上。

5 將麻痺的腳與可動的腳移出來

請年長者扶著浴缸邊緣，由照顧者幫忙把麻痺的腳挪出來，然後請年長者自己將可動的腳抬出來。

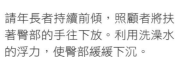

無法在家沐浴時

因各種原因，導致無法在家泡澡時，該怎麼辦？

單腳放入浴缸

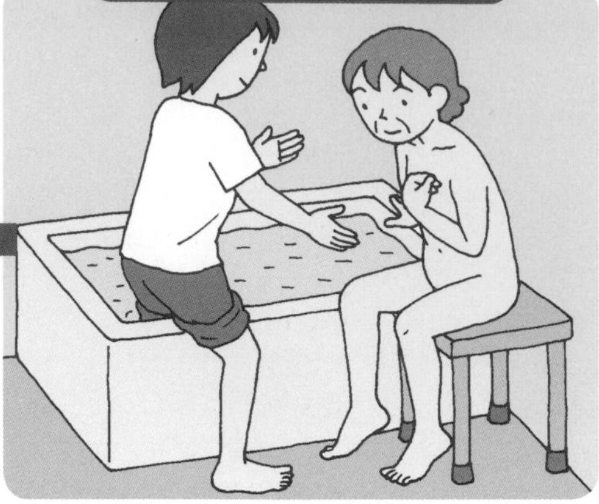

身體往前傾，進入浴缸

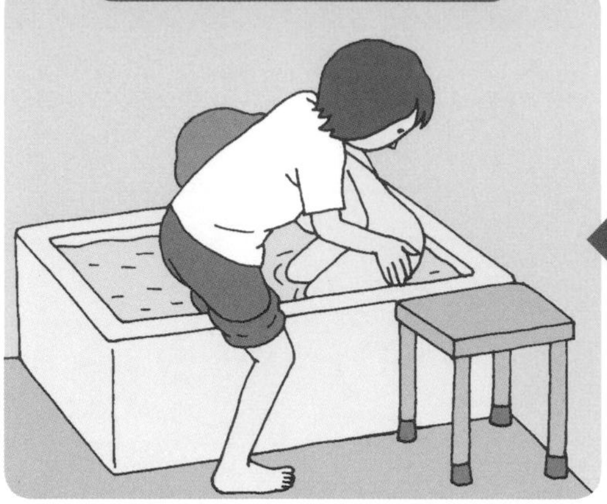

進入浴缸協助對方

若在家中無法順利沐浴，原因可分為硬體（設備）及軟體（技巧）兩方面。在硬體面，問題大多出在洗澡前，例如走廊上堆了太多東西，導致到浴室的動線不順暢；浴室出入口有高低落差，即使有人幫忙還是無法進入浴室；以及浴室是組裝式，無法加裝扶手等。

在軟體面，多數原因都出自於不了解「生活復健入浴法」。許多照顧者即使將淋浴椅放在半嵌入型的日式浴缸旁，還是會忍不住去拉年長者。若覺得將單膝跪在淋浴椅上，無法安全協助入浴，也可以如同上圖，將單腳放入浴缸中。

照顧者也進入浴缸

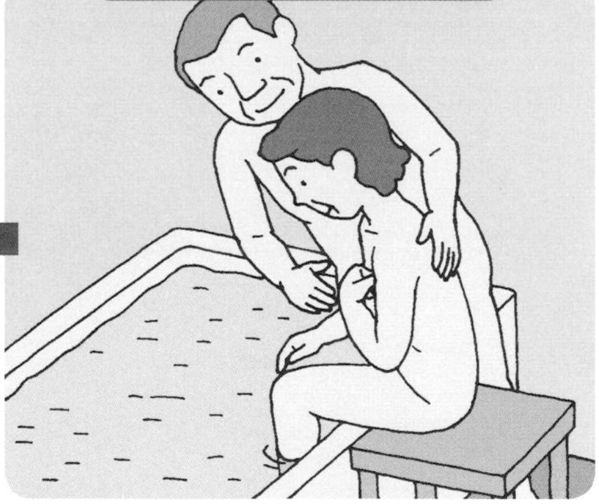

坐在膝蓋上泡澡

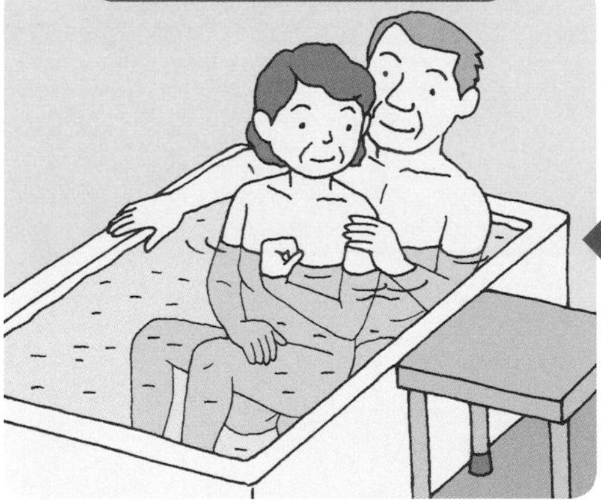

夫妻一起泡澡

在家進行入浴照護時，多數照顧者都是先幫被照顧者洗，之後再自己洗。但若家中只有兩個人，被照顧者就可能在照顧者洗澡時發生意外。

若是夫妻，不妨一起洗澡，能節省時間與勞力。若無法在家沐浴的原因是失智症（不清楚如何洗澡），或覺得只有自己脫光很害羞，一起洗澡能解決問題。

當被照顧者拒絕洗澡時，不妨試著一起入浴，增加溝通機會。

善用日間托老所的沐浴服務

C 先生（75 歲，照護需求等級 1）無論如何都不肯去日間托老所。直到家中浴室改裝，前往附有溫泉的日間托老所後，才願意固定前往。

協助重點

- 當繭居在家的被照顧者無法在家洗澡時，可當作是前往日間托老所的機會。
- 尤其當被照顧者為男性時，去日間托老所絕對利大於弊，即使要用「家裡不能洗澡」為理由，也該讓他去。
- 家庭沐浴服務的事前準備與善後，對家屬而言並不方便，善用日間托老所，才能減輕家屬的負擔。
- 雖然照顧服務員也可以提供入浴照護，但這是在年長者想在家洗澡但人手不足的情況下，才會提供的服務。

協助重點

進入浴缸時的方向

若浴室像右圖一樣，也可幫助被照顧者先將麻痺的腳放入浴缸。畢竟進入浴缸時，一定會受限於患側與淋浴椅擺放的位置等條件。等進入後，再以浴缸邊緣是否方便緊握，來判斷要用進入時的姿勢泡澡，還是要讓身體轉個方向。

常見的煩惱

無法放置淋浴椅

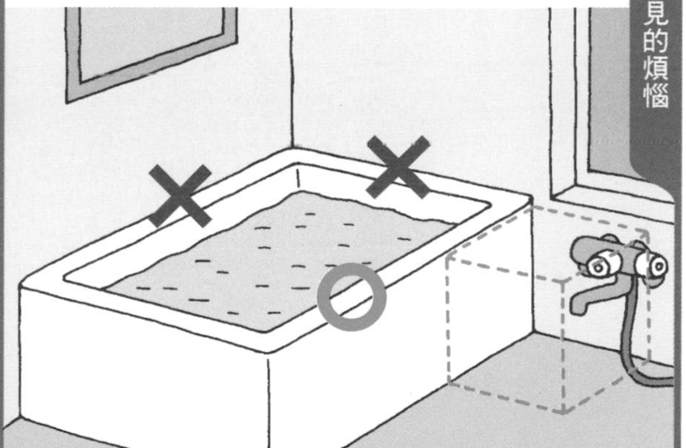

當年長者半身麻痺時，淋浴椅就必須放在能從健側進入浴缸的位置。然而一般家中的浴室，往往會因水龍頭擋住而無法放置淋浴椅，再加上浴缸也會緊貼在牆上，導致只能扶住單側的缸壁。

挑選適合的床

對照護不夠了解的人，會建議家屬購買狹窄的床或充氣床墊，其實無益於照護。

長期睡病床，易一病不起

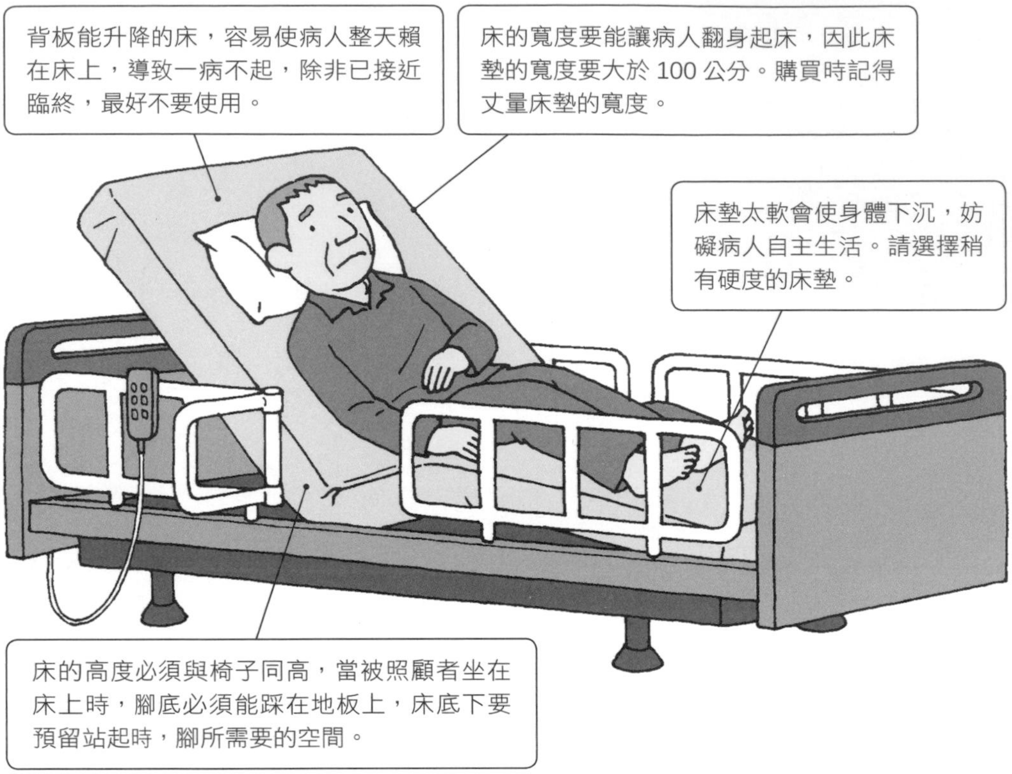
背板能升降的床，容易使病人整天賴在床上，導致一病不起，除非已接近臨終，最好不要使用。
床的寬度要能讓病人翻身起床，因此床墊的寬度要大於 100 公分。購買時記得丈量床墊的寬度。
床墊太軟會使身體下沉，妨礙病人自主生活。請選擇稍有硬度的床墊。
床的高度必須與椅子同高，當被照顧者坐在床上時，腳底必須能踩在地板上，床底下要預留站起時，腳所需要的空間。

家中睡床不能模仿醫院病床

醫院的病床為了方便醫護人員從兩旁進行照護，寬度通常很窄，且為了避免因照顧而腰痛，高度也很高。但年長者卻也因此無法自由上下床，導致整天臥床。

因此，居家照護用的床，絕對不能和醫院的病床相同。當被推薦使用狹窄的床及充氣床墊時，請一定要拒絕。

有些人會認為「讓年長者四處走動，只會造成家人的負擔」、「下床時跌倒怎麼辦」。其實會這麼說的人，通常反對居家照護。協助者應該釐清一個觀念：讓年長者（被照顧者）離開床舖，能使他們更有精神，家人在照護上也會更輕鬆。

也有些人認為「太寬的床會讓房間變窄」、「床板能升降，被照顧者及照顧者都會比較輕鬆」。這時請務必讓他們知道，「狹窄的床搭配床板升降功能，只會讓年長者從此一病不起」。

只要能滿足上圖中的條件，床舖就不需要任何「照護專用」的功能。家中若有寬而低矮的床，也很適合。透過長照保險，也可利用給付來租借合適的床，但要注意的是，若持續租用一年，會比直接購買還貴（此為日本的狀況，台灣讀者可直接詢問業者）。另外，若被照顧者習慣睡在地板上，只要還能從地板上站起來，繼續睡地板也無妨。

預防褥瘡的 3 個訣竅

1 坐

不要整天躺著，是預防褥瘡的基本原則。白天盡可能離開床鋪，以坐姿生活。飲食、排泄、入浴也要坐著進行。

2 翻來覆去

下意識的翻來覆去，也能預防褥瘡。在醫院，醫護人員會強制要求病人保持安靜、不能翻來覆去，褥瘡也因此發生。

3 笑容

防止褥瘡的第三個重點是笑容。人只要坐著，表情就會放鬆。試著在日常生活中，讓年長者自然而然笑出來吧！

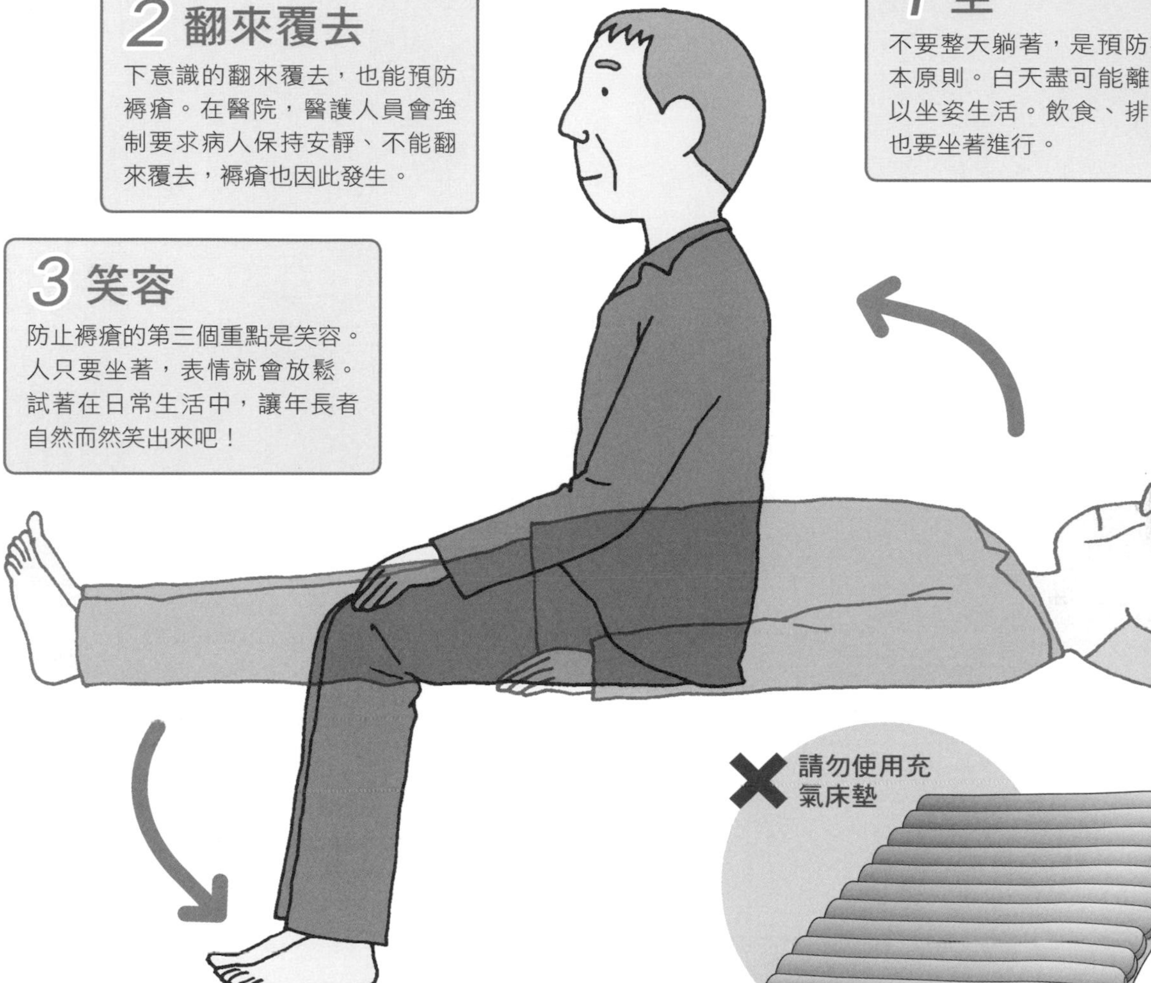

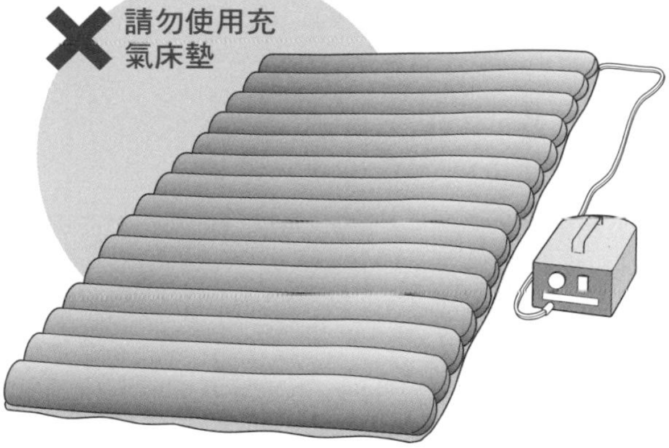

充氣床墊只能在特殊情況下使用

長時間以相同姿勢躺著，容易因營養不良及不衛生，導致身體的血液循環變差，進而產生褥瘡。預防方法就是不要老是維持相同姿勢，必須定期活動。

比起頻繁的翻身，坐著其實更能讓本人維持清醒、使表情放鬆，且跟躺著時相比，內臟也會比較健康。

預防褥瘡的充氣床墊，其實是為了意識不清、四肢麻痺等無法自力移動的患者所準備的。

可以自力移動的年長者一旦使用充氣床墊，便不容易翻來覆去，導致長時間固定在同一姿勢，形成褥瘡。

因照護而睡在客廳時

床並不一定只能放在寢室，有時放在客廳反而更合適。

將床放在客廳時的佈置範例（平面圖）

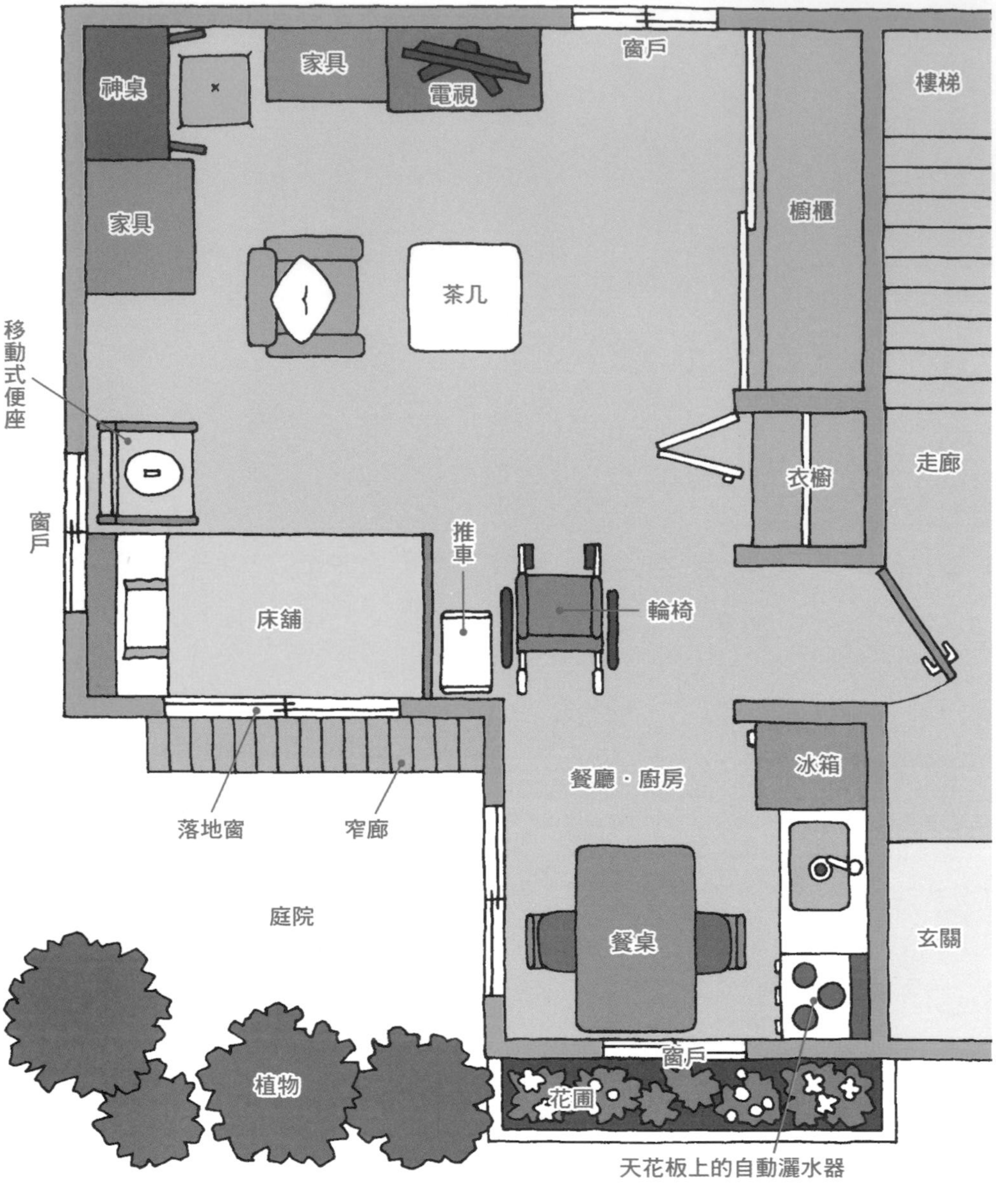

縮短動線，以方便照護

本篇介紹的實例，是一位女兒在家照顧八十五歲、照護需求等級3的母親。女兒夫妻住在二樓，母親住在一樓。一樓設有浴室、寢室等，過去雙親都睡在寢室。

然而十年前，父親因交通意外去世了。不久後，母親就出現了失智症的症狀。女兒擔心自己搬到一樓與母親同住，會打亂母親的生活，於是她將母親的床移到客廳，藉此盡量減少環境的更動。

由於母親的動線大幅縮短了，女兒在一樓與二樓之間往返，也變得輕鬆許多。將床鋪移到客廳，也是不可或缺的照護技巧。

將床放在客廳（示意圖）

協助重點

照顧者若擔心，可搬到 1 樓同睡

被照顧者若搬到 2 樓，會因環境大幅改變，而產生如同住院般的傷害。為了讓年長者維持生活習慣，照顧者應該移到 1 樓就寢。只要在被照顧者的床邊鋪床，就能實現完善的夜間照護。

常見的煩惱

生活習慣不易維持

照顧者每次送餐或協助被照顧者排泄時，都得從 2 樓下來。當被照顧者身體不舒服時，從樓上趕下來根本來不及。請問被照顧者生病時，是否讓他暫時住到 2 樓較好？

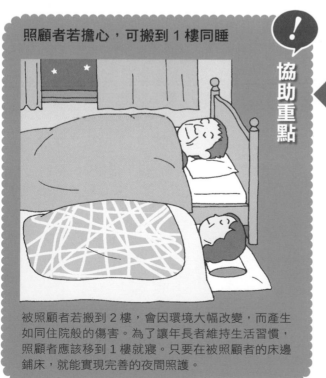

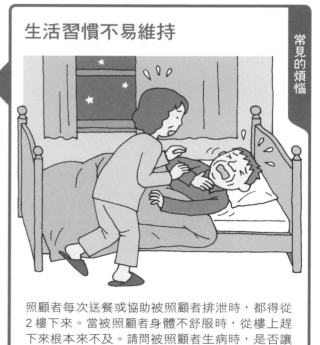

服裝的挑選

介紹適合被照顧者穿著的衣服，及方便照顧者進行照護的衣服。

等級 1

白天要穿外出服

盡量不要穿運動服
就算沒有外出，也要養成換穿外出服的習慣

可以離開床的人，千萬不能一整天穿著睡衣。即使不打算出門，也要養成白天換穿外出服的習慣，外出服的標準是「臨時有客人來訪時，適合見客的衣服」。

等級 2

選擇方便穿脫的衣服

修改衣服
把釦子改成魔鬼氈，或在拉現有的鍊頭安裝大型釦環。

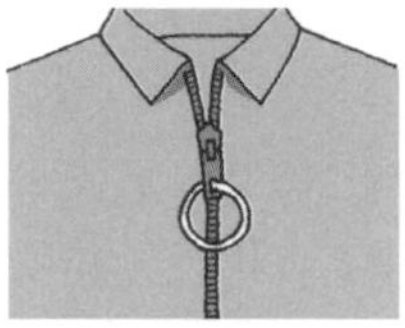

市售的照護服
前開式衛生衣、男女通用的前開式內褲，在網路上都能買到。

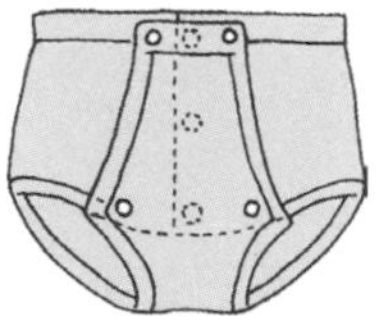

若因麻痺而無法再穿喜歡的衣服時，不妨進行修改。修改的重點在於盡量讓被照顧者能自行穿脫。將衣服修改成方便照護的款式，是照護需求等級提高後才要做的事情。

依照身體狀況，挑選合適的衣服

在家時的穿著，其實並沒有硬性規定。但若一整天都穿著睡衣，外表看起來很邋遢，對身心容易產生不良影響。因此即便是有更衣困難的患者，平常也要換上能外出或見客的服裝。

請先以每天都要換衣服、換穿適合季節的服裝，以及衣服都會清洗乾淨為前提，來思考下一個等級該穿什麼樣的服裝。等級2屬於照護服，可以將手邊的服裝修改成適合被照顧者自行穿脫，或方便照顧者照護的款式，也可以直接購買市售的照護服。

這時有一件事情非常重要，那就是不能馬上準備照護需求等級太高的衣服。如左頁的圖表所示，照顧者一定要幫助被照顧者，讓他能靠自己的力量多做一些事情。因此若要準備衣服，就必須挑選被照顧者能自行穿脫的款式，才是準備衣服的最重要目的。

當照護需求的等級提升，被照顧者無法自行穿脫衣服時，就可換穿更利於照護的衣服。左頁介紹的衣服，是由日本happy-ogawa設計的頂級照護服，這是以正常化（Normalization）為原則，服飾的外觀亦很正常為前提下，為重度身障者設計的機能型照護服。依被照顧者的照護需求等級，循序挑選適合的服裝，並多準備幾套換穿，以備不時之需。

等級 3

無法穿脫衣服的服裝

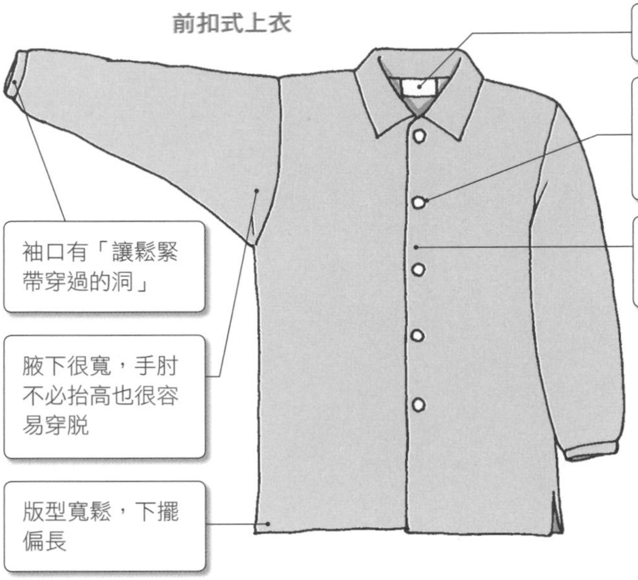
前扣式上衣
名牌上請寫名字
袖口有「讓鬆緊帶穿過的洞」
腋下很寬，手肘不必抬高也很容易穿脫
版型寬鬆，下擺偏長

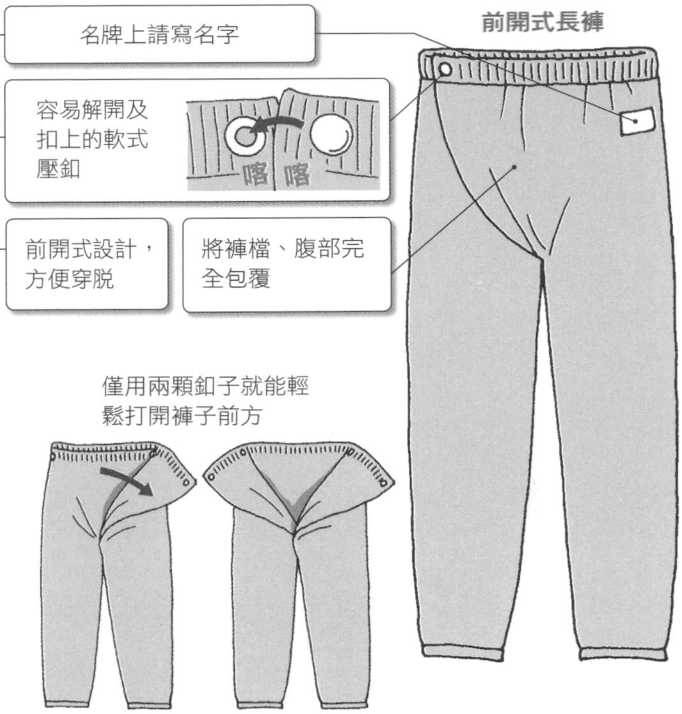
前開式長褲
容易解開及扣上的軟式壓釦
喀
喀
前開式設計，方便穿脫
將褲檔、腹部完全包覆
僅用兩顆釦子就能輕鬆打開褲子前方

這是為長期臥床，及因獨居而缺少照護者所設計的照護服。以綿質為主，天然材質，伸縮性佳，可選擇季節（春夏款、秋冬款、四季通用款）與顏色，不分尺寸。上衣另有女性專用款。

協助重點

盡量增加能做的事情

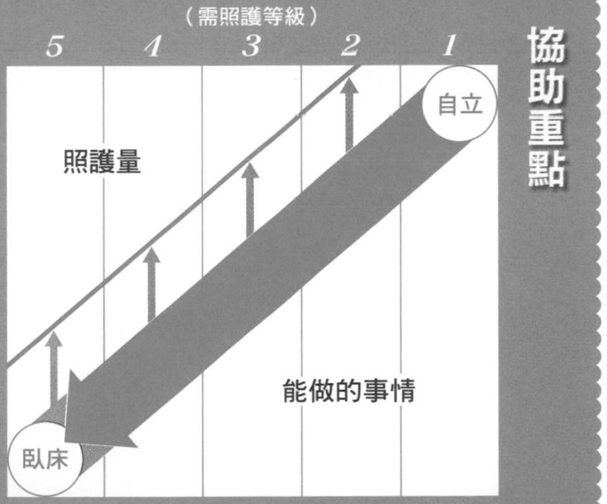
（需照護等級）
5
4
3
2
1
自立
照護量
能做的事情
臥床

人會因為年齡增長或身心障礙，從自立退化成臥床。越往左邊，能做的事情就越少，照護量也會增加。支援者必須隨時留意、減少退化現象，幫助被照顧者多做能做得到的事。

常見的煩惱

右手麻痺時，生活更不方便

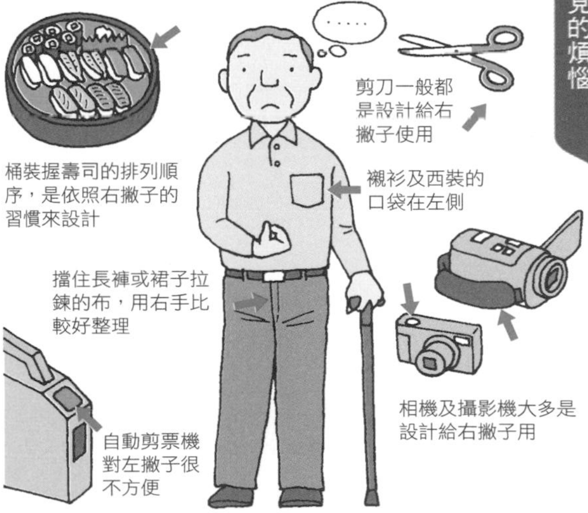
……
剪刀一般都是設計給右撇子使用
桶裝握壽司的排列順序，是依照右撇子的習慣來設計
襯衫及西裝的口袋在左側
擋住長褲或裙子拉鍊的布，用右手比較好整理
相機及攝影機大多是設計給右撇子用
自動剪票機對左撇子很不方便

與全世界相比，亞洲是右撇子相對多的地區。左撇子也因此在日常生活中，遭遇許多不便。當右半邊麻痺時，不便的程度是左半邊麻痺的 3 倍，原因就在於適合右撇子使用的物品較多。

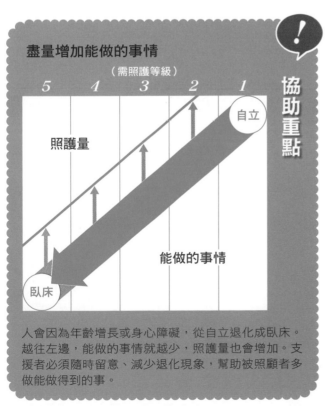

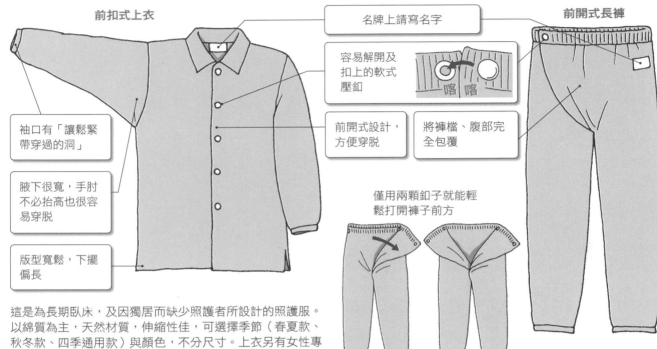

改造客廳

想居家照護直到臨終，就得在客廳及寢室中建造浴室。

改造客廳的方法

協助重點

- 在第一〇〇頁中，我們介紹了將客廳和寢室合而為一的佈置法。而在室內增建廁所，則是終極的改裝技巧。
- 將客廳的壁櫥改建成廁所，就能像養護機構中的個人房一樣，讓年長者持續居住到臨終。
- 這個方法只適用房子為自有，能自由整修的人，若是租來的房子就不太能改裝

將壁櫥改成廁所

考量到未來病情可能加劇，許多從事居家照護的家屬，都會想改造年長者的寢室。原因大多出在年長者無法自行如廁。因為若是不能洗澡，還有其他辦法可解決，像是前往日間托老所。

在第六十三頁中，作為移動輔助的一環，已介紹在庭院中設置盥洗設備（浴室、洗臉抬、廁所）的方法。而另一個照護對策，便是本篇要介紹的寢室改裝。

請看左頁的插圖。在插圖中，客廳兼寢室的壁櫥內裝設了廁所。儘管地板底下必須重新配管，會多花一些費用，但絕對值得。

在客廳內放床，並於壁櫥內設置廁所，就能讓客廳變成養護中心的個人房。換言之就是改造環境，讓年長者即使病情加劇，也能接受居家照護直到臨終。

而這需要許多條件，像是房屋必須為自有而非租債，照顧者及被照顧者都要有強大的決心待在家中，以及必須有可靠的支援者，協助住宅改建與居家照護。

另一方面，增加外出機會，避免年長者因居住環境改裝而縮小生活空間，也非常重要。（編按：讀者可依長輩的需求，在房內加裝廁所或縮短移動距離，也是辦法之一。）

將壁櫥改建成廁所的方法

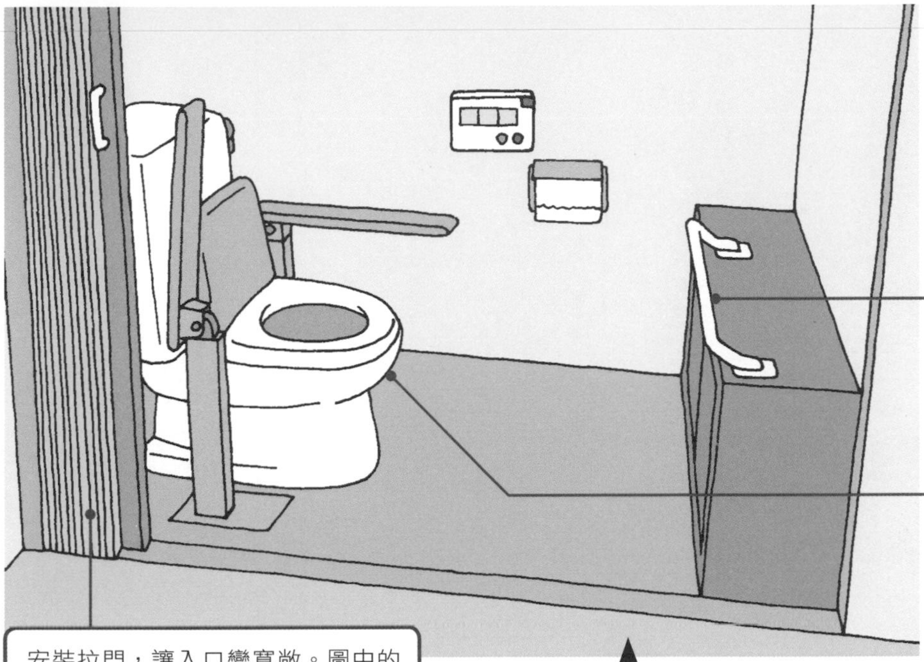

扶手最適合安裝在前方低矮處，方便因坐輪椅而進入廁所的年長者，可直接扶著並坐在馬桶上。

馬桶請勿擺直的，而要轉 90 度擺橫，使年長能推扶手並輕鬆坐下。

安裝拉門，讓入口變寬敞。圖中的拉門是手風琴式的折疊門，拉開後的入口寬度近 180 公分，但其實只要 90 公分，輪椅就能通過。

將客廳壁櫥改建成廁所，屬於最後的改建方案，能讓居家照護持續到臨終的那一刻。

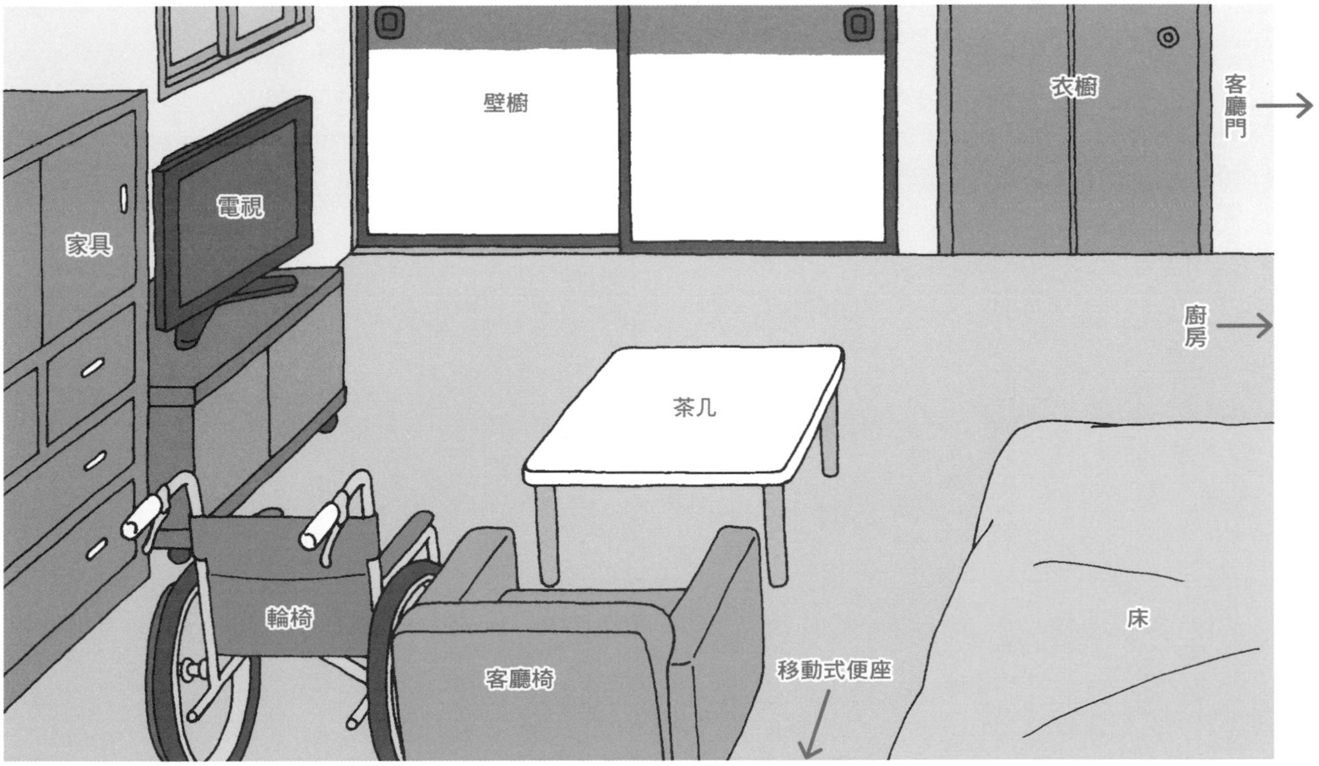
壁櫥
衣櫥
客廳門
電視
家具
廚房
茶几
輪椅
客廳椅
移動式便座
床

夜間照護

重點在於先做好預防措施，才能及時因應年長者從床上滾落等突發狀況。

預防夜間事故

夜晚從床上滾落

不打算下床，卻不小心滾下來

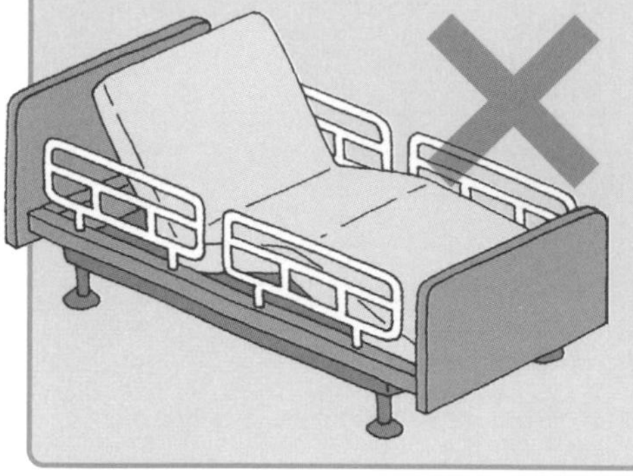

請加大床鋪的寬度，並檢查床鋪邊緣是否不易滑落。千萬不能用柵欄把床圍起來。

想要下床，卻不小心滾下來

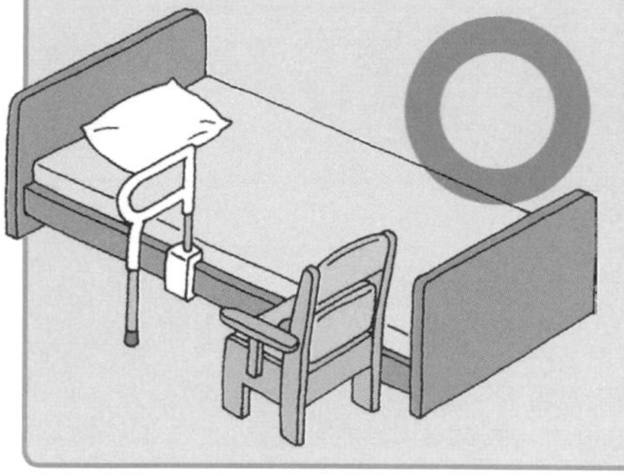

教導年長者自行翻身及起身的技巧，並在床邊設置輔助扶手，協助年長者安全下床。床鋪高度適中，是重要條件之一。

透過萬全的準備，降低風險

在居家照護中，有哪些事情是晚上必須留意的呢？除了症狀惡化以及因失智症分不清晝夜以外，夜晚其實沒有那麼可怕。請同住的照顧者針對夜間事故及突發狀況，多加留意即可。

上圖介紹的是夜間意外的案例之一，以及避免年長者從床上滾落的防範措施。要擬定防範措施，就必須先了解為什麼年長者會從床上摔下來。

若年長者沒有要下床，卻不小心滾下來，就要想辦法別讓其摔下床。這時，千萬不能像上圖一樣，用柵欄將床完全包圍。若真要安裝，最多也只能擋住上半身。在準備照護用品的清單中，有時會出現「為預防摔落，而用柵欄將床包圍」的照片，以照護現場來說，只會困住年長者的身體而已。若年長者想下床而跨越柵欄跌倒，反而更危險，家中千萬不能使用。此外，也有不少年長者曾因衣服或身體被柵欄卡住，進而發生意外。

若擔心年長者從床上摔落，不妨加強地板的安全性。像是在地上鋪能緩衝的墊子，或將地板換成軟木材質，來減少摔落時的衝擊。另外，將鋪在地上的床墊換成床鋪時，因為患者很有可能在晚上站起時而摔倒，危險性高，一定要避免。

若地板採用榻榻米，材質較硬，從床上摔落時不會受傷，對走路也不會形成阻礙，可考慮讓年長者使用。

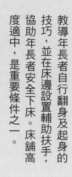

這樣準備，預防夜間意外

起床時通知

當年長者上半身離開床鋪時，感應器就會以響鈴的方式，通知在其他房間內的照顧者。

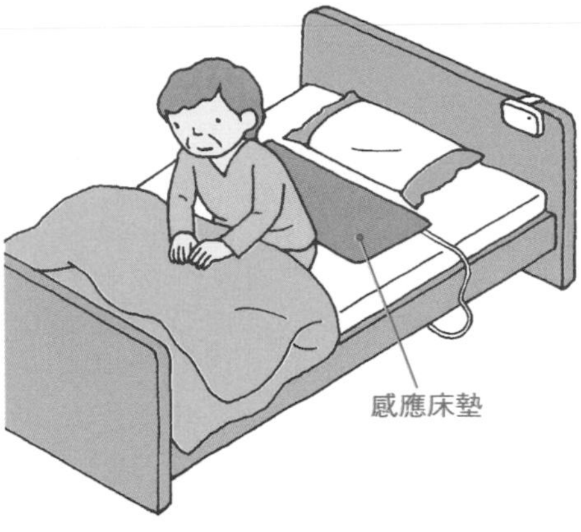

下床時通知

當年長者踩到床邊的地板時，感應器就會以響鈴的方式，通知在其他房間內的照顧者。

離開室內時通知

設在玄關，以預防年長者走失的感應地墊。也可以放在寢室的出入口。

透過監視器觀看

在玄關安裝監視器，就能隨時確認被照顧者的狀況。

協助重點

能自行排泄，晚上就安全

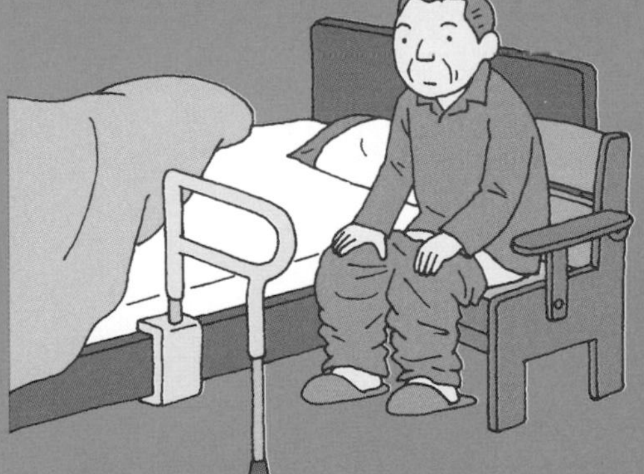

日本安全照護株式會社的負責人山田滋，曾針對右圖的案例進行說明，原來圖中的年長者是因為「包尿布排便很不舒服，所以想起床上廁所」。根據統計，使用移動式便座，且能自行排泄的年長者，較少發生從床上跌落的意外。

常見的煩惱

因失智症晚上變好動

照護需求等級高的被照顧者，應該不分晝夜，自發性動作都很少，但有時仍會從床上滾落。照顧者可能會因此疑惑，「為什麼突然變好動？」其實罹患失智症的人，原本就比照顧者想像的還好動。在家時，一定要留意其晚上的動作是否變多。

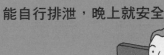

專欄 3

家中環境不利照護時，該如何改善？

在本章的內容中，我們已了解該如何改建住宅，以利照護。能將住家打造成利於照護的環境固然最好，但若礙於種種因素而無法整修時，又該怎麼辦呢？

其實環境營造最大的關鍵，在於保有移動的自由。只要照顧者及被照顧者都能隨心所欲移動，透過請照顧服務員幫忙等方法，就能讓被照顧者在接受照護的情況下生活。

房子的入口若有高低落差（例如從玄關進入室內地板時的高度差），可向當地政府申請補助來安裝斜坡板。扶手也有各種不需施工的款式，不妨和照顧管理專員討論需求性。讓年長者能出門前往日間托老所，及在家中可安心如廁，是最低限度的必要改裝。

只要能保持動線通暢，家中即使不是無障礙空間，問題也不大。就算有高低落差或障礙物（家具等），只要年長者能扶牆走路，就不會對日常生活形成阻礙。

在榻榻米房間放床鋪，似乎不利於照護，但比起刻意將地板換成軟木地板，這麼做顯然快多了。養護機構的房間地板都很硬，一旦從床上滾落，就容易受傷，這時可在地板上鋪一條薄毯預防，但若是榻榻米，由於硬度已經恰到好處，以安全性來說，不輸養護機構。榻榻米對於能爬、能拖行的人而言很舒服，即使站起來有困難，只要鋪上床墊，就能靠自己的力量移動到榻榻米上。

另一個好用的工具，是辦公用的椅子（椅腳為五個滑輪）。即使患者因風濕而無法轉動輪椅手扶圈，也可以坐在椅上利用小碎步移動。在狹窄的室內或走廊，也很方便轉彎，非常好用。

此外，助行購物推車（附籃子的步行器）也很利於移動，通常是年長者（尤其女性）購物時的輔助器材，亦可在家中使用。若無法外出購物，在室內推慣用的助行購物推車步行，其實也是個好方法。

客廳的茶几要用矮而堅固的款式。在第五十九頁中，曾經說明「可用台子代替扶手」，而這個台子就可用茶几來充當。當腰腿虛弱的年長者要從客廳的椅子上或沙發上站起時，只要前方擺放的茶几夠穩固且高度在五十～六十公分內，就能方便其藉由推茶几而輕鬆站起。

第 4 章

了解居家照護的定義及協助範圍

居家照護的定義

在進入介紹長照保險的內容前，請先思考「居家照護」的定義吧！

遇見誰，命運大不同

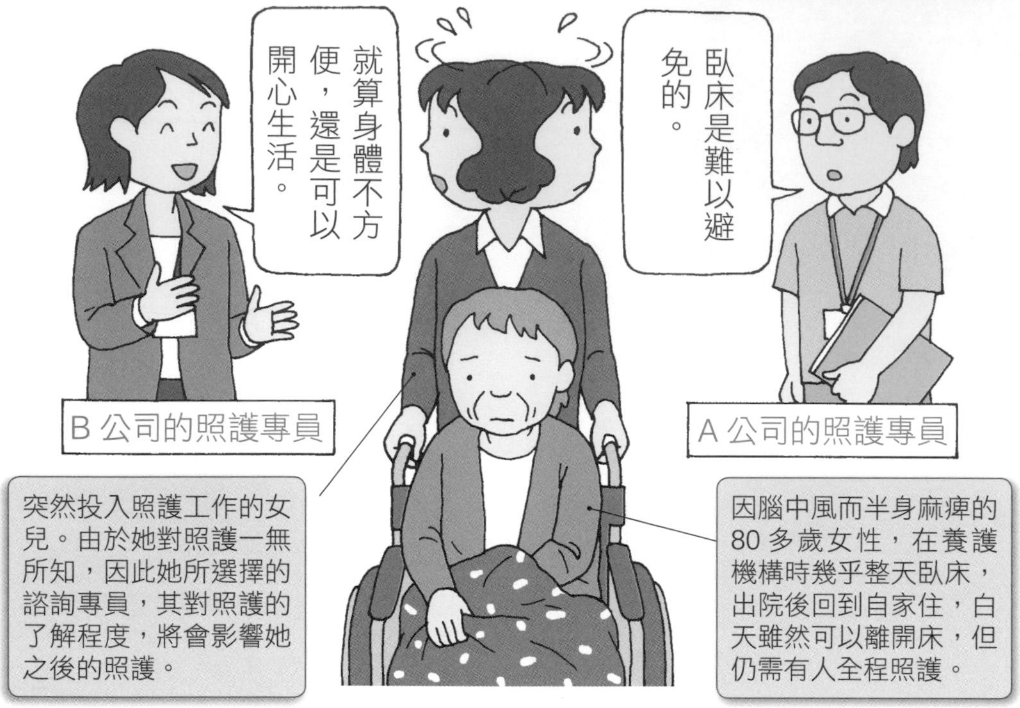
臥床是難以避免的。
就算身體不方便，還是可以開心生活。
B 公司的照護專員
A 公司的照護專員
突然投入照護工作的女兒。由於她對照護一無所知，因此她所選擇的諮詢專員，其對照護的了解程度，將會影響她之後的照護。
因腦中風而半身麻痺的 80 多歲女性，在養護機構時幾乎整天臥床，出院後回到自家住，白天雖然可以離開床，但仍需有人全程照護。

編按：臺灣規劃的長照保險制度中，並沒有「照護專員」的服務，而是以各縣市長照管理中心的長照管理專員為主，負責個案管理與評估、並擬定照顧計畫。

在家接受照護，不代表就是居家照護

正式的照護，往往來得令人措手不及。此時「該居家照護，還是尋找養護機構」，總是讓照顧者傷透腦筋。對照護不甚了解的照顧者，容易陷入二選一的困境。其實根本不用煩惱，因為與「機構」相比，「居家」的定義其實非常廣泛，並不侷限。

左頁是日本居家照護以及在養護機構所能申請的服務一覽表。從中可以發現，「居家照護＝照顧者必須形影不離」其實是錯誤的認知，「居家以及類居家」所能享用的服務是非常多元的。

倘若那麼多種類的服務，使用起來還是有困難，就可以考慮進入養護機構了。

擁有正確照護觀念，非常重要

居家照護及養護機構，並沒有區分誰好誰壞，照顧者應該將兩者皆視為實現「被照顧者想要的生活」的方法。而「好的照護」與「正常的生活」幾乎是同義詞，能否遇到擁有正確照護觀念的協助者，對照顧者來說相當於命運分歧點。

上圖畫的是兩種不同類型的協助者。一邊認為年紀變大、身體不便是無可奈何，對於正常生活已不敢奢望。另一邊則努力想將老人導向正常的生活，而這需要良好的照護技術，來幫助被照顧者將殘存的能力發揮到極限。

以照護為業的人，應自我警惕不要成為跟「A公司照護專員」一樣的人。

日本長照保險制度涵蓋的居家範圍

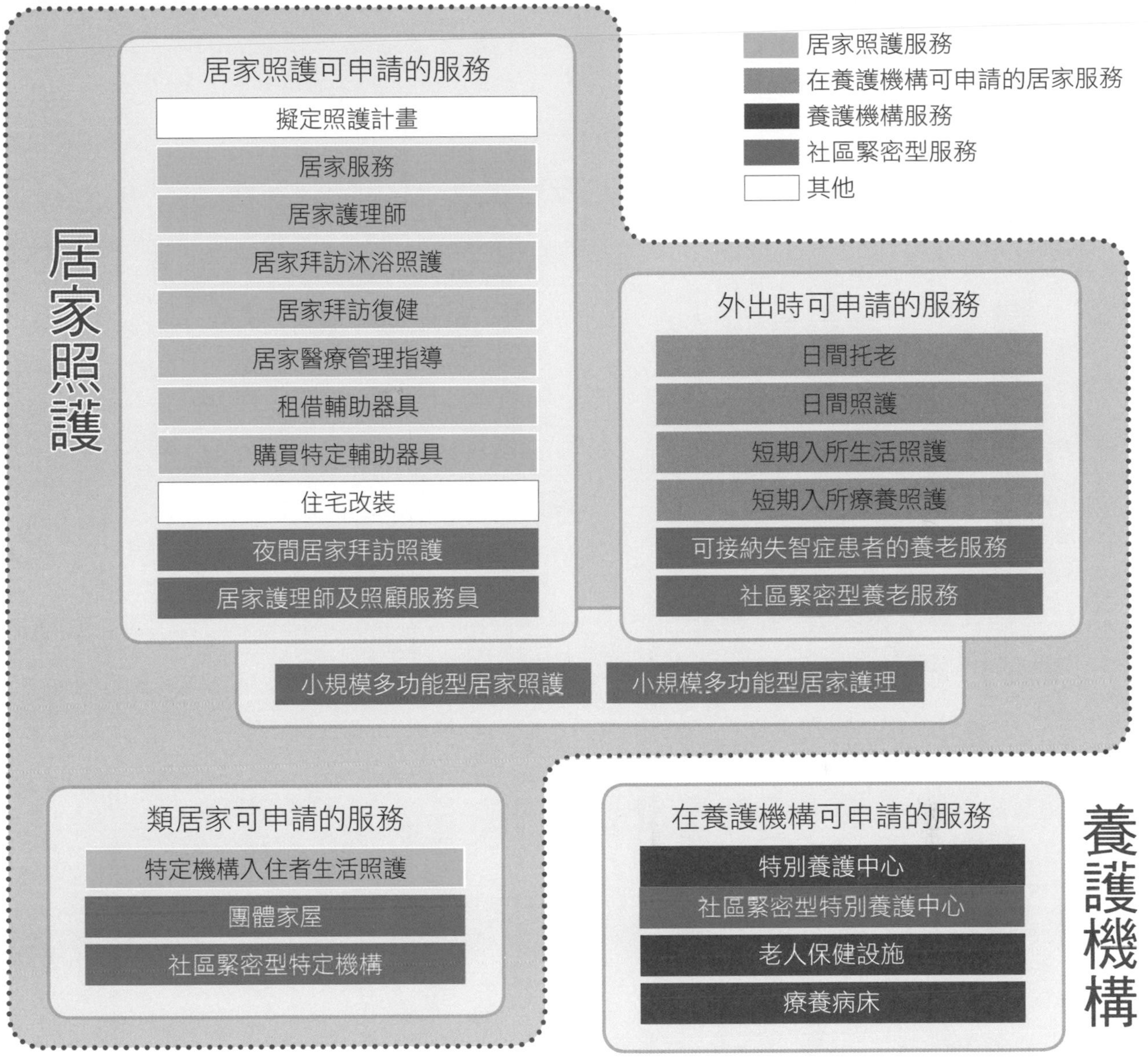
居家照護服務
在養護機構可申請的居家服務
養護機構服務
社區緊密型服務
其他
居家照護
居家照護可申請的服務
擬定照護計畫
居家服務
居家護理師
居家拜訪沐浴照護
居家拜訪復健
居家醫療管理指導
租借輔助器具
購買特定輔助器具
住宅改裝
夜間居家拜訪照護
居家護理師及照顧服務員
外出時可申請的服務
日間托老
日間照護
短期入所生活照護
短期入所療養照護
可接納失智症患者的養老服務
社區緊密型養老服務
小規模多功能型居家照護
小規模多功能型居家護理
類居家可申請的服務
特定機構入住者生活照護
團體家屋
社區緊密型特定機構
在養護機構可申請的服務
特別養護中心
社區緊密型特別養護中心
老人保健設施
療養病床
養護機構

日本養護機構的類型

在日本長照保險制度中，只有三種設施可以稱為養護機構，分別為特別養護中心（特別養護老人安養中心或老人照護福利設施）、老人保健設施（老人照護保健設施）、療養病床（照護療養型醫療設施）。如上圖所示，日本的長照保險制度非常複雜。

此外，關於輔助器具的租賃也不同，屬於團體家屋與特定機構（定額付款便能接受照護的住宅）的付費老人安養中心、養護之家、附照護服務銀髮族住宅是不能租借輔助器具的。因此，有些人便將這項規定當作居家照護及養護機構之間的區分。唯有以個人名義租借床鋪或輪椅的照護型態，才能稱為居家照護。（編按：台灣養護機構類型請參考「長照服務資源地理地圖」網站，已整理出各式養護機構及所在地，方便讀者查詢。）

各式各樣的拜訪服務

長照保險中的居家服務，該包含哪些協助內容呢？

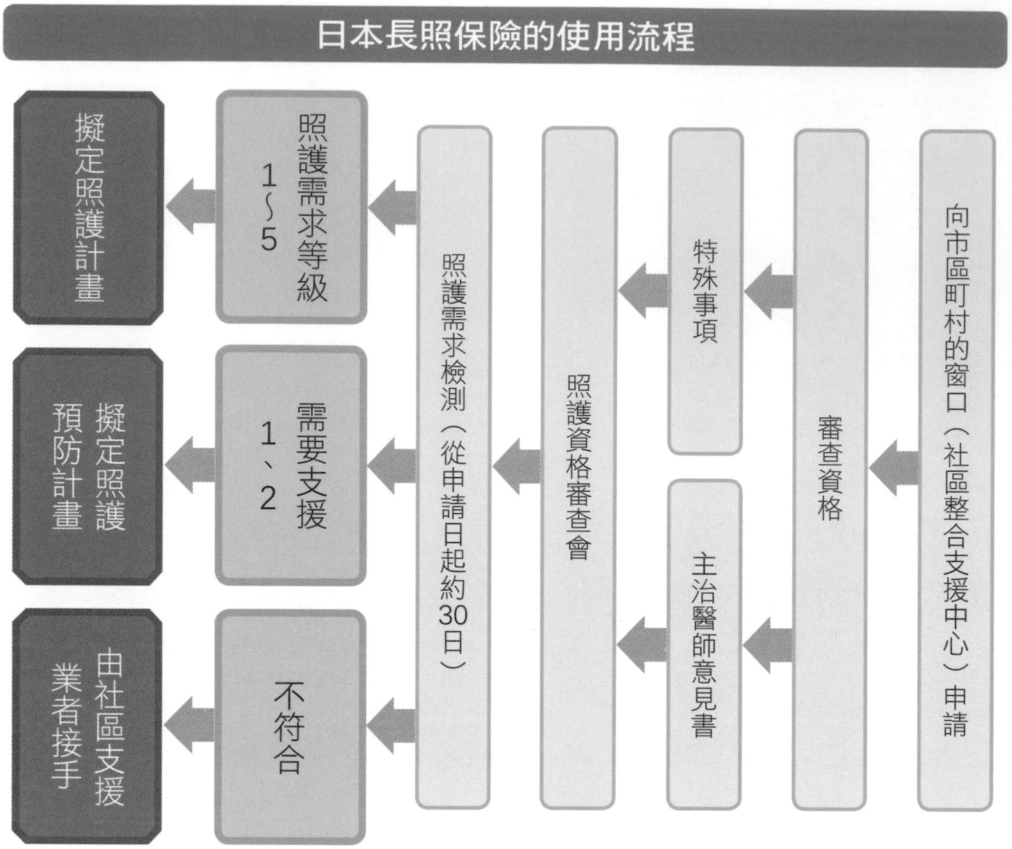
日本長照保險的使用流程
向市區町村的窗口（社區整合支援中心）申請
審查資格
特殊事項
主治醫師意見書
照護資格審查會
照護需求檢測（從申請日起約30日）
照護需求等級1～5
需要支援1、2
不符合
擬定照護計畫
擬定照護預防計畫
由社區支援業者接手

如何申請居家服務？

在日本，要申請長照保險服務，就必須依照上圖的流程，接受支援（需預防照護）或照護的需求檢測。年滿六十五歲的老人，會從居住地的自治團體處收到照護健保卡，但只有這張卡並無法申請長照服務，被照顧者除了得接受支援或照護的需求檢測以外，還必須和照護專員或服務業者簽訂使用契約。

居家拜訪服務的種類，如左頁所示。具體事項可以從區公所照護保險課提供的居家照護支援業者一覽表挑選業者，並與照護專員面談，詢問詳細狀況。

一般都以為居家拜訪服務為主，能讓被照顧者及照顧者比較輕鬆，其實關在家裡只接受拜訪，會離正常生活越來越遠。若照護管理專員設計的照護計畫只有居家拜訪，那就得搭配日間託老服務。

比較麻煩的是，若被照顧者不肯出門，即便請來照顧服務員及居家護理師，人際關係也很難活躍，不論做任何事情，都只會變成單方向的給予，年長者會覺得自己更不自由而意志消沈，所以一定要為年長者申請日間托老服務，讓他們與其他銀髮族開心交流。

（編按：日本狀況請考第一二二頁，台灣若要申請居家服務，請電洽各縣市社會局，詢問申請方式及資格。）

居家拜訪服務的內容

居家拜訪照護

請照顧服務員到家裡來，協助飲食、排泄、沐浴（身體照護）等照護，並幫忙買東西、煮飯、打掃（生活支援）等。若僅需要支援，可以請對方協助煮飯，被照顧者自己則多做一些事情。

居家護理師

請護理師或保健師居家拜訪，依循照護計畫與主治醫師的指示書，進行療養上的照護與醫療機械上的管理。

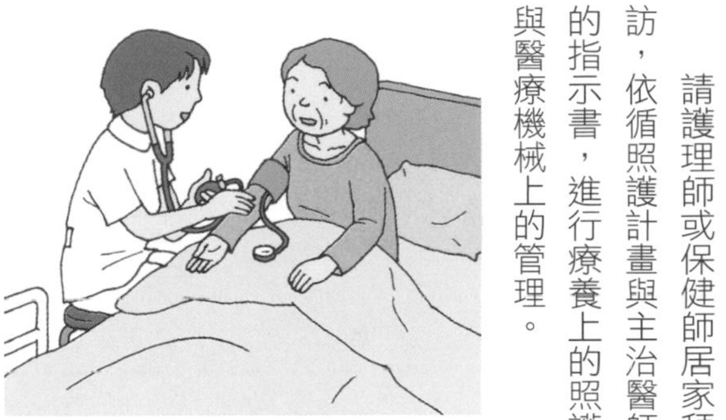

居家沐浴照護

利用沐浴車將簡易浴缸帶到家裡，等量完血壓、體溫等生命徵象測量後，再幫年長者清洗身體。

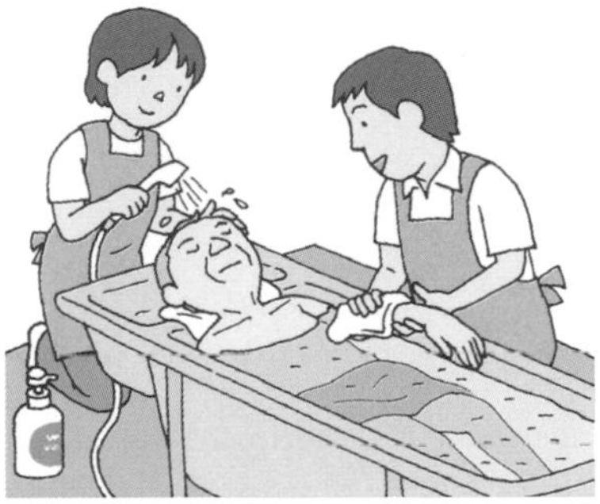

居家拜訪復健

請物理治療師或職能治療師等復健（機能回復訓練）專家來家中，進行復健訓練。

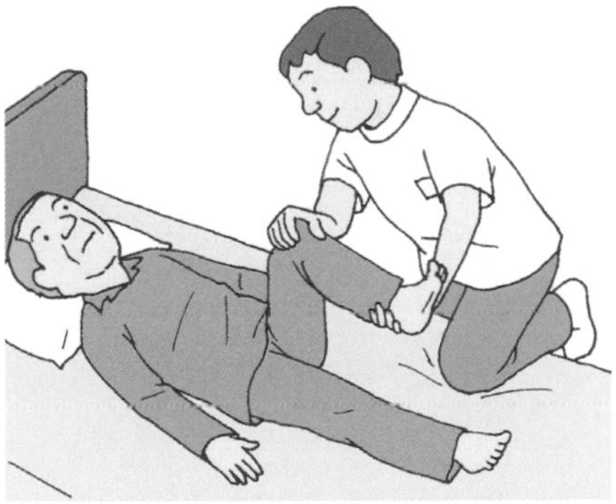

居家醫療管理指導

請醫師、牙醫師、潔牙師、藥劑師、營養師等專業醫師親自到家中，替無法前往醫院的患者，進行療養上的管理與指導。

社區緊密型居家拜訪服務

夜間居家拜訪照護

照顧服務員會在晚上定期拜訪。接獲家屬通知時，客服會給予協助，並在必要時隨時進行家庭拜訪。

待命型居家護理師及照顧服務員

由照顧服務員與居家護理師一起定期拜訪。若接獲通知，會在二十四小時內前往。

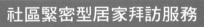

居家照護 ③

居家護理師及生命徵象測量

居家護理師對需長期照顧的患者而言，是不可或缺的居家服務。

提供居家照護的居家護理師

日本的居家護理會由醫院或診所的居家護理站的護理師、保健師來執行。沒有照護計畫或主治醫師的居家護理指示書，則無法申請。（編按：台灣則由具有護理員資格，並擁有2年以上內外科病房臨床照護經驗者執行。）

在日本，由主治醫師認定需要支援或照護，且病情穩定的人，就能申請居家護理師。對不能自由前往醫院的人來說，是一項非常便利的服務。（編按：台灣需經巴氏量表即ADLs測量及評估，才能申請居家服務。）

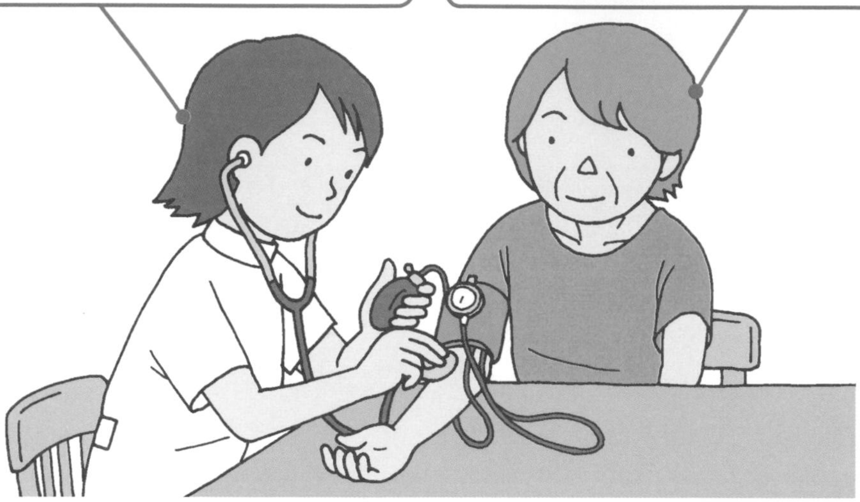

照顧者可依需求，申請居家護理

在日本，若要透過醫療保險來申請居家護理服務，只有癌症末期或罹患厚生勞動省（類似台灣的衛生福利部）認定的疾病患者才符合資格。

要透過長照保險制度申請居家護理，需要有照護計畫及主治醫師的指示書。除了護理師、準護理師、保健師以外，必要時物理治療師等復健專家也可以進行居家拜訪，或進行機能訓練及ADL（日常生活活動）的指導。此外，告訴被照顧者及家屬，居家護理師能為他們做些什麼，則是照護管理專員、個案管理的工作。

當居家照護進入彌留期或臨終照護時，請務必申請居家護理，提供協助。（編按：台灣亦有居家安寧服務，詳細申請辦法，請洽各縣市長期照顧管理中心。）

！生命徵象測量

「生命徵象測量」是用來評估一個人的基本健康狀況。它的目的大多是用來判斷能否沐浴及外出，若患者有發燒、血壓過高等症狀，居家護理師可依狀況做適當處理。

例如，護理師通常會請患者在體溫高達三十七．三度以上時脫下毛衣，若過一會兒降到三十六度就沒問題，或依狀況適時讓患者吃降血壓藥，若一小時後測量恢復正常值，即可安心。

照護人員在為患者進行檢測時，一定要將生命徵象測量的數值，與患者平時的狀況相互比較，才能做出準確的整體性判斷。

生命徵象測量的內容

體溫

以下為成人的基準值，若是孩子，其平均體溫會偏高，老人則偏低，因此當平均體溫偏低時，即使只有 36.5 度，也算是輕微發燒。

正常	35.5 ～ 36.9 度
輕微發燒	37 ～ 37.9 度
中度發燒	38 ～ 38.9 度
重度發燒	39 度以上
體溫過低	低於 35.5 度

血壓

測量前要請患者先排便、排尿，等休息約 15 分鐘後再測量。血壓會隨著飲食、運動、情緒亢奮與否而改變，因此 1 天必須測量好幾次。

降壓目標

	診察室血壓	在家血壓
前期高齡者（65～74 歲）	低於 140 ／ 90mmHg	低於 135 ／ 85mmHg
後期高齡者（75 以上）	低於 150 ／ 90mmHg 使用降血壓劑後 低於 140 ／ 90mmHg	低於 145 ／ 85mmHg 使用降血壓劑後 低於 135 ／ 85mmHg

（資料來源：日本高血壓學會）

呼吸

在患者安靜時，計算胸口及心窩上下起伏的次數，1 分鐘 15 ～ 20 次為正常值。呼吸聲與呼吸的模樣也要一併觀察。

血氧飽和儀

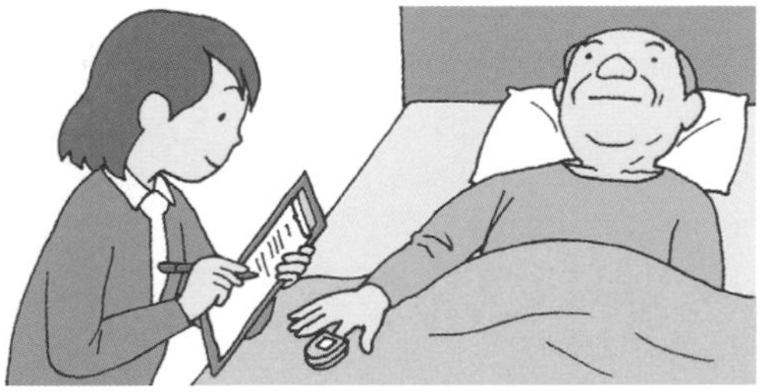

刺一下指尖，就能輕鬆測量血液中的氧氣濃度（飽和度），也有耳垂專用的款式。正常值為 96 ～ 99%，低於 90%就視為呼吸衰竭，需要緊急處理。

脈搏

1 分鐘 70 ～ 90 為正常值，老年人會比這再低一些，因此 60 ～ 70 也算是正常值。超過 100 為心跳過快，低於 60 為心跳過慢。

意識

救護員有一套評估患者意識等級的方法，而在居家照護時，只要眼睛可以聚焦、喊他會有反應，就算沒問題。

居家照護 ④

照顧服務員不該幫忙的事

照顧服務員的工作範圍是有一定的限制，這點一定要拿捏清楚。

哪些行為不包含在居家照護服務內

管理金錢與貴重物品

照顧服務員不能幫忙存錢、領錢或提領任何津貼，但可陪同被照顧者前往銀行或郵局，提供協助。管理金錢或貴重物品易引發糾紛，請謹慎處理。

醫療行為

原則上，管理點滴等醫療行為，不能由照顧服務員來執行，須由居家護理師負責，但若是吸痰，有研修過相關課程的照顧服務員，則不受此限。

照顧服務員並非家庭幫傭

在日本，居家拜訪照護、日間托老、短期療養合稱「居家三大幫手」，是居家照護的基本服務。服務內容依需要支援或照護而不同。能獲得同住家人的協助，或者有照服員能幫忙進行自己做不到的事情，都會被歸類為需要支援的被照顧者。費用為每月定額制，依被照顧者及被支援者的狀態，分為每週一次、每週兩次。若支援指數為3，則可申請每週三次以上的服務，每次的家庭拜訪一般會在在九十分鐘。

若需要照護，會由照顧服務員協助飲食、排泄、入浴等身體照護，並提供購物、煮飯、打掃等生活援助。此外還可申請照護計程車，方便往返醫院，並接受乘降協助。照服員可以做的事情非常多，但也有很多事情是在制度上不允許的。對於支付長照保險費，以及每次申請服務都會再負擔一～二成費用的申請人而言，雖然有點不近人情，但其並不是家庭幫傭。左頁的內容都不在他們的服務項目內。

只要有同住的家人在，被照顧者就不能接受生活援助，這點經常不被日本民眾諒解。若家人必須工作，使老人白天獨居而無法用餐，家人就要將事先準備食物。關於這點，各自治團體的解釋會稍有不同，可以向照護管理專員、個案管理詢問。（編按：讀者若對照顧服務員所從事的工作內容有疑義，可詢問各縣市長照管理中心。）

與「被照顧者」無關的幫助

照顧服務員做了會對家屬有利，但其實應該由家屬來做的事情，例如：

- 幫被照顧者以外的人煮飯、洗衣、購物等
- 打掃被照顧者房間以外的地方

※家人共用的環境（廁所、浴室、走廊等）原則上都不能打掃。但若是獨居，就全都能掃。

- 接待客人（倒茶、準備點心等）及看家
- 當司機
- 陪唱卡拉 OK

- 協助辦理婚喪喜慶
- 參加社區活動
- 清潔車輛

- 陪同外食
- 陪同去美容院等

超過「日常生活」範圍的幫助

照顧服務員不幫忙，也不會對日常生活造成阻礙的項目，例如：

- 幫庭院除草
- 幫花草澆水
- 帶狗散步等

超越日常家事範圍的項目，例如：

- 更改房間的擺設、移動家具或電器產品、修繕
- 大掃除、擦玻璃窗、幫地板打蠟
- 修理房屋、刷油漆

- 修剪樹枝等園藝活動
- 過年或節慶時幫忙煮特別費工的料理等

※ 編按：在台灣，若被舉發讓照顧服務員從事幫傭的工作，會被處 3 萬以上，15 萬以下不等的罰鍰。

申請照顧服務員進行照護

「身體照顧」也是屬於居家照護的基本服務，是很重要的工作之一。

身體照顧的基本服務內容

當患者無法自己進行飲食、排泄、沐浴等基本生活行為而需要照護時，便可申請身體照顧服務，內容包括：

● 飲食照護 ● 排泄照護（陪同至廁所、協助使用移動式便座、協助使用馬桶或尿壺、換尿布等） ● 清拭（擦拭身體保持清潔）及沐浴照護 ● 整理儀容（洗臉及刷牙） ● 協助起床及就寢 ● 協助服藥 ● 協助更換衣物 ● 移動輔助 ● 協助往返醫院及生活上必要的外出 ● 陪同前往長照保險機構及長照機構等地參觀（為了往後挑選需要的服務） ● 陪同前往政府機關辦理手續

（編按：台灣亦可申請身體照顧，服務內容請洽各縣市社會福利局。）

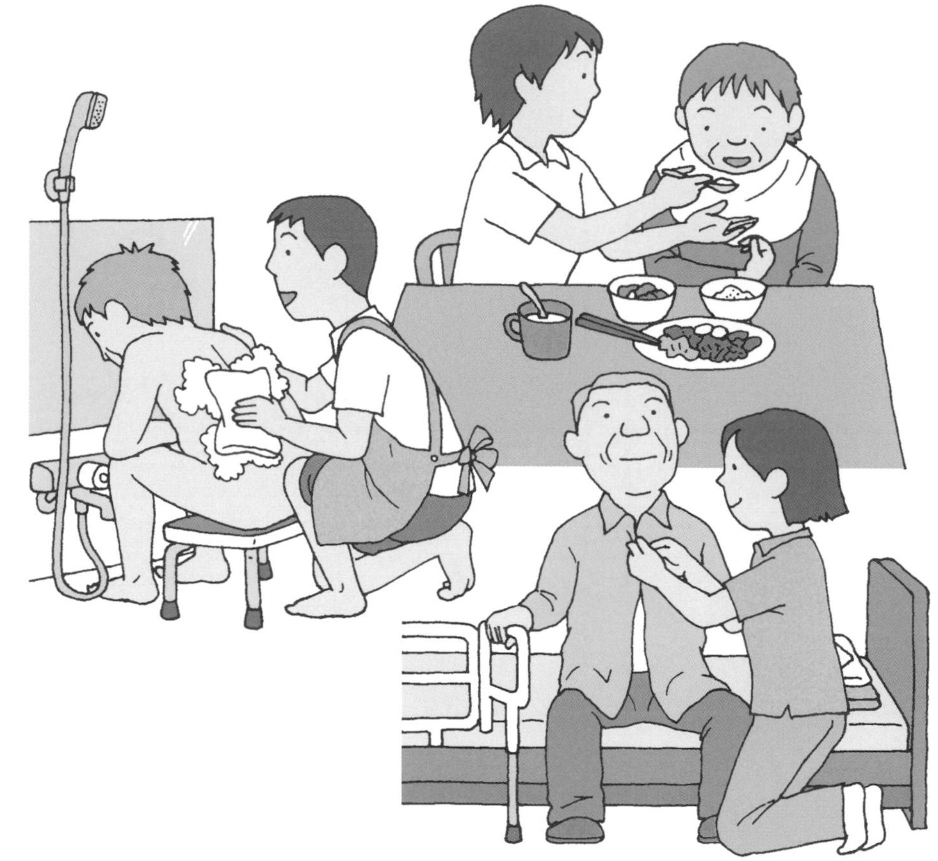

先抓出照顧重點，再進行申請

由照顧服務員（簡稱照服員）及個人助理前往被照顧者家中，協助進行必須直接碰觸當事人身體的生活行為，稱為身體照護。被照顧者必須將生活中有哪些困難告訴照護管理專員，若有家屬，則要由家屬告知哪些地方是居家照護的弱項，並請其幫忙擬定身體照護的照護計畫。這時傳達的需求必須具體，例如「入浴、排泄需要由同性的照顧服務員幫忙」等。

身體照護的時間區分非常細，因此申請時千萬不能貪心，必須抓出重點再申請。

（編按：台灣因照顧服務員短缺，到訪時間無法指定，請先抓出照顧重點再申請，並洽各縣市長照管理中心。）

若家屬拒絕居家照護，該怎麼辦？

協助重點

- 有些長者明顯無法維持基本生活，卻堅稱自己沒問題，拒絕居家照護，協助者對這樣的人千萬不能置之不理。
- 若擔心費用，或不想讓外人進入家裡，可考慮申請其他的服務項目。
- 有些長者喜歡關在家裡，此時就不該強迫進行居家照護，而應帶他們前往長照機構。
- 進行身體照顧時，被照顧者容易產生自卑情節，而不敢將抱怨說出口，給予照顧的人應主動了解對方有哪些不滿。

拿捏好關係，照服員會是最好的幫手

在日本，居家照護的申請人無法指定希望人選，不能因為有喜歡的人員，就指名「我要請他來」。有些申請人因此對居家照護業者不滿，甚至厭惡整個制度。

居家照護服務大多數都是一對一在室內進行，有些業者為了避免滋生事端，便會一個月輪替一次照服員。但其實只要拿捏好關係，照服員會成為照顧者最好的幫手，甚至和整個家庭建立起如親人般的情感。

請照顧服務員進行生活援助

若有需要，亦可申請照顧服務員幫忙處理家務，但需經相關單位評估。

生活援助的基本服務內容

獨居老人，以及雖有同住的家人，家人卻因為生病等因素而無法做家事時，便能申請此項服務。

● 打掃與整理環境（有家人同住時，僅限打掃被照顧者的寢室，廁所及走廊等共同空間不在範圍內） ● 丟垃圾 ● 洗衣服 ● 整理、修補衣服 ● 鋪床 ● 日常餐點的準備及烹調（過年時的年菜、聖誕節蛋糕等特別的節慶料理不包含在內） ● 採買日用品 ● 領藥

（編按：台灣亦可申請照顧服務員進行生活援助，服務內容請洽各縣市社會福利局。）

「維持室內清潔」不是大掃除

依日本照護需求，等級在1~5的人，可申請的生活援助其實有諸多限制。首先，只要有同住的家人，原則上就不能申請，因此一定要向照護管理專員、個案管理詢問。除非同住的家人因為生病或身心障礙而不能做家事，這時才會被允許。

服務內容如上圖所示，其中最常被抱怨的是打掃。有時申請人會要求照顧服務員，將房屋按照自己以前身體健康時的打掃標準來清潔，但照護服務的目的並不是替人保養房子，而是「維持室內清潔」，這點一定要謹記在心。

像擦拭玻璃窗外側就屬於大掃除的範圍，不在照顧服務員的工作範疇以內。

協助重點

確保患者能按時用餐

煮飯屬於家務服務，但餵患者吃煮好的飯菜，則是身體照顧，這兩者雖是分開，但要嚴格區分卻很困難。在照護的第一線，若相關單位決議「確保用餐關乎性命，應視情況進行」，那就會像右圖的案例一樣，將準備餐點作為居家照護的一環來進行。

常見的煩惱

居家照護時，能否幫忙家務？

由於並非所有家庭都能申請家務服務，若只能申請身體照顧，患者的餐點該如何處理呢？原則上，居家照顧包含「送餐服務」，可協助處理送餐事宜。若患者只需從冰箱拿出飯菜，再放到微波爐加熱，可請照服員幫忙。

往返醫院時的乘車協助

這是一種申請「照護計程車」的服務後，上下車都會有人協助的居家拜訪照護。（編按：為了方便身心障礙者、行動不便的老人等，台灣各縣市也設有「無障礙計程車」服務，請洽各縣市政府交通局。）

從家中到照護計程車

- 協助患者在家中換穿衣服及準備外出
- 扶著患者乘車，避免摔倒

從照護計程車到醫院

- 協助下車
- 下車後協助移動到醫院櫃台
- 協助辦理掛號手續等

支援照護的各類型養護機構

養護機構的服務項目，包含日間托老、日間照護、短期療養等。

養護機構的優點

預防繭居

不同於在養護機構接受照護，居家照護一旦情況惡化，患者就有可能將自己完全封閉在屋內，這是照護時最不願看到的情況。讓患者接受建議並前往養護中心，就能避免他們將自己整天關在屋內。

結交朋友

由於養護機構內的老人家較多，有同年紀的朋友陪著，會比較安心、自在。當然也可以帶他們參加老人會或社團，若是日間照護中心，工作人員還能幫忙接送及管理健康，可以更安全地讓老人交朋友。

美髮沙龍
美容按摩
美食
同學會
電影
音樂會
一日遊
登山健行

照顧者得以喘息

被照顧者只要一天去養護機構數小時，照顧者就能擁有可自由活動的時間，包括日間照護、短期療養等，都能達到相同效果。讓照顧者藉此休生養息，重新面對照護。

不能只待在家，人際關係也很重要

一般來說，除了居家照護外，也可選擇日間照護、短期療養或安養服務等，雖然對許多家庭來說，居家照護較方便，但讓患者前往養護機構，其實也不失為一種好方法，有時甚至比單純的居家照護對患者更有利。

「我會建議大家，盡量將可申請補助的額度全部用在日間照護。若經濟寬裕，最好還能自行負擔，增加前往次數。讓患者特別是老人，能與其他老人及工作人員建立社會連結。」（文章出自《老人照護的錯誤常識》三好春樹・新潮文庫出版）。

看到這段話，可能會有人反駁：「居家照護也可以和社

前往養護機構的時機

要選擇哪一間機構，請先參觀後再決定。多參觀幾間，相信一定會找到喜歡的機構。參觀屬於身體照護的一環，可以請家屬或照服員同行。

協助重點

- 較少使用日間照護的老人們，會很排斥被家人以外的人照護，不易説服。
- 面對這些老人時，就不要用「照護」這個詞彙，而要改用某種聚會（例如餐會、復健會）來説明，使老人的接受度提高。
- 面對口裡常説「我不喜歡那種都是老人的地方」的長輩，不妨用請他去幫忙等理由帶他過去，而不是讓他去當被照顧者。
- 照護需求等級越高的人，越需要透過日間照護來擴展生活空間。老想著等哪天身體比較好了再去，只會延誤時機。

失智症患者適合集體照護

失智症加深後，一般都會認為不能再送往養護機構，其實不然，照護業者很習慣照顧失智症患者。比起單一照護，失智症患者更適合集體照護（類似台灣的失智症老人團體家屋），在病情上也能較穩定。

此外，一旦前往養護機構，患者便能在那裡遇見同樣罹患失智症的病友，彼此就會產生共鳴。

會產生連結啊。」的確，居家照護比完全不與任何人交流相比，確實較好，但這種專家式的居家拜訪，很容易變成單方面的給予。以老人而言，在家被健康的人圍繞，還會覺得自己很悲慘，繼而產生被害妄想症，認為熱心照顧他的照顧者是「小偷」。

想要避免這種情況發生，就一定要幫老人建立「不會產生自卑感的對等關係」。因此，不妨透過到日間照護中心，並與在該處認識的老人同伴們交流，以產生正確觀念。

照顧者及協助者，必須想辦法拓展老人的生活空間，豐富他們的人際關係。想長期持續居家照護，就不能只依賴居家拜訪，而是讓老人有機會多與其他人接觸。（編按：台灣的養護機構依照護類型，種類非常多，建議親自前往參觀，或上中華民國老人福利推動聯盟網站查詢。）

日間托老及日間照護

日間托老與日間照護有何不同？該如何選擇？

日本日間托老及日間照護的比較

6,860 所

日間照護中心只有日間托老所的 5 分之 1 又多一點，因為照護中心需要僱用專業的復健師並添購復健器材，設立的條件比較嚴苛。

日間照護中心

（通所復健）

在照護中心的老人，可以在醫療人員協助下進行復健，這點跟日間托老所不同。地點為老人保健設施的日間托老房、醫療法人團體的日間照護中心等。和日間托老所一樣，會提供飲食與沐浴服務，其他時間則以復健為主。

約 31,570 所

日間托老所在全國超過 3 萬所以上（2012 年 4 月時統計），由於業者眾多，在住家附近應該都能找到。

日間托老所

（通所照護）

陪需要支援及照護的老人們度過白天的服務。地點為特別養護中心的托老房、專門的日間托老所、以民房改建的民間托老所等。工作人員會接送老人，提供生命徵象測量服務，供應茶水、點心及午餐，協助沐浴、提供娛樂等。

依需求選擇適合的照護機構

一般而言，白天能開心活動的年長者應前往日間托老所，而需要復健的年長者則前往日間照護中心。但請看上圖，日間照護中心的數量，比日間托老所少上許多。因此現狀為，想要復健的年長者，只能盡可能尋找位於可接送範圍內的日間照護中心，有時還得耐心排隊等候。與之相比，到鄰近的日間托老所參觀，選擇合適的機構，反而更實際。

不妨尋找年長者喜歡的日間托老所，讓他前往度過白天。（編按：台灣也有不同的老人日間照顧中心，建議讀者可依老人需求，自行選擇，但請記得，能動就別躺，長期臥床是最後的選擇。）

挑選照護中心的注意事項

使用時間以 1 個月為單位

被照護者的使用費用，以日為單位來計算，而需支援者的使用費用，則以月為單位來計算。因此「被照護者可以只上一天就不去，而需支援者則一個月內不能再試其他日間托老所。」（指日本現況）

可以試上嗎？

不論日間照顧中心還是長期照護中心，民眾在簽訂契約前，往往都希望能先試上。但這些機構雖然可參觀，卻都不能在合約簽訂前試上。因此即使很麻煩，申請人也只能簽訂使用契約，再實際前往數天，感覺是否合適。

希望長時間停留時

照顧者若需要工作，且無法準時接送時，就可以請照顧服務員在接送時間前往日間托老所，可挑選能在照顧者下班趕回家前，提供晚餐、延長照護時間的日間托老所。雖然需要額外付費，但必要時不妨考慮使用。

短時間的特定娛樂服務

日間托老所還有一種是短時間（約 3 小時左右，無飲食、無沐浴）且小規模的機構，方便年長者泡足湯、按摩等，進行特定的娛樂活動。由於年長者出門時可以說「我要去○○了」，因此這種短時間的日間托老所，很受討厭照護的老人家喜愛。

※ 編按：台灣大部分的日照中心有提供試托服務，且不分失能或失智程度，皆可依需求選擇日托或夜托。

社區的緊密型服務

外出時，不妨使用社區緊密型服務，一起來了解其和居家照護的關係吧！

日本社區緊密型服務的種類

1	可對應失智症的共同生活照護（團體家屋）	失智症患者（照護需求等級 2 以上）可一邊接受日常生活的照顧，一邊在家庭氣氛下與病友們共同生活（參考 P252 ～ 255）。
2	夜間提供協助的居家拜訪照護	於夜間（22 時～ 6 時）進行的居家拜訪照護服務。工作人員會將緊急救護鈴交給被照顧者，按下就能連接至客服人員。
3	定期巡迴、可隨時應對的居家護理師及照服員	將居家拜訪照護服務結合居家護理師，以在家生活的需照顧者為對象，進行定期的拜訪及通報。是 2012 年度新增的服務。
4	可協助失智症患者的日間照護	針對罹患失智症的需照顧者設計的特定專門服務。讓小班制的失智患者，接受飲食、排泄、入浴、娛樂等服務。
5	小規模多功能型居家照護	成員在 29 人以下，針對需支援及照護的患者所設計的服務。通所、居家拜訪、住宿都在同一間機構裡進行（參考 P248 ～ 251）。
6	小規模多功能型護理居家照護	從居家服務及社區緊密型服務中，挑選 2 種以上來組合。始於 2012 年度。
7	小規模日間托老所	在針對需照顧者的日間托老所中，規模較小的已自 2015 年度開始，轉為社區緊密型服務。期間歷經了 1 年的過渡期。
8	社區緊密型特定機構入居者生活照護	被指定為特定機構，且招收人數在 29 人以下的老人安養中心及照護之家，都算是社區緊密型服務。對象只有被照顧者。
9	社區緊密型老人照護福利機構	招收成員在 29 人以下的特別養護老人安養中心。傳統的安養中心建設費相當昂貴，因此一般都會加蓋社區緊密型安養中心，以增加使用者。

認識社區緊密型服務

日本的社區緊密型服務始於二〇〇六年。服務宗旨是讓失智老人及獨居老人，即使需要照護，仍能盡量住在習慣的地方，繼續原本的生活。

這項服務會由市區町村來指定業者（其他的服務是由都道府縣來指定），持有其他地區居民證的人則無法使用，這兩點是與其他服務最大的不同之處。

日本長照保險制度會隨著每次的修正增加服務項目，而增加的種類多是社區緊密型服務。照顧者及協助者，應該多關注新的服務並善用，以實現好的照護。（編按：台灣長照 2.0 計畫也提出社區整合或照顧服務，目前正在試辦階段，讀者可上長照 2.0 專區網站查詢，有許多相關資料。）

4
了解居家照護的定義及協助範圍

居家照護與社區緊密型服務的關係

8 社區緊密型特定機構入居者生活照護
9 社區緊密型老人照護福利機構
1 可協助失智症的共同生活照護（團體家屋）
團體家屋
特養
入住
入住
入住
7 小規模日間托老所
2 可提供夜間照顧的居家拜訪照護
自家
當日往返
居家拜訪
6 小規模多功能型護理居家照護
3 定期巡迴、可隨時幫忙的居家護理師及照顧服務員
居家拜訪
居家拜訪
當日往返、住宿
居家拜訪
當日往返
一體化供應
5 小規模多功能型居家照護
4 可幫助失智症的托老照護

※ 編按：台灣可申請的社區型緊密服務，請洽居住社區或當地社會福利局。

有效利用短期療養

若能妥善運用短期療養，對持續居家照護將是不可或缺的協助。

日本短期療養介紹

機構短期生活照護

與特別養護中心合併設立的福利型短期療養機構。除了「合併型」以外，也有專門提供短期療養的「獨立型」，以及利用設施內空床的「空床使用型」。使用期限從 2 天 1 夜至 30 天，入住期間將會受到飲食、排泄、入浴等日常生活上的照顧，並接觸到娛樂活動。由於入住需要照護計畫，因此一般都得先拜託照護專員約在 2 個月前預約。（不過若有空位，也可緊急入住）。

機構短期療養照護

與老人保建設施、療養病床、診所合併設立的醫療型短期療養機構。除了「合併型」以外，也有「空床使用型」。可使用的日數及照護計畫等條件與「短期入所生活照護」相同，但可以接受護理師的照顧及復健等醫療行為。適合因罹患疾病，夜間不搭配醫療管理就無法安心的年長者。對於白天喜歡去日間照護中心大於日間托老所的患者而言，是比較好的選擇。

維持居家照護不可或缺的服務

在日本，讓在家接受照護的年長者，暫時住進照護機構中，稱為短期療養（即台灣的機構喘息）。短期療養分為兩種，分別是上圖中的「機構短期生活照護」，以及「機構短期療養照護」。

越是好的照護，時間往往拉得越長，這是照護的特色。想長期持續優質的居家照護，請一定妥善用短期療養。過去短期療養，曾經被認為是婚喪喜慶及照顧者倒下時的緊急避難手段，現在則已經像國外一樣，被廣泛認知為是減輕照顧者負擔的「喘息照護」了。（編按：台灣目前也有「喘息服務」方案，幫助民眾分擔照顧責任，請洽各縣市長期照顧管理中心。）

善用短期療養，減輕負擔

協助重點

- 照顧者也需要休息，日間托老的時間有限，不妨偶爾選擇短期療養。
- 不習慣在外留宿的年長者容易擔驚受怕，因此剛開始時最好從短期開始適應，先試探年長者是否適合該機構再做決定。
- 即使只有短期入住，年長者的身體也可能產生變化。因此確認入住前後的身體狀況，是最基本的照顧。
- 面對無法持續居家照護而依賴短期療養的家屬，不妨請他們考慮讓年長者入住養護機構。

居家照顧者容易慢性疲乏，只要被照顧者本身不排斥，最好能讓他定期前往短期療養中心。等照顧者好好睡上一覺，充飽精神，相信一定可以再為居家照護繼續努力。

因短期療養，導致活動力降低時

短期療養中心屬於無障礙空間，加上為了安全，入住者不能像在家中時一樣活動（若只是來復建，則不在此限），因此許多老人從短期療養中心回家時，ADL（日常生活活動指數）都很低。而短期療養中心的寢室也因為缺乏日常生活的氛圍，容易誘發失智症。因此在年長者回家後，協助其提升ADL，就是家人與協助者必須進行的工作了。

如何挑選適合的短期療養中心？

短期療養其實是一種為了照顧者而存在的服務，因此每次申請時，都要確認是否會對年長者造成負面影響。若入住前對方大吵大鬧「我不想去」，或是入住後跌倒、骨折，回家後發現褥瘡或瘀青，就要重新考慮是否要前往該機構。

短期療養中心合適與否，和年長者本身的喜愛度有關，除此之外，有些機構的照護水準較低落，入住前請先打聽資訊。照護品質惡劣的短期療養中心之所以能生存，歸根究底還是因為需求多於供給。在都市裡，短期療養中心的數量很少，有些機構甚至會嗆家屬說「不爽就去別間」，使照顧者怨聲載道。

若因為「我還想讓長輩再住久一點」而容忍，並不會有好結果。照顧者一定要用心挑選短期療養中心，非常重要。

民間托老所及老人旅館

在日本，日間托老所與民間業者開設的住宿托老所、老人旅館等，其實並不相同。

民間托老所的生活型態

不會勉強年長者

每個人都能自由活動，不會有既定的行程必須參與

多使用民房

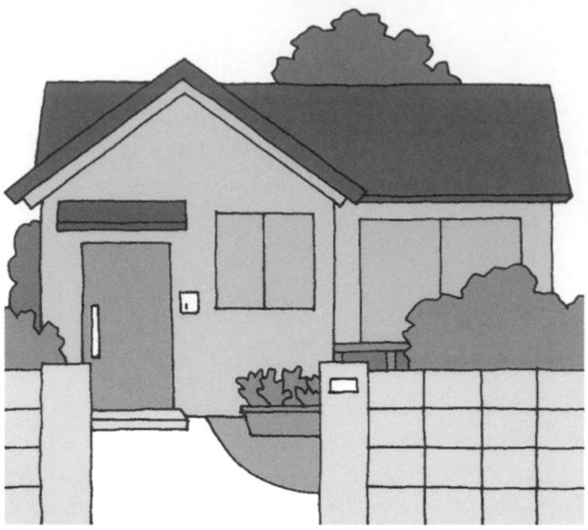

建築物本身不像照護機構那麼大，而是像民房一樣帶有日常生活感的房子，住起來比較輕鬆自在。

民間業者也有住宿服務

有些民間托老所提供的住宿服務，會和日間托老時的地點不同。

使用者與工作人員一同生活

大家都吃一樣的餐點。要分辨是工作人員、志工還是參觀者比較困難。

民間托老所是什麼？

日本的民間托老所（類似台灣的老人養護機構）在長照保險制度中屬於日間托老所的一種，但不沿用「日間托老所」這個名稱。這是一種透過民房或與民房鄰近、具有日常生活感的建築，來提供小規模日間托老服務的機構，使用者可針對長照保險未涵蓋的部分，自行加購，是支援居家照護中，年長者們的第二選擇。

雖然沒有明確的定義，但先進的民間托老所，都會有以下共通點：

第一，由於是一般民房，地板都會有高低落差而非無障礙空間。在室內，年長者必須從輪椅移乘到普通的椅子或沙發上。第二，午餐會由工作人員陪同並協助用餐，工作人員

老人旅館的優缺點

什麼是老人旅館？

在日本，若有簽訂契約，成為長照保險制度中日間托老服務的使用者，就能以便宜的價格享用老人旅館的住宿服務。在全日本有許多老人旅館連鎖店。

其中一種，住一夜附兩餐，只要一千六百日元，價格低廉，很吸引消費者。一般而言日間托老所也會收午餐費，但價格更便宜，只要兩百日元。

老人旅館的問題

首先是餐點很陽春，只有咖哩調理包或買回來的可樂餅等，而睡覺的地方就是日間托老時使用的場所，過去由於缺乏規劃，幾乎等於睡大通舖（晚上會有一人值勤，但不會處理夜間穢物，所以每晚都會有很重的味道）。

即使如此，將年長者寄托在這裡，對於家屬而言仍然有很大的幫助。可以說是一種以便宜住宿費為賣點，吸引日間托老所使用者的商業手法。

※ 編按：台灣並沒有老人旅館，一般還是前往專業的養護機構較多。

會與年長者們坐在一起，吃一樣的餐點。第三，沒有特定的娛樂活動，年長者們可以想做什麼就做什麼。第四，玄關大多沒上鎖，對社區開放。

像這種跟正常人沒兩樣的日常生活感非常重要。即使是不願意去日間托老所的年長者，或重度失智症的長輩，都會願意去這類民間托老所。有些民間托老所只有提供長照保險制度中的日間托老服務，有些則會獨立經營其他項目（不只高齡者，有的機構還將對象拓展到身障者及兒童）。

在這些獨力經營的項目中，又以讓使用者住宿的服務居多。乍看之下這與上圖介紹的老人旅館沒什麼兩樣，但讀者一定要將兩者區分清楚。一般而言，民間托老所通常不會在日間托老的場地讓使用者留宿。此外，民間托老所的晚餐是由專人親手烹調，住宿費與民宿相近，不會像老人旅館一樣，對使用者強行推銷。

家屬與照護人員的溝通

家屬與照護人員該如何好好相處？一起從根本來思考吧！

照顧高齡者的三大原則（以丹麥為例）

生活的持續性

給予高齡者適當的支援，讓他們在接受照護後仍能在住慣的地方生活，直到臨終。生活的持續性，指的不只是繼續住在家裡，也包含了改住銀髮族住宅。將那裡當成新家，接受有效率的照護，如此便能避免住進照護機構中過團體生活。

尊重自我意識

生活中大大小小的事情，請長輩自行決定（先從他想要如何的照護開始詢問），不過前提是長輩要有提出要求的習慣。日本的銀髮族很少會自己提出要求，通常都是由孩子來決定大小事務。

善用殘餘能力

不要強行治療因年齡增長而產生的身體障礙，而要將目光擺在殘餘的能力上，給予支援，使長輩生活自立。這種「生活復健」的概念，源自於對「過度期待醫療與復健、過分依賴照護機構的照護，反而會剝奪年長者能力」的反省。

家屬及照顧者的相處

假設我們現在要開始照護某位年長者，在擬定照護計畫，申請居家拜訪照護服務時，身為照護人員的你，千萬不能與家屬作對。即使已經看過幾百位、幾千位高齡者，也不代表你會比家人更了解眼前的這個人。

但這往往又會讓照護人員產生一種誤解。那就是比起思考長輩自身的意願，向家屬詢問似乎更快。有些照護專員或照顧服務員，聽完家屬抱怨帶長輩上廁所很麻煩後，就提議「包尿布」，就是落入了這種誤解。身為專家理所當然該知道，若不善用殘存能力、導致照護重度化，對被照顧者及家屬來說都是一大困擾。試著別輕易向需求妥協，學會真正的

決定事情時，協助者該做什麼？

協助重點

- 先向被照顧者本人確認想法。多與他溝通，引導出他的意願。
- 多數協助者在被照顧者本人與家屬的想法相左時，都會無條件以家屬為優先。其實應該試著協調兩者間的意見。
- 當被照顧者不斷重複說著悲觀的話時，協助者應該推測他的真實心聲，幫助其發言，與家屬共同下決定。
- 若被照顧者無法表達意願，則由家屬與協助者共同決定。思考什麼對被照顧者而言，才是最好的吧！

經驗尚淺的照護人員，容易認為不讓年長者做任何事，除了他本人輕鬆，家屬也不必煩惱。其實正確的觀念是要試著告訴家屬，若不善用殘存能力，之後反而會更嚴重。

保險業者及家屬

日本自從長照保險制度實施後，就有越來越多家屬對業者投以客訴。例如九十歲的高齡者在照護中跌倒，家屬怒不可遏，逼問「怎麼會發生這種事？」而且不接受道歉。這其實是不願接受長輩老去的心態，以及家醜外揚的不安，混雜在一起所產生的。（編按：上述案例也常在台灣發生，與其不停怪罪，倒不如先了解事實再做處理。）

照護，而不僅是善後。

右頁圖是丹麥政府提倡的「照護高齡者的三大原則」。在這三個原則中，日本對於第二項「尊重自我意識」的執行力最弱，但若家屬與照護人員能有共識，朝這個方向努立實踐，那麼居家照護一定會往好的方向發展。（編按：台灣也有相同問題，因此與照護人員達成共識，非常重要。）

居家照顧者最討厭自己的做法遭受批評。即使照護人員出自好心，想提醒照顧者別一意孤行犯了哪些錯，照顧者也會覺得那是一種「上對下」的語氣。因此，照護人員必須協助居家照顧者，透過照護家庭互助會來結交夥伴，讓他們在彼此共鳴下學習照護。

日本長照保險制度的原理是以簽訂契約來販售服務，因此有些人會認為家屬必須當聰明的消費者，但這種對立的態度容易引發客訴。家屬及照護人員，都應將自己視為當事者，共同支援年長者才對。

善用「聯絡簿」溝通

照護機構與居家拜訪的工作人員可透過聯絡簿，與照護家屬分享資訊。

如何善用聯絡簿？

日間托老聯絡簿

前往日間托老所及日間養護中心的使用者，必須在日間隨身包（放洗澡用的毛巾、換洗衣物的包包）裡放一本聯絡簿。家屬可在本子裡寫下來自家庭的聯絡事項及需求，日間托老所及養護中心的工作人員，則填寫生命徵象（血壓、脈搏等）的數值、當天提供了哪些服務內容、被照顧者的狀況等，再由家屬針對想知道的部分提問。若是糖尿病患者，記得在聯絡簿裡請工作人員記錄「白天吃的點心種類」，並請負責拆卸尿布的人將「排泄量與時間，水分攝取量」等寫在聯絡簿裡。

居家照護聯絡簿

進行居家照護的照顧服務員，有義務將服務記錄寫在聯絡簿裡。因此在照護的最後，他們一定會將服務內容寫下來、請使用者蓋章，並將副本留在使用者家裡。除此之外，使用者家裡也會放一本聯絡簿，這是讓居家拜訪的照服員們，和家屬彼此聯絡使用。居家拜訪照護往往會由一個業者派多名照顧服務員前來，因此資訊交流很重要。

家屬及照護業者，請善用聯絡簿

居家照顧者必須和長照機構的工作人員透過聯絡簿聯繫。確實書寫聯絡簿，對於提升居家照護的品質非常有幫助。聯絡簿並沒有制式的規定，因此沒有固定格式，可以像大學抄筆記一樣自由記錄，也可以將服務項目全部印在上面，用畫圈或記錄數值的方式來填寫。家屬可以使用業者提供的聯絡簿，聯絡簿用完後通常都會留給家屬留存。

日間托老所（或日間養護中心）的聯絡簿，會放在日間隨身包裡，於接送時轉交。業者會在年長者抵達後，立刻翻開聯絡簿，確認家屬有無任何需求。家屬也會在迎接長輩回家後打開聯絡簿，了解今天接

當被照顧者能閱讀聯絡簿時

協助重點

- 事前掌握被照顧者是否會閱讀聯絡簿，對業者及家屬雙方都很重要。
- 若被照顧者能自行閱讀，在聯絡簿上寫「今天大便失禁」，容易引起衝突，請業者改用電話向家屬聯繫。
- 照護機構的工作人員也需要彼此分享資訊，因此聯絡簿必須有一份副本留存。
- 用電腦打好照護記錄，列印出來後貼在聯絡簿裡，就能區分將哪些內容該用貼的、哪些可直接寫在聯絡簿中並交出，且兩邊都可留下記錄。

亂寫一通！

被照顧者讀到聯絡簿上寫「大便失禁」後，很有可能大發雷霆，怒吼「我才沒有大便失禁！」因此一定要事前掌握被照顧者是否會閱讀聯絡簿。

在聯絡簿中寫下感謝的話

不論在家或在照護機構，家屬對照護用心，都會讓照護人員更認真對待被照顧者。若是居家照護，聯絡簿就是傳達出家屬熱情的好工具了。

照護是一種人與人互相扶持的工作，因此彼此是否親密，就會影響照護的品質。讓照護人員感到窩心的，絕對不是酸言酸語或抱怨，而是每天的聯繫內容。

今天辛苦妳了。我爸現在對目標充滿鬥志。
又有動力了
聯絡簿

受的服務內容，確認情形。

居家拜訪聯絡簿通常會放在家裡，讓居家拜訪的照顧服務員們與家人彼此交流。家屬可以在讀完後，寫下「辛苦了」等慰勞的話語，若有什麼需求也可以寫上去。有些業者會對在聯絡簿上勤勞寫下需求及感想的家屬「認真報告」，對沒有寫下任何回饋、不曉得有沒有看聯絡簿的家屬馬虎應對。因此家屬至少要蓋章，證明自己已讀過。

聯絡簿是家屬向業者傳達需求的最佳工具，請善加利用。（編按：台灣已有部分業者自行設計聯絡簿與照顧者溝通，以便讓雙方更了解患者的情形，也可以參考本篇中日本的作法，只要業者與家屬齊心努力，維持良好的居家照護並不困難。）

照顧管理專員的任務

照護時遇到什麼樣的人，將大幅改變被照顧者及家屬的命運。

從醫療模式到生活模式

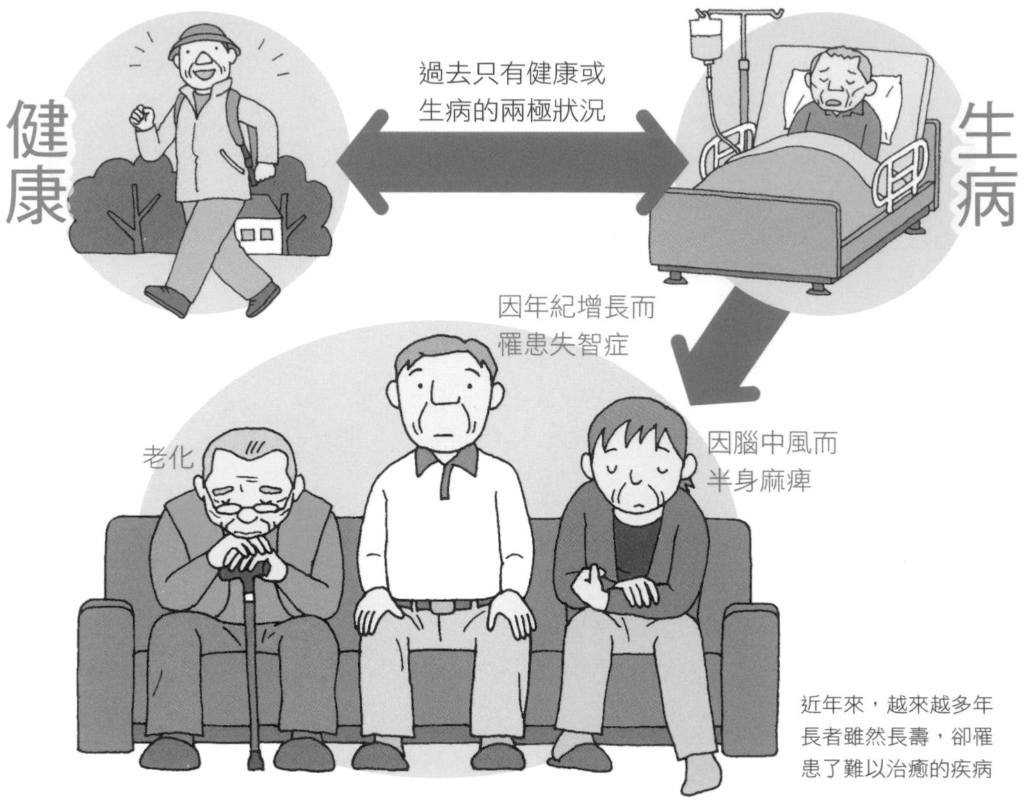
健康
過去只有健康或生病的兩極狀況
生病
因年紀增長而罹患失智症
老化
因腦中風而半身麻痺

近年來，越來越多年長者雖然長壽，卻罹患了難以治癒的疾病

什麼是好的照護？

日本自從在兩千年四月實施長照保險制度後，照護從措施到與業者簽訂的契約上，都產生了極大的變化。不變的是，照護剛開始時遇到什麼樣的人，同樣會大幅影響被照顧者及家屬的命運，這點與以前是一樣的。

在長照保險制度中，照護專員（照顧管理專員）扮演著負責引導被照顧者的角色。而照護專員是否熟知照護，在照護的品質上便會產生雲泥之別。上方的示意圖，畫的是生病或健康的二元論崩毀後，大量湧現不算生病但也不健康的虛弱年長者。這些長輩需要的不是醫療，而是照護，且必須是「生活模式」的照護。

許多人都以為一旦接受照護就全都完了，因此不願接受照護，也不想思考之後的事情，然而，人在老化與身體功能衰退後，仍然有很長的人生要走，即使失去的機能再也回不來，也不代表生活就得完全被顛覆。此時讓被照顧者善用殘存的機能好好生活，就是協助者的任務了。

照護專員能否完成這項任務，與他在任職前是否對照護有正確的理解，有很大的關係。因為很遺憾的，取得照護專員執照後，能學習照護的機會反而會變少。若有不擅長的領域，可諮詢專家尋求幫助，透過照護團隊協助被照顧者過他想要的生活。（編按：台灣的長照十年計畫 2.0 已啟動，對於照護措施將更全面，詳細請參考「長照政策專區」網站上的內容。）

日本照護專員的工作內容

1 與被照顧者及家屬商量

掌握被照顧者的生活經歷與身心狀態，打探家屬的意願及經濟狀況，將被照顧者及家屬該解決的問題合併在一起考量。

2 告訴被照顧者該如何生活

給予被照顧者建議，告訴他該如何善用殘存的機能，精神奕奕地生活。將其具體化就是照護計畫。

3 與相關機構聯絡、整合

推薦適合被照顧者的照護業者，舉行照護業者負責人大會。將公家服務及保險以外的服務都納入選項中來進行支援。

4 進行與長照保險相關的實務

幫助確認使用限額，協助申請給付及請求等實務。每月居家拜訪，觀察照顧者及家屬的變化，以更新計畫並持續給予支援。

協助重點

即使治不好，也要過正常生活

即使因腦中風而半身麻痺，也可以以口就食、到廁所排泄、正常洗澡。外出時，也可以享受旅行的樂趣。即便罹患失智症而必須調整環境，只要能補足被照顧者的資訊處理能力，及下滑的溝通能力，就能不靠藥物安穩地生活。

常見的煩惱

無法脫離醫療模式

不論是在家或照護機構，若照護專員對生活模式的照護不了解，被照顧者就很難離開醫療體系。醫療是用來治療而非生活，因腦中風而半身麻痺後臥床、一輩子看著花板發呆的患者，以及因失智症而大量服藥、整天臥病在床的患者，若能遇見能讓他們正常生活的照護計畫，以及能將之實現的照護專員，或許結果就會截然不同。

打造更好的居家照護品質❹

獨居老人的居家照護支援

若年長者想持續居家生活，需要什麼樣的照護計畫？（以日本為例）

緊急聯絡人的選擇

無法順利支援
有些獨居老人並不知道有長照保險的存在，因此根本不會去申請。有些仰賴父母老人年金的子女，也會不申請長照保險，這些都要仰賴協助者去詢問。
G先生獨居，緊急聯絡人可以選住在附近的姊姊，但她年紀也很大了……
照護專員A
女兒、女婿雖然住得遠，但每個月都會回來看他一次，而且很熱心……
照護專員B

獨居者的照護計畫

照護計畫雖然也可以由被照顧者及照護專員來擬定，不過一旦與照護業者簽訂使用契約，就必須選出一位緊急聯絡人（在發生意外時得以聯絡、商量的人）。若孩子只是住得遠倒還好，若是獨居老人，要尋找緊急聯絡人就很麻煩。

常會發生雖然有姊姊，但年紀很大了，或姊姊的女兒在外縣市等狀況，獨居老人的緊急聯絡人容易越找越遠，有些甚至沒見過被照顧者本人，即便被照顧者過世了，也不會出面。即使照護專員或照顧服務員比疏遠的親戚更了解被照顧者的近況，只要有親屬在，就一定要找其商量。（編按：台灣的獨居老人關懷計畫由各縣市社會局或部分社福單位承辦，若有需求可直接詢問。）

73 歲獨居的 G 先生照護計畫

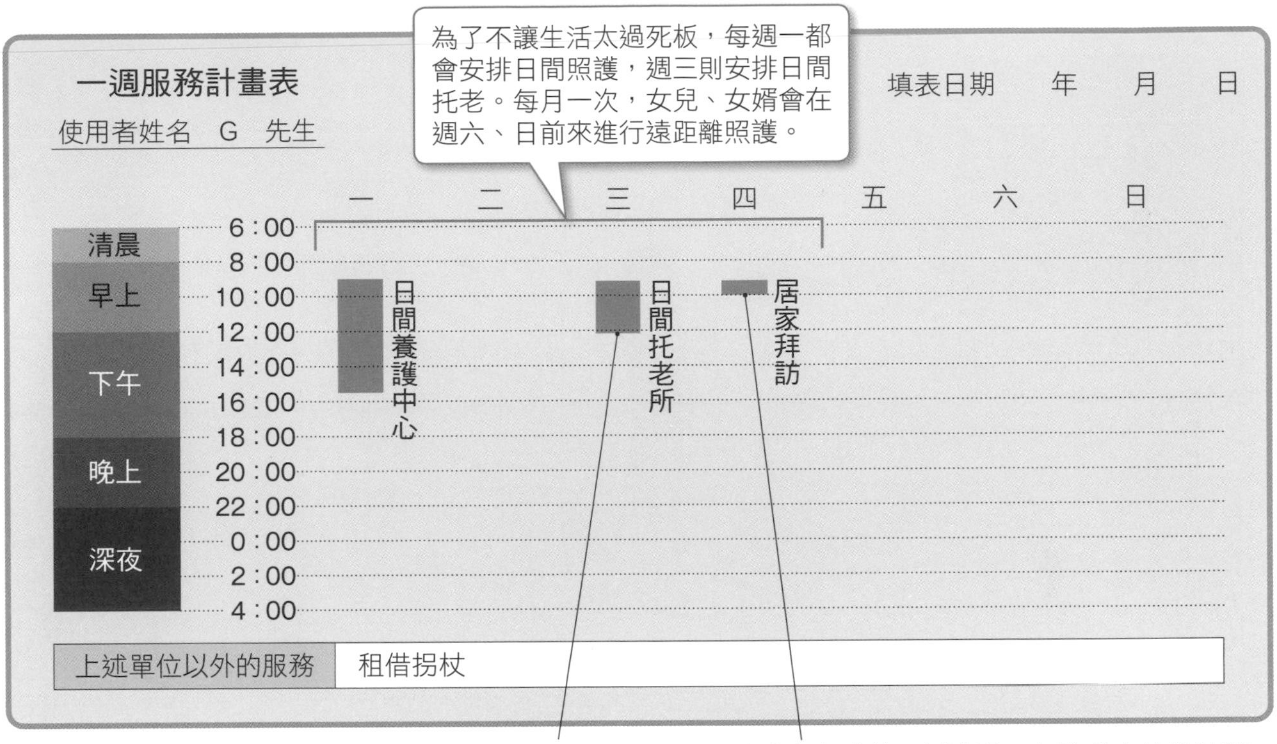
為了不讓生活太過死板，每週一都會安排日間照護，週三則安排日間托老。每月一次，女兒、女婿會在週六、日前來進行遠距離照護。
一週服務計畫表
使用者姓名　G　先生
填表日期　年　月　日
一　二　三　四　五　六　日
清晨
早上
下午
晚上
深夜
6：00
8：00
10：00
12：00
14：00
16：00
18：00
20：00
22：00
0：00
2：00
4：00
日間養護中心
日間托老所
居家拜訪
上述單位以外的服務
租借拐杖

日間托老是一種短時間的特殊復健。使用者的腳力雖然會弱化，但可以學習自行穿脫衣物及做一些要去日間托老所時的準備。

在日間養護中心雖然可以洗澡，但除此之外的時間，被照顧者都得獨自在家沐浴，因此每週一次，護理師都必須為其檢查身體狀況。此外被照顧者還可以向地方自治團體申請每週兩次的配餐服務。

什麼是「遠距離照護」？

G先生住在遠方的女兒及女婿，每月會回家留宿一夜，稱為「遠距離照護」。針對在老家獨居的父母進行遠距離照護時，家屬最該做的事情，就是和父母的照護專員保持聯繫。最理想的狀況是事先取得父母居住地的照護及福利相關的最新簡章，再來要把父母前往的日間托老所、日間養護中心的官方網站加入我的最愛，因為一旦有康樂活動，父母的照片就會被上傳至網站。

遠距離照護時，若家屬自以為「都是我在照顧」，便很難成功。好好感謝在父母身邊照顧的人，展現「謝謝你，我也來幫忙」的謙虛態度，才是成功的不二法門。

（編按：台灣的遠距離照護則是指是利用科技產業，達到諮詢或其他服務。）

若要回鄉省親，不妨事先告訴照護專員，並請照護專員給予建議，若要讓父母繼續獨居，還要補強哪些部分，若需費用也可當場決定。

居家生活能持續到何時？

歐美換居的例子

後期高齡（75 歲以上）夫婦要在普通民房裡彼此照顧，幾乎是不可能的事情。因此在歐美，政府會讓他們改住到便於居家照護的銀髮族住宅或照護機構裡。

廁所
住院時照護需求等級在5的D先生，現在降到3，可以放心了。
照護專員A
我倒是很擔心，因為孩子和親戚都不在他身邊，該由誰來判斷何時要中止居家照護呢？
照護專員B

如何協助老夫妻在家生活？

在日本，由高齡者照顧高齡者，稱為「老老照護」。這時負責照顧的年長者，就會成為緊急聯絡人，導致必要的資訊無法傳達，而使得照護計畫不斷重複、無法適時更新。

照護專員在負責老老照護的老夫妻時，一定要先擬好照護計畫，並事先提出。親戚聚集在葬禮上，討論還健在的老人家之後的照護事宜，如安養院的選擇時，其實就是居家照護計畫不夠完善的緣故。

若光靠日間照護仍不足以維持居家照護時，就必須考慮轉換成小規模多功能型居家照護（參考第兩百四十八頁），這會比長期住進老人旅館生活更安穩。

與 80 歲丈夫一同生活的 77 歲 D 女士的照護計畫

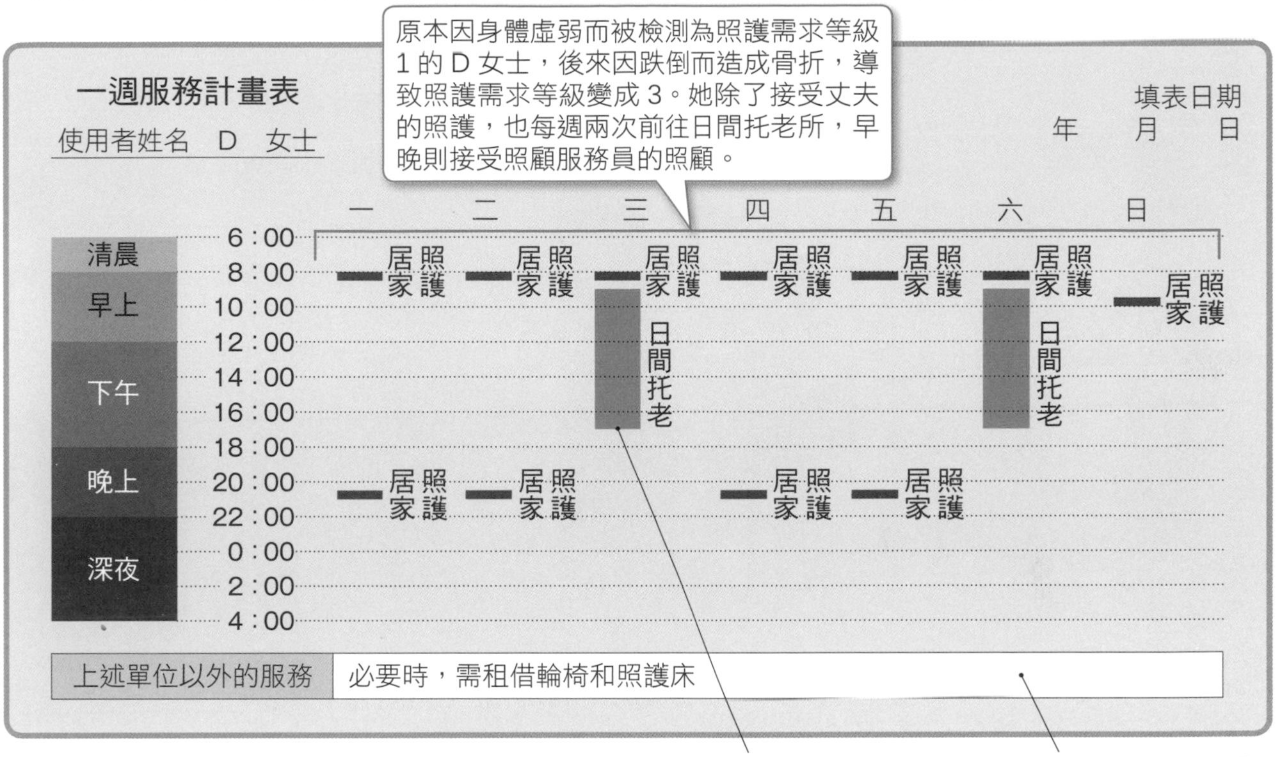
原本因身體虛弱而被檢測為照護需求等級1的D女士，後來因跌倒而造成骨折，導致照護需求等級變成3。她除了接受丈夫的照護，也每週兩次前往日間托老所，早晚則接受照顧服務員的照顧。
一週服務計畫表
使用者姓名 D 女士
填表日期
年 月 日
一 二 三 四 五 六 日
清晨
早上
下午
晚上
深夜
6:00
8:00
10:00
12:00
14:00
16:00
18:00
20:00
22:00
0:00
2:00
4:00
居家照護
日間托老
上述單位以外的服務
必要時，需租借輪椅和照護床

沐浴在日間托老所進行，每週2次，時間是週三、週六。出院時雖坐輪椅，但最近已經進步到短距離時，可用步行器行走了。

輪椅和照護床可以租借。飲食、購物由丈夫進行，D女士負責烹調。

依照護需求，選擇適合的服務

本書協力者之一的資深照護專員，在擬定居家照護計畫時，都會對使用者做如下說明：「只靠長照保險制度就想一個人過放心、安穩的生活，目標就得定在照護需求等級1。當照護需求等級在2以上，但當事人仍希望繼續獨居時，就要讓他了解這樣會超過給付額度，有必要購買自費服務，而且還不能缺少社區的協助。」這是年長者獨居時的情況，而即便有同住的家人在，「只要家屬不打算讓長輩在家住到最後一刻，或者在金錢、勞力方面不願全力以赴，就會有困難。」

從照護需求等級1～2，其實就能看出居家照護未來的走向。（編按：日本的長照保險是依照護需求，區分被照顧者能申請的給付額度，但台灣的長照計畫2.0仍屬推動階段，未來會依照護需求等級（分8級）提供相對的補助額度。）

長照保險、照護服務
公家服務
社區志工
互助服務
付費服務

日本的照護專員不只要具備長照保險制度的知識，還必須對政府公家服務、社區志工、社區互助服務、專業付費服務等瞭若指掌。（若從事照護工作，在台灣亦有相同要求）

日間獨居的居家照護支援

有些家屬會擬定照護計畫

居家照護的陷阱……

兩代同住經常被視為居家照護模式的典範，但並不代表就能高枕無憂。因為兩世代同住的多數情況，都是孩子夫婦皆外出工作，導致長照保險制度在使用上窒礙難行。

R女士的照護計畫是由在公司上班的兒子擬定，看起來考慮得很周全。
照護專員B
R女士雖然是兩代同住，但白天只有其一人在家，可能會四處遊蕩，真的不要緊嗎？
照護專員A

即使二世代同住，白天獨居仍有危險

日本長照保險制度的居家服務，是一種假設有家屬在家照顧的服務體系。以日間托老所來說，若沒有人能幫忙接送長輩進出，就不能申請。即便照顧服務員多次前來居家拜訪，也只能短暫協助長輩，無法不中斷地給予照護。

若兩代同住的主照顧者在家則還好，但若子女為雙薪家庭，導致長輩白天獨居，就會產生許多問題。因為有同住家屬在，基本上就不能申請居家拜訪照護中的生活援助。

因此若不能妥善規劃居家照護計畫，使用時容易綁手綁腳。（編按：在台灣，若子女無法照顧，大多選擇將長輩送往日間照護機構或申請照顧服務員，有利有弊，建議依實際需求謹慎評估後，再選擇最適合的照護方式。）

與兒子夫妻同住的 88 歲 R 女士的照護計畫

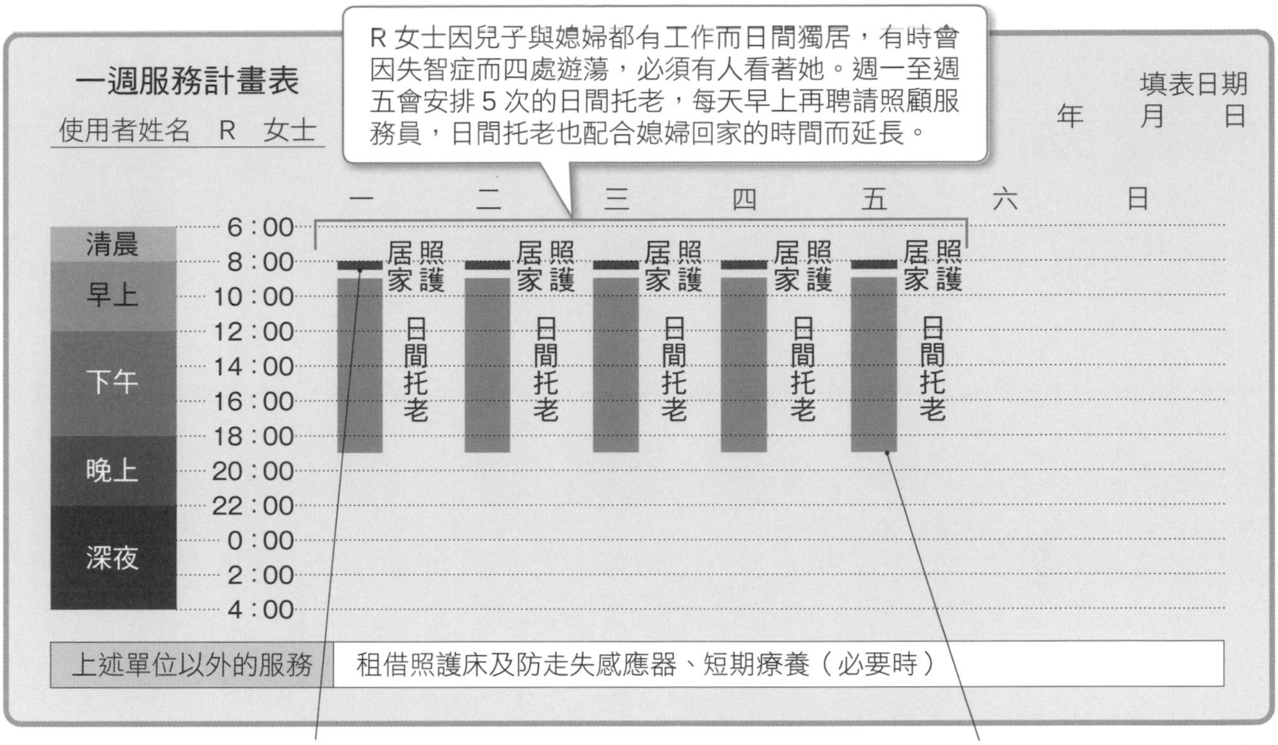
R 女士因兒子與媳婦都有工作而日間獨居，有時會因失智症而四處遊蕩，必須有人看著她。週一至週五會安排 5 次的日間托老，每天早上再聘請照顧服務員，日間托老也配合媳婦回家的時間而延長。
一週服務計畫表
使用者姓名 R 女士
填表日期
年 月 日
一 二 三 四 五 六 日
清晨
早上
下午
晚上
深夜
6：00
8：00
10：00
12：00
14：00
16：00
18：00
20：00
22：00
0：00
2：00
4：00
居家照護
日間托老
上述單位以外的服務
租借照護床及防走失感應器、短期療養（必要時）

兒子夫婦一早就得出門工作，所以家中裝有密碼鎖，會拜託照顧服務員早上幫忙照顧 R 女士，並送她到日間托老所。

媳婦負責接 R 女士回家。為了讓時間不那麼緊迫，媳婦每天都會延長托老的時間，並在晚上 7 點左右接她回家。每週 3 次，由日間托老所協助洗澡，晚餐則每天都會和家人一起在家享用。

家屬也能製作照護計畫

照護計畫並非只有照護專員能製作，接受照護服務的被照顧者也可以親自擬定（不過實際上是由家屬代勞）。由家屬製作照護計畫會有以下優點，例如可以擬出對被照顧者而言最必要且充分的計畫，不會有無謂的浪費，也能使家屬對於照護及福利制度更瞭若指掌。日本長照保險制度已經歷時十五年了，當年「討厭家屬自行擬定照護計畫」的地方自治團體已不復存在，如今某些地方自治團體，甚至會發放「照護計畫自製指南」來協助家屬。

照護機構及社區緊密型服務的照護計畫必須由專人進行，但居家照護計畫就可以自行製作。（編按：台灣則是由長照管理中心內的照管專員與家人共同討論，擬定計畫。）

上網搜尋照護計畫的製作方法，也是不錯的參考來源

專欄 4

日本長照保險的使用費介紹

日本的長照保險服務使用費（自行負擔的部分），從保險啟用的兩千年開始，就一直是一成，自二〇一五年修正後，才改成具備一定以上負擔能力的所得者，必須支付兩成的使用費。

使用費為兩成的對象是一號保險者（六十五歲以上之全體國民），條件為在接受照護需求檢定後，等級為支援需求1、2或照護需求1～5，獨居且年收在兩百八十萬日元以上，或兩人以上同住且年收在三百四十六萬日元以上的人。而第二號保險者（四十至六十四歲，投保醫療保險者），使用費可降至一成。

將使用者負擔的費用分為一成及兩成，是從二〇一五年八月才開始。因此，直到同年七月底，申請過照護需求檢定的所有保險人，都會收到一張「照護保險負擔比例卡」。這與長照保險被保險人卡格式相同，不過除了姓名、出生年月日、性別、地址、被保險人編號等資料外，還會記錄使用者應負擔的比例（一成或兩成）及有效期間。使用時，民眾必須將長照保險被保險人卡，以及負擔比例卡一併提交給長照業者。

卡片持有者的年收額度，不是透過自行申告來計算，而是經由住民稅的統計，再由前年所得來判斷。若收入來源僅有老人年金，但獨居年收超過兩百八十萬日元，代表每月收入超過二十三萬日元，屬於收入偏高者。在政策上，當收入在被保險人中佔前二十%，使用費會調整至兩成。

長照保險於二〇一五年修正的目的，在於讓社區整合照護系統的建構及使用者負擔公平化。當使用費超過一定額度，多餘部分就會退回的「高額照護（照護預防）服務費」，其額度上限也被提高了。除此之外，照護機構的住宿費及居留費、使用短期療養時的住宿費和伙食費的減免，條件也變嚴苛了。即使所得偏低，只要獨居且存款超過一千萬日元，或夫妻雙方存款超過兩千萬日元，就不能申請減免方案。

若想申請減免，必須持戶口影本前往當地的政府機關，申告存款在基準額以下，且無其他資產。核准後，就會收到一張和長照保險被保險人卡形式相同的「長照保險負擔限額認定卡」，卡上會記載伙食費、居留費的負擔額度上限。使用時，記得將限額認定卡提交給長照業者。（編按：台灣給付部分則依福利身分別及失能等級，而有不同。）

第 5 章

持續照護及兼顧生活品質的方法

照顧者的壓力來源

支援者在提供協助前，必須充分了解家屬及照顧者的心理。

照顧者有兩種壓力

來自外界的壓力

有些人一輩子都不知道照護為何物。向這些人抱怨照護的辛苦，他們也不會懂。照顧者因此容易產生「沒有任何人懂我的辛酸」的孤獨感而罹患憂鬱症，所以身邊一定要有能理解照顧者的人。參加類似照顧者協會的團體，也是個好方法（參考第二章）。

只動一張口，不幫忙、也不出錢的親戚，是最具代表性的外界壓力來源。除此之外，周遭的人也要特別注意左頁列出的案例，千萬別讓他人的態度成為壓力的來源。

來自照護的壓力

分為身體壓力與精神壓力兩種。在生活上必須一對一、全程照護的居家照顧者，很容易產生身體方面的壓力，例如晚上幫忙換尿布而導致睡眠不足等。因此，提升照護技巧、善用專家的力量，利用短期療養等服務來獲得休息，是有必要的。

若被照顧者是失智者初期患者，可能會因拒絕照護而產生精神壓力。例如發現公公、婆婆罹患了失智症，丈夫卻認為沒有必要照護時，照顧者就會產生精神壓力。

體會照顧者的心情

多數人都認為盡量讓家人來照顧長輩，才是好的照護。儘管這麼做的成功例子的確不少，但並不代表完全是對的。即使因照顧而效果不錯，也千萬要記得若是照顧者的身心狀態過於疲憊，就絕對不可能達到原本的目的。

因此，照顧者一定要維持健康，這麼做也是為了被照顧的長輩好。不論是受人之託進行照護，還是自己選擇照護，居家照顧者都得承受許多壓力（參考上方插圖），身邊的人一定要多體諒照顧者，減輕他的負擔。

照顧者的心情是很複雜的。在長期持續進行居家照護的家庭，一旦家屬決定送長輩進養護機構，即使這麼做最輕

他人的態度，會造成照顧者的負擔（案例）

問題已經解決，卻還想向政府告狀

假設被照顧者與家屬委託的日間托老所、或短期療養業者之間，有過糾紛但已經解決，而這件事情傳入了平日沒那麼親近的親戚耳中，此時親戚若想一狀告上政府，就會造成被照顧者及家屬的困擾，他們並不希望發生這種事。

親戚之所以對業者義憤填膺，其實是出自於至今為止，什麼也沒做的補償心態。有這種麻煩的親戚，非但不能向他吐苦水，對照顧者而言，還會形成很大的壓力。

這件事情一定要通報市府窗口！
但已經解決了啊……

別吝惜說感謝

丈夫若請太太幫忙照顧自己的父母，就一定要聽太太發牢騷，並且多讚美她，效果將會直接回饋在自己的父母身上。畢竟「媳婦就應該照顧公婆」的時代早就過去了，數落太太「這種事情還用得著我說嗎？」是不行的。

照顧者的負擔，會隨著被照顧者及周遭的人是否將感謝說出口而大幅改變。如果連「既然不願意幫忙，至少聽我發發牢騷，或講些鼓勵的話」都做不到，照顧者的壓力就會越來越大。

至少說聲謝謝吧！
………
BEER

不造成壓力的支援

當身邊有正在進行居家照護的親戚或朋友時，一定要時時提醒自己「身為局外人的我，是否造成了照顧者的壓力？」若說出「我可以來協助你」，但未提供實質協助，反而會加重照顧者的壓力，這點一定要謹記在心。

旁人能做的最大協助，就是參加照護講座或閱讀照護書籍，做好從旁支援的準備。先從對照護產生興趣，了解什麼是好的照護開始吧！

下次我打算參加照護的市民講座。
大姐一定會很高興的。

鬆的會是照顧者，他仍會掙扎「是不是該再撐一下？」當長輩住進養護機構後，又會開始煩惱「這麼做真的正確嗎？」

此時，至今為止沒幫什麼忙的親戚，通常會為照顧者高興，告訴他「真是太好了」，但實際上，他們大多是為了「能擺脫自己的罪惡感」而感到開心。

照顧者的心情，只有從事照護的人懂。先了解這點，再透過本章來思考該如何協助照顧者吧！

照護是一場長期抗戰。支援者應該努力說服照顧者「有些事情只有家人做得到，有些則讓其他人來做會更好」，讓照顧者與照顧服務員分擔工作。但若是老夫妻，就要特別留心，兩人若是因為彼此照顧而有活下去的動力，就要注意不能拆散兩人，最好能讓兩人一起進行照護。

照顧者也需要「被照顧」

不只被照顧者有照護上的需求，照顧者也必須被照顧。

照顧者是一群什麼樣的人？

所謂照顧者，指的是無償的照顧家屬、近親、朋友、熟人，提供「照護」、「於醫院陪伴」、「醫療教育」、「援助」、「關懷身心失調親屬」等協助的人。他們會做的事情有：

到醫院陪伴生病的家人

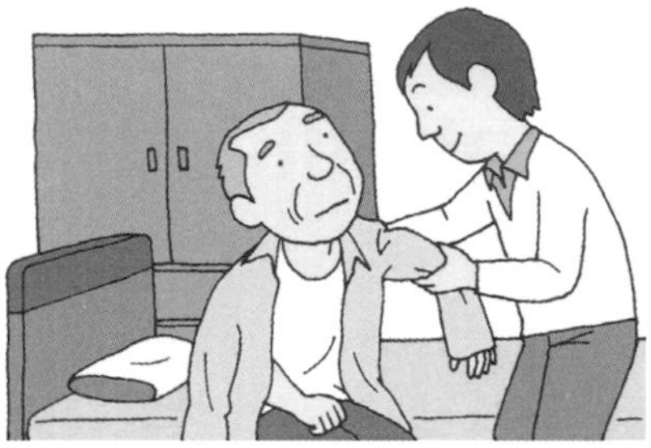

照顧高齡或身心障礙的家人

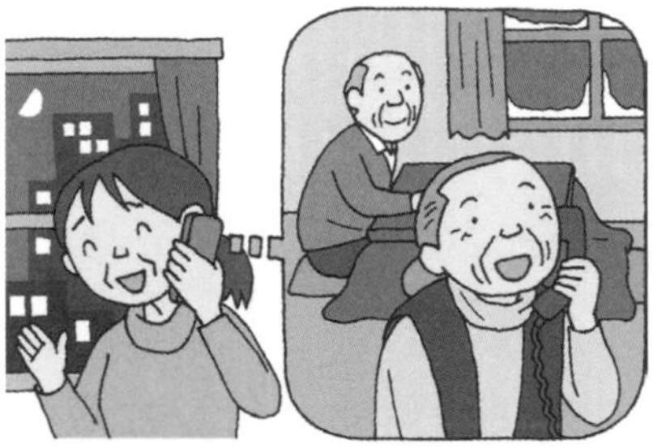

代替自己關心遠方的父母

照顧繭居、不上學的家人

幫年長者跑腿

照顧為不良嗜好所苦的家人

教育身心障礙孩童

如何幫助照顧者？

所謂照顧者，指的就是「照顧他人的人」。可是為什麼不直接稱為「照顧者」，而要稱作照顧者呢？

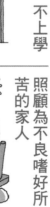

使用照顧者這個詞彙，會給人一種專門照顧年長者的印象。其實將照護的範圍拓寬，除了高齡者照護之外，還包含了照顧身體、智能、精神障礙者，到醫院陪伴生病的家人，教育病童及身心障礙孩童，支援及關懷有不良嗜好或繭居在家的親人或朋友等。像這種無償照顧各式各樣人的照顧者，就稱為照顧者。

照顧者這個詞彙誕生的背景，在於被照顧者及照顧者的多樣化。多樣化的情形於兩千年度啟用長照保險制度後（指日本），這項制度不只讓居家

日本照顧者聯盟與照護者咖啡廳

日本照顧者聯盟

二〇一〇年發跡的「日本照顧者聯盟」，是為了支援無償照顧家人的照顧者，而進行調查研究、政策立案、宣導活動的一般法人團體。向國會及社會大眾提倡制定「照顧者支援推進法」，是「日本照顧者聯盟」進行的主要活動之一。

「照顧者支援推進法」的原型，是英國的「照顧者支援法」。在英國，民眾普遍認為應該對未滿十八歲的青少年照顧者進行支援，英國政府因此制定了這項法律。日本的「照顧者支援推進法」於二〇一四年三月由議員聯盟擬定，正朝著立法化邁進。

照顧者咖啡廳

是一家不只是負責居家照護的照顧者可使用，一般民眾也可以前往的咖啡店。二〇一二年四月，「照顧者支援網路中心．阿拉丁」於東京都杉並區開了第一家照顧者咖啡廳，來店的照顧者都可以向負責協助照顧者的工作人員談話。

其實這裡就是讓年輕一輩的照顧者，彼此交換照護資訊、與支援者網路連結的入口。由於許多人反應也想開一間這樣的咖啡店，「阿拉丁」因此開了幾次成立照顧者咖啡廳的講座，希望往後能讓照顧者咖啡廳遍及全國。

照顧者的實際情形曝光，更成為觀察未來變化的線索。

其中一項變化，是負責居家照護的家屬照顧者，過去幾乎都是由太太或媳婦擔任，如今由丈夫或兒子等男性來照顧的比例，占了整體的三成。此外，中壯年勞動人口（主要為三十至四十多歲的兒子和女兒）照顧父母的情況也越來越多，他們因照護而離職，導致未來生活困頓的情況增多。

男性及年輕照顧者即使窮困潦倒，往往也不願向外界求助。他們擁有許多共通煩惱，像是突然得開始照護卻什麼都沒準備好，覺得很丟臉，不曉得該找誰商量，也不想向地方團體諮詢，即使詢問也不曉得該怎麼說。因此，現在有越來越多照顧者咖啡廳，會將這些年輕的照顧者納為照顧的對象，並給予各式的支援。（編按：台灣也有許多提供協助的照護團體，如照顧者關懷協會，有問題可向其洽詢。）

有彈性的照護服務

日本長照保險服務有許多不方便的條約，能不能讓它更人性化呢？

什麼是有彈性的照護服務？

被制度限制，很多事情不能做

一板一眼的照護管理專員、個案管理或照護業者，會限制使用者，導致執行上產生困難。

比起為什麼不能做，更傾向一起找出解決方法

即使出現制度上不允許的事，有彈性的照護業者會幫忙尋找替代方案。

以安全為優先考量，限制了生活品質

腦筋死板的業者為了避免跌倒等風險，會強調「安全最重要」並推薦坐輪椅，結果導致長輩腳力衰退。

以生活品質為優先，使長輩有精神

有彈性的業者會預防可能發生的意外，並在承認生活是有風險的情況下，不做會讓被照顧者不開心的事情。

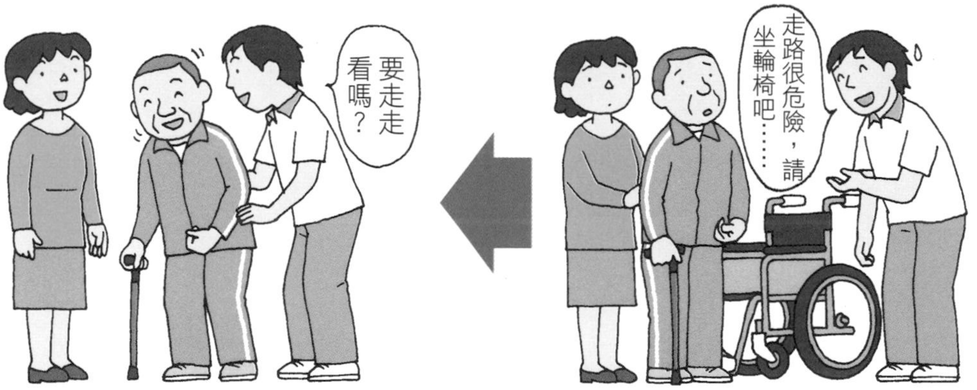

照護服務越來越死板的理由

日本的照護服務常缺乏彈性，原因在於絕大多數人使用的都是公家的長照保險，有太多事情都會被限制。

此時若遇到一直找理由說不能做的照護管理專員、個案管理或長照業者，就讓人很傷腦筋了。強調這是規定，其實只是個藉口。因為長照保險制度是一種不看照護現場、只看財政收支來不斷修改的制度，因此以後會如何都很難說。所以不應該將其當作冠冕堂皇的理由，而應該多商量「行政上雖然這麼說，但我們可以怎麼做」。

向服務死板的長照業者詢問後，得到的答案是「因為我們會被要求退費或停止營

對長照服務不滿時，該怎麼做？

提供長照保險服務的業者，有義務設置接聽客訴的窗口。若寫在聯絡簿上或口頭傳達都未能改善，就可在以下這些機構投訴。（編按：台灣方面可向各縣市社會局或撥打 1999 檢舉申訴。）

1 向長照業者設置的客訴窗口諮詢

2 向照護管理專員、個案管理或社區整合支援中心共同商量

業者若不想讓客戶的抱怨越演越烈，就要在這裡解決問題。

3 向日本各地的照護保險課諮詢

向可決定長照保險業者執業與否的政府窗口諮詢，效果較好。若不清楚，可向地方團體洽詢。

當按照以上流程仍無法解決問題時，可以將範圍拓寬，把目光放到社區。

- 向社區的「照護諮商員」商量
  照護諮商員的工作，是聽取使用者的煩惱，並向業者轉達。這項服務是由厚生勞働省撥出補助金，協助有需求的市區町村進行相關教育及人員派遣，因此有些社區是沒有的。
- 向社區的社會福利協議會諮詢
- 找社區的民生委員協商

4 向業者支付酬勞，並聯絡監視不肖業者的「國民健康保險團體聯合會」的都道府縣窗口進行申訴。申訴表可向市區町村的窗口索取，負責人會給予建議並協助代筆。

※並不一定要按照編號順序來進行。

業」，或許他們曾將客戶的要求奉為圭臬，結果遭受處罰。但其實被勒令停業，大多源自接案時的手段不正確及申請照護費用不恰當等緣故。

長照服務無法變得自由有彈性，其中一個原因是過度強調安全。例如短期療養，即使是能牽著走路、扶牆走路的年長者，也會被要求坐輪椅，「否則跌倒就糟了」。結果就是回家時變得不會走路。

像這樣的業者，就是無法擺脫醫院照護的影響又依循守舊，而這也是對於發生一點小意外就被捲入官司的風氣之下的過度防衛。

以安全為優先而剝奪生活能力，會讓年長者產生廢用症候群，因此家屬和業者一定要有生活必定伴隨風險的共識。別去思考「這個不行、那個也不行」，而該考量「怎麼做才可行」。先從回到「別讓被照顧者不開心」的照護原點，開始努力吧！

善用長照保險以外的服務

進行居家照護時，一定要善用長照保險以外的公家服務。（以日本為例）

累加服務與補助服務

累加服務

由地方自治團體裁定，並添加於長照保險中的服務，稱為累加服務，例如提高住宅整修費的上限額度等。

補助服務

由地方自治團體裁定，並獨立發放全國等級的長照保險以外的補助金，稱為補助服務。

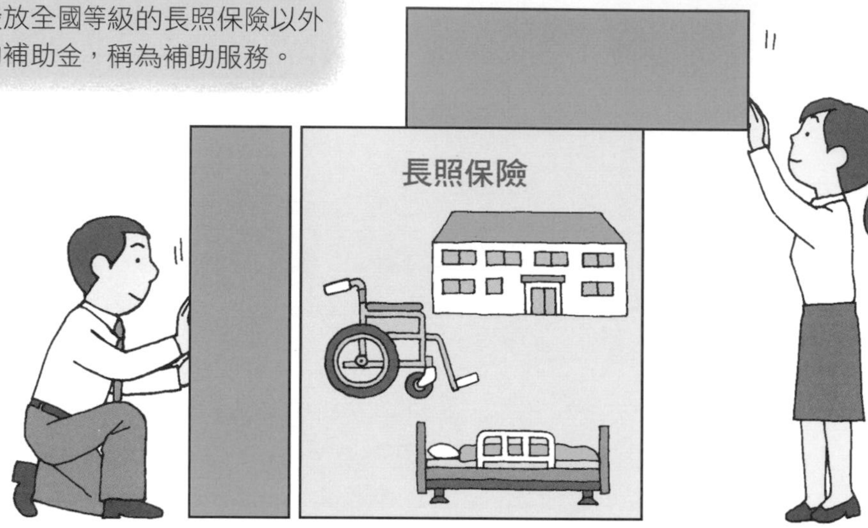

認識長照服務

在日本，對進行居家照護的人而言，長照服務這個詞彙，幾乎等於長照保險服務。長照保險制度，其實就是一個滲透國民生活的服務。

然而，早在兩千年度長照保險制度實施以前，地方自治團體就已經在推行許多照顧高齡者及其家屬的服務了（現在也仍在進行）。在政府機關送給每戶家庭的報誌（市報、町報等）就有寫，只要符合資格就能透過稅金來申請服務，只是民眾大多數都不知道。

就像人們常說的，長照保險制度在居家服務這塊特別薄弱（以有家屬照顧者在為前提，且在養護機構能接受二十四小時不間斷的照護，在家卻只能申請短時間的照護），為了徹底做好居家照護，就一定得借助長照保險以外的服務，來補足不夠的部分。

地方自治團體的公家支援內容，因各自治團體而不同。結構就如上圖所示，分為「累加服務」和「補助服務」，補助服務則如左頁所示。

社會福利協議會等團體提供的付費家事支援服務，也是居家照護的強力夥伴，社區的主婦等協力會員，會以低廉的價格幫忙做家事。若願意以高價聘請專業人員協助家事，也可以向民間照護業者接洽。

（編按：台灣目前可提供的長照服務，除了可詢問各地長照管理中心，亦有不少社福單位可幫助，請自行洽詢。）

長照保險以外的居家照護服務

居家美髮服務

請理髮師或美容師來家中，幫忙修剪頭髮或整理儀容。在多數地方，只有照護需求等級在3以上、無法自力外出的人，才能申請這項服務。

寢具乾燥消毒

清潔人員會開專業清潔車到府服務，進行寢具的消毒與烘乾，有些還會提供寢具清洗。大多數的自治團體，都會規定一年的使用次數。

供應紙尿褲

提供紙尿褲與尿布的服務。有的地方自治團體在一定數量以內都能免費申請，有的則需要支付少許費用。許多自治團體都會在被照顧者住院時，將它轉換成補助金。

提供防火用具

以給付日常生活用具的名目，提供火災警報器、瓦斯安全系統、自動滅火器、電磁爐等防火相關用具。有些地方自治團體會酌收約市價一成的費用。

送餐服務

為了讓高齡者擁有營養均衡的飲食，可申請便當宅配服務，包括低鹽飲食及糖尿病飲食等。依服務對象、次數不同等，價格依自治團體而異。

確認安全

一般都是由業者配送乳酸菌飲料（需付費），並確認年長者是否安全。有些地區還會由民生委員或社區志工進行居家巡迴拜訪。

傾聽志工

一般都會派遣曾受過訓練，擅長傾聽獨居老人說話的義工。當同住的家人需要休息時，有些自治團體也會派遣志工陪同長輩說話。

家屬照護慰問金

若家屬在家照顧重度的被照護者，而沒有申請長照保險，便能獲得一筆慰問金（一年大約十萬日元）。多數自治團體都有導入這項服務，但申請條件各不相同。

※ 上述是日本的狀況，公家服務的內容會依自治團體而不同。請務必向負責這項服務的公家機關部門或照護管理專員、個案管理詢問。

察覺並防止虐待

虐待高齡者在法律上是明文禁止的，一旦發現請務必進行通報。

從照顧者的態度透露出的跡象

我們有自己的作法，你說再多也沒用。
我們不需要醫生！
把錢花在她身上太浪費了。

照護及福利單位，應注意照顧者是否有以下跡象：

- 對高齡者態度冷淡、漠不關心。
- 常拒絕協助，或不願傾聽高齡者的發言。
- 不聽建議，堅持使用不恰當的照護方法。
- 不關心高齡者的健康及疾病，拒絕到醫療機構看診或住院。
- 對高齡者說話的口氣過於粗魯。
- 看起來經濟無虞，對高齡者卻不願意花錢。
- 不願和保健、福利的負責人會面。

虐待高齡者，可報警處理

日本「高齡者虐待防止法」於二〇〇六年四月開始實施。這是一條禁止照護者（家屬照顧者）及照顧服務員，對六十五歲以上的老年人進行左頁虐待形成的法律。即使是下意識而非故意，這些行為仍會被視為虐待。

這條法律的訂定，具有通報義務。當照護人員發現有高齡者受到同業虐待，就必須通報市區町村。此外，即使施虐者是家人，也有通報的義務。

為此，全國的自治團體亦制定「高齡者受虐跡象範例」，並讓所有相關機構徹底熟讀。家屬照顧者也一定要牢記在心。（編按：台灣可直接報警處理，並由相關單位保護高齡者，避免再次受虐。）

高齡者可能出現的受虐跡象

身體虐待

使高齡者的身體產生外傷，或對其施以產生外傷的恐怖暴力行為。如打、捏、揍、踢、綁等。

跡象

●身體頻繁出現細小的傷口。●大腿內側及手臂內側、背部出現傷口或紅腫、條痕。●有各種不同程度恢復的傷口、瘀青。●頭部、臉部、頭皮等有傷口。●臀部或手掌、背部有燙傷或燙傷的疤痕。●會突然害怕、恐懼等。

心理虐待

對高齡者施以暴力言語，或明顯的拒絕態度，以及其他會造成精神創傷的言行舉動。

跡象

●把皮膚抓出傷口、撕咬皮膚、持續抖動。●睡眠不規律（如做惡夢、害怕入睡、睡過多等）。●把身體縮成一團。●出現害怕、憤怒、哭泣、喊叫等症狀。●有自殘行為。●看起來無精打采，做事馬虎。●體重不自然增加、減少等。

性虐待

對高齡者猥褻，或逼其做出猥褻的行為。強行接觸性器、發生性關係等。

跡象

●走路不自然，無法坐好。肛門及性器出血或有傷口。●說自己生殖器疼痛、發癢。●會突然變膽小、害怕。●會躲避他人目光，越來越常獨處。●有睡眠障礙。●平日的生活行動，出現不自然的變化等。

經濟虐待

養護者或高齡者的親屬，以不當的方式處理高齡者的財產，或以不當的方式獲得財產上的利益。

跡象

●明明有老人年金或財產收入，卻總是說沒錢。●說沒有錢能自由使用●經濟無虞，卻不願申請需要自行負擔的服務。●明明有錢，卻付不出服務的使用費及生活費。●說存簿被偷等。

放棄照護（忽視）

讓高齡者自生自滅，不提供飲食，放任養護者以外的同居人施虐，明顯疏於養護等。

跡象

●居住的房間、住處非常髒，或飄散出惡臭。●房間裡散亂著衣服和尿布。●寢具、衣服常常很髒。●穿著弄髒的內衣褲。●有很嚴重的褥瘡。●身體散發惡臭等。

※ 以上列舉的跡象，摘自「東京都高齡者施虐應對手冊」

與被照顧者保持一定距離

幫助被照顧者建立人際關係，也是照護的一環，不能讓對方過於依賴自己。

照顧服務員該成為無可取代的人嗎？

照服員之於長輩，不應該無可取代

有些照顧服務員會與被照顧者非常親密，這是一種難能可貴的能力，但若過度就該禁止了。

像上圖的照顧服務員一樣，因為「我一去，她就高興得哭了」而志得意滿是不行的。因為這代表著被照顧者的人際關係非常貧乏。

幫助年長者與每個人建立互相的關係，也是照護的一環。照顧服務員與被照顧者之間，必須只能是「今天是朋友來訪、昨天是鄰居、明天是親戚」這種豐富人際網路的一部分。「非我不可」的狀態，不只代表沒有建立人際關係，也顯現了「獨占欲」。

那麼，家屬照顧者的立場又該如何調適？照顧服務員不能獨占被照顧者，那麼家屬照顧者是否可以擁有「沒有我，她就活不下去」的心態呢？這是一個非常難以回答的問題。

我們可以從家庭教育來思考。好的家庭教育，從不會把孩子視為父母的所有物。不論是幼兒還是需要照護的老人，都不能被隔離與控制。

在前篇中介紹了向老人施虐的種種行徑。其中的忽視，以及這裡提到的控制欲，其實都是一種互為表裡的陷阱。

照顧者與被照顧者若能保持適當的距離，就能開啟長期持續優質照護的可能性。

照顧管理員與被照顧者，無法保持適當距離時

照顧者若太過拚命，很容易精疲力盡。支援者應在不違反保密原則的範圍內，告訴對方類似家庭的故事，讓照顧者試著將目光放到外界，不要事必躬親，才能舒緩心情。

協助重點

- 一對一照護，很容易陷入互相依存※的關係中。因此必須想辦法請第三者介入，讓彼此透透氣。
- 一旦被照顧者罹患失智症，與他親近的照顧者就會被誤認成小偷而受傷。試著建構一個非單向的關係。
- 試著改善「長輩在家時對照護事必躬親，長輩進養護機構後不聞不問」的態度。
- 恰到好處的距離感，在居家照護開始時是有必要學習的。

協助重點

邊做其他事邊照護

邊做家事邊帶小孩的家庭主婦，最擅長「一心多用」了。趁洗衣機運轉洗衣的時候做飯，趁曬衣服的時候邊陪孩子玩。居家照護其實也可以分心，透過「邊做其他事」來進行，就不會把自己逼得太緊了。

常見的煩惱

男性照護者常會「一肩扛起」

男性一旦展開居家照護，常會不向任何人求助，從照護到家事都一手包辦。他們會用工作的方式來處理這種與父母或配偶間的一對一關係，但因為對方是人，不是工作，因此有時並不能完全順他的意，這時佔有慾就很容易演變成虐待，相當危險。

※ 照顧者及被照顧者，容易互相陷入「不願自立」及「不讓對方自立」的關係之中。

團隊合作的重要性

想要持續居家照護，就需要許多人的協助。

由家屬及親戚組成團隊

身邊親近的人
● 請他接力照護，即使只有短時間也好。
● 無法照護的人，請他在經濟上幫忙。
主照顧者
住在遠方的人
● 長輩住院時讓他知道，並請他來探病。
● 請他寫信給長輩

該由誰來協助照護？

在這章中，我們一起看了許多讓居家照護能長期持續的訣竅。而居家照護最重要的，其實是如何組成一個團隊。

若有同住的主照顧者在，那問題就沒那麼困難了。將事情分給在身邊的人，讓他們各自負擔一部分的任務。主照顧者最重要的工作之一，就是被照顧者感受到分居各地的兄弟姊妹及親戚所提供的間接照護。這麼一來，被照顧者就不會自責「總是麻煩你照顧，不好意思」，心情上會輕鬆許多。

曾經有三位兄弟姊妹，為了照顧住院的母親（獨居），彼此分擔任務，一人負責洗衣、替換衣物，一人負責向政府申請補助、處理各類文書，一人負責管理金錢並記帳。若孩子們住得不算太遠，即使沒有同住者，也能組成團隊。

但若沒有可以幫忙的孩子，該怎麼辦呢？近年不斷增加的獨居老人、獨居老夫妻，勢必得仰賴行政、社區、醫療、照護等專家們所組成的團隊。如左頁圖示，專家團隊必須善用人力資源，來協助年長者生活。

此時掌握關鍵的，就是照護管理專員、個案管理了。找出被照顧者及家屬真正的需求，為各個家庭組成一個適合的支援團體。

在往後的時代，居家照護將會成為一種必須傾盡所有人力才能打贏的戰爭。即使少了主照顧者，負責其他任務的人也應合作，才能度過難關。

居家照護專家組成的團隊陣容（以日本為例）

行政
照護保險課／高齡福祉課
職員
社區整合支援中心
職員、諮商人員
社會福利協議會／福利事務所
職員、諮商人員
民生委員
醫療
居家護理師
外診醫師
居家復健師
定期的居家拜訪
支援
支援
支援
支援
照護
居家照護支援業者
制定照護方案
照護管理專員、個案管理
居家拜訪照護業者
居家拜訪
照顧服務員
前往使用
日間托老所／日間養護
照護人員
遠距離照護
陪伴
住在遠處的親屬
住在附近的人
社區

※ 台灣讀者也可洽詢提供長照服務的單位，以現有資源打造適合的居家照護團隊。

適合被照顧者的旅行方案

擬定目標能成為照護的動力，不妨偶爾帶長輩一起出外旅行吧！

坐輪椅泡溫泉

即使居家照護做得很周全，一直過著在家與日間托老所的生活，不論照顧者還是被照顧者都會很疲倦。因此在本篇，我們要介紹讓被照顧者，坐著輪椅一起去旅行的方法。

帶年長者去旅行，最具代表性的就是二天一夜的溫泉行程。想坐輪椅去溫泉旅行，可拜託專業的旅行社，進行「無障礙旅遊」或「照護旅行」是方法之一，但在本篇，我們要介紹由照顧者，帶著被照顧者一起去旅行的方法。

就手續上而言，照顧者必須按照上圖介紹的方法做好準備，包括先調查路線、選擇交通工具、訂旅館等。在被照顧者不會累的範圍內，先做好移動的安排後，剩下的課題就是

坐輪椅旅行，必須做好萬全準備

調查路線

先決定出遊地點，再調查交通時間來擬定路線。利用網路事先查好車站、觀光地區的無障礙設施情況，再打電話確認是否真的能坐輪椅過去。看到「徒步〇分」的移動區間，就配合輪椅的速度將時間乘以兩倍。車站及觀光區若設有輪椅走道，就直接以該處作為移動路線。

選擇交通工具

若要搭電車旅行，只要事前聯絡，站務人員就會在車站幫忙乘降。各交通機構的官方網站都有列出聯絡方式，若是電車旅行，可善用這項服務。

若由照顧者開車旅行，就要事先查好哪裡有能讓輪椅入內的廁所。在高速公路的休息站內，身心障礙停車格都會設在廁所附近。

先預訂旅館

現在有越來越多無障礙旅館，不但能讓輪椅進房間，室內地板也沒有高低落差。建議先在網路上調查，再打電話確認。至於要不要預約，可以視確認時工作人員聽到「我們會推輪椅」的反應再決定。

飲食方面，告訴旅館人員被照顧者的咀嚼及吞嚥狀態，請對方調整烹調方式。選擇願意多花心思，讓長輩吃到當地著名美食的旅館吧！

決定旅遊方案時要留意的事項

協助重點

- 不要一開始就規劃要過夜的行程，可先從享受四季美景的一日遊開始，漸漸習慣出遊。
- 若要過夜，盡量挑選普通旅館，而非像養護機構一樣的地方。扶手太多容易掃興。
- 年長者最開心的，就是看到孩子一家和樂融融的模樣。若有兄弟姊妹，不妨一起邀請來趟家族旅行。
- 若是照顧者要旅行休息，就得先預約短期療養，再來擬定出遊計畫。

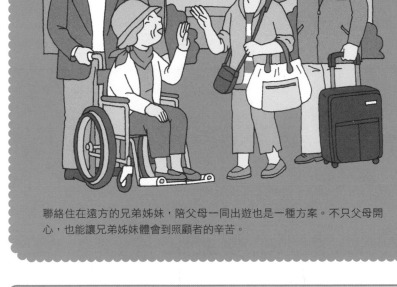

聯絡住在遠方的兄弟姊妹，陪父母一同出遊也是一種方案。不只父母開心，也能讓兄弟姊妹體會到照顧者的辛苦。

準備外食及如廁用的工具

外食有許多方便的小工具，例如：附特製手把能讓長輩自行飲用的杯子；將食物搗碎用的草莓狀湯匙；將食物切成容易入口大小的調理剪刀；讓湯汁、水更容易飲用的條狀包裝黏稠劑等。

來不及上廁所時，必備的如廁工具組也絕對不能忘。一般來說，有紙尿褲、尿布、替換的長褲、垃圾袋、塑膠手套、報紙等。熟知被照顧者如廁習慣的人，也可準備慣用的工具組。

飲食、如廁、沐浴，這些對於已經熟知居家照護基礎的照顧者而言都不難。

再來就是思考可以泡溫泉的方法。難得去溫泉旅館，關在房間裡用衛浴洗澡就太沒意思了。若旅館的溫泉是像舊式養護機構一樣的嵌入式大浴場，那就詢問能否把輪椅推到浴池旁。接著請攜帶折疊式沐浴椅，並由照顧者協助進入浴池內。要在大浴場內進行沐浴照護，前提是照顧者必須與被照顧者同性才行。

若輪椅不能推進大浴場式的溫泉池旁，不妨尋找能否短時間包場的浴池。若還是沒有，請詢問有無家庭浴缸式的溫泉，這樣就能不限制性別，由好幾名家人一同進行照護，相當方便。

若是照顧者想旅行、喘口氣，那就得先預約短期療養，再來決定旅遊方案。

專欄5

照顧者的避風港——照顧者支援推進法

第一五〇頁～一五一頁介紹的日本照顧者聯盟，其目標為「照顧者支援推進法」的法制化，究竟存在哪些背景因素呢？答案是，長照保險制度的不完善。日本自二〇〇四年四月啟用的長照保險制度後，在檢測照護需求指數時，只看被照顧者需要被照顧多少時間，決定「被照顧者需要哪些服務」時並沒有顧慮到家屬。

讓我們以罹患失智症的年長者情況來思考。會為失智症困擾的，並不只有患者本人，照顧者（照顧者）也是。患者若能前往日間托老所，對照顧者而言將是很大的幫助，但這對照顧者而言，其實只是間接援助而已。越來越多的人希望可以給予照顧者更直接的支援服務，因此有了法制化的呼聲。沒有法律，自治團體就無法動作（因為照顧者並非支援對象），只能藉由協助照顧者的民間團體來給予支援。

英國於一九九五年制定了照顧者支援法，讓照顧者的權利得以獲得法律保障。最大的變化在於，至今為止擁有支援照顧者權限的地方自治團體，在法律制定後有責任要支援照顧者。至此，過去隱形於檯面下的照顧者終於被看見，他們面臨的問題得以被檢驗，並引導出相關的服務，實現了一連串的照顧者支援流程。

這與日本的長照保險制度完全不同。在英國也有長照服務（分為國家提供的部分國民健保服務、地方自治團體提供的福利項目，以及自費購買的服務）。照顧者支援法有別於此，是以充實照顧者的生活為第一考量，讓照顧者以兼顧工作、學習、興趣、社會活動為優先，思考如何與被照顧者的照護需求產生平衡，藉此制定照護計畫、提供服務。

日本照顧者聯盟在二〇一二年六月成立了「日本照顧者支援法實現市民會」，開始朝法制化邁進。二〇一五年六月，於都內舉辦照顧者支援論壇，強調法制化為當務之急，此一訴求也登上了新聞版面。

這項法律草案，可在「日本照顧者支援法實現市民會」的官方網站上閱覽。在該網站上，也有募集贊同此案的支持者，而日本照顧者聯盟的官方網站上，也刊登了一般社團法人加盟的入會及捐贈方法，任何有興趣的市民，都可以透過這個管道來支援照顧者。（編按：台灣即將上路的長照2.0計畫，也將把照顧者納入長照的一部分，相關條例可參考衛生福利部長照政策專區網站。）

第 6 章

認識失智症及相關照護方式

失智症的基礎知識 1

原發性失智症及就醫方法

許多家屬照顧者及照護人員，常為失智症而苦惱。究竟該怎麼應對才好呢？

從醫療及照護的角度看失智症

醫療的思維

在醫療界，醫師會根據各種原發性疾病將失智症分類，因為醫療界認為失智症是一種腦部疾病（異變及萎縮）。原發性疾病的病名，會隨著時代而改變，順位也會變動，換句話說，這只是一種假說。

左方的圓餅圖是常見的失智症類別，但比例全都是推測出來的。該圖表引用自某位醫師自身看診的經驗整理、發表而成的比例表，非全國統計數字。

「醫療性」原發退化性失智症比例

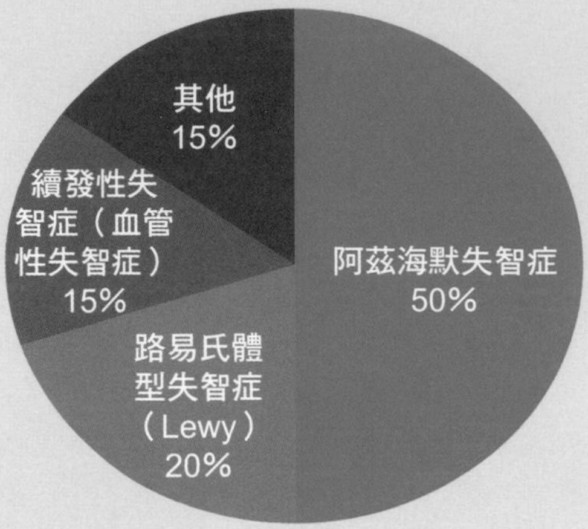
阿茲海默失智症 50%
路易氏體型失智症（Lewy）20%
續發性失智症（血管性失智症）15%
其他 15%

照護的思維

在照護界，失智症是一種「與年老的自己處不好的關係障礙」。所謂失智症，就是自己不認為自己已經老了，換句話說，就是「無法適應現實中的自己」所引發的狀態。

年輕時發病的阿茲海默失智症，屬於器質性腦病變症候群，而老人失智症的症狀就很多變、複雜，不能單純將原因歸咎於腦部病變。因此負責照護的人，必須將焦點放在每個人生活中的困難之處來進行照護。

無法面對老去的自己

這才是我啊！
這人是誰呀？

失智症並非疾病，而是症狀

失智症指的是我們的腦部因某些原因而功能退化，導致生活出現障礙的「狀態」。換言之，失智症並不是疾病，而是一種由某些疾病所引起的症狀之總稱。

在醫學書上，由於失智症被定義為由特定原發性疾病所引起，因此會比較各型的症狀，但本書是一本居家照護的實用書，所以並不會涉及醫學領域。因為若以醫療來解釋失智症，不少人會認為失智症「可以治療」而忽略照護的重要性，使情況變得更複雜。

為此，本書將以照顧者不可不知的「失智症照護法」為主，來談談失智症。

欲前往看診時，該怎麼做？

建議參加「高齡者健診」

用社區年長者皆有去健檢為理由，督促患者去看診。搬出「高齡者健診」、「80 歲銀髮族健診」等名稱都很有效。

不要強調症狀

可以建議年長者去檢查整體的健康狀況。重點是別告訴他「你好像怪怪的」，而是「希望你永遠健康、有朝氣」。

不要一開始就去失智症門診

一開始就帶去疑似治療失智症的門診，會讓患者心生排斥。請先和醫院商量，先掛內科再轉其他的診別吧！

列舉可信賴的醫師姓名

說是家庭醫師介紹的，也很有效。也可以搬出被照顧者信賴的熟人或親戚的名字。

失智症的初期應對

請罹患失智症的年長者前往就診，是相當困難的。若對長輩說：「你最近常忘東忘西，情況很嚴重，我們去看醫生吧？」長輩很有可能大受打擊而強力拒絕。

但若對長輩說：「陪我去看醫生」或「我們去探病吧」將他騙去醫院，又會產生問題。此時不妨參考上圖，一邊告知是要請他去看醫生，一邊照顧他的心情。

初診時，一定要有熟知長輩平日狀況的家人陪同。為了別在醫生詢問時慌慌張張，最好能事先寫好筆記會比較安心。筆記上可以寫上「是什麼時候開始、因什麼事情而察覺？和以前相比，發生了哪些變化？在日常生活中產生了哪些困擾？」等細節。

此外，長輩平日的用藥明細，也一定要寫在筆記裡，或攜帶藥物手冊前往看診。

透過對的照護改善失智症狀

不要因生病就睜一隻眼閉一隻眼，透過妥善的照護來改善症狀，是有必要的。

照顧者、支援者該注意的事項

① 判斷失智症患者是否下意識保有日常生活能力

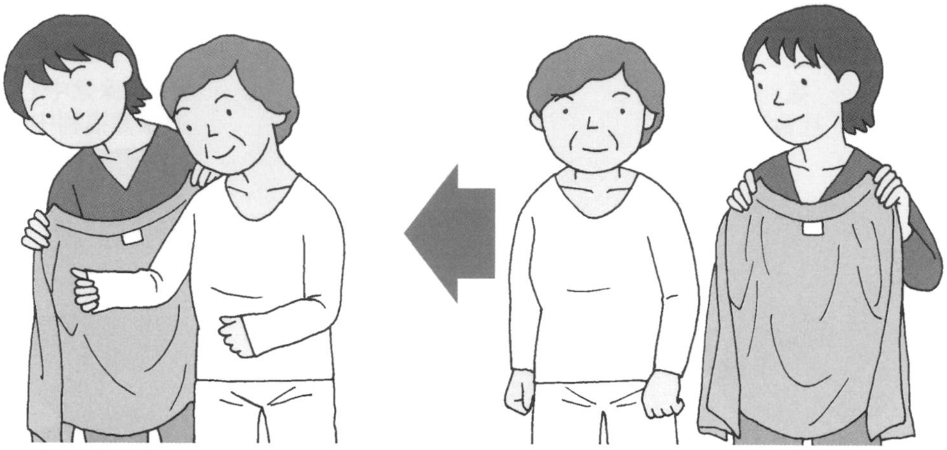

幫對方在衛生衣外再穿一件外衣時

會自己握住衛生衣的袖口，不讓袖子縮成一團。

② 針對沒發現袖子縮成一團的人

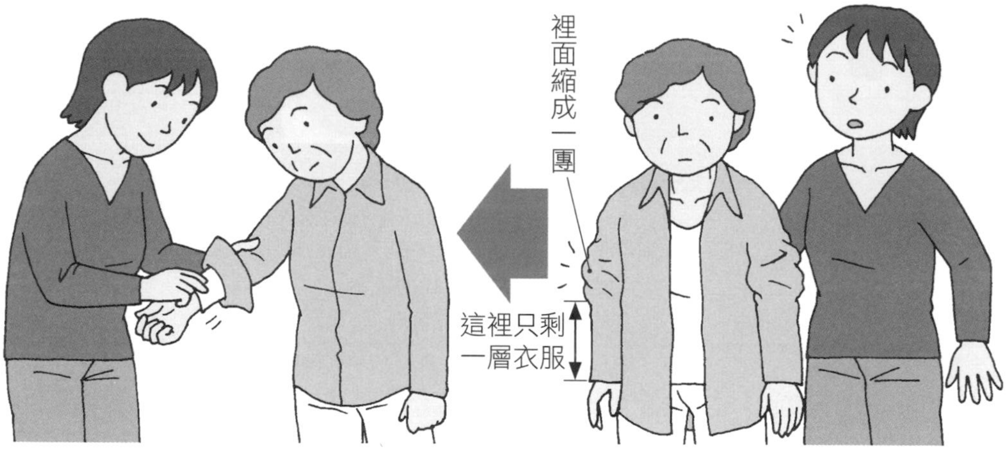

無日常生活能力者，外衣裡的衛生衣會縮成一團。

照顧者發現後，可提醒或協助穿好。

比起醫療知識，更該學習照護技巧

市面上有非常多的失智症書籍，絕大多數的書是以預防失智為主，一般取向的醫學書也不少。然而，從事居家照護的照顧者，若要了解失智症，比起腦部病變、萎縮等醫療知識，學習照護方法來大幅改善症狀，其實更重要。

例如穿衣服時，患者是否能自己握住衛生衣的袖口，有無發現上衣裡的衛生衣縮成一團（參考上方插圖），這些都很重要，反而腦部萎縮的程度，沒那麼重要。了解患者還剩下多少日常生活能力，對照顧者而言是有必要性的。

以阿茲海默失智症患者身分，多次來日演講的前澳洲政府高官，克莉絲汀伯頓曾針對

對失智症患者不能做的 3 件事

據日本「失智症支援養成講座」的資料繪製

3 不能傷害自尊心　2 不能催　1 不能嚇

一般人討厭的事，失智症患者會更討厭

失智症患者的理解力不如常人，容易受不了。

長官致詞時，一般人即使不想聽，也會忍耐。

自身症狀談道：「失智症是一種溝通上的疾病。溝通能力衰退後，患者必須花大量的時間處理訊息，導致他違背本意，陷入沉默或說溜嘴。」若要學習失智症，建議選擇由患者或照顧的家屬親身說法，將內容集結成書，提供大家參考。

失智症變嚴重後，許多患者都會陷入沉默。但當我們聽還有說話能力的患者談話等，總是會訝異於他們還保有許多理解能力與豐富的情感，而驚嘆不已。從事照護的人，不該消極地只想「避免問題發生」，而應積極思考「如何讓患者活出自我」。

為了讓罹患失智症的患者，仍然能活出屬於自己的人生，支援者一定要成為患者與社會間的溝通橋樑。（編按：台灣也有許多相關書籍或網站可參考，讓患者活出自我則是最終的目標。）

照顧失智症患者的重點

照顧失智症患者的家屬及照護人員，該如何與患者接觸呢？

不論做任何事，都要有耐心

當患者用餐後拒絕服藥時，是否會從後方架住患者逼他吃藥？（人手不足的照護現場）

被拒絕時就先退開，持續觀察，再若無其事地拿藥過來請他服下，通常患者就會配合吃藥。

配合失智症患者說話的字數

例如：「吃飯前先去洗手間」，有些人聽得懂，有些人會覺得太長了。

若患者說話的字數減少，就縮短成「我們去洗手間」。若還是聽不懂，就笑著招招手說：「來一下」。

多花點時間，用理解取代說服

失智症照護有很多重點方法，其中最具代表性的，就是上方插畫的這兩項。其一是不能失去耐性，要多花些時間。

只講究效率的養護機構，對待失智症患者可能會很沒耐心，但其實在失智的年長者身上多花時間，並非浪費時間。只要預先花費點時間，不但會使照護變得順暢，彼此的關係也不會弄僵。

另一個重點是：「用理解取代說服」。失智症越嚴重，越會奪走患者的語言能力，因此從說話的字數，就能推測患者的理解能力。對說話字數少的人講長句子時，只會讓他錯亂，此時最好能使用手勢，幫助對方理解。

如何陪伴失智症患者？

患者說話字數變少時，應配合其字數，並增加笑容、肢體語言及肢體接觸。

做錯事時不要指責、怒罵，盡量由照顧者陪同，別讓他一個人。

盡量避免說「不能去那邊」等否定用語，改成「我們去那邊吧」。

盡量不要改變目前的生活環境。別讓患者學習新事物或逼他思考不擅長的領域。

維持過去的生活習慣，繼續讓她做簡單的家事，讓患者在家中有事做。

打造規律的生活作息。尤其讓患者白天活動，晚上才能熟睡。

負責居家照護的主照顧者，必須獲得周遭人們的諒解，定期遠離照護，擁有屬於自己的時間。

當患者說了錯誤的事，就用「這樣啊」帶過去，照顧者必須理解患者正活在過去的記憶中。

即使一開始患者不願意，也要善用日間托老或短期療養等，讓照顧者可喘口氣的制度。

消除不安為當務之急

為什麼照顧失智者患者不能鬆懈？答案就在生活細節裡（例如便祕）。

無法放鬆的原因源自生活細節

身體不適、異常

便祕、脫水、發燒、慢性疾病惡化、藥物副作用

季節變化

四季轉換，尤其冬天至春天的景色變化

人際關係及環境改變

與主照顧者離別、搬家、住進養老院、換房間、與家人關係惡化

引起周邊症狀的原因，大多藏在生活中。不要認為「失智症就是這樣、沒辦法」，好好觀察患者是否身體不適、最近人際關係及環境是否改變，以及是否看到季節景色的變化吧！

生活中的不安因子

各位聽過「不安」這個詞嗎？這是失智症患者常見的特異行為障礙之一，像是靜不下來、好動、不耐煩、激動、憤怒、頂撞他人等，這種不穩定又危險的一連串行為，就會用「不安」來形容。

當專家發現年長者出現不安行為或四處徘徊時，就會判斷他罹患了失智症（腦部病變及萎縮）。但實際上的原因，有不少就像上方列舉的，出現在生活中。從事失智症照護的人，一定要知道這件事情。

別再靠吃藥來壓抑不安，這樣只會讓人找不到真正的原因，離解決問題越來越遠。

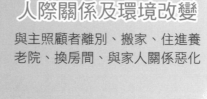

年長者多為直腸性便祕

處理方式	原因	分類
需治療原本的疾病（帶有疼痛等其他症狀）	1 因物理性的通過障礙而引起便祕（由腫瘤等引起）	大腸便祕
需治療原本的疾病（帶有疼痛等其他症狀）	2 痙攣性便祕（由腸胃炎等引起）	大腸便祕
多喝水、攝取含膳食纖維食物、按摩腹部及運動，效果較佳。	3 遲緩性便祕（由精神緊張等引起）	大腸便祕
改善生活習慣（透過生理學引發自然排便）	4 習慣性便祕（由包尿布等習慣引起）	直腸便祕

年長者的便祕多屬於直腸性，即使多喝水、攝取含膳食纖維食物，加上腹部按摩，效果也不佳。

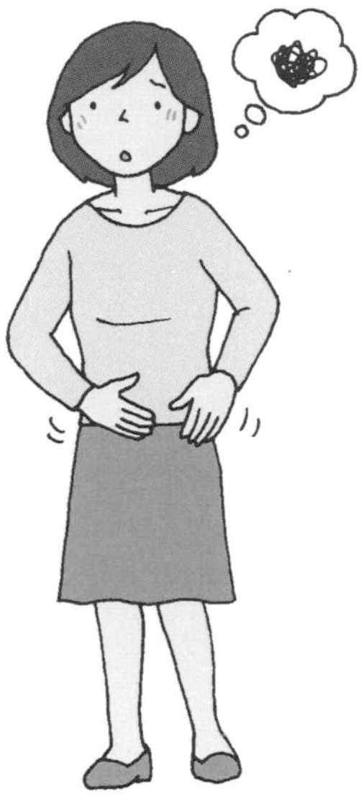

當糞便累積在直腸而非大腸內，是一種在感受到便意但無法立刻排便而引發的便祕。只要如廁情況不改變，便祕就不會改善（關於便祕，可參考 P196 ～ P199）。

便祕是最大的不安因素

當年長者出現了不安症狀，照顧者就必須從生活中找出原因。其中，便祕是被診斷為造成失智症患者及年長者不安、徘徊的因素。

若養護機構、醫院不讓年長者上廁所，而是包尿布排泄，那麼不安的原因有七成應該都是由便祕引起。即使在家庭中，比率也相同。一旦未意識到年長者便祕並協助消除，不安行為及徘徊就不會消失。

年輕族群的便祕屬於大腸便祕，只要多喝水、攝取含膳食纖維食物，搭配腹部按摩就能有效排便。而年長者的便祕屬於直腸便祕（參考上圖），在沒有進行如廁照護的養護機構及醫院，院方一般都是透過瀉藥、浣腸、挖便※來幫助年長者排便。在家時請勿使用如此不自然的如廁方式，讓患者養成吃早餐後坐在馬桶上的習慣，找回消失的便意，才是最佳的失智症照護。

※ 由照顧者用手指把糞便挖出來。

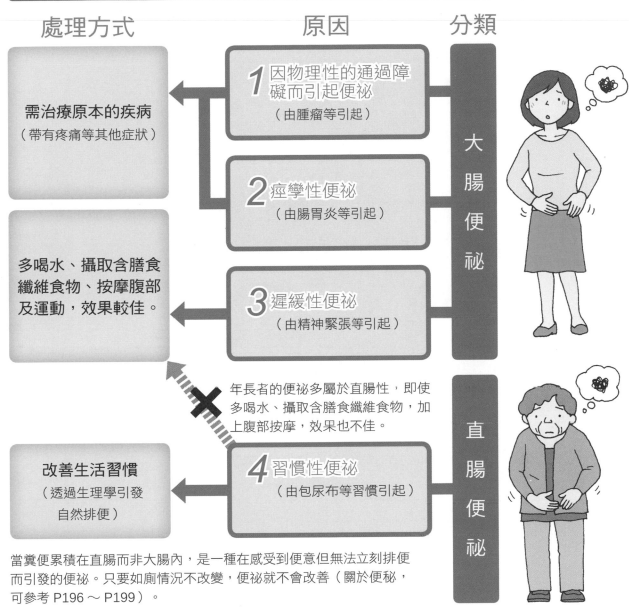

觀察用藥後的反應

進行失智症照護時，一定要仔細注意藥物的副作用。

透過照顧者協會來交換訊息

藥物也會讓失智症更嚴重

藥物也有可能引發失智症的周邊症狀。在照護進行不周，只想以精神藥物（如抗精神病劑、抗憂鬱劑、抗不安藥、安眠藥等）輕易控制年長者的養護機構及醫院，以及由對照護漠不關心的醫師看診等，可能會因用藥錯誤而引發失智症。畢竟在年長者身上，很容易發生藥效過強或副作用等情況。

失智症的治療，分為對抗核心症狀的抗失智症藥物，以及對抗周邊症狀的精神藥物。抗失智症藥物在使用一定期間後，用量會提升，因此對藥物過敏的年長者，就會出現強烈副作用。在精神藥物方面，代謝能力下滑的年長者，也容易

感覺年長者因藥物而產生副作用時

協助重點

- 當家屬照顧者認為「失智症突然變嚴重了」時，應先檢查藥物有無更替。
- 抗失智症藥物增量時，照顧者必須觀察患者的模樣有無變化。
- 若抑制周邊症狀的精神藥物藥效過猛時，可以請求醫師換成藥效較弱的藥物。
- 當患者因過度鎮靜而一動也不動時，建議別再服用抑制類的藥物，請再次讓醫師看診。

讓年長者服用精神安定劑來壓抑亢奮，容易產生副作用而站不穩。這是跌倒及骨折的最大的原因，照顧者一定要看緊對方。

以藥物壓制症狀，只能治標不治本

「他到處亂晃真的讓我們很困擾，能不能想想辦法？」當家屬或照護人員向醫師反應時，醫師通常會開抑制（壓抑亢奮）類的精神藥物。這些藥物會讓年長者整天發呆，嚴重時甚至會導致臥床。

通常只會陷入「患者四處徘徊→使用藥物導致臥床→不再徘徊」過程，其實並沒有解決問題，反倒變嚴重。當年長者來回踱步時，調整環境只有好處、沒有壞處。若因為照顧者看不住患者，就給予藥物使他無法走動，其實是一種錯誤的照護。

出現藥效過強的情況以及副作用。這些會讓人以為失智症變嚴重了而增加藥量，結果導致惡性循環。

讓年長者發生危險的，不只失智症藥物。常見情況還包括將骨折時醫師開的止痛藥，加在平日吃的慢性疾病藥物中。此時若出現症狀，應該先思考或許是因藥量增加而導致，而不是失智症變嚴重。

年長者吃下強力止痛藥後，容易因意識模糊不清而忘了喝水，造成脫水而陷入譫妄（短時間的意識障礙），人們常將這誤以為是失智症惡化。因此，當年長者看起來不太對勁時，先別急著認為是失智症惡化，一定要確認藥物有無變更或增加。

看診時，選擇對年長者開藥謹慎的合格醫師，這點非常重要。

制定相關政策

未來的失智症患者將越來越多，政府必須訂定適合的政策。

日本的失智症相關政策

日本全國的失智症人口，在 2012 年為 462 萬人（65 歲以上的年長者中，每 7 人就有 1 人罹病），到了 2025 年，最多可能成長至 730 萬人（65 歲以上的年長者中，每 5 人就有 1 人罹病）。

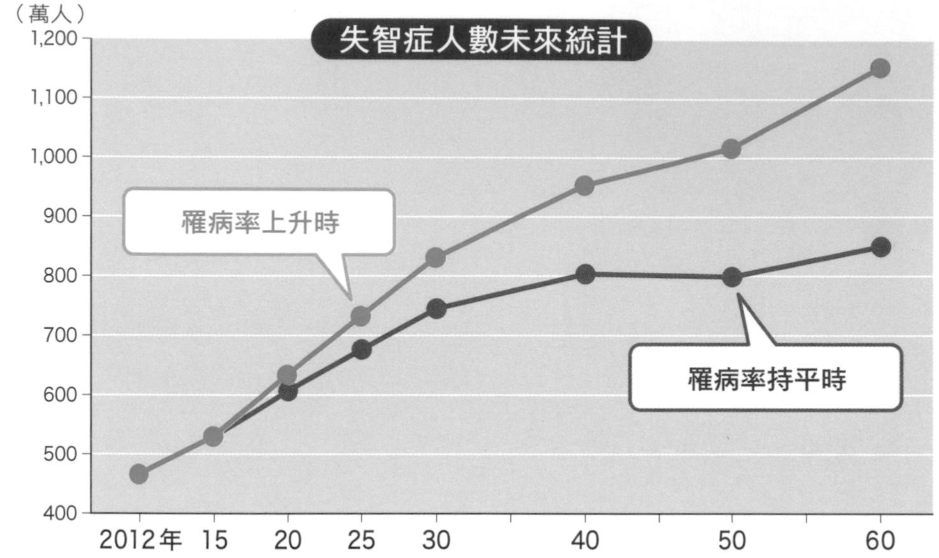
（萬人）
失智症人數未來統計
1,200
1,100
1,000
900
800
700
600
500
400
罹病率上升時
罹病率持平時
2012年
15
20
25
30
40
50
60

※ 日本厚生勞働省研究所之速報值

2015 年 1 月，日本政府依照這項推測指數，制定了「失智症施策推進綜合戰略（新橙色計畫）」。這是為了讓 2013 年實施的「失智症施策推進 5 年計畫（橙色計畫）」持續發展，並實現以下具體政策，而由相關省廳做為聯合的策略。

- 推廣設置「失智症初期集中支援中心」——由醫療、照護的專業人士組成團隊，拜訪並支援失智症患者。將於 2018 年度起於所有地區實施。
- 讓醫療從業者參加失智症應對能力加強研習營——讓醫療從業人員提供符合失智狀態的適當照護。
- 導入新手照護人員線上學習課程——讓照護人員學習關於失智症照護的最低限度知識與技能。
- 讓參與過失智症應對能力加強研習營的家庭醫師，在 2017 年底增加至 6 萬人。
- 在 2017 年底，培養出 800 萬名「失智症協助者」——讓擁有並了解正確失智症知識的人，協助社區中的失智症患者及其家屬。

全國實施對策

受到高齡失智者增加的影響，二〇一三年度開始，日本政府實施了「失智症施策推進五年計畫（橙色計畫）」。但這項計畫是以醫療與照護為主，對於失智症初期階段的患者而言，支援及生活的整體協助都很匱乏。

為此，政府於二〇一五年一月推出了新策略，一面擴充橙色計畫，一面以二〇二五年為目標，建構「失智症社區整合照護系統」。這一項除了厚生勞働省以外，內閣府及消費者廳等也會與參與的省廳做聯合策略。

其背景是「到了二〇二五年，六十五歲以上的年長者中，每五人就有一人罹患失智症」這項新估計值的發表。往

罹患失智症也能安心生活的環境

多數居民

了解失智症患者即使在生活上有困難，還是會有個人意識與做得到的事，幫助他們繼續過屬於自己的生活。

患者及家屬

將罹患失智症的事情公開，接受社區中必要的生活支援，並且盡早接受適當的診斷及治療。

照護及醫療

根據失智症的狀況及患者的能力、身心狀態，讓他盡可能自立，並提供正確照護及醫療，以持續有尊嚴的生活。

社區及生活

商店街及店舖、車站有能照顧失智症患者及其家屬的人，能自然地向疑似失智症患者搭話，藉此保護他們。

後醫療及照護都不能停下腳步，必須讓人民即使罹患失智症也能活得有尊嚴，給予持續就業支援及參與社會支援等多方面協助。

新橙色計畫的宗旨是，「打造對失智症高齡者友善的社區」。這與過去好幾個社區實施的「罹患失智症也安心」城鎮打造計畫類似。

在「罹患失智症也安心」城鎮打造計畫中，政府會進行找出迷路失智症患者的模擬訓練。內容為將迷路失智症患者的服裝、特色，透過消防無線電通知社區的居民、政府機關、計程車公司、警察、照護業者等相關機構，聯合找回迷路的失智症患者。

居家照顧者及支援者，絕對不能從這些政策中落伍。了解自己的社區會採取哪些措施，邊參加邊借用社區的力量吧。（編按：台灣的失智症罹病率也逐年攀升，政府也積極制定相關政策中，讀者若有需求，可撥打失智症專線 0800-474-580。）

善用成年人監護制度

日本的成年人監護制度，是一種代替因失智症等因素而失去判斷力者，協助管理儲蓄的政策。

日本任意監護制度的使用

由患者親自挑選監護人，為將來做打算！

萬一我以後發生了什麼事，就拜託你了
我知道了

任意監護的流程

由患者親自向監護人簽訂任意監護契約，決定支援內容及報酬。→ 在公證機關填寫公證證明書，於法務局登記。→ 當患者判斷力降低時，可由配偶或監護人向家庭法院申請選任。→ 經家庭法院審理後進行登記，便可以開始進行任意監護。

認識任意監護制度

在日本，應由本人進行的契約、儲蓄管理及進出養護機構等手續，即使是家人也無法代勞。若要代勞則必須仰賴成年人監護制度，這又分為任意監護制度與法定監護制度。

任意監護制度是趁本人還有判斷力時，事先挑選監護人，等時機到來，就轉讓與自身生活及財產相關的事務手續代理權，這種契約就稱為任意監護人契約。

任意監護人契約的公證書，必須在公證機關填寫，並登記於法務局。在失智症變嚴重前，公證書會由政府保管，待其失去判斷力後，由關係者出面申請，經家庭法院審定就能開始監護。

日本法定監護制度的使用

當事人判斷力下降時，可由家屬申請。

法定監護的流程

由患者本人、配偶、家屬、檢察官等，協助判斷力下降的當事人，向家庭法院申請補助或保佐、監護。

進行本人及關係人面談、家屬意願查詢、本人判斷力鑑定等，來選任補助人或保佐人。

家庭法院決定的內容，將登記於法務局。

申請後過了2～3個月，就能在家庭法院的監控下，開始進行法定監護。

※ 編按：台灣亦有「監護宣告制度」申請辦法，請參考失智症社會支持中心網頁中的「社會福利」專區內的法律資源部分內容。

何時該使用法定監護制度？

當失智症變嚴重，已經失去判斷能力時，就不能使用任意監護制度。而必須向家庭法院申請，進行本人判斷能力的鑑定，來選出合適的補助人、保佐人與監護人。

判斷力不夠充足者會搭配補助人；判斷力明顯不充足者會搭配保佐人；完全失去判斷力者會搭配監護人。法定監護制度可由本人、配偶、親屬、檢察官等人來申請。此外，無依無靠的失智症年長者及智能障礙者，也可由自治團體等行政機關代為申請。

成年人監護制度是失智症加劇後，最應該申請的制度。只要向居住地的律師會、司法代書會、社會福祉會諮詢，即使沒有法律知識，也可以獲得申請支援。

專欄 6

認識失智症的「非藥物性治療」

所謂非藥物性治療，一如字面上的意義，是一種不靠藥物來進行的失智症療法。在各地皆有不同的療法，而由學會及協會設立的代表性非藥物療法，則包括：懷舊療法、音樂療法、動物療法、美術療法、園藝療法、學習療法等，簡介如下：

【懷舊療法】透過懷舊的生活器具、玩具、繪本、紙戲劇、照片，讓年長者回憶過去的療法。有一對一進行的回憶療法，也有由一位專家對應六～八名年長者的回想法。不論參加哪一種，都應該讓年長者自由交談，負責傾聽的人也要適當回應，來表現出共鳴。這種療法能藉由喚醒自身過去輝煌的記憶，來使腦部活化，達到延緩失智症的效果。

【音樂療法】分為以聽音樂為主的被動音樂療程，以及讓年長者唱歌、演奏的主動音樂療程。前者能使年長者身心放鬆，讓行為精神症狀緩和下來；後者則是透過音樂治療師的指導，年長者隨著節奏擺動身體，來增強體力並改善運動能力。

【動物療法】治療師會帶著動物前往照護機構，透過與以狗為首的專業治療訓練的動物接觸，年長者的表情就會瞬間變開朗，並增加說話的意識與意願。為了這些效果而前往飼養貓狗的特別養護中心，也不在少數。

【美術療法】透過畫畫，讓患者的五官動起來的療程，具有活化腦部的功效。辨識對象物體，感受其顏色、形狀及存在，並畫在紙上，就能刺激腦部。

【園藝療法】是在園藝治療師及工作人員的指導下，讓年長者從初春到秋天結束時，有計劃地參與播種到收割。大家一起種植蔬菜、花卉，採收後用來入菜及插花，就能讓植物成為交流的工具。

在荷蘭，人們盛行將牧場及農莊開放給失智症日間托老所，來進行「農莊照護」。根據熟悉國外照護事務的福利記者淺川澄一先生的報告指出，二〇〇三年在荷蘭約有四百間農莊照護所，到了二〇一五年已經增加至一千四百間了。其治療原理是讓失智的年長者彼此互動、合作，藉由打理農作物，讓年長者認為自己也能為他人盡一份心力。

【學習療法】是以東北大學的川島隆太教授研究為基礎，由KUMON 製作教材的知名療法。原理是透過簡單的計算及讀書寫字，活化腦部的前額葉。

第 7 章

老年人常見身體疾病及護理方式

常見的老年人身體症狀及因應方式

本章統整接受居家照護的年長者，其最常出現的身體症狀與因應方式。有些年長者無法具體描述身體有哪些不適；此時，必須由負責照護的照顧者主動察覺。到家查訪的照顧服務員也須熟記觀察重點，及早發現年長者的問題。

外觀	症狀	照顧者的處理方式	頁碼
神情疲倦	●脫水 ●發燒 ●中暑	老年人體內保水能力較差，只要流汗或食慾不振，就會立刻引起脫水症狀。此外，不喜歡喝水的人也很容易中暑。	P186～P193
排泄不順	●失禁 ●便祕 ●腹瀉	當年長者出現坐立不安、失神徘徊或腳步不穩等情形，請先觀察其有無便祕。此外，若不積極處理漏尿、漏便的問題，也會使失智症的惡化加速。	P194～P201

身體出現劇烈變化

- 嘔吐
- 感冒
- 流行性感冒
- 肺炎

即使是受過專業訓練的照顧者，也很難從上述症狀確認病名，若與平時相比，身體狀況出現極大變化，請盡快就醫。

P202～P209

吞嚥問題

- 吸入性肺炎
- 吞嚥障礙

照護年長者一定會遇到吞嚥問題，照顧者應該了解吞嚥問題的起因和預防方法，學習如何因應突發狀況。

P210～P215

感覺痛苦

- 傳染病
- 胸痛、腹痛
- 骨骼、關節與腰部異常
- 視力及聽力異常
- 皮膚異常

以上皆為容易復發的症狀。察覺上述症狀時不僅應就醫，更需思考因應對策，避免復發，並同時尋求支援者的協助。

P216～P225

活動力降低

- 足部及趾甲異常
- 廢用症候群

步行狀況惡化與足甲問題息息相關，容易互相影響。若置之不理，易導致長期臥床或廢用症候群。這是照顧者與支援者從事居家照護時需面臨的最大挑戰。

P226～P231

神情疲倦 1

脫水

年紀大的長輩一旦脫水，很容易造成生命危險，請務必細心觀察。

脫水的症狀

初期症狀

- 缺乏活力
- 食慾不振
- 尿液量減少、便祕
- 出現噁心症狀
- 出現 37℃左右的低燒（平時體溫較低者，可能出現 36.5℃的低燒）
- 皮膚乾燥、眼睛凹陷

若置之不理……

精神越來越萎靡、陷入嗜睡狀態。

若掉以輕心……

開始出現譫妄※、幻覺等症狀，說話語無倫次。

何謂「脫水狀態」？

「脫水」係指身體水分逐漸流失的狀態（亦稱「脫水症」）。健康的成年人每日約排出二千五百毫升的水分，因此必須補充相應的水分，才能維持平衡（請見第一八八頁上方的說明）。夏天或發燒時體溫升高，流失的水分較多，因此要補充更多水分。

補充流失的水分是每天都要做的事，對年紀大的長輩而言卻不容易。原因很簡單，人體肌肉同時扮演水庫的角色，幫助我們將水分鎖在體內。但肌肉量會隨著年齡增長而減少，相對增加排出的尿液量，久而久之便無法維持水分平衡。有鑑於此，年長者平時就應該刻意多補充水分，避免在不知不覺間引發脫水症狀。

※delirium，係指急性發作的意識障礙（請參考 P189 的說明）。

脫水的原因	
肌肉量減少	正常情況下，當體內水分不足，肌肉就會釋放儲備水分，維持平衡。然而年長者的肌肉量較少，無法補足水分。
流汗	並非只有運動才會流汗，穿著厚重衣物或開關空調、窗戶調整室溫，也會促進排汗。若長時間使用電熱毯，也會導致體內流失大量水分。
食慾不振	食物是身體水分重要的補給來源。一般來說，老年人的食量較小，除了要解決營養不足的問題外，也要避免脫水。
服用利尿劑	長期服用利尿劑的老年人很容易脫水，一定要特別留意。除了利尿劑之外，有些內服藥物也具有利尿作用，不可掉以輕心。
長期臥床	長期臥床會使原本分布於下半身的血液回到心臟和肺部，導致身體以為體液過剩，引發過量排尿的結果。
睡在窗邊	若將床鋪置於窗邊，夏天就會因為日照形成高溫高濕的環境，不利身體健康。建議各位現在就到長輩的臥室確認床鋪的日照量。
不喝水	不少年紀大的長輩因為擔心漏尿失禁，刻意不喝水或任何飲料。此時不要強迫長輩喝水，應鼓勵他們外出活動，增加社交機會，讓長輩主動喝水。
腹瀉、嘔吐	腹瀉與嘔吐不只會使身體流失水分，也會流失鈉離子。補充水分的同時，也要記得補充鈉。
腎臟病、糖尿病	腎臟病會導致尿液的濃縮能力衰退，糖尿病則會排出大量糖分，導致尿液量增加，引發脫水。
吞嚥障礙	對於有吞嚥障礙（請參考 P212 說明）的長輩來說，喝水本來就不是一件簡單的事情。相反地，喝水很可能導致生命危險。不妨將水製成果凍狀或增加濃稠感，幫助長輩攝取水分。

補充水分，預防脫水

一般來說，年長者不易察覺自己脫水，但若無法及早發現，可能會危及性命，照顧者絕對不可輕忽脫水的嚴重性。在此提供簡易的辨別方法：口腔內部乾燥為重症；以手指觸摸長輩腋下，若毫無濕氣，即為脫水的初期症狀。

建議照顧者多讓長輩吃火鍋。秋冬兩季每五天至少吃一次火鍋，夏季則可開冷氣吃火鍋。煮火鍋時將魚類換成以魚漿、蝦漿、山芋等食材製成的海鮮丸，牙齒不好的年長者也能輕鬆食用。

補充水分時也要注重營養均衡，睡前的宵夜非常重要。讓長輩睡前飲用牛奶飲品（如熱牛奶、可可）或吃熱布丁、紅豆湯或甜酒，刺激副交感神經、促進睡眠。即使長輩沒有反應口渴、身體缺水等，照顧者也應主動替其補充水分。

水分的排出與補充

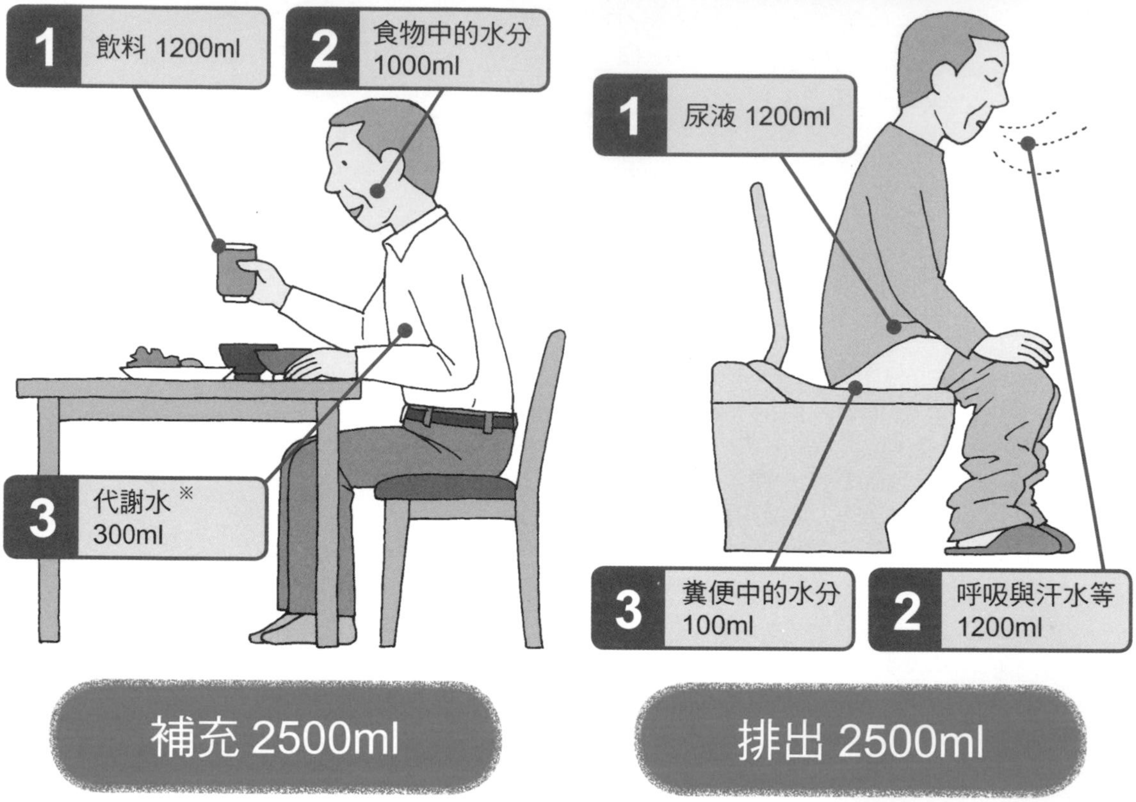
1 飲料 1200ml
2 食物中的水分 1000ml
3 代謝水※ 300ml
1 尿液 1200ml
2 呼吸與汗水等 1200ml
3 糞便中的水分 100ml
補充 2500ml
排出 2500ml

補充水分的重點

年長者每天至少要補充一千二百毫升的水分（請見上圖），若長輩不想喝水，該如何處理呢？由於水分無法累積，一次喝大量的水會造成心臟負擔，建議每次以二百毫升為基準，在一天之中設定幾次喝茶（水）的時間。

從食物攝取水分也很重要，煮味噌湯、蕎麥麵及烏龍麵時，可將味道調淡，鼓勵長輩把湯喝完。

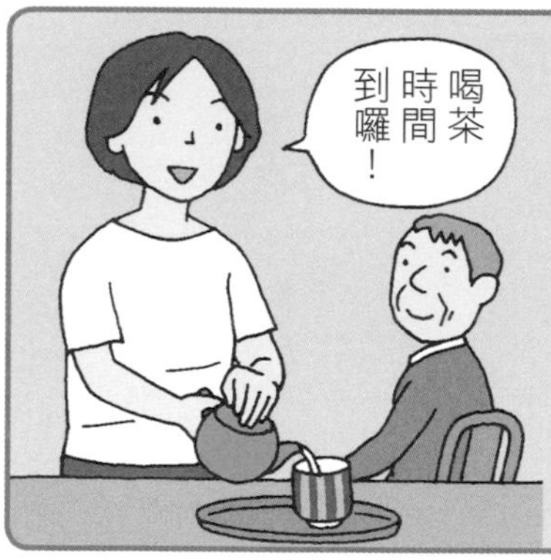
喝茶時間到囉！

分辨脫水的類型

脫水的症狀有很多種，分為「缺水」、「同時流失水和鈉」以及「介於前述二者之間」等三大類。

若只是喝水量較少與發燒等情形，較容易出現以缺水為主的脫水類型。另一方面，腹瀉、嘔吐、腎臟病、糖尿病、服用利尿劑引起排尿量增加等，則會導致水和鈉同時流失的脫水類型。

人體一旦缺鈉容易引起肌肉痛或抽筋。抽筋是小腿（腳趾頭、大腿）肌肉收縮，引發抽搐的症狀。伴隨劇烈疼痛的抽筋可謂脫水前兆。

假如察覺長輩可能缺鈉，建議以運動飲料加水，補充電解質。

※ 養分在體內轉換成熱量時生成的水。

專家的觀點

脱水，引發失智症的原因之一

日本失智症研究專家竹內孝仁教授，早在市面尚無照護教科書時，就教導本書審訂者三好春樹先生，「脱水是引發失智症的一大原因」。

竹內教授明確指出「脱水」是危害長輩性命的危險疾病，也認為預防脱水是照顧服務員的重要職責。當年的安養照顧機構中，發生不少院內長輩夏季持續低燒，進而產生譫妄症狀，秋天即撒手人寰的案例。説來慚愧，當時的照顧服務員都是外行人，缺乏專業的醫療知識。

一旦錯失早期發現脱水症狀的時機，長輩就會陷入精神萎靡、嗜睡等狀態，出現伴隨幻覺和錯覺的意識障礙，即「譫妄症狀」。「譫」為話多之意，顧名思義，「譫妄」即為語無倫次的狀態。

起因於脱水的譫妄症狀，嚴重時可能致命；長期陷入譫妄狀態，則會導致失智症，一定要特別小心。

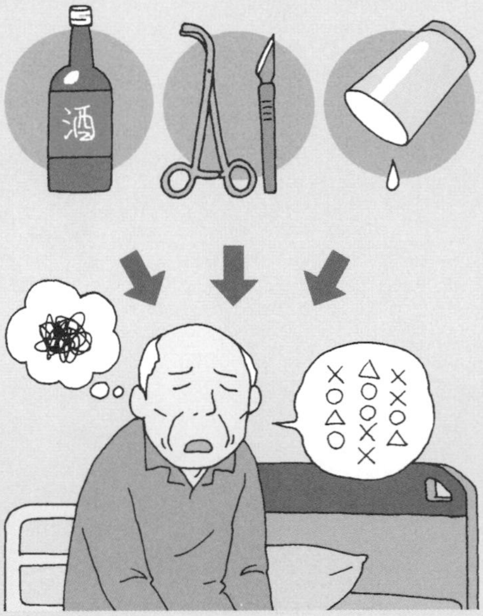

譫妄的原因不只是脱水，手術麻醉清醒後也會產生「術後譫妄」，飲酒也可能引發「顫抖性譫妄」，雙手無法控制地不停發抖。

如何處理長輩的「意識障礙」？

人體必須儲存一定含量的水分（體重的六成以上），一旦流失相當於體重一成的水分，就會陷入重度脱水狀態。假如年長者出現血壓極速下降、全身顫抖（全身痙攣）、呼喚他沒有反應等情形，請提高警覺，立刻採取應變措施。

此時只要喝運動飲料就能解除危機，但年長者若陷入出現意識障礙等相關症狀，照顧者便無法順利為年長者補充水分。此時請立刻就醫，以打點滴的方式補充水分。

另外，與其叫救護車到醫院，請家庭醫師到府治療（或請居家護理師請示醫師後到府探視），或由照顧者帶長輩到常去的診所，是更好的解決之道。以日本來說，在大型醫院的急診室打點滴，患者的雙手可能會被綁起來，請家庭醫師到府治療，能避免這個問題。（編按：各國醫療方式不同，建議讀者陪同長輩前往治療時，一定要充分跟醫生溝通，尋求最好的治療方式。）

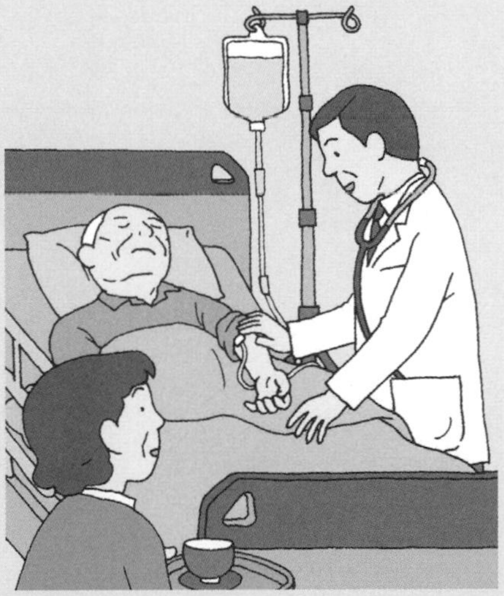

脱水時最重要的就是補充水分，但是喝冰水可能導致腹瀉，反而會讓脱水症狀更嚴重。此時請選擇打點滴，確實補充水分。

發燒

感覺精神萎靡或食慾不振時可能是因為發燒，有時也會伴隨失禁症狀。

以體溫計測量體溫的方法

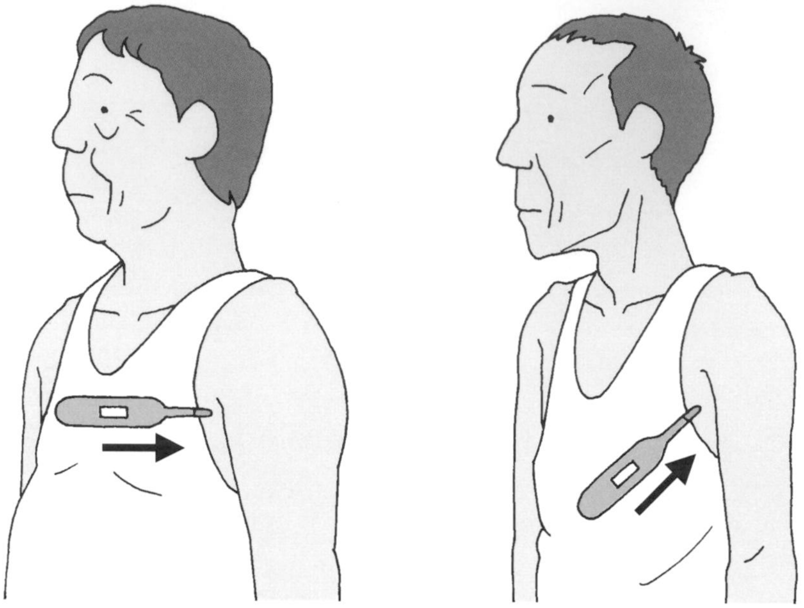

將體溫計前端放在腋下，測量身體中心部位的體溫。假如腋下潮濕，請先擦乾汗水，身材較瘦的人，請將體溫計朝上放入再緊閉腋下（右圖）；身材較胖的人則水平放入體溫計（左圖）。假如家中長輩半身不遂，請測量健康的那一側。

發燒可能是重大疾病的警訊

老年人的身體機能較差，體溫調節與刺激反應不如以往，有時即使罹病，也不會出現典型症狀。例如罹患肺炎不會發燒，當事人也不覺得難受。因此，一旦家中長輩開始發燒，照顧者就要特別注意，觀察長輩是否罹患重大疾病。

一般來說，體溫超過三十七度就是發燒。不過，每個人的正常體溫相差甚鉅，有些人平時的體溫很低，他們的體溫達到三十六點五度即為發燒，請依個人狀況調整觀察。當體溫比平時溫度高出一度，即可認定為發燒。

除了與平時的體溫比較之外，一天之中多次測量體溫，可及早發現身體異常。以身體健康的人為例，早上體溫最低，傍晚的體溫比早上高出零點五至一度。換句話說，只要一天之中的體溫相差一度以上，就是身體有異的警訊。

傍晚時體溫上升無須大驚小怪，但若早上時體溫升高，就要特別注意。某位經營日間照護公司的社長曾經這麼說：「早上時體溫飆高，傍晚通常就會發高燒。每天早上來中心報到的長輩，我們一定會幫他們測量體溫，做一些基礎檢查。此時若發現有人體溫達三十七點五度，就會通知家屬，建議對方安排白天的時間帶長輩前往就診。」

遇到這種情形時，照顧者絕對不可讓老年人服用市售解熱劑。快速退燒反而容易拖延病情，難以痊癒。

「發燒」可能引起的疾病

呼吸器官感染	感冒、流行性感冒、肺炎、支氣管炎、急性扁桃腺炎、肺結核等
泌尿器官感染	尿道感染、膀胱炎、腎盂腎炎、前列腺炎等
其他	吸入異物、脫水、腦血管障礙、類風濕性關節炎、癌症、敗血症、髓膜炎、腦炎、化膿的褥瘡、藥物過敏等。頸椎受傷的患者與高齡族群也會因便祕而發燒。

發高燒時	持續低燒時
可能感染肺炎、瘧疾、流行性感冒、髓膜炎、腦炎；其他非傳染病則包括敗血症、胰臟炎、腸炎和伴隨脫水的中暑等。	可能感染結核性疾病、尿道疾病、耳鼻相關疾病；其他非傳染病則包括甲狀腺疾病、類風濕性關節炎、肝硬化等。

長輩發燒時，如何處理？

退燒期

退燒後通常會大量流汗，年紀大的長輩容易營養不良或脫水，請多補充營養與水分。勤於清潔身體和口腔，並更換乾淨衣物。

發燒期

體溫升高導致心跳加速，呼吸變淺變快。寒氣退去後請多喝溫熱飲料，在長輩的大動脈處（即頸部、兩側腋下、雙腿大腿根部）敷上冰袋或貼退熱貼降溫。

發燒時

當身體處於發冷（感覺很冷或發抖）、手腳冰冷等階段時，千萬不可以降溫。請提高室溫，利用電熱毯或熱水袋等溫暖身體，協助提升體溫。

中暑

每年夏天都會發生老年人因中暑死亡的案例，如何預防才能克服炎熱的天氣？

中暑症狀

輕度

體溫升高、大量排汗

炎熱的天氣促進大量排汗，出現暈眩、起身時忽感頭暈、腳步虛浮等不適，還會引發肌肉痛、抽筋、手腳麻痺等症狀。

中度

出現嘔吐感、頭痛

感到嘔吐、頭痛（或感覺昏沉），身體倦怠且無法使力，感覺越來越疲勞或虛脫。精神無法集中，判斷力也越來越差。

重度

陷入昏睡、危及性命

血壓極低，走路無法走直線。若出現身體發抖、意識障礙、精神錯亂、昏睡等情形，可能危及性命。

老年人是中暑的高危險群

老年人容易脫水，夏天時要特別注意，避免中暑。身處高溫潮濕的環境時，一旦體溫調節功能異常就會引發中暑。

容易中暑的原因包括：體內保水量降低、疏於補充水分、不喜歡吹冷氣及腎臟功能衰退等。此外，有時當事人不知道自己已出現中暑症狀，也是難以及早發現的原因之一。

老年人不只會在夏天中暑，冬天待在暖氣較強的室內，也會因為穿太多而中暑。

發現長輩中暑時，照顧者應先注意長輩是否吸入異物、失去意識。如已失去意識，千萬不可讓對方喝水。此外，不可用冰水擦拭（澆淋）身體降溫，避免熱氣積存於體內，無法散去。

疑似中暑的處理程序

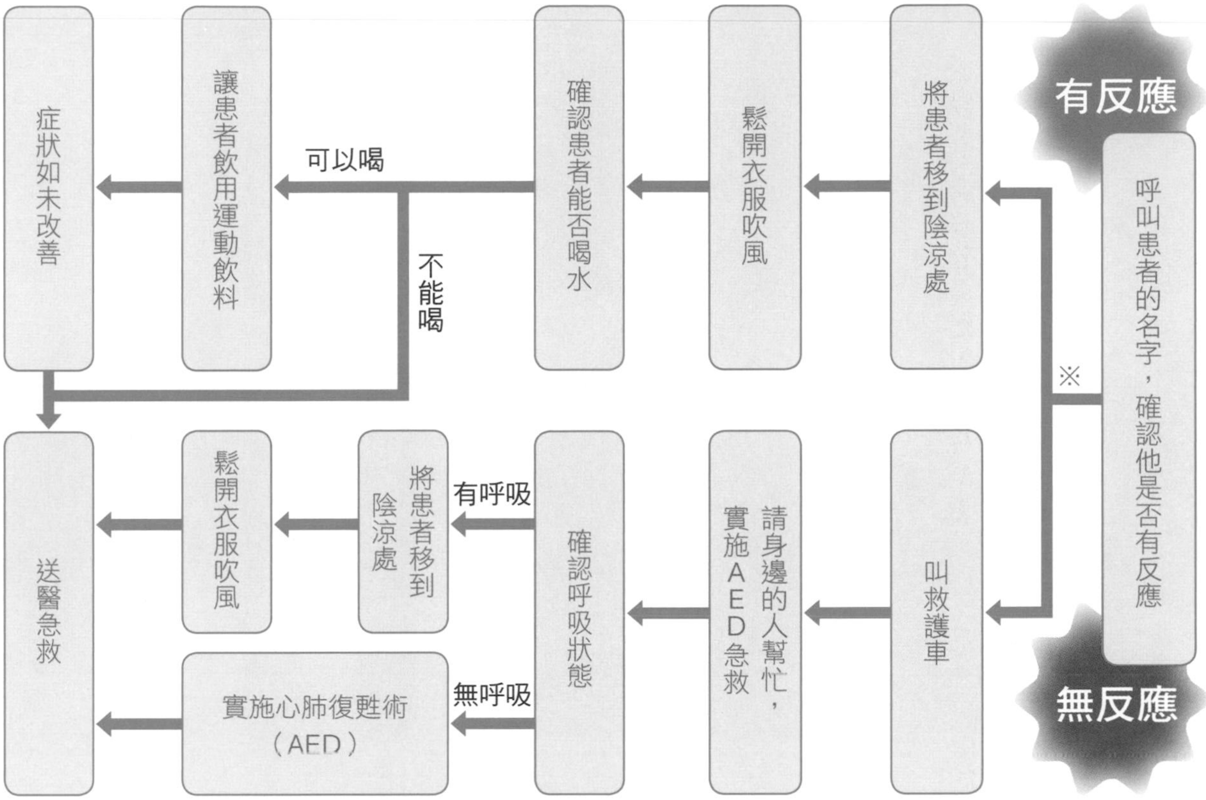
有反應
無反應
呼叫患者的名字，確認他是否有反應
※
將患者移到陰涼處
鬆開衣服吹風
確認患者能否喝水
可以喝
不能喝
讓患者飲用運動飲料
症狀如未改善
叫救護車
請身邊的人幫忙，實施AED急救
確認呼吸狀態
有呼吸
將患者移到陰涼處
鬆開衣服吹風
無呼吸
實施心肺復甦術（AED）
送醫急救

中暑的急救措施

基本上，老年人中暑很危險，一定要叫救護車。在救護車抵達之前，照顧者必須做好急救措施。上方流程圖中有一項「鬆開衣服吹風」，請依下列方法執行：

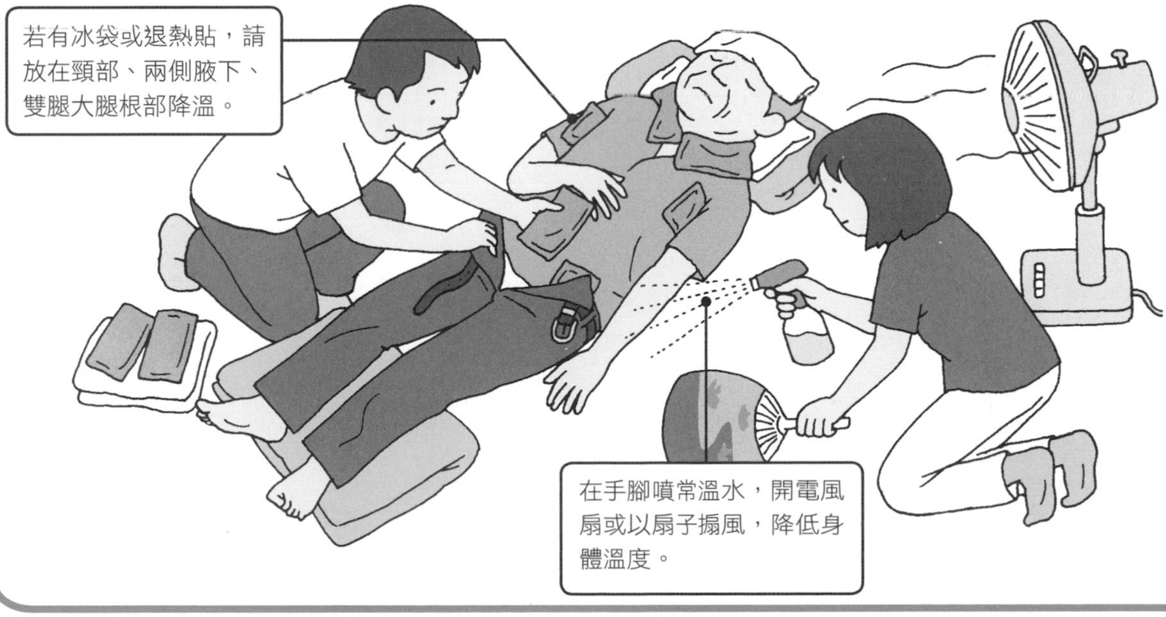
若有冰袋或退熱貼，請放在頸部、兩側腋下、雙腿大腿根部降溫。
在手腳噴常溫水，開電風扇或以扇子搧風，降低身體溫度。

※ 無法判斷或確認中暑程度時，請務必叫救護車。

失禁

尿失禁會隨著年齡增長加劇，請依症狀採取必要措施。

尿失禁的各種症狀與處理方法

急迫性尿失禁

W.C.

有尿意去上廁所，但還沒走到廁所就已漏尿，這類型的尿失禁好發於 70 歲以上族群，無論男女都是高危險群。罹病原因包括膀胱過敏、腦血管障礙的後遺症與腦神經系統異常等，有前列腺肥大症初期症狀的男性也會出現急迫性尿失禁。可服用抗膽鹼劑，或做體操及肌肉訓練改善症狀。

腹壓性尿失禁

哈啾！

突然打噴嚏、咳嗽或腹部施力導致的少量漏尿現象。這類型的尿失禁常見於中高齡女性，有生產經驗或便祕問題的年輕女性也容易罹患。從事運動收縮與緊緻陰道和肛門肌肉（骨盆底肌群運動），或強化腹肌、背肌，可以有效改善。若症狀較嚴重，亦可動手術改善。

失禁
大便失禁
腹瀉（請見 P200 ～ P201）
便祕（請見 P196 ～ P199）
尿失禁
依症狀處理
尿瀦留（請見左頁）

尿失禁不等於包尿布

無法以意識控制的漏尿、漏便情形，即稱為「失禁」。若當事者可以控制，即為正常的排尿與排便。如上方圖表所示，「大便失禁」與「尿失禁」並不相同。

尿失禁有各種類型。基本上，高齡族群只要發燒達三十七點五度就容易失禁，為了避免這個問題，一定要從各種角度觀察並採取因應措施。

失禁是每個年齡層都會遇到的問題，年輕人只要找出病因即可治療，但當老年人失禁，家人或照護者通常會選擇幫他包尿布，不探究真正的原因。有時照顧者會認為「罹患失智症的老人一定會失禁」，或基於「年紀大了應該沒感覺」等原因，放棄積極治療，採取錯誤的處理措施。

當家中長輩出現尿失禁現象，負責照顧的人應參考上方說明，找出失禁類型，想辦法幫助長輩恢復正常的排泄功能，遠離包尿布的生活。在尚未找出好方法之前，不妨使用漏尿墊或紙尿褲暫時因應。

此外，上圖「腹壓性尿失禁」中介紹的「骨盆底肌群運動」，其步驟如下：❶緩慢且用力收縮陰道和肛門肌肉，維持五秒；❷慢慢放鬆肌肉，恢復原位。請保持自己感覺舒適的姿勢，每天早晚做十次。

功能性尿失禁

因臥病在床、從事日常活動的頻率降低、失智症等原因無法順利排尿的類型。手腳無法活動自如，或罹患失智症，不知道自己想上廁所而導致的失禁皆屬此類。若家中長輩不良於行，請在房間擺放便器椅，訓練長輩上廁所。若罹患失智症，則須耐心教導長輩上廁所。這類型的患者需要照顧者細心照顧。

反射性尿失禁

因脊髓障礙無法感到尿意的失禁類型。當脊髓受損使下半身麻痺，即使膀胱積滿尿液，當事者也毫無感覺，此時若突然收縮膀胱，就會大量漏尿。此類型的患者很容易因尿道感染引發腎功能障礙，請務必就醫治療。

溢流性尿失禁

尿液過度積存在膀胱而出現的少量漏尿現象。當身體受某些原因影響而無法正常排尿，或膀胱肌肉收縮力低下，就會引發溢流性尿失禁。疾病也會導致溢流性尿失禁，包括進行性前列腺肥大症、糖尿病、便祕等。請找出病因對症下藥，緊急狀況下亦可透過導管導尿，暫時排除症狀。

專家的觀點

「尿瀦留」比尿失禁更嚴重

長輩尿失禁是最讓照顧者煩惱的事情，不過，從醫學上來看，尿瀦留（膀胱積存尿液仍無法排尿的狀態）比尿失禁更為嚴重。只要可以排尿，代表長輩的健康較無大礙；若無法排尿，則很可能罹患神精損傷、尿道結石、前列腺肥大、前列腺癌等重大疾病。

基本上，尿失禁不一定要看醫生，必須視情況而定。若確診為尿瀦留，就必須立刻接受治療。或許並非每位醫生都很樂意處理漏尿問題，但我相信絕對沒有任何醫生會對「尿瀦留」掉以輕心。

在排泄問題中，還有另一個讓照顧者頭痛的症狀，那就是頻尿。不少長輩半夜感到強烈尿意，一個晚上跑好幾次廁所。這是因為他的膀胱已積滿尿液，每次卻只能排出少量，所以必須常跑廁所。由於這個緣故，頻尿有時是尿瀦留的前兆，需特別留意。

當頻尿狀況越來越嚴重，最後可能會出現「即使感到尿意也完全排不出來」的情形。此時請負責照顧者關掉廁所的通風扇，仔細聆聽長輩的排尿聲，確認情形。

站在廁所外很難憑藉聲音確認排尿量，若尿液量太少，反而聽不見任何聲音。假如擔心長輩可能罹患尿瀦留，不妨陪同上廁所，親眼確認排尿情形。

排泄問題❷

便祕

照顧老年人首重預防便祕，這是居家照護的基本原則。

預防便祕是照護最重要的事

養成早餐後如廁的習慣

即使沒有便意也要養成「早餐後上廁所或使用便器椅」的習慣，這是解決便祕最好的方法。

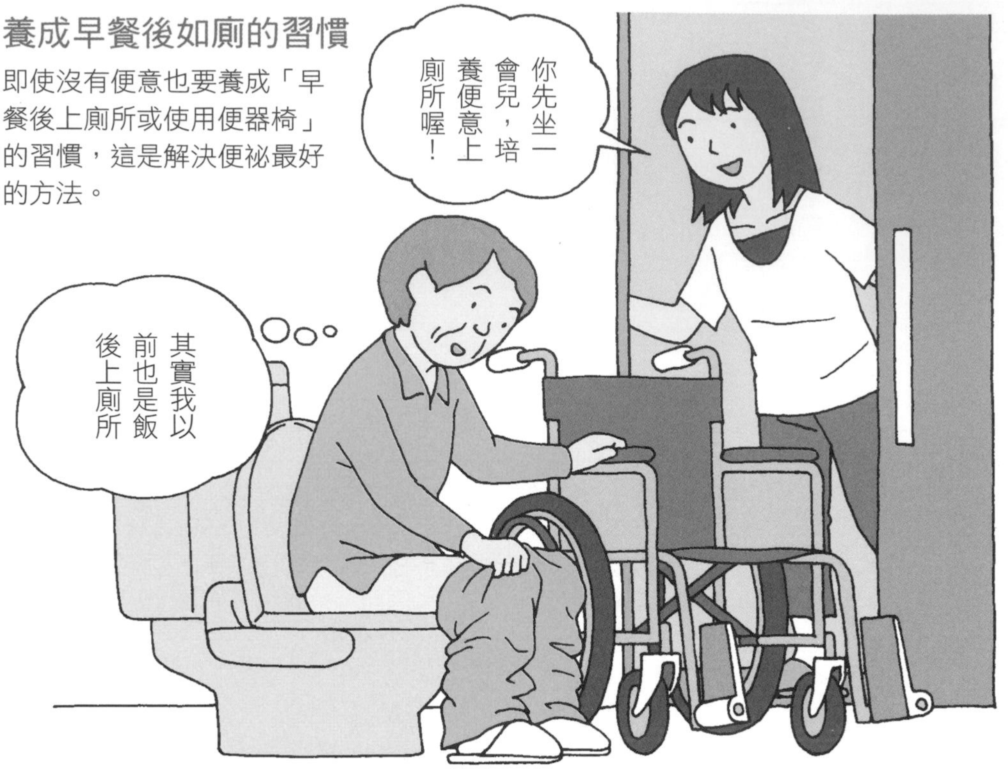

為什麼會便祕？

當糞便推進至直腸，就會感到便意，產生排便反射（請參考左頁圖解）。因此，只要糞便進入直腸就會想排便（想上廁所）。不過，有些年長者不會感受到便意，原因究竟為何呢？

當糞便進入直腸卻無法立刻排出的情形長時間持續，就會導致年長者毫無便意。例如長期住院，每天包成人紙尿布的老年人，就會罹患直腸性便祕，糞便堵塞直腸，卻無法產生排便反射（請見左頁）。如果照顧者照顧到此類年長者，必須想辦法讓對方重拾便意，坐在馬桶上排泄。

負責控制反射動作的自律神經，是由交感神經和副交感神經組成。感到緊張、興奮時，交感神經就會處於主導地位；感到放鬆、身心舒暢時，副交感神經就會活躍。

排便反射是由副交感神經所控制，不過，交感神經通常在白天時較為活躍，副交感神經受到壓抑，較不易產生排便反射。此外，吃完飯後是白天身心最放鬆的時段，換句話說，用完早餐後是最適合上廁所的時機。

養成吃完早餐上廁所的習慣，是避免年長者便祕的最佳方法。直腸性便祕是老年人健康的最大敵人，幫助他們養成定時排便的習慣，就能在糞便進入直腸時立刻產生便意，向照顧者主動表達自己想上廁所的意願。

排便反射的生理機制

便祕的主要原因

便祕可依發生部位分為「大腸性便祕」和「直腸性便祕」。「大腸性便祕」又可分成腸道痙攣阻礙糞便通行的「痙攣性便祕」，與腸道收縮力衰退引起的「弛緩性便祕」。直腸性便祕的主要原因，來自於排便反射功能低下的「習慣性便祕」。老年人大多罹患「直腸性便祕」較多，想要改善便祕症狀，就要做到不忍便，養成定時排便的習慣。只要時間一到，即使沒有便意也要坐在馬桶上。此外，還要記得多喝水、從事輕度運動。

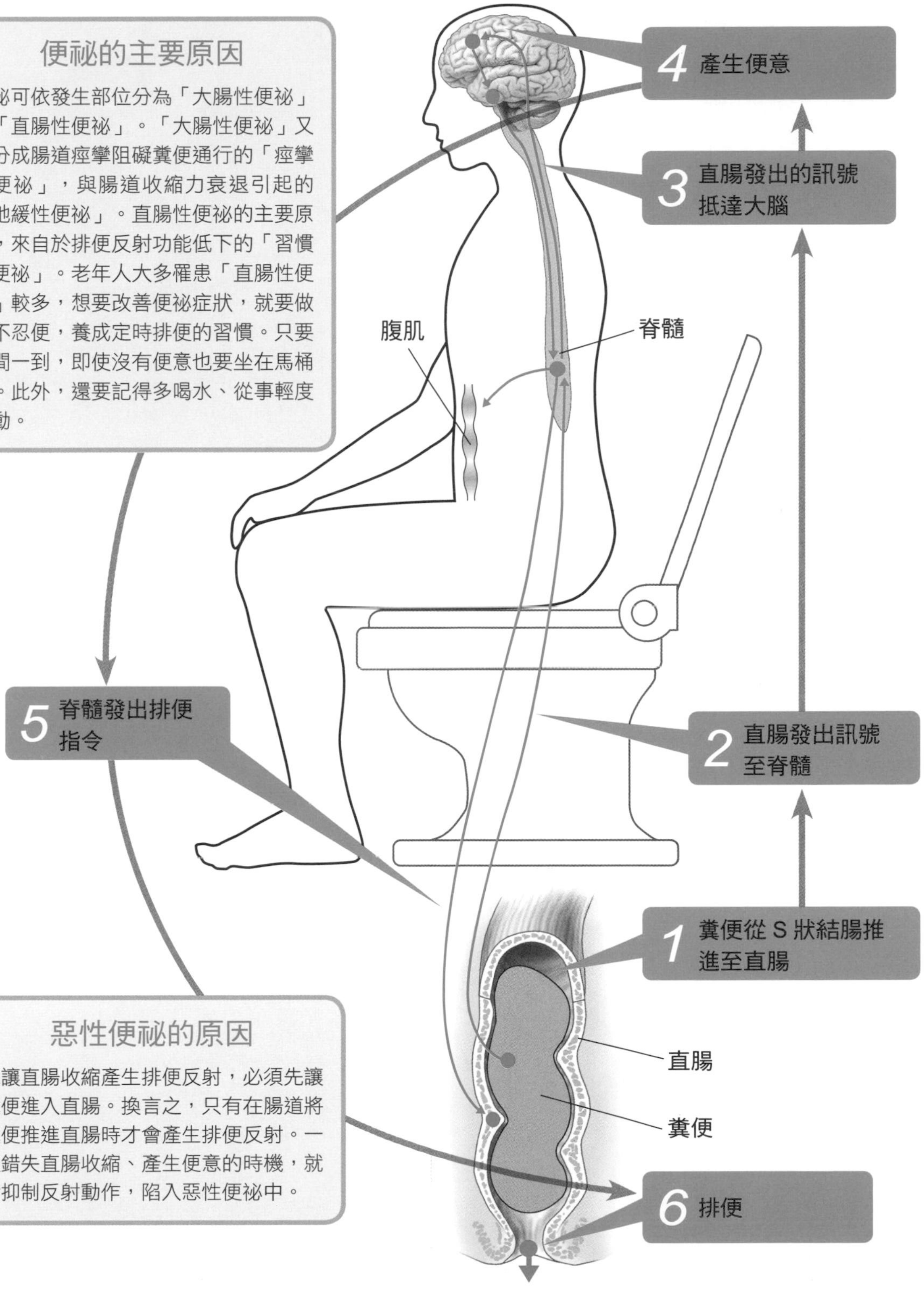
4 產生便意
3 直腸發出的訊號抵達大腦
腹肌
脊髓
5 脊髓發出排便指令
2 直腸發出訊號至脊髓
1 糞便從 S 狀結腸推進至直腸
直腸
糞便
6 排便

惡性便祕的原因

想讓直腸收縮產生排便反射，必須先讓糞便進入直腸。換言之，只有在腸道將糞便推進直腸時才會產生排便反射。一旦錯失直腸收縮、產生便意的時機，就會抑制反射動作，陷入惡性便祕中。

遠離便祕的生活習慣

飲食足量

年紀越大，食量會越小，要注意長輩是否攝取足量的食物。不妨全家一起吃火鍋或舉辦聚餐，促進食慾。

多吃高纖食物

多吃富含食物纖維的食品，搭配營養均衡的菜色。請參考左頁的「飲食內容建議」。

補充水分

每天早上 10 點和下午 3 點喝茶，養成定時補水的習慣，在三餐之外補充水分。洗澡後與就寢前也要適時喝水，更能改善水分不足的問題。

壓力

若家中長輩過於在意排便情形，就會產生排便緊張。此時身邊的人要特別注意遣詞用字，不要讓當事者對便祕感到壓力。

每天運動

肌力衰退會導致腸道蠕動不全，每天都要從事輕度運動（例如散步），幫助拉提隨著年齡增長日益下垂的內臟。

規律生活

睡眠不足引起自律神經失調是便祕的原因之一。晚上好好睡，白天積極活動，建立規律的生活作息。

盡量避免服用瀉藥

某些強調「致力改善排泄問題」的年長者照護機構或醫院，會以瀉藥解決便祕問題。他們記錄每位老人的排泄時間，只要三天沒排便，就讓年長者服用瀉藥。

這種解決方法過於刻板與制式化，每個人的狀況不同，幾天沒排便即屬便祕的計算方法也各不相同。若想精準觀察每位年長者的身體狀況，引導對方上廁所才是最正確的排泄護理守則。輕易使用化學藥物就跟包尿布一樣，不過是「清理善後」的權宜之計。

瀉藥的作用機制是讓腸道異常收縮，達到強制排便的目的。此做法容易導致年長者大便失禁，造成照護困難。過度依賴藥物會使人越來越難自然排便，因此居家照護時請遠離「瀉藥」，絕不可輕易服用。

可能引發便祕的疾病

大腸疾病	S 狀結腸癌、大腸癌、直腸癌（排出如鉛筆的細長形糞便、暗紅色或鮮紅色血便）、大腸發炎擴散、手術後腸道沾黏引發腸閉鎖（完全無法排便），以及大腸激躁症等（排出兔子糞便般又小又硬的顆粒狀糞便、反覆發生腹瀉和便祕）。
其他疾病	難治性神經系統疾病（多發性硬化症、肌萎縮性脊髓側索硬化症、帕金森氏症、脊髓疾病等）、腦血管障礙、糖尿病、甲狀腺機能低下、自律神經障礙等。
藥物影響	服用抑制神經與肌肉作用的藥物，也會影響消化系統的蠕動功能（如鎮痛劑、抗憂鬱藥、抗痙攣藥物等）。
精神性問題	隨著年齡增長，許多年長者會受到配偶、親友死亡，身體功能衰退等因素影響，陷入「憂鬱狀態」。大多數人都將「憂鬱」症狀的重點放在精神層面，事實上，患者也會出現反覆腹瀉和便祕、手腳麻痺、出汗等生理症狀。

改變飲食，不依賴瀉藥

平時多攝取富含食物纖維的食物，即可有效改善便祕。食物纖維會一直留在腸道吸收老廢物質直到排出，還能增加糞便量，促進便意。

富含食物纖維的食物包括蔬菜類（竹筍、牛蒡等）、海藻類（海帶芽、鹿尾菜、石花菜等）、菇類（乾香菇、金針菇等）、芋薯類（番薯、蒟蒻等），食物纖維留在腸道的時間較長，有助排便。此外，多吃水果也能預防便祕。

另一方面，油脂不足是老年人便祕的原因之一。許多人受到「油脂有害健康」的觀念影響，完全不讓老年人攝取油脂，因此導致嚴重便祕。

某位資深照服員建議：「若要倚賴瀉藥，不如改喝添加食物纖維的市售飲品較為安心。」根據研究，晚上喝一瓶主打「添加大量食物纖維」的飲料（如日本大塚製藥的FIBE-MINI、日本可果美的Labre乳酸飲料等，國內未售，讀者可自行托人購買），第二天早上就能順利排便。

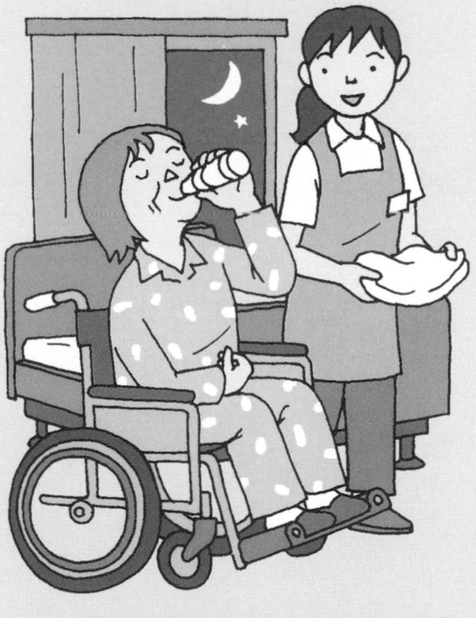

許多照顧服務員會在睡前讓年長者喝一瓶「添加大量食物纖維」的飲料。飲料不如瀉藥傷身，更有助於隔天早上排便。

腹瀉

腹瀉可能是重大疾病的徵兆，應隨時注意糞便的形狀。

危險的腹瀉種類

可能的疾病與病菌	說明	腹瀉徵狀
霍亂弧菌、病毒性腸炎	感染霍亂弧菌時，糞便呈白濁無臭的米泔水狀，類似洗米水。頻繁腹瀉會引發急性脫水。	米泔水狀
細菌性腹瀉、腸道出血性大腸桿菌感染症、潰瘍性結腸炎大腸癌等	糞便摻雜血液與黏液。潰瘍性結腸炎與大腸癌反覆發生腹瀉和便祕症狀。	黏血便
虛血性大腸炎、腸炎弧菌、曲狀桿菌症、抗生素相關性出血性結腸炎、傷寒等	感染曲狀桿菌症的初期會出現水樣腹瀉症狀，逐漸演變成帶有腐敗臭味的血性腹瀉。	血性腹瀉
阿米巴痢疾	典型症狀就是排出草莓果凍狀的黏血便，排便時會伴隨下腹疼痛與不舒服感。	草莓果凍狀
阻塞性黃疸	這是一種無法分泌膽汁的疾病，連帶無法生成尿膽素和糞膽素（糞便顏色的由來），使糞便顏色偏白。	灰白色

改善大便失禁的方法

骨盆底部有一群支撐內臟的骨盆底肌群，包括尿道外括約肌和肛門外括約肌，負責收縮尿道與肛門。肛門外括約肌若隨著年齡增長衰退，就會引起大便失禁。請常做第一九四頁介紹的「骨盆底肌群運動」，即可有效改善。

出現急性腹瀉時，即使感到便意也會來不及如廁。若腹瀉狀況嚴重，請務必就醫檢查。

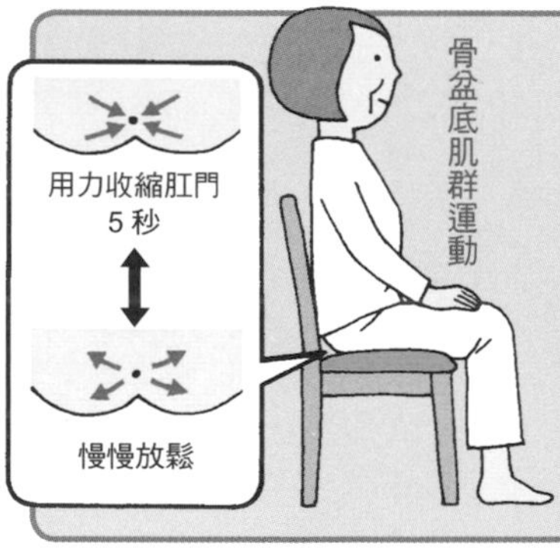

勤補充水分，避免脫水

正常狀況下，腸道在吸收糞便的水分至一定程度後才會排出。若受到某些因素影響，腸道無法吸收糞便的水分，或腸壁黏膜分泌過多水分，糞便就會在含水狀態下排出體外，此即腹瀉症狀。

假如腹瀉的頻率過高，或是糞便摻血、顏色怪異、帶腥味，伴隨發燒、腹痛、噁心、想吐等症狀，請立刻就醫。年長者容易因為腹瀉而脫水，照顧者應仔細觀察，適度處理。平日多洗手與漱口，食材充分洗淨與加熱，即可有效預防病毒或細菌引起的腹瀉。

引發食物中毒的主要病菌和處理方式

病原性大腸桿菌

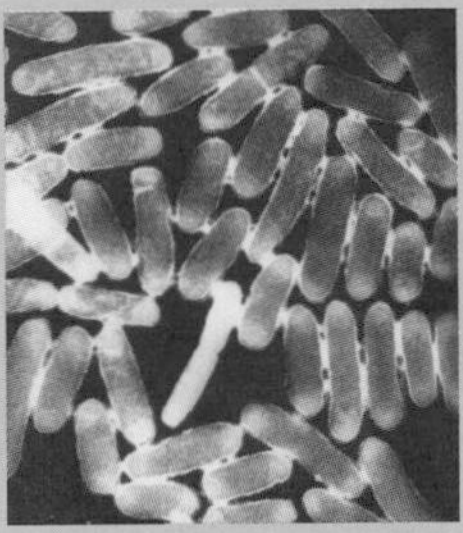

照片提供：SPL ／ PPS 通訊社

代表菌種為 O-157

這是生存在人類與動物腸道裡的常在菌，最常引發大規模食物中毒的 O-157 型也是其中之一。當食物受到帶菌者的糞便污染，人類吃下病菌孳生的食物時就會被感染。潛伏期為 10 ～ 30 小時，一旦感染會引發腹痛、腹瀉，通常不會發燒。只要就醫治療，靜養並補充水分，症狀基本上不會加劇，可恢復健康。

諾羅病毒

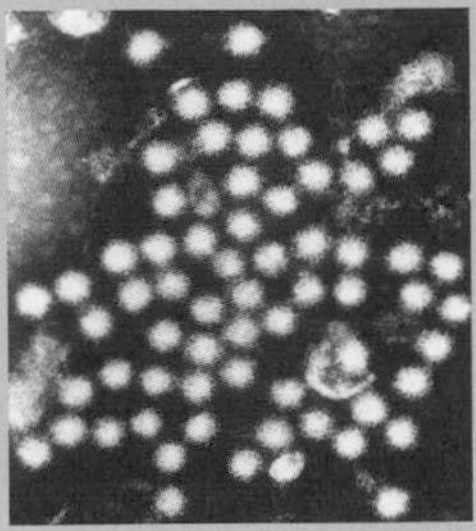

照片提供：千葉縣衛生研究所

食用牡蠣等雙殼貝時應多加注意

牡蠣等雙殼貝內臟中的病菌。感染路徑有三種：① 吃到受污染的食物；② 吃到感染者製作的料理；③ 間接從感染者的糞便和嘔吐物受到感染。潛伏期為 1 ～ 2 天，患者會持續出現腹瀉、嘔吐、噁心、腹痛等急性腸胃炎症狀，通常 1 ～ 3 天即可痊癒。諾羅病毒的傳染性相當強，目前沒有特效藥，主要以打點滴的方式舒緩症狀。

金黃色葡萄球菌

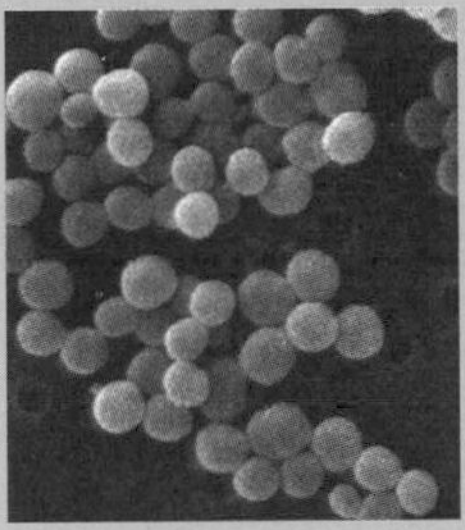

照片提供：食品安全委員會

手指傷口汙染食品

當常存於人體並呈葡萄狀的細菌，由手指傷口轉移至食物，就會在食物上孳生，釋出毒素。潛伏期短，約 30 分鐘到 6 小時，主要症狀包括劇烈嘔吐、腹痛、腹瀉等。做菜前應徹底洗淨並消毒手指，避免病菌從手上轉移。手指有傷口時請勿調理食物，咳嗽與打噴嚏時也要戴口罩，徹底隔絕病菌。

沙門氏菌

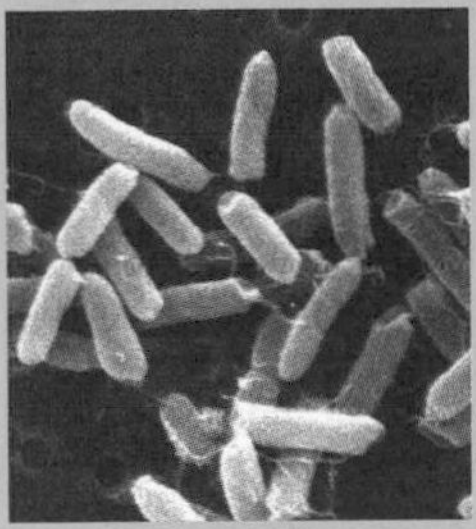

照片提供：食品安全委員會

肉與蛋應完全煮熟

沙門氏菌存在於雞、豬、牛、狗、貓等動物腸道，還有下水道與河川之中。一般人都是因為吃進以肉和蛋製成的食品（生肝片、肉膾等牛牛肉、自己做的美乃滋等）才會感染，潛伏期為 8 ～ 48 小時，出現腹痛、38℃左右的高燒、排軟便等感冒症狀。除了須徹底洗手與消毒之外，肉類與蛋也要充分煮熟才安全。

食物中毒時，該怎麼辦？

出現上吐下瀉的症狀，極可能是食物中毒。絕不可掉以輕心，認為「食物中毒就是吃壞肚子，只要吃成藥就可以」。任意服藥很可能造成無法挽回的悲劇。

靠藥物強迫終止腹瀉症狀，會將病原菌鎖在腸道裡，讓病原菌恣意孳生。鎮痛劑會使腸道內的食物殘渣長時間停留在體內，促進毒素吸收；抗菌藥物則會攻擊病原菌，導致病原菌在體內釋出大量毒素。無論如何，只要有食物中毒的可能性，就要立刻送醫治療。

近年來，導致年長者食物中毒的感染源，有許多是諾羅病毒，嚴重時可能危及性命，請務必特別小心。如廁後與做菜前一定要勤洗手，並將食材徹底煮熟，才能有效預防諾羅病毒感染。此外，為了避免二次感染，處理嘔吐物時一定要先以廚房紙巾覆蓋，再灑上次氯酸鈉消毒。

嘔吐

嘔吐的背後可能隱藏著重大疾病，請同時留意脫水症狀。

嘔吐時，千萬別這麼做

吃藥止吐

服用成藥止吐，反而會使症狀加劇，應即刻就醫，只吃醫師開立的藥物。

拚命忍吐

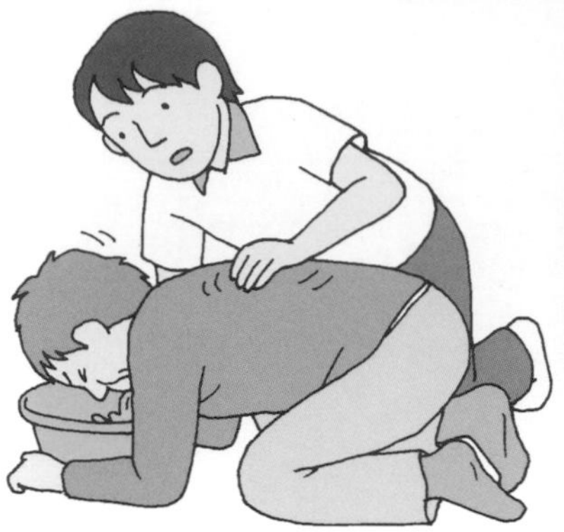

想吐時應盡量吐出來。年長者嘔吐時可能出現呼吸困難、窒息、吸入異物等問題，照顧者應在旁照料，不可離開。

面部朝上仰躺

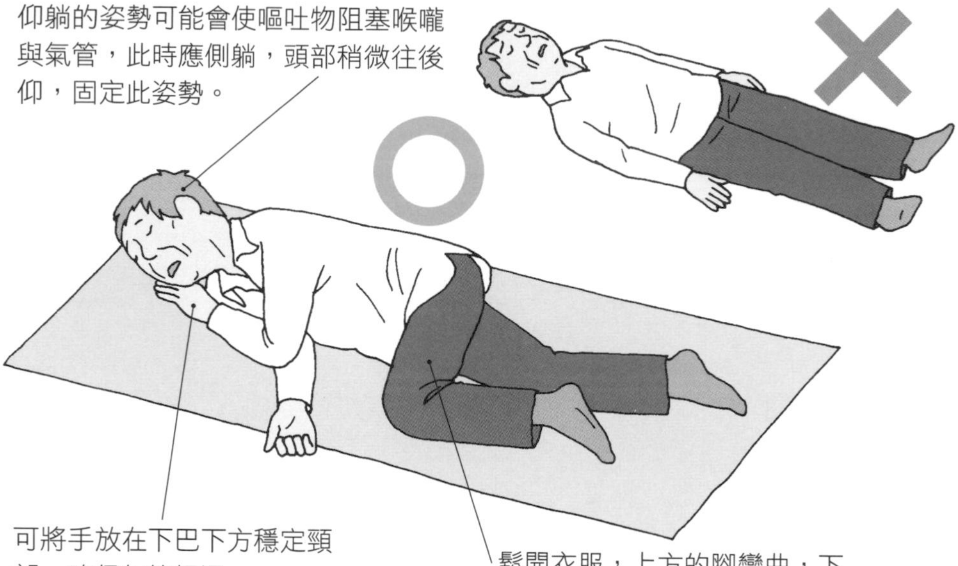

仰躺的姿勢可能會使嘔吐物阻塞喉嚨與氣管，此時應側躺，頭部稍微往後仰，固定此姿勢。

可將手放在下巴下方穩定頸部，確保氣管暢通。

鬆開衣服，上方的腳彎曲，下方的腳伸直，維持穩定姿勢。

嘔吐的原因很多，不可一概而論

嘔吐只是表徵，背後可能隱藏著蜘蛛膜下腔出血、腦瘤、胃潰瘍、十二指腸潰瘍、傳染病、食物中毒等重大疾病。此外，感冒、過度飲酒、急性腸胃炎、膽石症、盲腸炎、精神問題等，也可能是嘔吐的原因。

遇到年長者突然嘔吐的情形，照顧者必須立刻判斷該叫救護車、請醫師到府看診，或暫時觀察一段時間等。

此外，也要仔細觀察嘔吐物和患者狀況，才能向醫師或急救人員轉述正確病狀。嘔吐物會引起窒息或吸入異物，必須有人隨時在旁照顧，幾天後也可能因為進入胃部的食物往上逆流，引發吸入性肺炎。

嘔吐的處理程序

嘔吐

→ 確認重點！

- 是否出現意識障礙（呼叫無反應／反應異常）
- 反覆嘔吐
- 有氣無力
- 劇烈頭痛

若符合其中一項

- 有 → 聯絡主治醫師、叫救護車
- 沒有 → 確認有無消化系統的症狀（腹瀉、腹痛、便祕等）
  - 有 → 盡早就醫
  - 沒有 → 側躺（請參考右頁），先觀察狀況，請教主治醫師的意見。

需告知醫生的內容

- 上次進食的時間
- 嘔吐物的量與徵狀
- 平時吃的藥物

吐血 → 保留嘔吐物，並立即叫救護車

如何處理嘔吐物？

以消毒液擦拭

若嘔吐物飛濺四散，請大範圍清理消毒。別忘了消毒附近的家具和床架，迅速謹慎地清理才能避免細菌飄散至空氣中。

以廚房紙巾擦拭

雖然可用抹布擦拭，但廚房紙巾較經濟實惠。擦拭嘔吐物的毛巾、廚房紙巾與沾附嘔吐物的衣服，一定要全部放入塑膠袋，立刻丟棄。

切勿徒手碰觸

照顧者絕對不能徒手碰觸嘔吐物（糞便與其他穢物也是如此），務必戴上塑膠手套，事後記得洗手、漱口。清理時別忘了戴口罩。

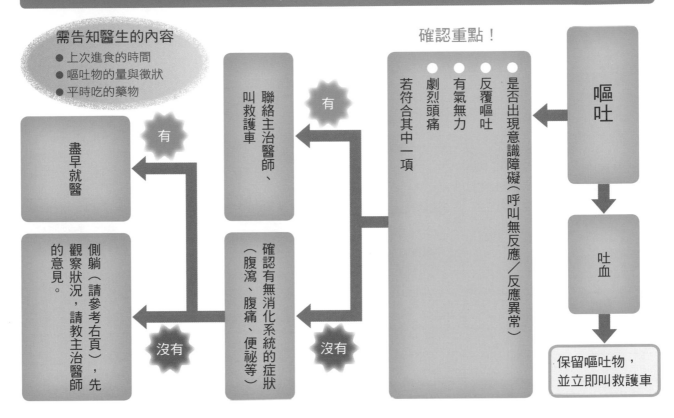

感冒

需控制病情，避免演變成肺炎，危及性命。

感冒的原因與症狀

免疫力低下
過勞、壓力、睡眠不足與營養失衡，都是免疫力低下的原因，長期處於這種狀態，容易感染病毒。

→

病毒從口鼻入侵
當病毒入侵細胞，體內的免疫系統為了抵抗病毒，開始出現發燒、流鼻水、咳嗽等症狀。

↓

主要症狀		引發症狀的生理機制
發燒		免疫系統強化免疫細胞，加強對抗病毒的能力，刺激下視丘的體溫中樞。
鼻水、鼻塞	鼻炎	釋放細胞因子、組織胺等神經傳導物質，活化免疫細胞。
咳嗽、打噴嚏		
喉嚨痛	扁桃腺炎、咽頭炎、喉頭炎	受到感染的細胞製造出抑制病毒增生的物質，黏膜細胞會與此物質產生反應。
食慾不振		
腹痛、腹瀉		
肌肉痛、關節痛		
嘔吐		

感冒是免疫反應

感冒是上呼吸道發炎症狀的統稱，包括發燒、流鼻水、咳嗽、打噴嚏等反應。雖然一般稱為感冒，其實應屬症候群，並非名為「感冒」的單一疾病。

感冒屬於容易治癒的暫時性發炎症狀，若蔓延至下呼吸道，會引發支氣管炎與肺炎。發炎的原因有九成來自病毒。當人體免疫力低下，就容易感染病毒；感染病毒後，體內的免疫系統便開始運作，抵抗病毒，於是出現感冒症狀。

免疫系統利用高溫強化免疫細胞的力量，對抗病毒入侵，這就是感冒發燒的原因。此時千萬不要過度服用退燒藥，才能順利擊退病毒。

預防感冒請這樣做

漱口

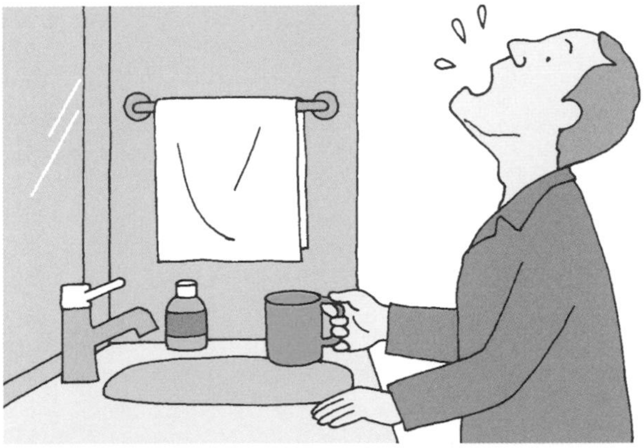

漱口可抑制喉嚨黏膜上的病毒增生，綠茶含兒茶素，亦可漱口並有效預防病毒增生。

洗手

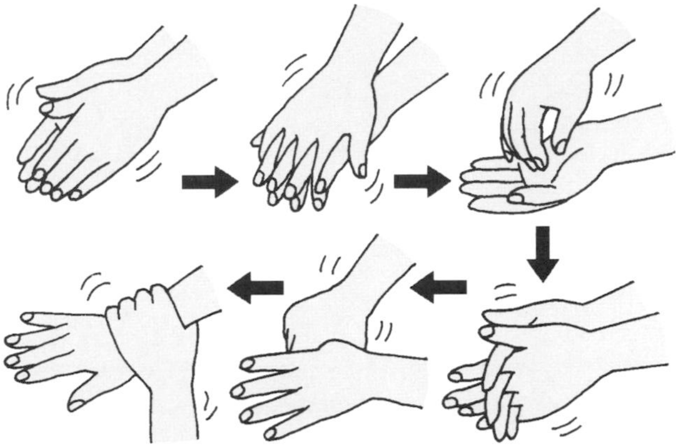

只要正確洗手，就能去除沾附在手上的病毒與細菌。請依序以肥皂或洗手乳搓揉手掌、手背、手指、指縫、大拇指根部、手腕，並以流動的水沖洗乾淨。

水分補給

除了調整房間溫度和濕度，也別忘記補充水分。多喝溫熱飲料溫暖身體，可以避免病毒孳生。

適宜的溫度與濕度

病毒最喜歡低溫乾燥的環境。維持舒適的室溫，再利用加濕器調整濕度，即可擊退病毒。

絕不可輕忽感冒

即使是表面看來並不嚴重的輕微症狀，對老年人而言卻已達重症程度。外觀與實際症狀有所落差，是老年人罹病的最大特徵。

不少老年人感冒後，並未出現流鼻水、咳嗽、打噴嚏等外顯症狀，若當事者不覺得身體倦怠、食慾不振，外人也很難察覺。此外，老年人感冒不一定會發燒，即使每天檢查身體狀況也很容易忽略。

肺炎可能會致命，為了讓老年人遠離這種恐怖的疾病，照顧者與家人最大的職責就是避免老年人感冒。照顧者平時就要注意年長者的身體狀況，盡可能提升免疫力。為了維持健康，年長者必須攝取均衡營養，保持體力。多攝取蛋白質，也有助於預防感冒。

流行性感冒

發燒超過三十八度，全身突然出現劇烈的不適症狀，就是流行性感冒。

流行性感冒的主要症狀

● 發燒（持續38℃以上的高燒） ● 全身發冷、流鼻水 ● 頭痛 ● 出現喉嚨痛、咳嗽等呼吸系統問題 ● 全身關節疼痛 ● 全身肌肉疼痛 ● 有時也會出現嘔吐或腹瀉等消化系統問題

病情容易加重的族群

一般而言，氣喘等慢性呼吸系統疾病的患者、心臟疾病患者、糖尿病患者、免疫不全相關疾病患者與孕婦最容易病情惡化。此外，老年人容易引起併發症，必須時時小心注意。

需留意的併發症

流行性感冒一旦併發支氣管炎與肺炎，病情會變得很嚴重。其中尤以肺炎最需要特別注意。肺炎又分成「病毒引起」與「細菌二次感染」，若退燒後再次復發，且症狀比前一次嚴重，就須謹慎因應。

嚴重時，可能會致命

「流行性感冒」是由流行性感冒病毒所引起的呼吸系統疾病。發病十分突然，除了高燒超過三十八度，還會出現頭痛、全身關節疼痛與肌肉痛等嚴重不適的症狀。

潛伏期為一到四天（最長七天），通常休養七天就能痊癒，若併發支氣管炎或肺炎，則可能危及性命。老年人罹患流感後的死亡率極高，應設法避免病情加重。

流行性感冒分成A型、B型與C型三種，每年流行的病毒株都不一樣。即使已施打流感疫苗，也不保證完全免疫，然而老年人的免疫力較差，還是接種較為安心。

流行性感冒的傳染途徑

接觸傳染

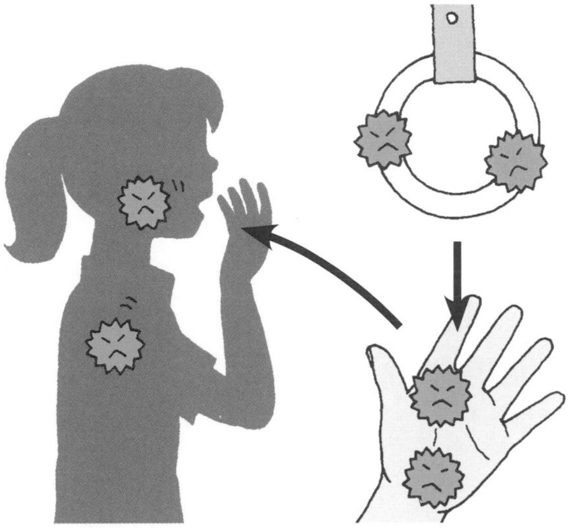

沾附流感病毒的手，一旦接觸口鼻就會發病，外出購物的照顧者回到家後，一定要勤洗手，避免自己成為傳染源，也要徹底消毒調理器具與餐具。

飛沫傳染

當患者咳嗽或打噴嚏，就會透過飛沫散播流感病毒。此時若不慎吸入帶有流感病毒的空氣，就會染上流行性感冒。流感期間盡量避免讓年長者接觸人群，到醫院看診時也要謹慎小心。

流行性感冒的預防和治療方法

流感藥物

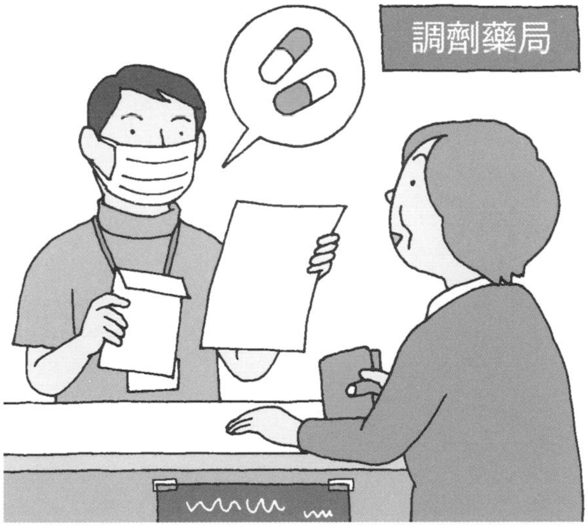

到耳鼻喉科診所接受檢查，只需 15 分鐘就能確診。治療方法包括舒緩不適症狀的對症療法，以及服用流感藥物兩種。流感藥物在發病後 48 小時內，服用效果較好，請務必儘早就醫。

預防接種（注射疫苗）

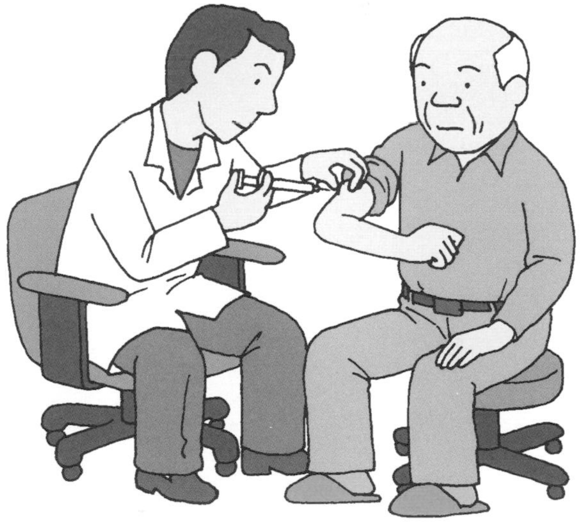

施打疫苗可以預防流行性感冒，目前採自由接種，由當事者選擇是否要接種。施打疫苗後約需兩週才能發揮免疫效果，因此建議在流行期（11 月～3 月）前接種。平時做好口腔護理，就能有效預防流感。

肺炎

肺炎是危害老年人性命的重大疾病，照護時應特別注意各式徵兆。

不可忽視的肺炎徵兆

精神不濟

當家中長輩看起來精神不濟，不如平時有活力，就要懷疑其是否生病。不可輕忽罹患肺炎的可能性。

低燒

即使年紀較大的長輩罹患肺炎，測量體溫時可能只有低燒，或是根本沒發燒，因此不能從有無發燒來判斷健康與否。

呼吸急促

肺炎最重要的徵兆，就是患者的呼吸比平時更淺更快（呼吸過速）。應審慎觀察，若確定長輩罹患肺炎，請立即就醫。

食慾不振

看不出典型徵兆的年長者，罹患肺炎時很可能出現「胃口變差」的症狀。因此，食慾不振也是判斷標準之一。

肺炎是死因第三名，九成為高齡族群

感冒加劇有時會變成肺炎，但大多數病例是由不同原因所引起。當細菌或病毒入侵肺部，導致肺部發炎，即稱為肺炎。

根據統計，日本人的死因排行榜依序為：惡性腫瘤（癌症）、心臟疾病、肺炎、腦血管疾病（編按：在台灣，腦血管疾病為第三名，第四名為肺炎，第一及第二名則與日本相同）。過去腦血管疾病一直居在第三名，近年來受到高齡化影響，肺炎擠下腦血管疾病，爬升至第三位。事實上，嬰幼兒、青年與中年族群都會罹患肺炎，但死於肺炎的患者之中，百分之九十七是六十五歲以上的老年人。

肺炎的主要類型

非典型肺炎	吸入性肺炎	間質性肺炎	過敏性肺炎	細菌性肺炎	病毒性肺炎
本世紀新發現的冠狀病毒，會引起嚴重急性呼吸道症候群，又名SARS。	食物與唾液未進入食道而誤入氣管引發的肺炎。施打或服用抗生素也很難治癒（請見P210～211）。	肺泡壁（間質）或周圍組織發炎，破壞肺部細胞的肺炎，發生原因至今不明。	對灰塵、黴菌過敏引起的肺炎。家中的空調或加濕器通常是導致此類型肺炎發病的元凶。	肺炎鏈球菌等細菌引起的肺炎。通常是由感冒引起，施打（或服用）抗生素可有效治癒。	流行性感冒等病毒引起的肺炎。抗菌藥物無法發揮作用，必須服用流感藥物。

肺炎的典型症狀

發冷或顫抖

全身發冷，嘴巴無法閉合，冷到牙齒也顫抖。伴隨強烈寒氣的顫抖症狀稱為寒顫。

胸痛

胸口深處感到疼痛。有些患者除了胸痛，背部也會疼痛。疼痛症狀會持續１～２週。

呼吸困難

喘不過氣或呼吸急促，明顯感覺到呼吸異常。有時喉嚨會發出「噫噫」的氣喘聲，胸口也會隨著呼吸產生雜音（如喘鳴）。

發燒

連續幾天高燒（38℃以上）不退，即使退燒也會再次復發，此即肺炎的典型症狀。

咳嗽或多痰

嚴重咳嗽伴隨濃痰。痰呈現黃色或綠色，具有強烈黏性。隨著肺炎症狀加劇，痰也會漸漸變多。

老年人的體力和抵抗力較差，加上原本就有疾病纏身，若感染肺炎很容易使病情加劇。此外，老年人的自癒力較差，罹患肺炎很可能致命。

記得定期接種疫苗

罹患肺炎的原因很多，在所有病原體中，以肺炎鏈球菌的感染率最高。日本從二〇一四年十月，針對六十五歲以上老年人，提供定期接種肺炎鏈球菌疫苗的福利。

初次接種由地方政府補助費用，雖然接種疫苗無法預防所有的肺炎類型，但在流感期間可預防半數肺炎。

照顧者與支援者應帶尚未接種肺炎鏈球菌疫苗的六十五歲以上老人，到醫院施打疫苗，往後每五年接種一次，疫苗的有效期為五年。（編按：台灣則提供七十五歲以上的老年人公費接種，每年與流行性感冒同時接種，請洽各縣市合格醫療院所。）

吸入性肺炎

維持口腔清潔，是預防吸入性肺炎最好的方法。

疑似吸入性肺炎的徵兆

吃飯時間變長

吞嚥功能低下時，食物就會停留在口腔內，無法吞下肚。若無法順利吞嚥，吃飯時間就會變長。

吃飯噎到

食物誤入氣管會咳嗽不止，是噎到的反射動作。雖然這是身體的正常反應，但經常噎到的人，代表吞嚥功能惡化。

飯後說話聲音沙啞

飯後說話聲音變得沙啞，代表可能有食物誤入氣管。若當事者未發現食物卡在氣管，最後就會罹患吸入性肺炎。

吃飯時感到疲累

即使常常噎到仍要繼續吃飯，通常還未吃飽就耗盡體力。有時年長者不想吃飯的原因不是沒有食慾，而是因為疲倦乏力。

好發於年長者的「吸入性肺炎」

口腔內部的常溫大約為三十六度，一般人每天進食多次，使得口腔內部成為最適合微生物孳生的溫床。因此，若口腔內部不乾淨，就容易孳生雜菌。吞嚥功能低下的老年人容易噎到，使沾滿雜菌的食物沒有進入食道，而是誤入氣管，最後引發吸入性肺炎。

即使是乾淨的食物，一旦進入並停留在氣管或肺部，也會日漸腐壞，導致吸入性肺炎。有鑑於此，吞嚥功能不佳的老年人，是吸入性肺炎的高危險群。

維持口腔清潔，讓身體能正確吞嚥，是預防老年人罹患吸入性肺炎的最佳之道。

吸入性肺炎的肇因

胃食道逆流

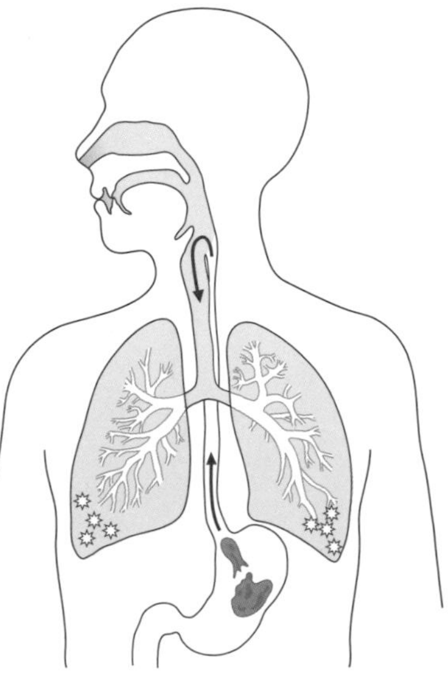

睡眠期間出現胃食道逆流，食物殘渣進入氣管，引起肺炎。曾經動過胃造廔管手術、無法以口進食的患者，是罹患吸入性肺炎的主要族群。

唾液噎到

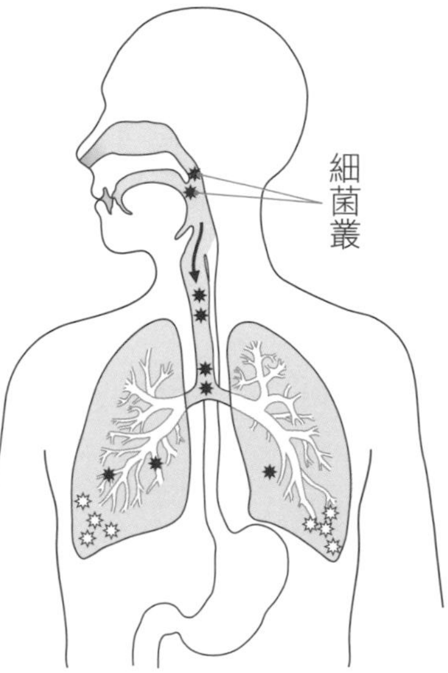

喉嚨（咽頭與喉頭）黏膜形成細菌叢，加上口腔內部不乾淨，含有細菌的唾液等分泌物誤入氣管，引起肺炎。

食物噎到

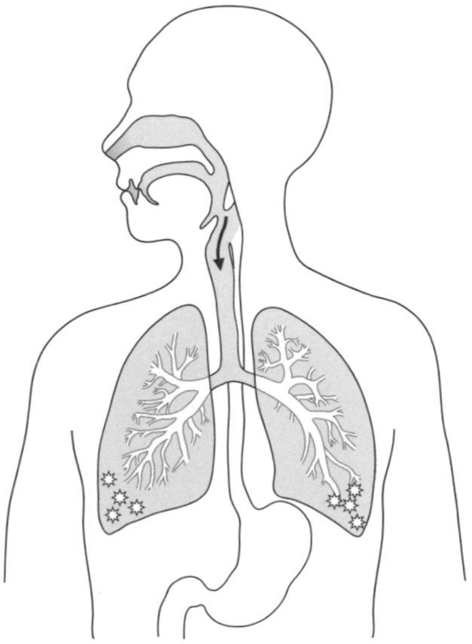

吞嚥功能低下的老年人吃飯時容易噎到，卻無法順利將食物咳出，久而久之便導致肺炎。

日常照護的重點

如何才能避免食物誤入氣管？首先，吃飯要專心，不可吃飯配電視或突然搭話。飯後避免立刻躺下，兩小時之內上半身皆須保持直立，不可躺下。為了避免夜間胃食道逆流，床頭處可稍微升高或墊高。

此外，不讓年長者服用安眠藥，也是預防食物誤入氣管的方法之一。安眠藥會延緩吞嚥反射與噎到時的咳嗽反應，容易在晚上睡覺時發生問題。

恐怖的「潛在性吸入」與「重複吸入」

「潛在性吸入」指的是當事者不知不覺間吸入異物，照顧者也未察覺的情形。一種情況是晚上睡覺時，唾液等分泌物流入氣管；另一種則是胃部的食物殘渣逆流，進入氣管。

「潛在性吸入」不只會在睡覺時發生，清醒時也會出現，這是最棘手的問題。不少急性中風昏倒的年長患者在意識不清的情況下，發生潛在性吸入；身體機能日漸衰退，平時意識模糊的老年人，也經常遇到這個問題。最誇張的例子是，當一大塊食物或大量液體誤入氣管，當事者竟毫無感覺，最後引發吸入性肺炎。

即使採用抗生素治癒病情，潛在性吸入會讓老年人反覆罹患吸入性肺炎。此時應仔細清理口腔，隨時保持清潔。

吞嚥障礙

出現吞嚥障礙卻置之不理，最終將引發窒息或吸入性肺炎。

如何檢測「吞嚥反射功能」？

請長輩咳嗽

若能發出完整的咳嗽聲，代表他的吞嚥功能沒問題，不慎嗆到時也能咳出食物。若無法假裝咳嗽，可先請長輩喝醋，引發咳嗽反應。

請長輩吞口水

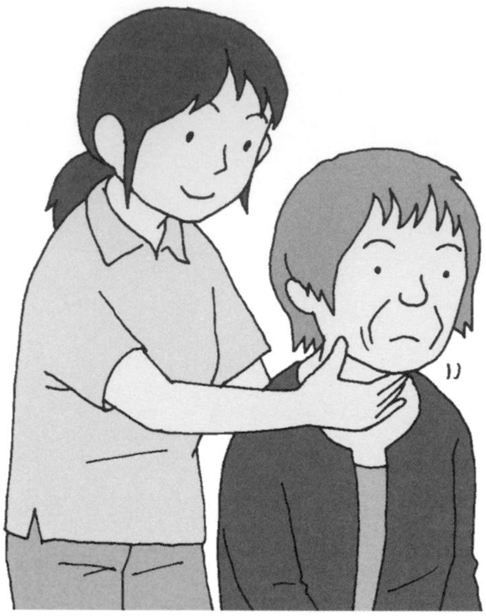

將手掌輕放於長輩脖子上的喉嚨處，請他吞口水，確認喉結是否上下滑動。若確實滑動，代表吞嚥反射沒問題。

吞嚥障礙的徵兆

請參考前一篇「吸入性肺炎的徵兆」圖解，除此之外，也請觀察是否有下列徵兆，包括：●頭部必須抬起才能吞嚥；●經常流口水；●嗆到後激烈咳嗽且無法繼續進食；●口中食物會不斷掉出來；●飯後感到不適；●食物常殘留在嘴巴裡；●把吃下的食物吐出來等。

吞嚥障礙導致窒息及吸入異物

上圖介紹的「吞嚥反射功能檢測」，是用來確認當事人能否經口飲食的方法。能夠自主控制「吞口水」、「咳嗽」等動作的人，代表可以用嘴巴進食。

無法吞嚥食物或口水，或吸入異物時無法咳出異物的狀態，稱為「吞嚥障礙」。不只老化會引起吞嚥障礙，腦血管問題或罹患帕金森氏症、服用精神藥物或安眠藥的副作用，也會導致吞嚥障礙。

罹患吞嚥障礙的患者，容易因食物阻塞喉嚨，導致窒息、脫水、營養不良或吸入性肺炎，一定要特別注意。

吞嚥的生理機制

瞬間封住氣管

人類的喉嚨有兩處通道，分別為「空氣通道」（鼻腔・口腔－咽頭－喉頭－氣管），與「食物通道」（口腔－咽頭－食道）。咽頭呈長形漏斗狀，空氣通道與食物通道在此交會，為了避免食物通過時意外進入氣管（吸入異物），會在吞嚥的瞬間封住氣管，暫時停止呼吸。

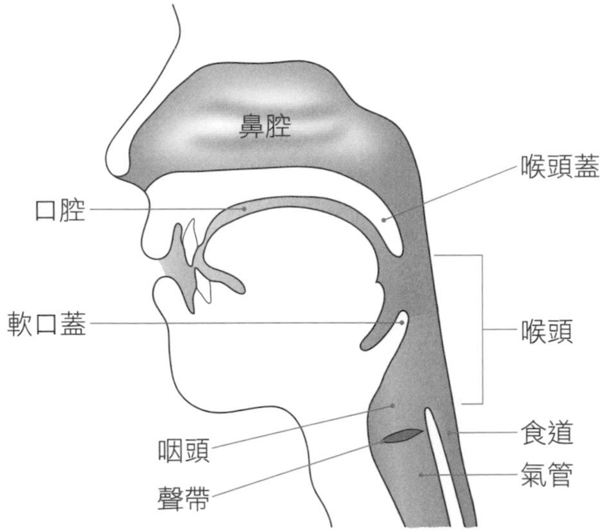

吸入異物時

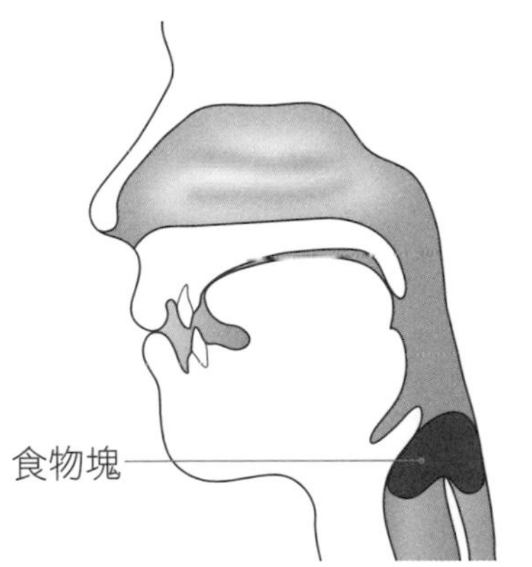

食物或唾液在封住氣管前滑入喉嚨，誤入氣管，導致吸入異物。

正常吞嚥時

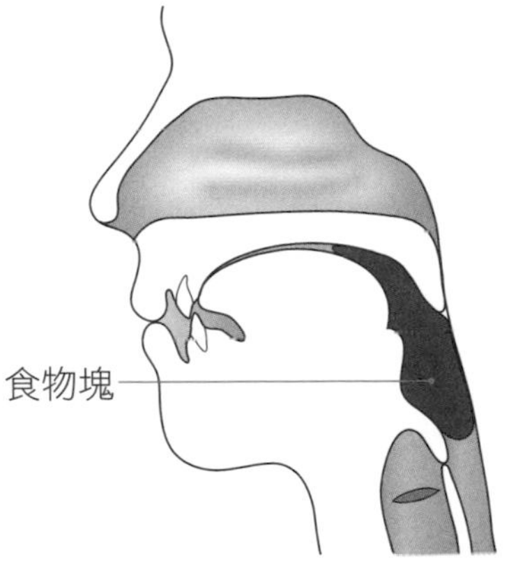

舌頭抵住上顎，封住口腔，軟口蓋接著抬起，封住咽頭。喉頭蓋關閉，封住氣管。

呼吸時

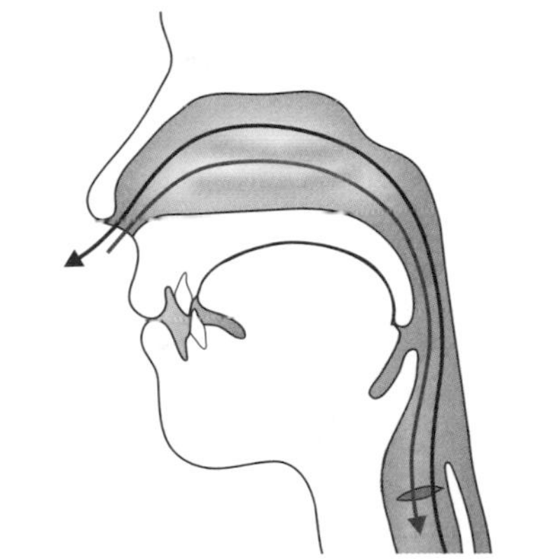

由鼻子或嘴巴進入的空氣通過咽頭，進入喉頭、氣管，抵達肺部。吐氣時反向將空氣從肺部推出，經由氣管、喉頭、咽頭，從鼻子或嘴巴排出。

吞嚥障礙與輔助進食

根據臨床經驗，有吞嚥障礙的老年人常會放棄用嘴巴進食。患者們通常選擇從鼻胃管餵食，補充營養，或做胃造廔管手術解決問題。不過，飲食的目的不只是補充營養。

用嘴巴進食有助於增加活力，若家中長輩有吞嚥障礙的問題，我們該如何協助他吃飯呢？最理想的狀況就是，長輩採正確姿勢自己進食（請見第六十八頁），照顧者在一旁照料。唯有當事人無法自己吃東西時才能協助進食。

輔助進食的重點如下：❶讓年長者坐著，上半身稍微往前傾；❷照顧者坐在年長者旁邊（慣用手旁）；❸拿著食物的手先停在對方眼前，讓對方先看清楚食物，再將食物送進對方嘴裡。只須注意以上三大重點，就能降低吸入異物的機率，預防意外。

食物噎到的處理方式

坐著壓迫

將對方的上半身往前傾，從背後伸出雙手環繞，雙手握拳抵住上腹部，往自己的身體方向擠壓。

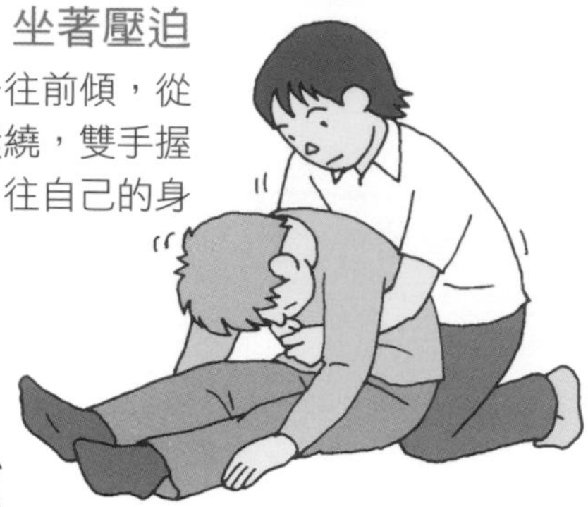

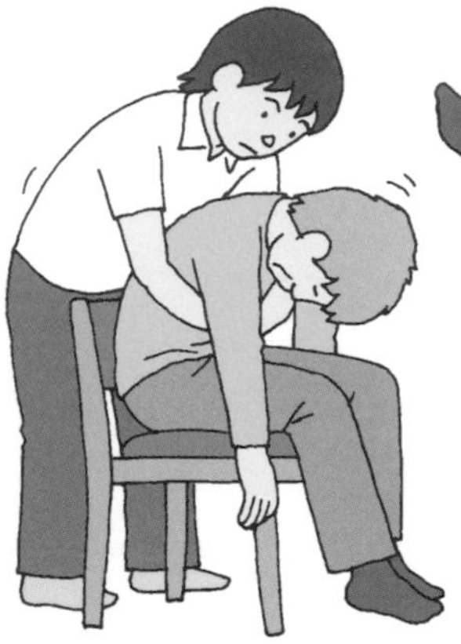

坐在椅子上壓迫

坐在餐桌前吃飯不小心噎到時，可維持坐在椅子上的姿勢，壓迫對方的上腹部。壓迫技巧與站立時相同。

從後方壓迫上腹部

站姿壓迫

從對方背後伸出雙手環繞，單手握拳，大拇指抵住對方上腹部。另一隻握住握拳的手，則往自己的身體方向擠壓。

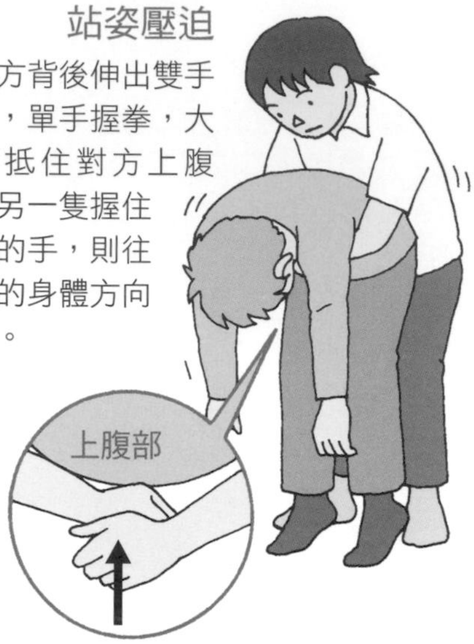

用吸嘴吸出異物

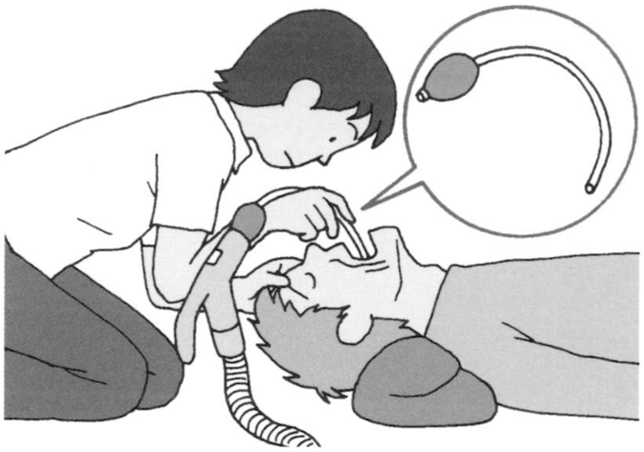

將吸塵器的管子直接放入嘴巴裡毫無效果，反而會弄傷口腔。請務必購買專門吸取喉嚨異物的吸嘴，裝在吸塵器的管子前端。

拍背

以手掌根部用力拍打兩側肩胛骨的中間部位，照顧者不可站在年長者背後，而要在身前撐住年長者的身體，觀察他是否吐出異物，持續拍打。

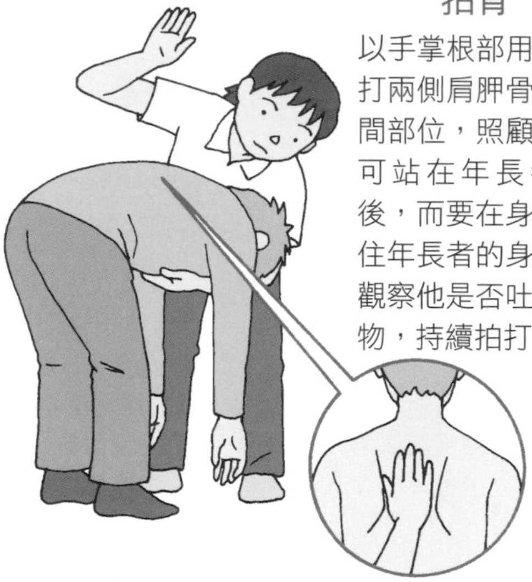

窒息的處理方法

常見的「意外事故」包括跌倒、火災、溺水等，日本近年來高居首位的意外事故，則是反映高齡化社會現況的「窒息」。老年人窒息（死亡）的原因，絕大多數都是吃飯時被食物噎到。

家中長輩噎到時，照顧者絕不可用手指伸進喉嚨挖取，這樣只會將異物推進至喉嚨更深處。若噎到的長輩尚有自主咳嗽的能力，請鼓勵他將異物吐出來；若無法自主咳嗽，或咳嗽力道越來越弱，請參照上方圖示，施以「從後方壓迫上腹部」、「拍背」、「用吸嘴吸出異物」等急救措施，並在救護車抵達之前持續急救。

飯前先做左頁的「吞嚥預備操」，可有效預防因噎到而窒息的危險。

吞嚥預備操

吞嚥預備操適合在飯前做，有助於放鬆與活化進食時會使用的肌肉。

1 緩慢深呼吸

鼻子吸氣，腹部慢慢隆起；鼻子吐氣，腹部慢慢往內縮。

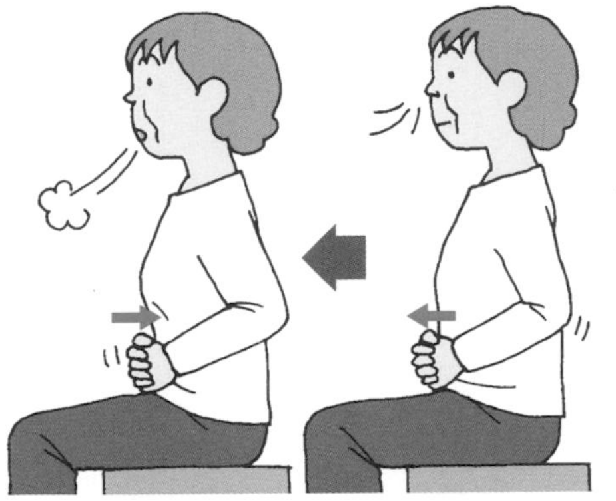

2 頸部運動

首先將頸部左右彎曲，接著轉動臉部。最後朝兩側慢慢旋轉頸部。

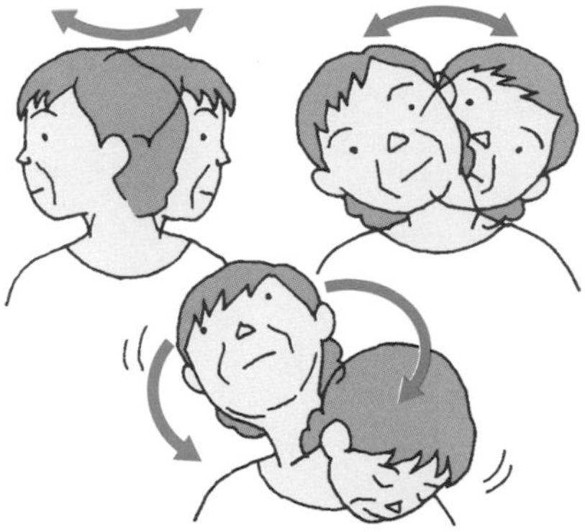

3 上下活動肩膀

以聳肩的方式抬起肩膀，接著放鬆力道，讓肩膀自然放下。重複二到三次。

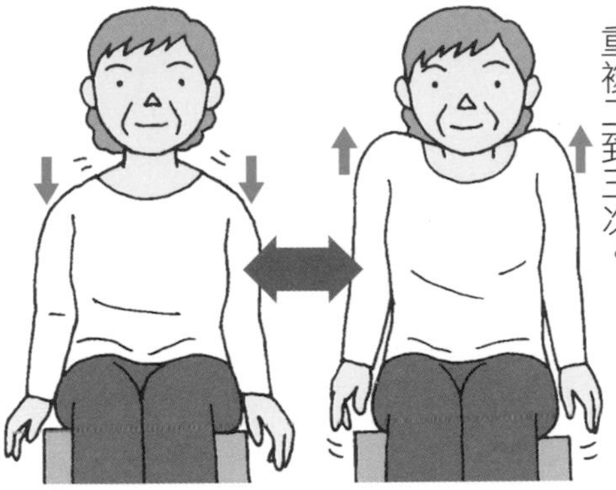

4 上半身往左右傾斜

身體放鬆，上半身慢慢往右傾，接著再往左傾。重複二到三次。

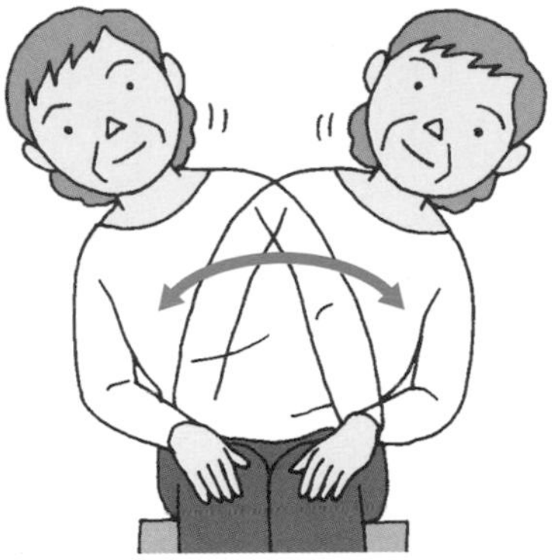

5 鼓起雙頰

嘴巴緊閉，鼓起雙頰，慢慢放鬆。重複二到三次。

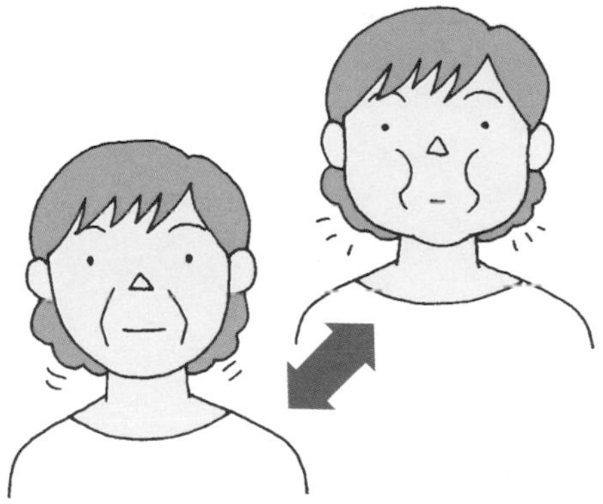

6 舌頭往前伸出

嘴巴張大，往前伸縮舌頭。重複二到三次。

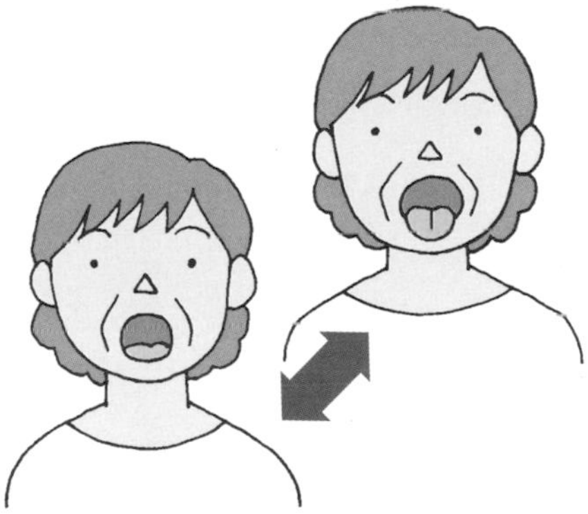

7 用舌頭舔嘴角

伸出舌頭，舔左右兩側的嘴角。重複二到三次。

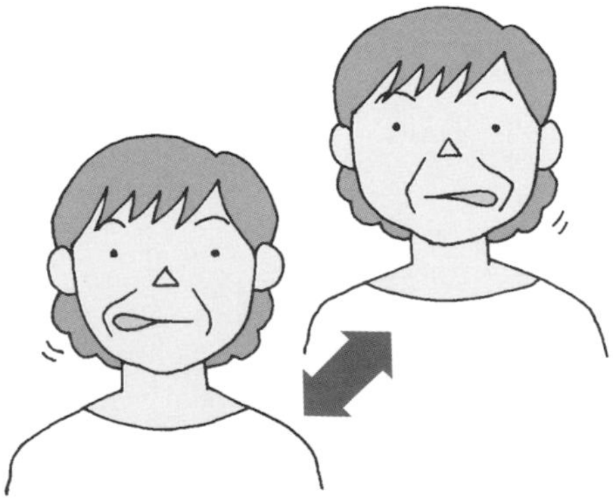

8 再次深呼吸

最後重複步驟1，緩慢深呼吸。

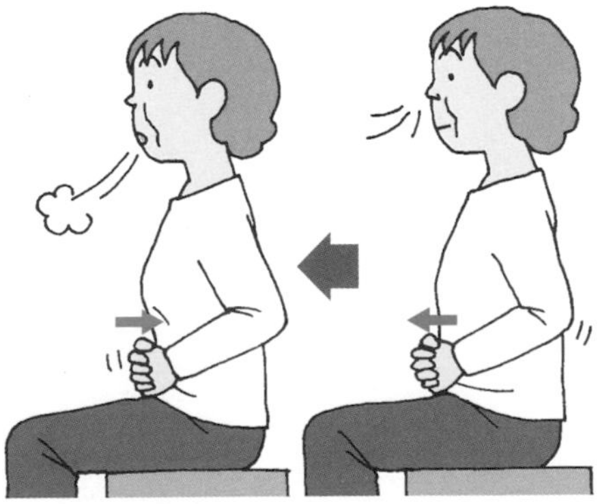

※步驟7與8之間，若能加上P76介紹的「Patakara健口操」，效果更佳。

傳染病

居家照護中，預防傳染病最有效的方法，就是避免照顧者成為傳染途徑。

傳染病的種類繁多

傳染病是透過細菌或病毒等病原體感染發病的疾病統稱。最常見的傳染病包括流行性感冒、愛滋病、肝炎、結核病等。安養照護機構或醫院不時爆發的諾羅病毒、O-157、MRSA（抗耐甲氧西林金黃色葡萄球菌）群聚感染，也引發嚴重問題。

傳染病有許多種，一旦染病，專業照顧服務員與家人都無法妥善照顧，必須立刻就醫。為了避免造成負擔，平時就須徹底做好預防感染的工作。預防感染的基本原則包括洗手、消毒，避免將外面的感染源帶回家中。

請參考左頁，了解常見的呼吸系統疾病與尿道傳染病。

阻斷「傳染途徑」為首要之務

避免年長者感染疾病

預防感染的基本原則就是勤洗手。外出回家與照護空檔前後，都須以洗手乳和流動的水徹底清洗雙手（洗手方法請見 P205 上方）。勤洗手並以漱口水漱口，安全防護更升級。

清除家中的感染源

細菌與病毒會從嘴巴進入體內。除了食材要洗乾淨之外，還須以熱水澆淋調理器具消毒，將長輩使用的餐具浸泡在消毒液中，徹底清除感染源。

呼吸系統的傳染病種類

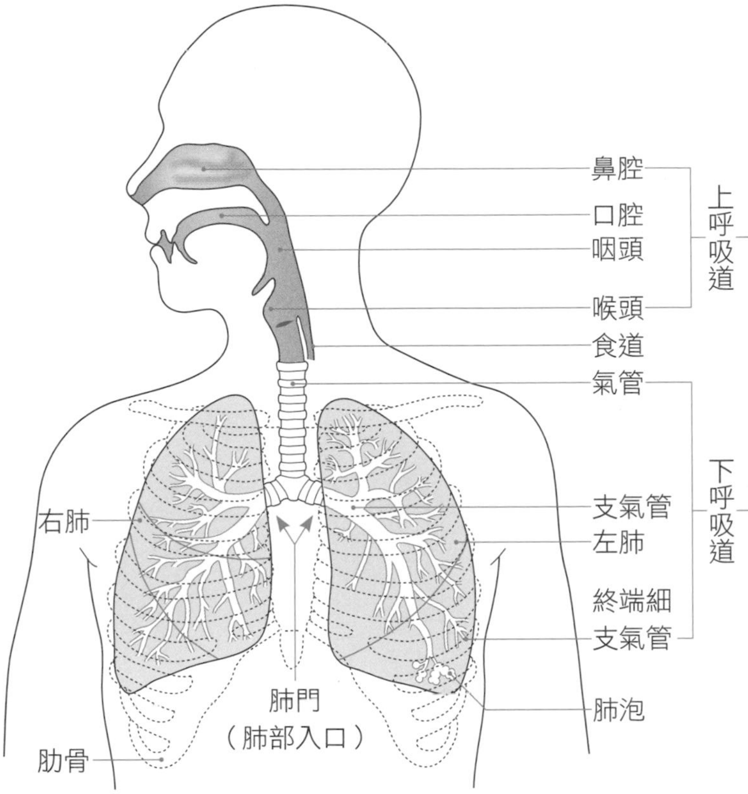

鼻腔
口腔
咽頭
喉頭
上呼吸道
食道
氣管
右肺
支氣管
左肺
下呼吸道
終端細支氣管
肺門
（肺部入口）
肺泡
肋骨

上呼吸道感染

即一般的感冒。凡是上呼吸道發炎的疾病，皆可稱為上呼吸道感染，若是特定部位發炎得特別嚴重，則依部位稱之，例如副鼻腔炎、扁桃腺炎、咽頭炎、喉頭炎等。原因大多是病毒，除了透過空氣傳染外，也會透過咳嗽、打噴嚏的飛沫傳染，或透過分泌物接觸傳染。

下呼吸道感染

原因大多是病毒，有些則是黴漿菌、披衣菌等細菌感染，許多下呼吸道感染都進行得相當緩慢。一旦轉變成慢性病，就會出現菌群交替現象，產生大量綠膿桿菌，此時抗菌藥物失去效力，病況將難以治癒。下呼吸道感染包括支氣管炎、肺氣腫、慢性阻塞性肺病（COPD）、肺結核等。在醫界觀點裡，肺炎與下呼吸道感染屬於不同疾病。

尿道感染的種類

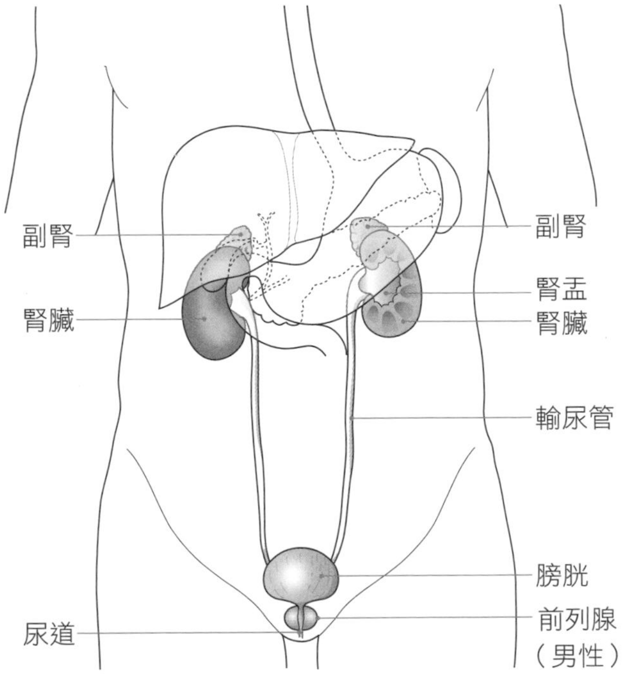

副腎
腎臟
副腎
腎盂
腎臟
輸尿管
膀胱
尿道
前列腺
（男性）

尿道感染係指腎臟、腎盂、輸尿管、膀胱、尿道、前列腺等與尿道相關的部位，因發炎而產生傳染病的統稱。老年人會因各種原因罹患尿道感染，應特別注意。

男性好發的疾病

前列腺肥大會壓迫尿道，讓人常跑廁所，或出現排尿不順等排尿障礙。此外，容易引起發炎的尿道結石，也是男性較常見的疾病。

女性好發的疾病

女性較容易罹患膀胱炎，通常是因為細菌從尿道入侵，感染膀胱而發炎。雖然服用抗菌藥物可以治癒，但若反覆發作演變成慢性病，將很難應付。隨時保持下腹部清潔，避免包尿布，可有效預防膀胱炎。利用便器椅上廁所，或盡量到廁所排泄，才是最好的預防之道。

胸痛、腹痛

不明的劇烈胸痛與腹痛，很可能危害性命。

確認疼痛特徵，方便就醫時說明

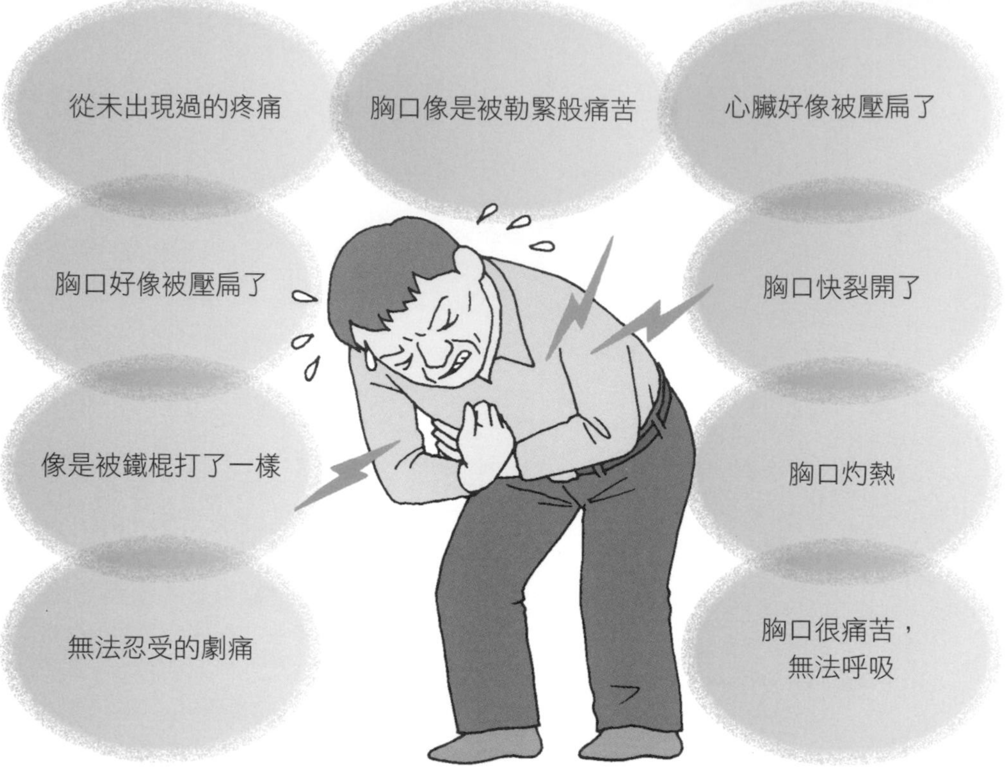
從未出現過的疼痛
胸口像是被勒緊般痛苦
心臟好像被壓扁了
胸口好像被壓扁了
胸口快裂開了
像是被鐵棍打了一樣
胸口灼熱
無法忍受的劇痛
胸口很痛苦，
無法呼吸

引發胸痛的疾病

- 心臟疾病：狹心症、心肌梗塞、心律不整、心肌炎、心膜症等
- 肺部疾病：肺炎、胸膜炎、氣胸、肺梗塞、肺癌等
- 血管疾病：主動脈剝離、主動脈瘤破裂等
- 食道疾病：食管裂孔疝、食道炎、逆流性食道炎等
- 胸腔消化道疾病：消化性潰瘍、膽石症、膽囊炎、胰臟炎等
- 骨骼疾病：肋骨骨折、胸骨骨折等
- 其他疾病：帶狀皰疹、肋間神經痛、橫隔膜疝氣、過度換氣症候群等

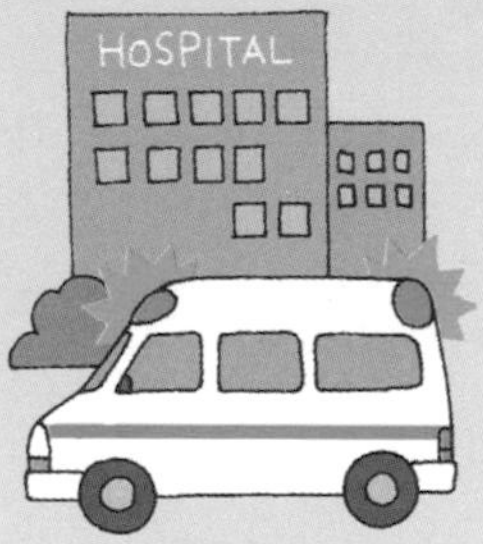
HOSPITAL

小心胸口突然劇痛

胸腔內部有許多重要器官，包括心臟、肺臟與相關血管等。若老年人出現胸痛症狀，一定要在第一時間送醫治療，不可只觀察狀況；必要時應叫救護車。

心肌梗塞是所有胸痛問題中最需要擔心的疾病，但老年人發生心肌梗塞時，不一定會出現典型的胸痛徵兆。呼吸困難、意識障礙、左手臂無力等症狀，都可能是心肌梗塞發作的徵兆，照顧者應特別注意。

描述胸痛程度時，不可只以「胸口很痛」來形容，照顧者須仔細詢問年長者，問清楚哪個部位、從何時開始、出現何種疼痛感，並鉅細靡遺地將年長者狀況轉達給醫護人員。

照護重點

安靜躺臥

劇烈腹痛時，應鬆開患者衣服，讓他躺著休息。只要患者本身感到舒適，仰躺、側躺都可以。彎曲膝蓋有助於舒緩腹部緊張，減輕疼痛，請讓患者雙膝彎曲，靜躺休息。

嘔吐後請側躺

有時腹痛會伴隨嘔吐症狀，此時應讓患者側躺（請見 P202），即使仰躺也要讓患者的頭側向一邊。嘔吐後應立刻清潔口腔，避免嘔吐物滑入氣管。

若長時間劇烈疼痛，應立刻叫救護車

若長時間持續疼痛，請立刻叫救護車。若疼痛舒緩後，在幾小時內再次復發，千萬不可置之不理，應立刻送醫救治。

勿餵食水或食物

有些疾病需要動手術，因此請勿讓患者喝水或飲食。水與食物有時反而會使腹痛或嘔吐症狀加劇。

不輕易服用止痛藥，或熱敷、冰敷腹部

照顧者若讓患者服用止痛藥，醫生就會找不出病因，延誤救治時機。此外，在尚未釐清病因的狀況下，熱敷或冰敷腹部，很容易造成反效果。

引發腹痛的主要疾病

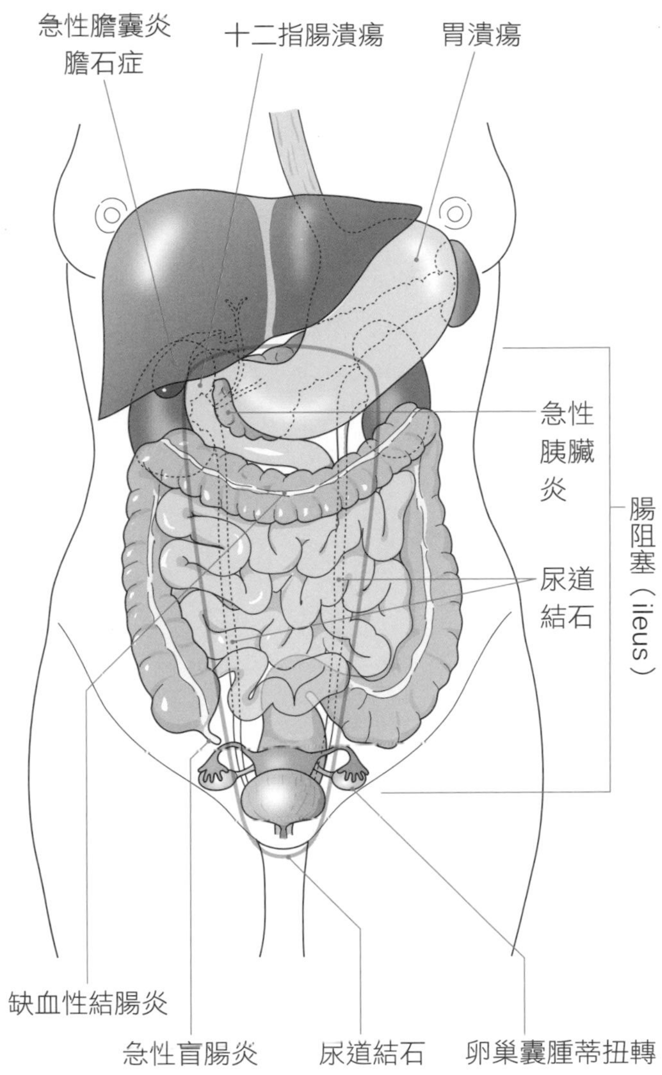
急性膽囊炎
膽石症
十二指腸潰瘍
胃潰瘍
急性胰臟炎
腸阻塞（ileus）
尿道結石
缺血性結腸炎
急性盲腸炎
尿道結石
卵巢囊腫蒂扭轉

嚴重腹痛的處理

老年人的消化系統功能會隨著年齡增長日益衰退，較容易罹患腹部疾病。腹痛是身體發出的緊急訊號，千萬不可忽視，應立即就醫。

照顧者絕對不能讓年長者服用市售止痛藥，或輕易地熱敷、冰敷腹部。在尚未釐清腹痛原因之前，任何處理都可能使症狀加劇。由於腹痛不一定是腹部疾病所引起，因此必須由醫師診斷治療。

骨骼、關節及腰部異常

骨骼會隨著年齡增長變形或肌力衰退，導致關節與腰部疼痛。

骨骼與關節疾病

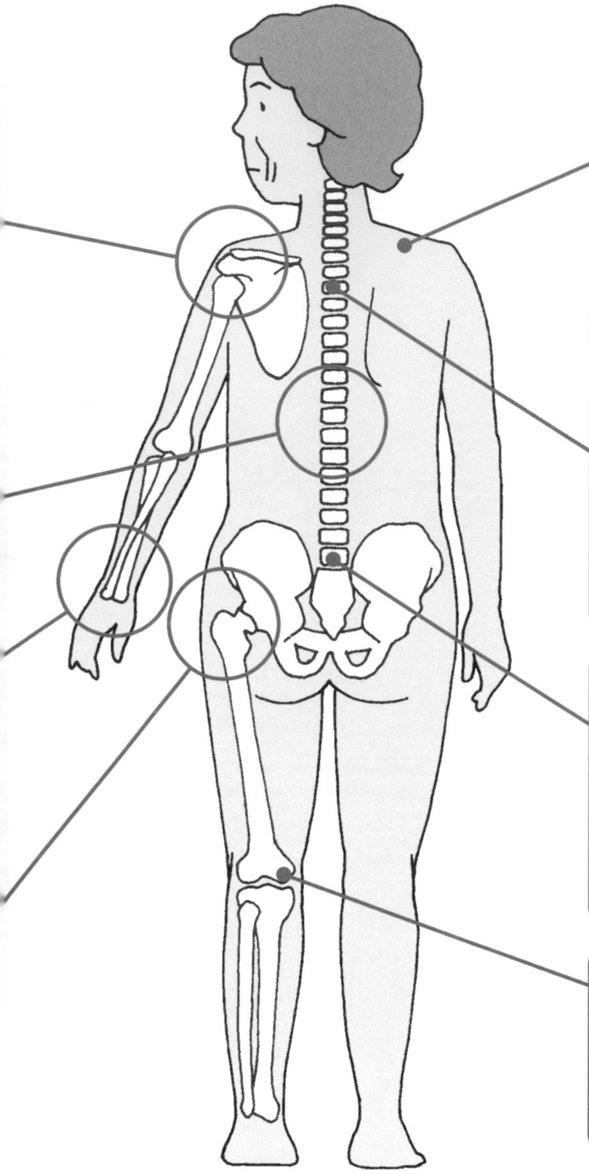

骨質疏鬆

此為體內缺鈣而導致骨質量減少，骨骼內部呈現空洞化的疾病。無論男女都會因老化而使荷爾蒙的分泌量減少，這是骨質疏鬆症最主要的起因。不過，停經後的女性特別容易罹患骨質疏鬆症。不少老年人罹患此病後不幸跌倒骨折，長期臥床，最後罹患嚴重的失智症，千萬不可掉以輕心。

變形性脊椎

頸椎或腰椎等脊椎局部變形而形成棘突，壓迫周邊組織與神經，引起疼痛。若發生在頸椎，會產生暫時性暈眩；若發生在腰椎，則會引起排尿障礙。

椎間盤突出

椎間盤是脊柱中連接兩個相鄰椎體的纖維軟骨盤，當椎間盤產生龜裂，裡面的髓核往外突出，就會壓迫神經與脊髓，即為椎間盤突出；通常會伴隨劇烈腰痛或麻痺的感覺。

骨關節炎

膝蓋關節中發揮避震作用的軟骨磨損，引起發炎、疼痛的疾病。老化、肥胖與受傷都會導致骨關節炎。

因老化導致骨骼與關節疾病

骨骼與關節容易因老化出現各種問題，骨質疏鬆即為其中一例。不少年長者一跌倒就骨折，就是因骨質疏鬆的影響。左頁列舉的肱骨、脊椎、橈骨與大腿骨，都是最容易骨折的部位，統稱為年長者常見的四大骨折類型。照顧者應特別注意年長者的行動，避免因跌倒而骨折。

至於其他常見的骨骼與關節疾病，男性以變形性脊椎、女性以骨關節炎的發生機率較高。這兩種疾病都起因於關節磨損，導致骨骼變形，壓迫神經引起疼痛。發病後應控制體重，除了接受治療也要維持適當運動。

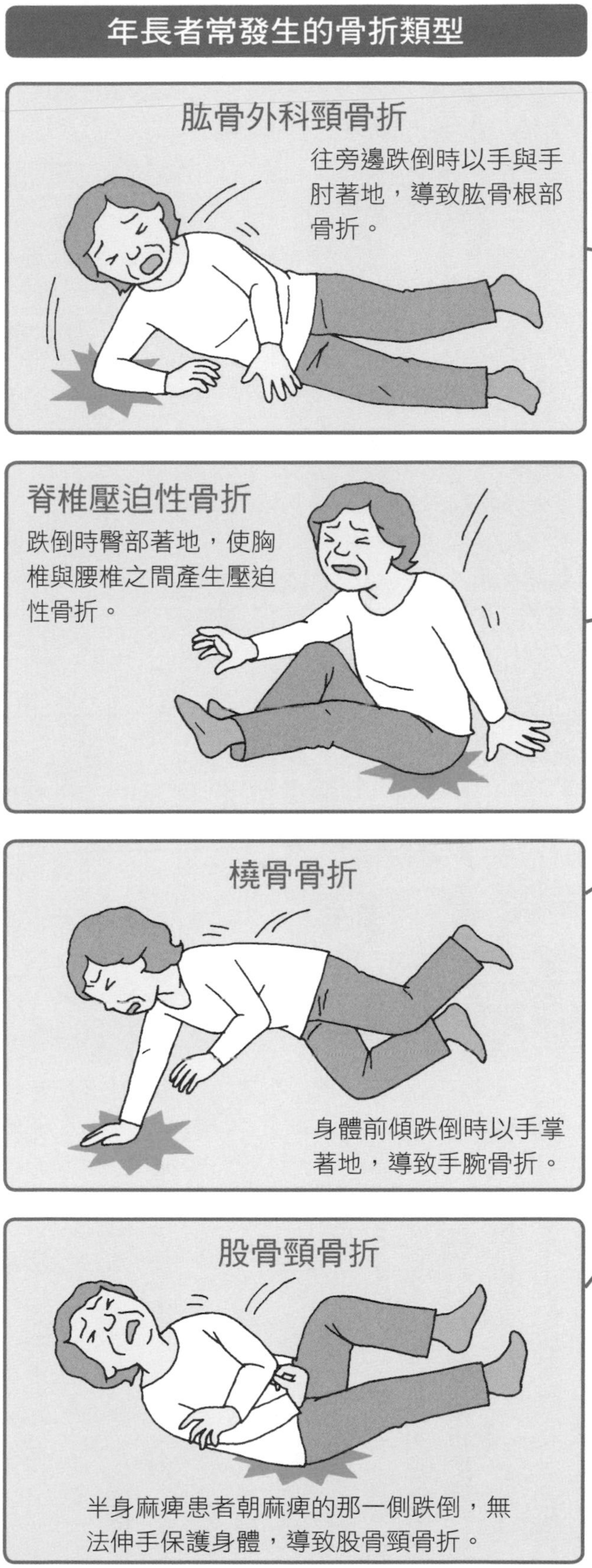
年長者常發生的骨折類型
肱骨外科頸骨折
往旁邊跌倒時以手與手肘著地，導致肱骨根部骨折。
脊椎壓迫性骨折
跌倒時臀部著地，使胸椎與腰椎之間產生壓迫性骨折。
橈骨骨折
身體前傾跌倒時以手掌著地，導致手腕骨折。
股骨頸骨折
半身麻痺患者朝麻痺的那一側跌倒，無法伸手保護身體，導致股骨頸骨折。

「腰痛」可能是重大疾病的徵兆

人類是由四足步行演化為二足步行的動物，脊椎每天都須支撐沉重的頭部，連帶對肩膀和腰部造成極大的負擔。腰痛是人類進化的宿命，其他動物並無此問題，因此腰痛可謂人類特有的疾病。

體型、身體姿勢與生活習慣是造成腰痛的主要原因，但也很可能潛藏重大疾病。若家中長輩表示感到前所未有的疼痛、靜躺時感到疼痛，或疼痛部位不斷轉移，照顧者應特別注意，盡可能就醫診療。

除了骨骼與關節疾病可能導致腰痛外，消化系統疾病（膽石症等）、泌尿系統疾病（腎盂腎炎等）、婦科疾病（卵巢癌等）、病毒性疾病（帶狀皰疹等）也會引發腰痛。

如右圖所示，年長者跌倒時，該四大部位最容易骨折。若發生股骨頸骨折，必須住院（通常還須動手術）。若患者住院時體力早已衰退，很可能就此臥床不起。不僅如此，長期臥床還會引發失智症。

骨折後的復健，很重要

隨著醫學日漸發達，如今九十多歲的年長者，也可以置換人工骨頭；不過，我希望各位思考這麼做的意義。醫師為患者置換人工骨頭，無非希望患者恢復走路的能力。動手術並不是為了讓患者臥床或坐輪椅，照顧者應理解這點，儘早讓患者出院，才能在復健後回到自主行走的生活。

不少年長者都是因為骨折才聘用專業的照顧服務員，儘管這是不得已的決定，但千萬不可過度靜養，以免造成長期臥床，甚至嚴重退化。

視力及聽力異常

照顧者與支援者應隨時留意，掌握年長者的視力與聽力狀況。

視力衰退的徵兆

目測失誤的次數不斷增加

無法對準焦距，水或食物常灑出來。

不再看電視

以前很喜歡看電視，也經常看，最近卻幾乎不看。

經常揉眼睛

經常看到長輩揉眼睛，不時用力眨動雙眼。

減少外出

在腰腿健康的情況下，活動量卻越來越少，幾乎足不出戶。

如廁時常弄髒馬桶周圍

意識清楚，上廁所時卻總是將大便與尿液上在馬桶外，弄髒廁所。

走路姿勢很奇怪

走路時伸出雙手摸索前方物體，彎腰、舉步維艱，經常絆倒。

白內障及青光眼，不是小毛病

老花眼是最具代表性的眼睛老化現象。眼部疾病通常隨著年齡增長惡化，其中因糖尿病引起的視網膜病變及青光眼，導致失明的可能性很大。若出現上述徵兆，或家中長輩反應自己「視力模糊」、「眼睛看不見」、「視野變窄」，千萬不能以「這是正常的老化現象」為理由置之不理，務必前往眼科就診。

白內障也是老年人最常見的眼疾，起因於眼睛的水晶體混濁，影響視力。不少人認為白內障是老化的正常現象，雖然沒有立即就醫的急迫性，但時間一久，就會惡化成青光眼，甚至導致失明。老年人應定期接受眼睛檢查，維護雙眼健康。

檢測重聽程度的方法

重度		高度		中度		輕度	
100	90	80	70	60	50	40	30

超大音量	大音量	正常音量	微小音量

必須大聲吼叫才聽得見。	必須對著耳朵大聲說話。	只能靠近說話，並且一字一句慢慢說才聽得懂。	聽不見小聲說話的聲音，或經常聽錯。

重聽與失智症息息相關

重聽的年長者經常被誤認為罹患失智症，這是一個很嚴重的問題。近年來，許多機構紛紛針對重聽與失智症的關聯性進行調查，並發表調查結果。根據美國國家衛生研究院老年研究所的研究報告指出，罹患輕度重聽、中度重聽與重度重聽的年長者，罹患失智症的比例分別為正常人的兩倍、三倍與五倍左右。在此之前，一般認為年齡增加、糖尿病與高血壓是罹患失智症的危險因子。但這份報告指出，重聽比前述危險因子更危險，確實提高了年長者罹患失智症的機率。

原因很簡單，聽力衰退會讓年長者孤立於社會之外。想要聽清楚別人說話的行為，也讓自己長期承受壓力。此時，不妨讓家中長輩使用助聽器，改善聽力。若是因罹患失智症才想讓長輩裝助聽器，恐怕並不容易。家中長輩若有重聽問題，請務必儘早使用助聽器，降低罹患失智症的風險。

老年性重聽，與突發性耳聾

不單是眼睛，耳朵也會隨著年齡老化出現各種問題，「重聽」則是常見疾病之一。「重聽」可分為好幾種，內耳到大腦聽覺中樞的細胞，因老化衰退導致的感音性聽力障礙（老年性重聽），是老年人最常見的重聽類型。

「聽得見聲音，卻聽不清楚說話內容」、「周遭很吵就聽不清楚說話內容」，這種聽不清楚別人說話的症狀，正是老年性重聽的特性。雖然老年人聽不清楚高音域的說話聲，但也有不少老人聽不見低音。

即使經過訓練或動手術，也無法改善老年性重聽。誠如前述，儘早使用助聽器才是最好的解決之道。

不明原因引發的突發性耳聾，也是常見的聽力疾病。突發性耳聾起因於內耳受損，導致單耳或雙耳失聰，千萬不可輕忽，一定要立刻就醫。

皮膚異常

若年長者常覺得皮膚很癢，氣候乾燥、疾病等，都可能是原因。

長輩皮膚搔癢，該如何處理？

老年人有時會因為皮膚搔癢，痛苦到晚上睡不著。他們大多罹患皮膚過度乾燥引起的老年性乾燥症；或天生就是皮膚油脂太少的乾性肌膚，引發的老年搔癢症。

上述症狀常見於空氣乾燥的冬天，若請有搔癢問題的老人脫掉內衣，仔細觀察他的肌膚，就會發現許多像頭皮屑一樣的白皮粉屑。若伸手去抓，情形會更加惡化。照顧者應儘早帶長輩到皮膚科就醫，請醫生開立止癢藥或軟膏。

此外，雖然機率不高，但有時內臟疾病也會引起皮膚搔癢，千萬不可延遲就醫。請參考左頁，了解常好發於老年人的皮膚問題。

皮膚乾燥引起的搔癢處理法

出現白皮粉屑

由於老年人的肌膚角質保水能力較差，因此最常罹患老年性乾燥症，隨手一抓就會掉下許多白皮粉屑。如果角質不會脫落，只會感到搔癢，則是老年搔癢症。如皮膚的油脂分泌量較少，即所謂的乾性皮膚。

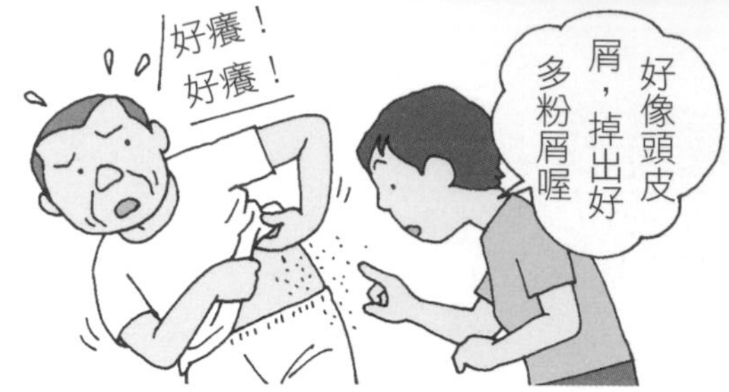

不喝酒、不吃刺激性香料

當體溫急速升高，血管擴張，就會感到搔癢。冬天時減少飲酒，盡量不吃辛辣食物。

不用肥皂過度清潔

悠閒泡澡後，以肥皂用力刷洗全身也會造成皮膚搔癢。請改用不會洗去皮脂膜的肥皂，並每週使用兩次。

改穿棉質內衣

若家中長輩仍穿化學纖維材質的內衣，請改穿棉質內衣。尤其是襪子，勿穿化學纖維製品，一定要穿棉質產品。

維持舒適的室溫及濕度

冬天暖氣開得較強，室內就會變得很乾燥。維持舒適的室溫，打開加濕器避免乾燥，盡量不使用電熱毯。

好發於年長者的皮膚疾病

疥瘡
● 若長輩感染疥瘡，請務必以消毒液仔細擦拭床鋪 ● 家人須戴塑膠手套，避免接觸傳染 ● 待家中其他成員都洗完澡後再沐浴
● 若長輩感染疥瘡，請務必以消毒液仔細擦拭床鋪 ● 每天換床單，並泡在 50℃以上的熱水 10 分鐘後再清洗，最後放入烘衣機，烘乾時間請超過 10 分鐘 ● 每天都要曬棉被

疥瘡是老年人常見的皮膚傳染病，由疥蟲寄生在皮膚上所引起。好發於指縫、腋下、下腹部、陰部等嬌嫩肌膚部位，冒出紅色的顆粒狀疹子。由於疥蟲怕熱，治癒前應每天曬棉被，還須就醫治療，請醫生開立內服藥與軟膏。

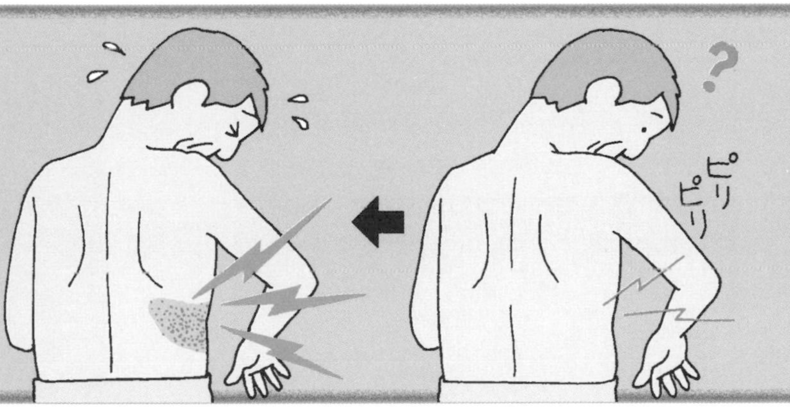
ピリピリ

帶狀皰疹

病毒刺激神經所引起的發炎症狀。剛開始腰部周圍感覺疼痛，一般人常誤以為是腰痛。出現刺痛感的幾天之後，皮膚便開始冒出一顆顆皮疹。不只須服用止痛劑，還須吃抗病毒藥物治療。

容易長褥瘡的部位

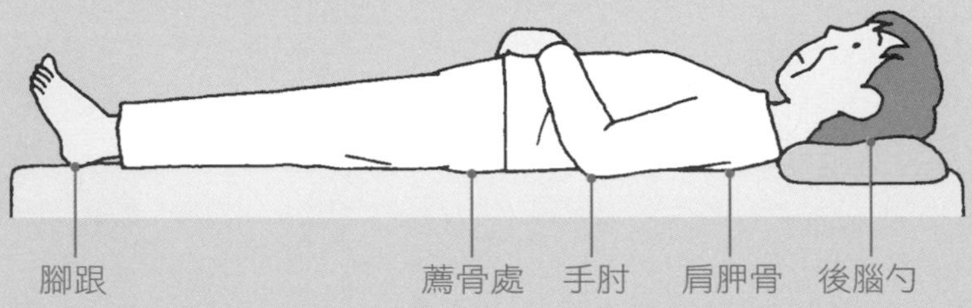
腳跟
薦骨處
手肘
肩胛骨
後腦勺

褥瘡（壓瘡）

因長期臥床時，身體特定部位受到壓迫，血液循環不良所引起的。一般皆以勤翻身來預防褥瘡；然而遠離臥床，儘早改成「坐著的生活型態」才是釜底抽薪之道。接受居家照護的年長者若產生褥瘡，支援者應從旁協助，調整照護方法。

活動力降低 ❶

足部及趾甲異常

維持年長者的足部與趾甲健康，才能鼓勵其外出並預防跌倒意外。

觀察足部及走路姿勢

注意足部狀況

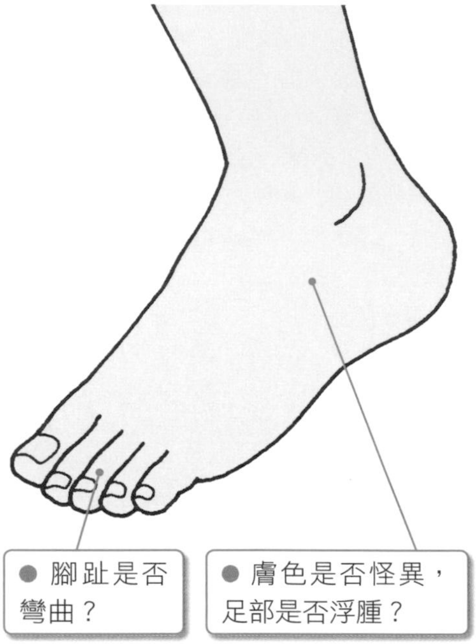

● 腳趾是否彎曲？
● 膚色是否怪異，足部是否浮腫？

是否有受傷、龜裂、雞眼、長繭等狀況？／是否有香港腳？／趾甲是否過長？／趾甲是否出現異常（形狀怪異、變白變厚、裂開剝落、鑷狀甲）？

不少老年人都有足部問題，注意雙腳健康，就能找出無法行走或走路經常跌倒的原因。如果可以，照顧者應每天觀察年長者的雙腳。趁著洗澡或幫對方穿襪子的時候仔細觀察，並用雙手觸摸檢查。

注意走路姿勢

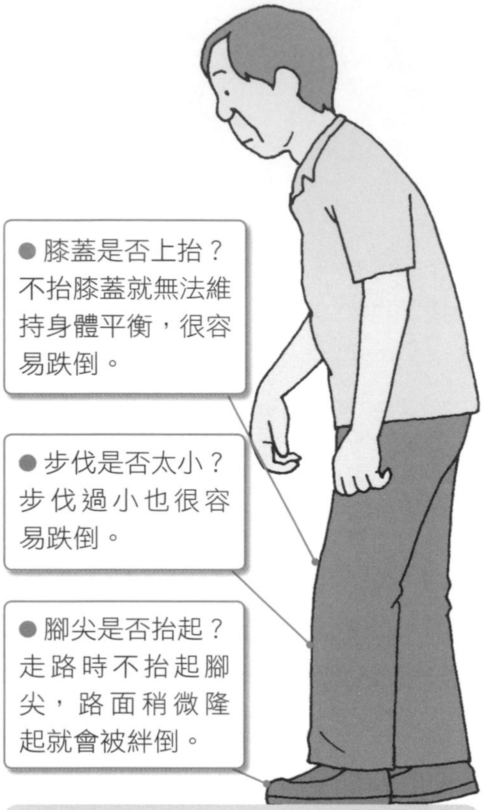

● 膝蓋是否上抬？不抬膝蓋就無法維持身體平衡，很容易跌倒。
● 步伐是否太小？步伐過小也很容易跌倒。
● 腳尖是否抬起？走路時不抬起腳尖，路面稍微隆起就會被絆倒。

老年人容易駝背，走路時眼睛總是看地上。由於這個緣故，年長者走路時無法擺動雙手，維持身體平衡；步伐太小也很容易跌倒。若發現家中長輩出現上述情形，請以拐杖或助行車協助長輩走路，也請參考左頁下方，做好預防跌倒的措施。

仔細觀察足部和趾甲

我在第五十二至五十三頁曾提過，「觀察腳力並做好足部保養」是協助年長者移動的一環；本章的重點是「老年人常見身體疾病及護理方式」，必須從足部與趾甲開始保養。

本書所指的足部是腳踝以下的部位（腳踝以上稱為「腳」，以做區分）。各位都知道，足部與腳掌是我們走路時支撐身體、維持平衡的重要部位。不過，並非所有照顧者都會注意年長者的雙足。

由於雙足平時不見天日，藏在襪子或鞋子裡，負責照顧的人應隨時觀察年長者的足部。從足部與趾甲可以找出年長者不願出門與經常跌倒的原因，擊退「照護者的敵人」。

白癬菌（香港腳）的危險性

白癬菌是一種黴菌，附著在人類的趾甲與角質層增生，引發香港腳。白癬菌喜歡高溫多濕的環境，因此，若老年人的足部無法保持清潔，感覺悶熱、足部出油出汗，或腳趾太粗互相交疊，就容易罹患香港腳。此外，糖尿病與免疫不全的患者由於免疫力較差，也是香港腳的高危險群；末梢神經循環不良的人也不可掉以輕心。

灰趾甲不易察覺，照顧者很難看出病徵。待趾甲出現白濁、增厚的症狀後，就會明顯影響走路姿勢。許多長期獨居與獨自泡澡的年長者因罹患灰趾甲，最後甚至完全無法走路；他們經常跌倒，每天生活在危險之中。

白癬菌孳生的溫床

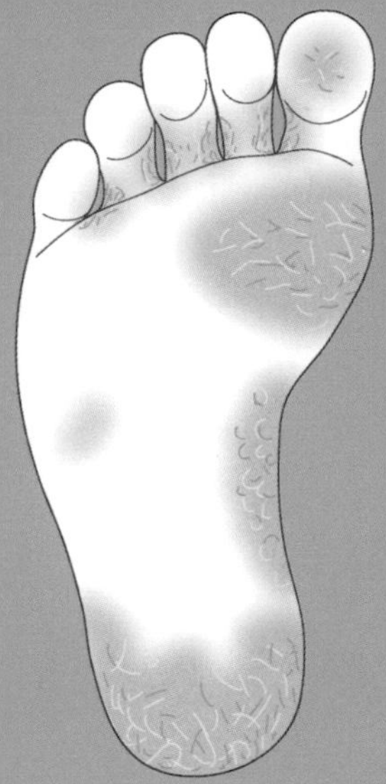

除了灰趾甲之外，趾縫間、腳跟龜裂處等，皆為白癬菌孳生的溫床。雖然機率不高，但年長者的手部與臉部有時也會感染白癬菌。

預防跌倒的方法

做防跌操

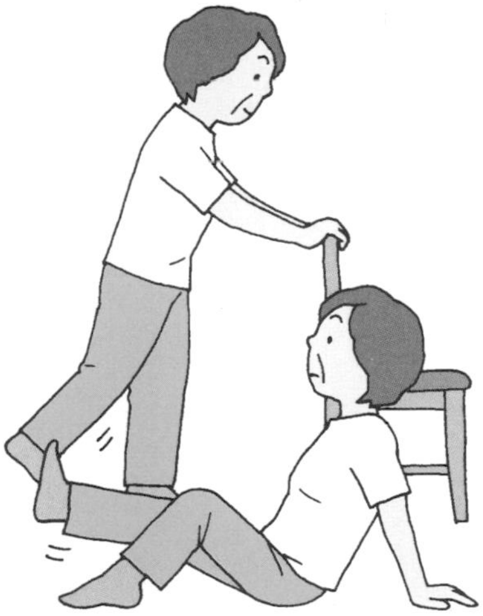

不走路，腿部肌肉就會萎縮，千萬別因怕跌倒而少走路。多做操能鍛鍊腰腿肌肉，幫助長輩走出家門。（上網搜尋「防跌倒健康操」，就有許多動作可參考）

防骨折褲

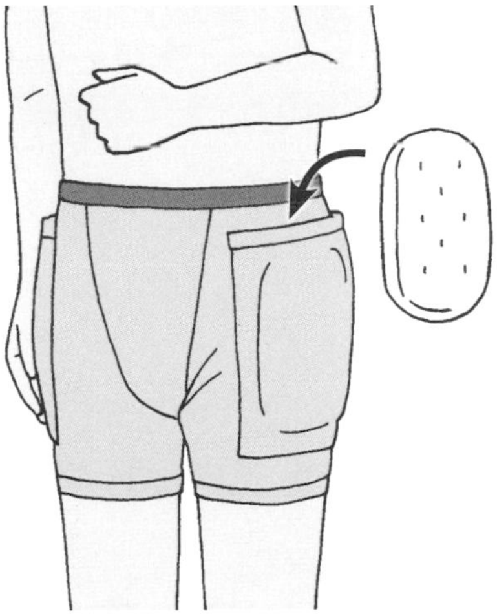

股骨頸骨折是老年人臥床的最大原因，目前市面上推出了可預防股骨頸骨折的防護褲（如圖所示），兩側的口袋放置保護墊，加強保護股骨頸。

保護帽

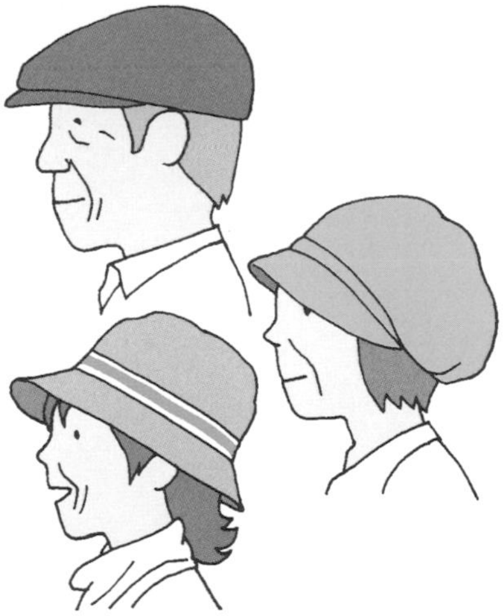

跌倒時最忌頭部著地，造成顱內出血。為了降低顱內出血的風險，市面上有一種保護帽，內部縫入保護頭部的厚墊（避震材料），不妨多加參考。

廢用症候群

指因缺乏活動導致體力衰退，造成長期臥床的狀態。

廢用症候群引起的症狀

營養不良】 人類不活動就會食慾不振，陷入營養不良的狀態。老年人一旦營養不良，體力便會衰退，最後罹患廢用症候群。

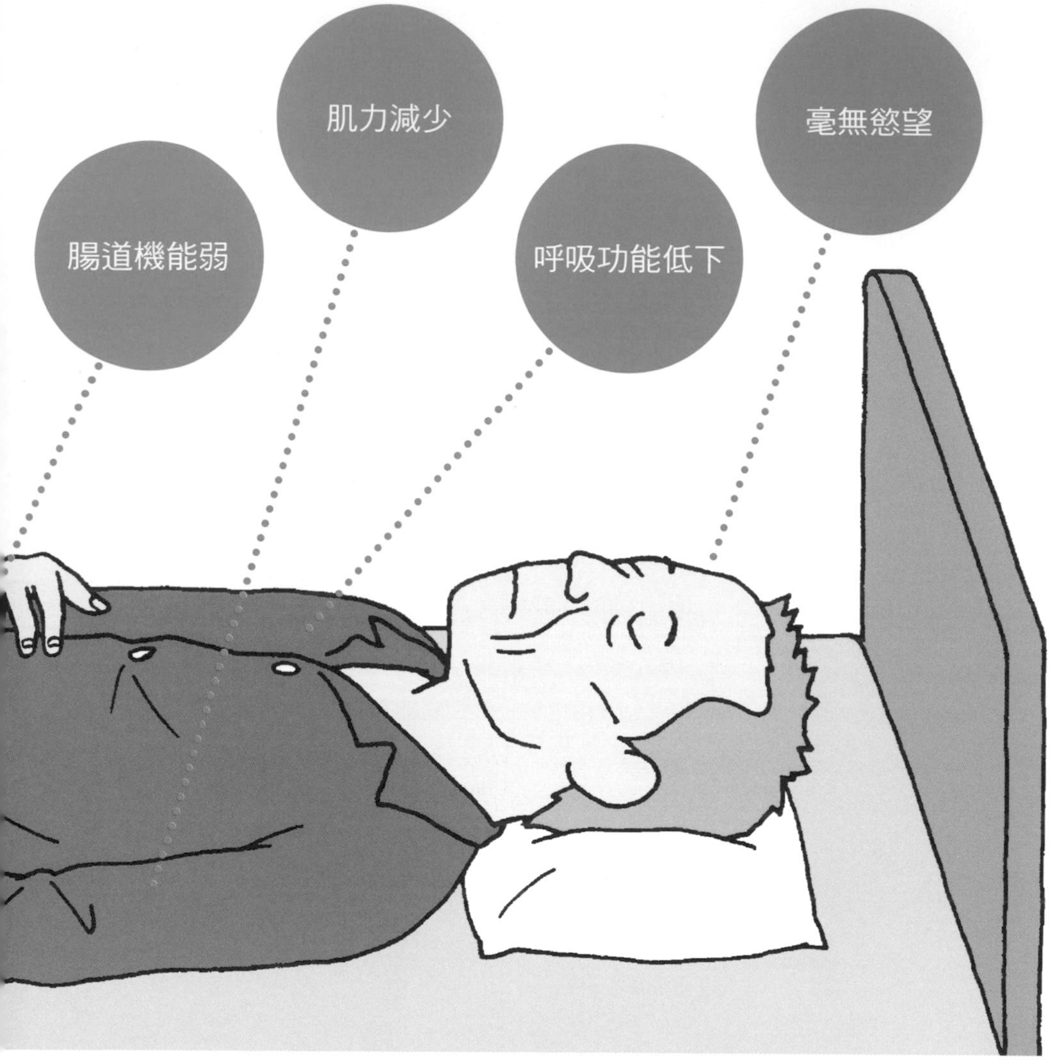

長期臥床，易引發廢用症候群

「廢用症候群」的定義為「身心活動力降低引起的二次障礙」之總稱。人類的身體一旦不活動或不使用，該部位的功能就會日益衰退；這就是廢用症候群的具體概念。

廢用症候群大多是長期臥床（生重病或受嚴重傷害必須長期靜養）的結果，最典型的例子就是住院治療的老年人，平安度過危險期，經過復健可以走路後終於出院。但回家休養的期間長期臥床，久而久之便不再起身，活動身體。

導致這種結果的原因，通常是由於患者與家人過於謹慎，希望透過靜養恢復健康。事實上，「無事可做」也是引發廢用症候群的主因。此時不妨設立中長期目標，讓患者朝

【脫水】長期臥床使原本分布於下半身的大量血液，停滯於上半身。如此一來，身體就會認為自己「體液過剩」，開始過量排尿，出現脫水症狀。

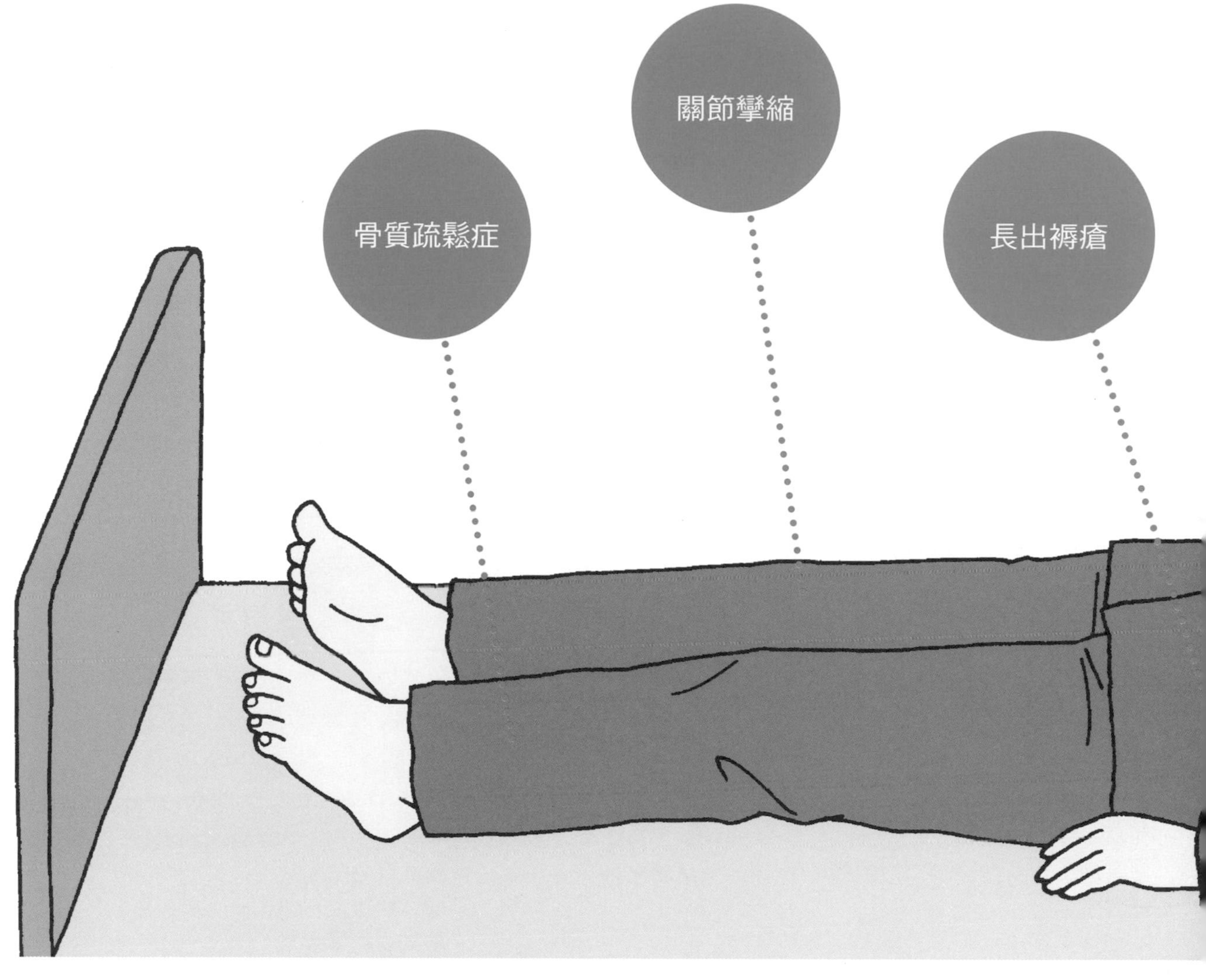

夢想邁進，一步步完成短期目標；「有事做」才是避免臥床的最佳方法。

廢用症候群的症狀遍及全身，請參考上圖說明。不只會引發單一疾病，而是多種疾病同時進行，影響身心。

除了上述症狀外，還會併發起立性低血壓（長期臥床之後，若突然站起，就會感到暈眩或失神）、吞嚥障礙（吞嚥能力衰退，容易罹患吸入性肺炎）等危險症狀。

即使病情嚴重也要勤於翻身，或隨時起來走動；躺著不如坐著；進食時盡量離開床舖、上廁所與洗澡，從事日常生活活動（ADL），這些都是預防廢用症候群的基本原則。若在家療養，除了做到上述事項之外，還應多散步、培養興趣、外出購物、做家事，透過日常行為維持身體活動。

居家照護最重要的是，不要一直臥床；這一點請照顧者和支援者必須謹記在心。

廢用症候群的典型症狀和因應方法

肌力減少

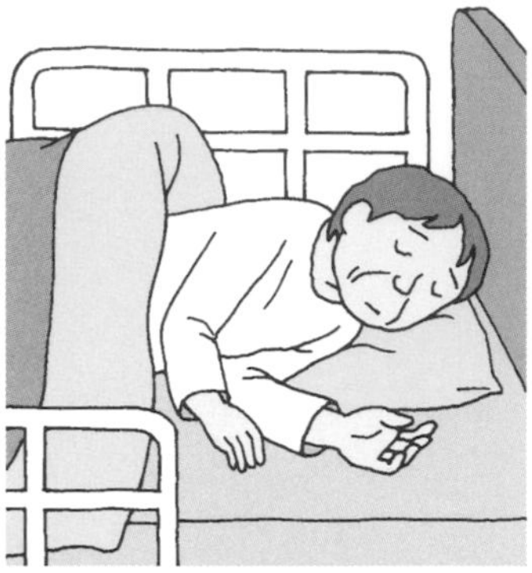

長期臥床會使骨骼肌越來越衰退，只要躺在床上之後就無法站立。

採取「抗重力姿勢」

盡量採取「抗重力姿勢」（坐起來，以骨盆支撐上半身，腳掌著地）。這個姿勢可以鍛鍊骨骼肌。

呼吸功能低下

腹部內的臟器壓迫橫膈膜，呼吸變得急促困難；也會引發肺充血。

坐著呼吸

呼吸困難是長期臥床的後遺症。應儘快坐起身，改善呼吸狀態，消除肺充血。

毫無慾望

若讓長輩過度靜養，他就會越來越害怕活動，生活失去意義，不抱持任何希望。

讓長輩有事做

設定人生目標，認定自己是「有用的人」，是讓人活出意義的好方法。找出長輩能做的事，給予他一些責任，才能幫助其重拾健康。

千萬不要長期住院

老年人罹患廢用症候群，通常與住院脫不了關係。不少高齡患者都是在住院後才罹患廢用症候群。有些患者動完癌症手術後長期臥床；也有人度過腦中風的危險期，卻在靜養過後手腳不能動彈；或是骨折痊癒後卻無法走路。

遺憾的是，醫療不只能救人，也隱藏了使患者癱瘓的風險。換句話說，比起疾病對高齡患者的危害，治療期間的靜養生活對其的負面影響更大。有些醫療人員察覺到這點，開始對急性期的患者進行床上的復健治療。恢復意識之後，再開始進行行走訓練；這些觀念已成為近年來的醫療常識。

更重要的是，臥床之後須儘早改成「坐著」的生活型態。早日出院，展開在家休養的生活。有些醫療院所實施居家醫療計畫，參與計畫的醫師

骨質疏鬆

骨骼必須承受一定壓力才能保持健康，長期臥床易使骨質疏鬆。

多曬太陽

從食物補充鈣質，透過曬太陽與散步強化骨質。若鈣質吸收不良，請務必就醫診治。

關節攣縮

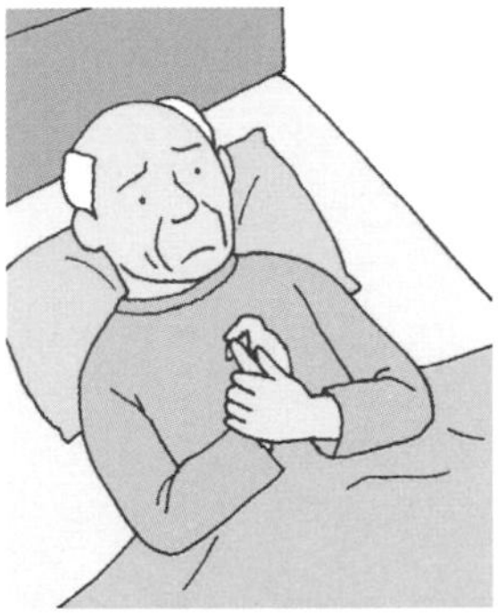

臥床導致肌力衰退，使得關節的可活動範圍變小，最後就會變成攣縮，不可輕忽。

恢復正常生活

不妨請復健師到府復健，鍛鍊關節的可活動範圍。離開床鋪，維持日常生活才是最好的解決之道。

長出褥瘡

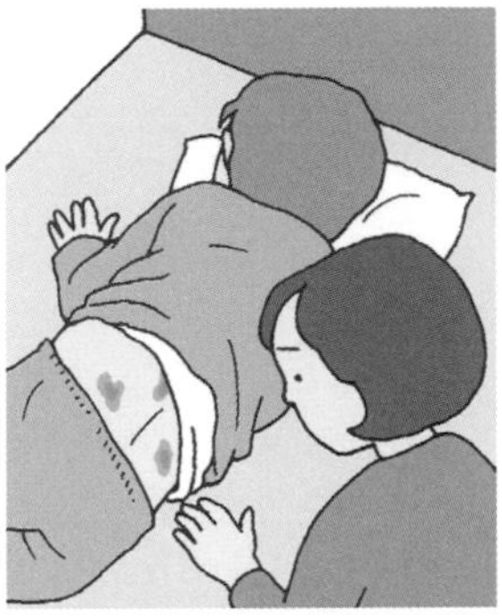

長期維持同一種睡姿，皮膚會壞死，導致褥瘡。由於褥瘡不容易痊癒，會使照護的困難度。

改成「坐立生活型態」

勤翻身是預防褥瘡的方法之一，但最好的解決之道是改成坐著生活。千萬不可使用充氣床墊（註）。

腸道機能弱

臥床會抑制腸道的蠕動功能，導致無法放屁或便祕，腹部隆起。

坐在馬桶上

在症狀初期就坐輪椅到廁所，接著坐在馬桶上，這種姿勢可對腸道施加重力，促進排便。

明確表示：「這個世界確實需要能開必要手術的急救醫院，但完全不需要供年長者長期住院的大型醫院。」

以日本為例，當患者罹病住院，光是急性期的住院期就非常漫長，恢復期又轉至復健醫院，再轉送至年長者保健機構。通常必須耗費很長的時間，患者才能回家休養。有些不能回家的患者乾脆霸占住院床位，該現象使得療養病床的照護人力嚴重不足，造成嚴重的社會問題。

許多年長者在此過程中，出現身心廢用現象，亦即生理上長期臥床，精神上罹患失智症的慘況。因此，居家照顧者與支援者絕不可重蹈覆轍，應盡量不讓老年人住院，避免長期臥床，才是好的居家照護。（編按：台灣目前也致力推動提早復健，以減少住院天數，避免老年人長期臥床及醫療人力不足。）

註：不可使用空氣坐墊的原因，請見 P99 的說明。

專欄 7

淺談「老年症候群」和疾病間的關係

「老年症候群」這個名稱出自二〇一三年，由日本老年科醫生大藏暢出版的《老年症候群診察室》（朝日新聞出版）一書。這本書一開始就介紹一位看過五間醫院，總共服用十七種藥物的八十二歲老奶奶。雖然那些藥並非完全無效，但她的症狀全都是「老化」導致的身體不適，吃藥根本無法治癒，更違論藥物的副作用引發其他症狀，結果她服用的藥物越來越多。

容我引用一大段書中內容：「人類是臟器的集合，某器官出問題，只需找該器官的專家醫治即可。二十世紀的醫療就是基於這種觀念區分診療科目，才有現在的心臟血管科、消化科等類別。不僅如此，各科不斷提升診斷與治療技術，發展出醫院醫療，養成現代人『生病時要去醫院看醫生』的習慣。由於當時大多數年輕人不是健康就是生病，處於兩極化狀態，因此這種醫療型態很適合當時的年輕人。事實上，這也對延長日本人平均壽命做出極大貢獻。然而，二十一世紀的醫療現況又出現何種發展呢？受到高齡化社會影響，日本人陷入肇因於老化的身體變化、高血壓、糖尿病等生活習慣病中，年長者特有的跌倒和暈眩問題極為嚴重。不僅如此，更形成一種不算健康、也不算生病，處於不穩定狀態（虛弱狀態）且規模龐大的老人集團。醫療已不再像過去一樣，以治療疾病為目的，甚至被賦予了新職責，那就是要讓虛弱的老人活得更有品質，讓醫療成為提升生活品質的幫手。」

這段文字正是代表照護的立場。不從器官的角度看一個老人，而是要從整體看一個人；尤其是治療失智症時更是如此。

飲食障礙、吞嚥障礙、排泄障礙、行走功能障礙、呼吸障礙、語言障礙、聽覺障礙等，是老年症候群最常見的症狀。若能將認知功能障礙列入老年症候群的症狀之一，與其他障礙取得平衡，從全人觀點觀察與治療，問題自然就能迎刃而解。然而許多人偏偏選擇反其道而行，只是一味地改善認知功能障礙，一出現問題就讓患者服用藥物；這種做法無疑是輕忽老化的無謂嘗試。

老年人的認知功能也和身體其他部位一樣，會隨著年齡增長而老化。當然，若確定只有認知功能障礙，沒有老年症候群等其他問題，即可進行失智治療。若非上述情形，老化引起的失智症應確診為「老年症候群」。

第 8 章

挑選養護機構及醫院的方法

居家照護時能提供協助的養護機構及醫療院所

「被照顧者在熟悉的居住環境生活」是本書所秉持的概念，因此養護機構也算是寶貴的社會資源之一。本章雖然是介紹日本的養護現況，但挑選適合高齡者的居住環境及緊急時能出診的醫療院所，卻是可通用的原則。台灣養護機構類型請上「台灣長期照護專業協會」網頁查詢，並搭配書中的挑選原則，選出最適合的環境。

長照保險制度認同的養護機構

日本長照保險制度認同的養護機構，只有下述3種。這3種是由養護機構提供服務，其他則為居家照顧服務員，或是與地區緊密結合型服務。

名稱	服務內容	頁碼
特別養護老人之家（特養）	另有照護老人福利機構之別名。需要隨時照護及在家生活有困難者，或需要照護程度在3以上者方可入住，以接受日常生活上的支援及照護。	P236～P239
看護老人保健機構（老健）	雖然狀況穩定，但是需要接受機能訓練，且需照護程度1～5級的高齡者方可入住。所接受的照護，是以有助於回歸家庭的復建為主。	P240～P243
看護療養型醫療機構（療養病床）	結束急性期的治療後必須長期療養，且需要照護程度在1～5級的高齡者方可入住。所接受的服務，著重在慢性疾病的治療、護理、照護。	P244～P247

醫療機關

一般會從居住地區尋找固定就診的醫療院所，再從醫院的醫師當中挑選專科醫師。

診所

無住院病床，或是不超過十九床的醫療機關。醫師大多只有一～二名的小規模開業醫師，提供內科、耳鼻喉科、骨科等專精的診療科目。

醫院

住院病床超過二十床的醫療機關。擁有多種的診療科別，另外有些大型醫院會在不同診療科，配屬專門的醫師負責門診。

P264～P267

高齡者的居住處所

被視為居家照護的高齡者專用住宅種類非常多，但是下述2種請大家一定要了解。

付費老人之家

高齡者可付費入住，接受餐飲及日常生活支援的居住處所。分成健康型、住宅型、內含照護型等服務，其服務內容各異，所以必須仔細研究。

P244～P247

內含服務的高齡者專用住宅

始於二〇一一年，專為高齡者所設計的嶄新居住處所。為日本國土交通省及厚生勞働省共同管轄之出租住宅，包含確認平安與否等服務。

P256～P259

與地區緊密結合型

介紹唯有居住在該地區的居民（市區鄉鎮）才能利用的其中2種與地區緊密結合型服務

小規模多功能型居家照護

搭配登錄於同一家機構所提供的到院、到府、留宿服務，可加以利用。該家機構的照護管理專員會協助安排所有的計畫。

P248～P251

團體家屋

正式名稱為失智症應對型團體生活照護，為需要照護程度在2級以上的失智症高齡者共同生活的居住處所。在人數不多的家庭氛圍下接受照護。

P252～P255

特別養護老人之家

在長照保險認可的養護機構當中，數量最多且排隊入住的人數也非常多。

可接受日常生活上所有的照顧

收費便宜是特點

在日本長照保險認可的養護機構當中，特別養護老人之家數量最多（截至二〇一四年約有八千家）、也是最受歡迎的養護機構。在長照保險制度上，正式名稱是「照護老人福利機構」，早期在老人福利法規範下被稱作「特別養護老人之家」（特養），因此這個名稱已被普遍使用（本書簡稱為特養）。

有資格使用特養的人，是日常生活需要隨時照護，在家生活有困難者，且是需要照護程度1級以上的高齡者。可以入住的條件，如同第二三八頁所詳述般的嚴苛，但這也是因為申請入住的人接連不斷的關係。理由是特養與付費老人之家相較之下，負擔金額少，同時考量到照護的妥善程度，才會感覺費用格外便宜。日本政府至今，甚至藉由徵收餐費及居住費等方式，致力摒除該機構與其他居家服務間的差距，儘管如此，特養還是很便宜，人氣不退。

住進特養之後，舉凡是餐飲、如廁、入浴等日常生活所有瑣事，都能受到細心照護。只要不是長時間住院，就不會被要求退住，所以不必擔心未來生活的問題。由於可當作臨終處所，所以對當事人及其家屬來說，會感到十分安心。

此外，日本政府堅持特養必須為單人房，致力推動如同左頁所介紹的套房式單人房（新型特養）。如此居住費將提高，由於負擔過大，已會開始出現無力入住的高齡者，這也成為近年的課題之一。

居住費會因不同房型而有所不同

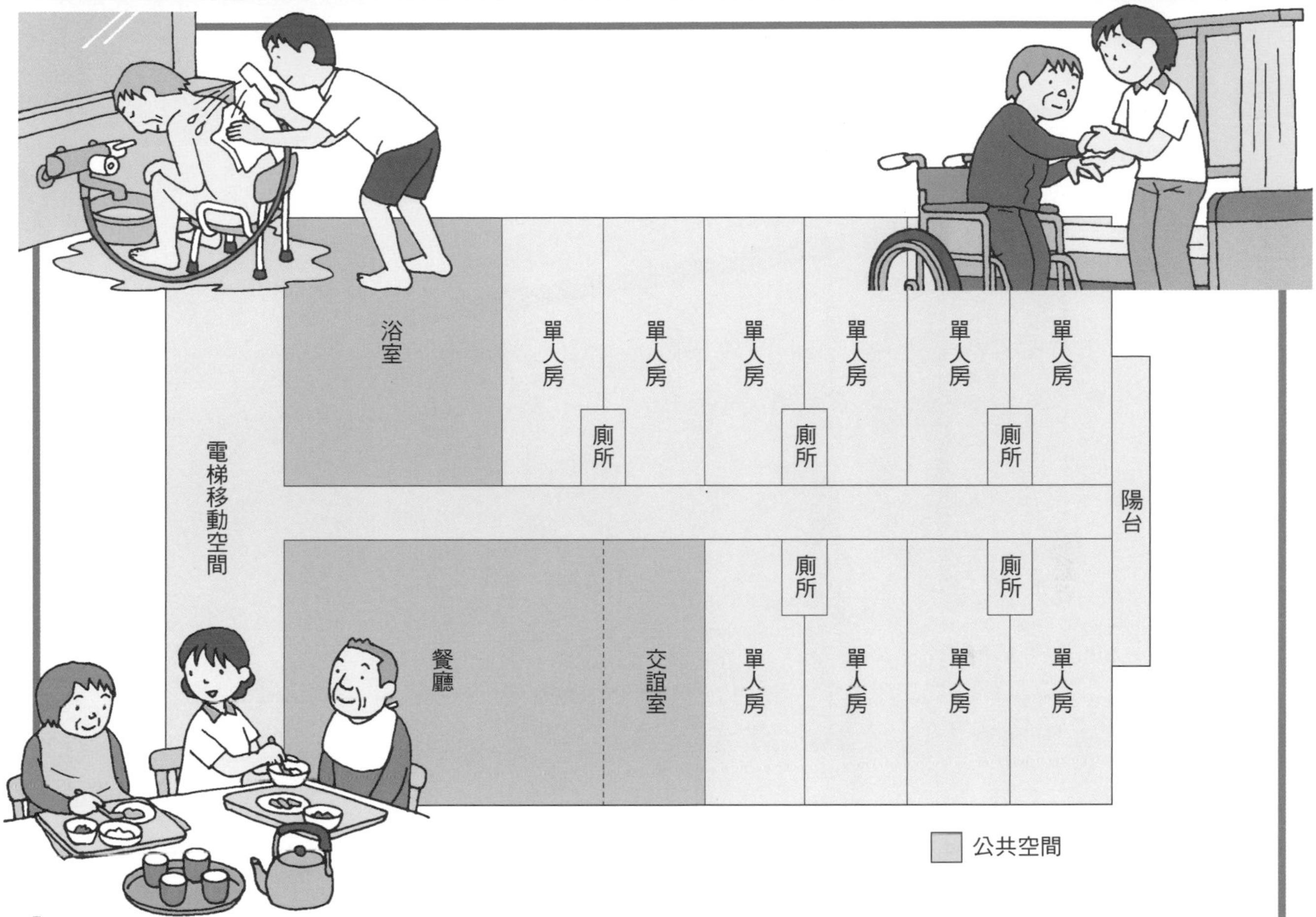

浴室
單人房
單人房
單人房
單人房
單人房
單人房
廁所
廁所
廁所
電梯移動空間
陽台
廁所
廁所
餐廳
交誼室
單人房
單人房
單人房
單人房
公共空間

套房式單人房

每月居住費 **60,000 日元**

餐廳、廚房、浴室等設備，由 10 名左右的入住者共同使用，入住者的房間全為單人房（大小約 6～8 張塌塌米）。若是廁所及洗臉台位於單人房，有時會像上方插圖一樣需共同使用。像這樣由同一組工作人員，照護約 10 名左右的入住者，便是屬於套房式照護機構。若是具備 60 床的新型特養，就會如同上方插圖，由 6 間套房所組成。

套房式類單人房

每月居住費 **50,000 日元**

有公共空間，入住者的房間為單人房。但只不過是利用隔板隔成的單人房，因此在固定牆壁的天花板不會全部封閉，無法完全獨立成單人房。

舊式單人房

每月居住費 **35,000 日元**

房間為單人房，是由 10 名左右的入住者組成一個套房。大家一起使用餐廳、廚房、浴室等設備的舊式型態；有些房間距離餐廳或浴室較遠。

多人房

每月居住費 **10,000 日元**

一間房間不會放超過 4 張床鋪的多人房。入住者不會感到寂寞，但反過來說，也無法完全維護個人隱私；從前的特養大多都屬於這種類型。

※ 每月居住費是依據一天基本費用所計算出來的大略金額。

約52萬人等待入住特養

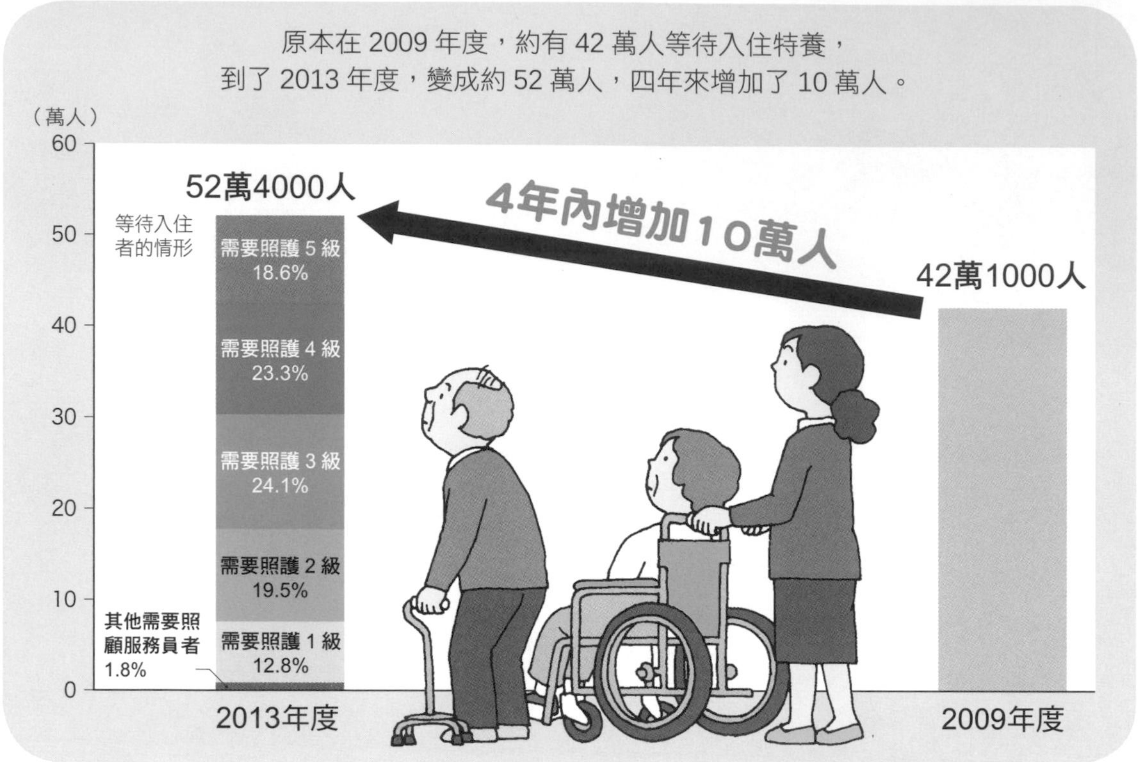
原本在2009年度，約有42萬人等待入住特養，
到了2013年度，變成約52萬人，四年來增加了10萬人。
（萬人）
60
50
40
30
20
10
0
52萬4000人
4年內增加10萬人
42萬1000人
等待入住者的情形
需要照護5級 18.6%
需要照護4級 23.3%
需要照護3級 24.1%
需要照護2級 19.5%
需要照護1級 12.8%
其他需要照顧服務員者 1.8%
2013年度
2009年度

入住條件變嚴苛了

請見上述圖表，原本在二〇〇九年度有四十二萬一千人等待入住特養，到了二〇一三年度，卻增加到五十二萬四千人。這四年來，雖然全國特養持續增加了七萬四千八百床，但是床位增加卻仍舊無法應付等待入住人數的增加。

因此，日本政府從二〇一五年度起重新修訂規定，原則上將可以入住的人限制在需要照護程度3級以上。原本特養規定需要照護程度1~5級的人才能入住，需要協助的人並無法利用特養（老健以及療養病床也有相同規定）。因此限制條件變得更多了。

仔細觀察五十二萬多名等待入住者的現狀，目前每個程度都有許多人在申請入住。預測今後輕度的申請者會減少，僅剩下重度的申請者後，等待入住的總人數將就會變少了。

但是從前特養並不像現在這樣，必須經歷千辛萬苦才能入住。自兩千年度長照保險制度實施後，大家開始了解居家服務的不足後，接受妥善照護的特養才開始逐漸備受好評。換言之，正是因為長照保險制度的推出，「從在家照護轉送養護機構」，開始蔚為風潮。

因此，過去遞交過申請書「依序等候」入住特養的制度，才會轉變成必須查核需要照護程度以及家庭狀況等條件，由需求度高者優先入住。無論哪一家特養，都會設立類似入住查核委員會小組，從等待入住的名單中，慎重篩選出入住需求度高的人選。

等候入住特養的情形，目前應該還是會持續。必須入住養護機構的人，除了特養之外，也需要將視野放寬一些。

日本特別養護老人之家的特徵

可以永遠入住

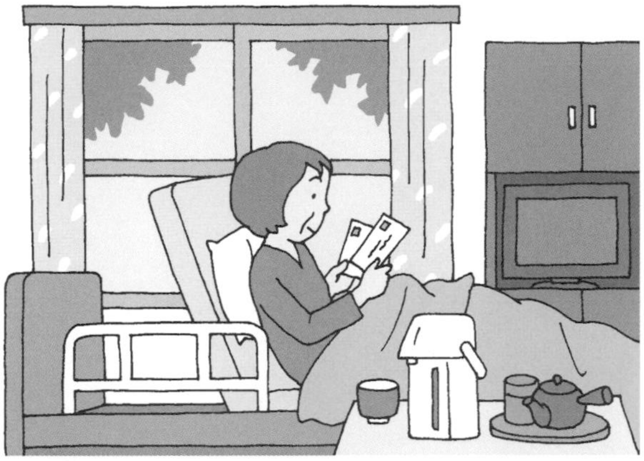

只要一入住，就能當作自己的家一樣，永遠入住直到最後一刻。目前將戶籍改到特養的人，也不在少數。

非重度很難入住

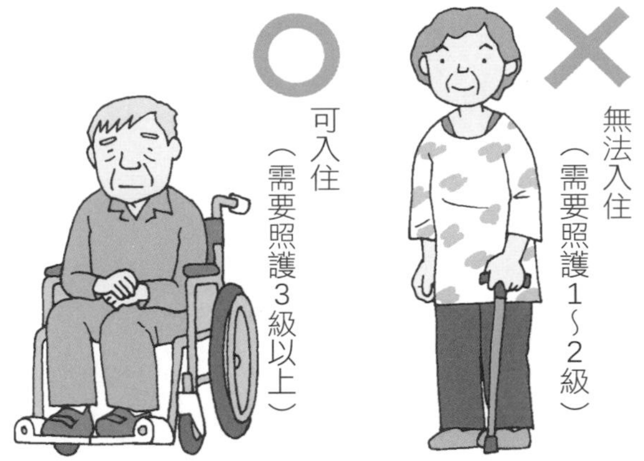
可入住（需要照護3級以上）
無法入住（需要照護1～2級）

已入住的人，即使是需要照護程度 1 ～ 2 級，也不會被要求退住，但是自 2015 年度以後想要入住的人，就必須是需要照護程度 3 級以上。

許多特養會提供臨終照顧

越來越多的特養即便臨終之際，也不會緊急運送至醫院，會負責臨終照顧（照護到死亡為止）。

長期住院會被要求退住

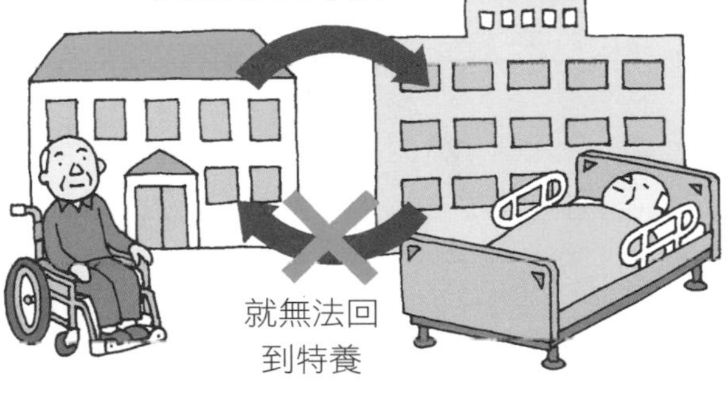
住院超過 3 個月……
就無法回到特養

住院後還是能回到特養，但是長期住院超過 3 個月後，一般就會被視為自願退住。

如何申請入住特養？

希望入住者可直接向該特養機構提出申請書。一般會由當事人習慣居住地區，以及家屬方便探望的範圍內參觀數家特養機構，再提出申請。

僅有極少數的人，會由各鄉鎮的高齡福利課作為窗口，另外也有某些地區不接受向各個特養提出申請。為了避免白跑一趟，請先詢問，或是向照護管理專員洽詢。

由於可以個別向偏好的特養提出申請，因此也能同時向數家特養申請入住。此外，在都市地區等待入住的人數非常多，所以也能申請入住在人口密度較低、偏鄉地區的特養。

只是入住到風土民情差異太大的地方，高齡者在語言（方言）或食物方面會感到不習慣，所以，應避免單純為了等待入住人數少這個理由，便向遠處的特養提出申請。（編按：台灣也有公立的養護機構，入住條件可向各地社會局查詢。）

看護老人保健機構

通常簡稱為「老健」。對於照護者而言，是最方便利用的機構之一。

接受有助於回歸家庭的復建

誰適合入住老健？

老健是專為狀態穩定、且需要有助於回歸家庭的復建活動（機能回復訓練），且需要照護程度1級以上的高齡者所成立的機構。舉例來說，在醫院接受急性期治療告一段落後，還無法回歸家庭時，會在這裡進行為期三～六個月的復建，目的是為了回歸家庭照護，即老健典型的使用法。

經營老健的負責人，以醫療法人為主的比例偏高，且大多會兼設日照服務（到院復建）或短期入住（短期入住接受療養照護），與醫院或診所攜手經營。

其必備的人員配置，為每一百名入住者設有常駐醫師一名、護理師九名、照顧服務員二十五名、照護管理專員一名，以及物理治療師、職能治療師、語言治療師各一名。相較於特養的照護環境，老健工作人員的組成更接近醫療機構。此外，最大的特徵是需要隨時接受醫療照顧的高齡者，例如裝設胃造廔管、使用氧氣機、氣切等，都能入住老健。就這點而言，老健可定位在醫院與在家照護間的角色。

一般可以入住老健的時間，以三～六個月為限。但其實只要每三個月進行監測，每六個月擬定「繼續入院」的照護計畫，就能長期持續入住。二〇一二年以後，日本政府針對積極協助回歸在家照護的老健機構加碼照護經費，未積極協助回歸在家照護的老健則減少經費，透過這些做法努力協助回歸在家照護功能。

日本看護老人保健機構的特徵

某些時段照顧服務員較少

套房的入住者，每 20 人配屬 5 名照顧服務員。由於晚班人員會在白天下班，或是安排休假，所以白天有時會出現人員較少的情形。

護理師比特養多

老健的護理師平均為特養的 3 倍，所以對於需要醫療照護的入住者及家屬而言，較為放心。

一住院就會馬上被要求退住

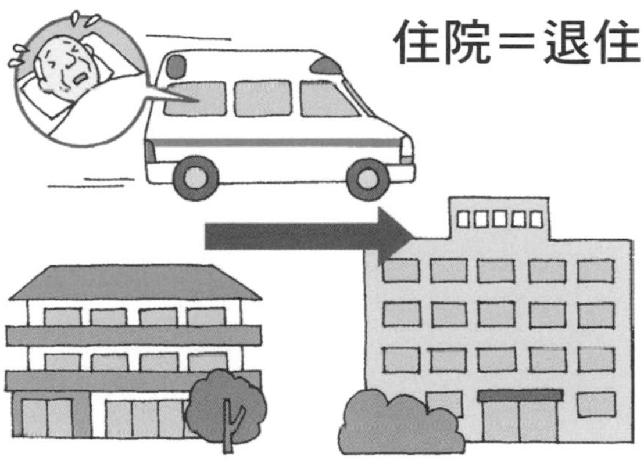

入住特養的人，即便住院也可以請特養保留床位 3 個月，但是入住老健時，一住院就會被要求退住。

逐漸改為單人套房

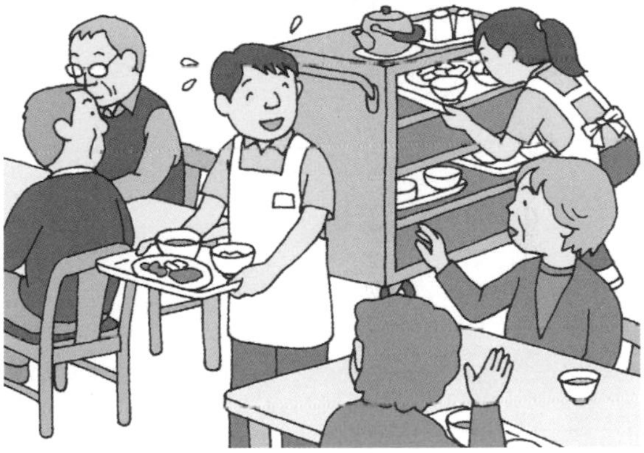

從前的老健以多人房為主，但是最新成立的老健則大多改為單人套房。

無法使用醫療保險

老健原本就是為了應付高漲的醫療費，才成立的定額護理機構。自兩千年度長照保險上路後，就與醫療保險劃清界線，成為其專用的護理機構。

因此，入住老健的高齡者，無法使用醫療保險給付。入住期間，老健的常駐醫師即為主治醫師，除了牙科以外，無法外出看診。倘若一定要到其他醫院求診，必須先請老健的主治醫師開立轉診單。

轉診時當事人只需支付門診個人負擔費用的一～三成，剩餘的七～九成則會由該醫療機關向入住的老健請款。因此，需要花費高額醫療費用的高齡者，一開始很有可能會被老健拒絕入住申請，此外也無法使用昂貴的藥物，因為老健並不是專門照顧嚴重疾病的護理機構。（編按：本篇的看護老人保健機構，類似於台灣的護理之家，許多醫院皆有附設，讀者可自行洽詢。）

看護老人保健機構

提供復建的流程

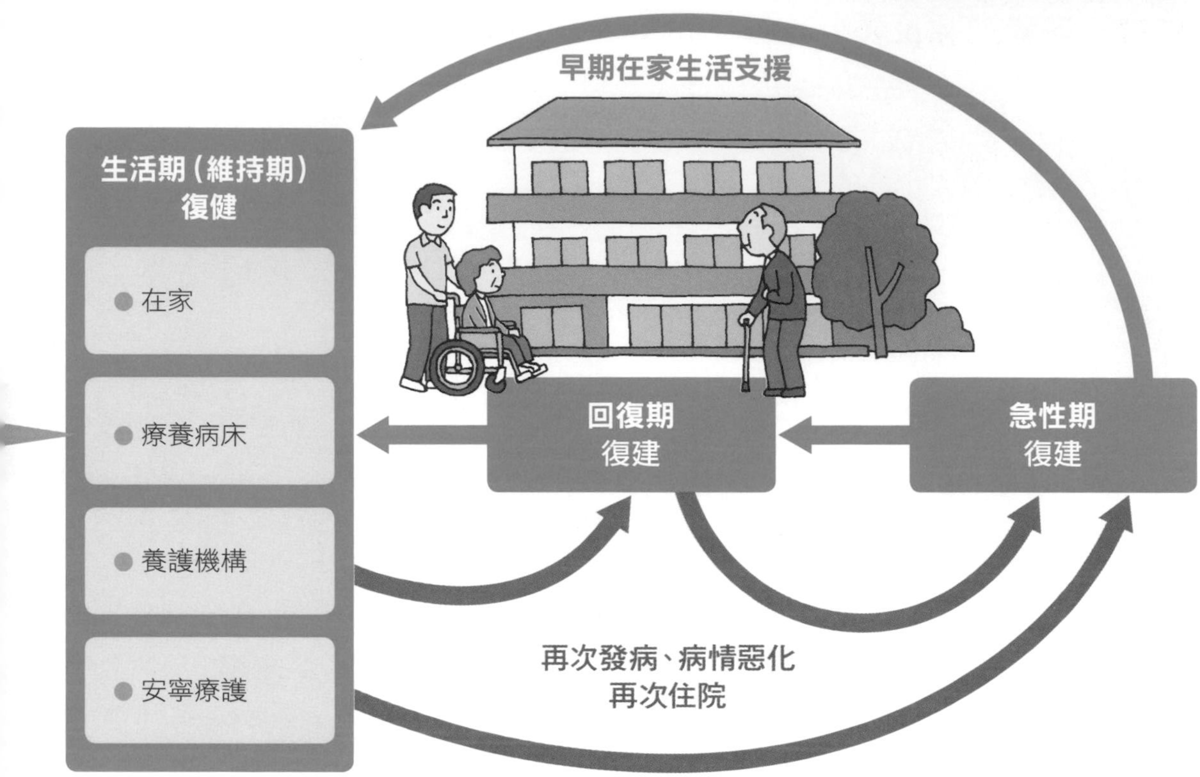
早期在家生活支援
生活期（維持期）
復健
在家
療養病床
養護機構
安寧療護
回復期
復建
急性期
復建
再次發病、病情惡化
再次住院

提早復健，避免長期臥床

上圖為復建流程（通稱為復建）。復建分成急性期、回復期、生活期（維持期）。突然發病或出現障礙的高齡者，一般都認為會經過由右至左的過程，也就是急性期↓回復期↓生活期，但實際過程是如上述圖表的演變，相當複雜。

老健是負責回復期復建的養護機構，因此，才會將老健大樓的插圖描繪在圓圈中央。這段回復期的復建如果沒有妥善發揮功能，臥床的高齡者接下來會過得相當悲慘。

當初設置老健，就是為了承接因醫療保險導致住院時間縮短的患者，幫助他們進行復建以達到可以在家生活的目的。但是由於在家照護的服務人力不足，還有家人照護能力不理想，能夠實現回歸家庭的高齡者，僅占退住老健人數的四分之一。

某段時期，老健也曾被説是「等待入住特養的養護機構」，但是由於近年來特養入住門檻升高，因此老健本身儼然變成「第二個特養」了。

最重要的是，不僅在急性期，就連回復期的復建也要盡可能提早結束，縱使多少有些不便，仍然要讓高齡者開始在家生活。北歐及西歐等復建先進國家，十分重視高齡者能「獨立生活」，會盡早讓高齡者在急性期出院，營造直接在家復建的心理準備。然而在日本卻有不少案例都是長時間入住老健，或是在好幾間老健來回進出，再轉送至療養病床。在經歷這段過程期間，有些高齡者會演變成臥床不起。

老健的職責，在於提供復健協助回歸家庭，千萬不能成為臥床不起的中途站。

「看護療養型醫療機構」受第三種長照保險認可

在前文中僅提及特養、老健、療養病床，共三種日本長照保險制度認同的養護機構（請見第二三四頁），而設有如右頁所示療養病床的醫療機構，就是屬於第三種養護機構，正式名稱是看護療養型醫療機構，可在醫院或診所院內，接受長照保險法指定的入住病房。

療養病床可分成：醫療療養病床及看護療養病床，後者已決定在不久後廢止（請見第二六一頁），屆時為避免照護難民的出現，需要合宜的配套措施。

某些利用療養病床的高齡者，治療結束後會因為家庭的關係無法出院並持續入住，被稱作「醫療人球」。

透過日照服務或短期入住，分辨養護機構的優劣

即便是從未考慮入住養護機構的在家照顧者，有時也會利用特養或老健所提供的日照服務或短期入住服務。特養的日照服務是到院照護；短期入住則是短期入住生活照護。老健的日照服務則是到院復建；短期入住則為短期入院療養照護。差別只在於老健會協助復建。

想要分辨養護機構的優劣時，如果該養護機構有提供日照服務或短期入住服務，不妨多加利用，以便觀察他們在飲食、如廁、沐浴等照護工作上是否稱職。最方便觀察的時機點就是吃午餐時，不妨趁機觀察機構讓高齡者使用的椅子，可看出其是否用心。

若直接坐在輪椅上用餐，上半身會往後仰，無法採取正確姿勢進食。請觀察養護機構，是否有確實讓高齡者移位至餐廳的椅子上坐好。

付費老人之家

這個名詞大家早就耳熟能詳，但近年來服務內容卻日漸改變。

各種入住方式

分售	租賃	終身利用權
類似分售公寓，購買所有權的入住方式。隨時都能買賣，也能繼承，需要負擔固定資產稅等稅金。	類似出租公寓，每月支付租金的入住方式。某些老人之家需同時繳納入住費，並事先支付固定期間的租金。	支付入住費用，購買限本人終身使用權的入住方式。設定償還期間，若中途退住時，一般會退還未償還的部分。

如同高齡者專用住宅

日本的付費老人之家從很久以前，就被視為高齡者的居住處所，可取得市民權。在老人福利法中，定義為「平時可接受十名以上的老人入住，以提供餐飲及日常生活所需之便利性為目的之養護機構，而非福利設施」。

入住老人之家必須注意一點，即高齡者並不需要具備要照護的條件。自二〇〇三年老人福利法修訂後，付費老人之家如左頁所示，可分成健康型、住宅型、內含照護型。

入住方式如上圖所示，共有「分售」、「租賃」、「終身利用權」三種。入住時，必須選擇最適合自己的方式。

各種類型的付費老人之家

內含照護型（一般型）

由老人之家的工作人員負責照護。每 3 名入住者，必須配屬 1 名照顧服務員。

健康型

也稱作獨立自主型。但無法提供照護，所以需要照護時就得退住。

內含照護型（利用外包服務）

照護計畫由老人之家的照護管理專員擬定，接受與老人之家簽定合約的機構負責照護。

住宅型

需要照護時，可接受外包的到府照護服務等；與一般在家照護類似。

事先確認入住時間

先了解上圖所示的各種不同類型付費老人之家後，再決定是否要入住。尤其最重要的是，應事先調查清楚，能持續入住到什麼時候。

健康型的付費老人之家，是可獨立自主的高齡者能悠閒、自在享受生活的地方，居住環境充滿度假村的氛圍。雖然等到需要照護時就必須退住，但是當入住者需要照護時，某些老人之家似乎也會事先安排之後可入住的機構。

住宅型則是即便需要照護時，當事人也能利用外包的照護服務繼續入住。只是也會出現如同第二四六頁所述的問題，必須具有分辨品質優劣的眼光。內含照護型，就是接受「特定機構」指定的類型。由需要協助程度1級的高齡者入住，可接受老人之家工作人員的隨時照護。（編按：台灣適合健康高齡者入住的機構也不少，讀者可自行向醫院或社會局查詢。）

付費老人之家的必備條件變寬鬆了

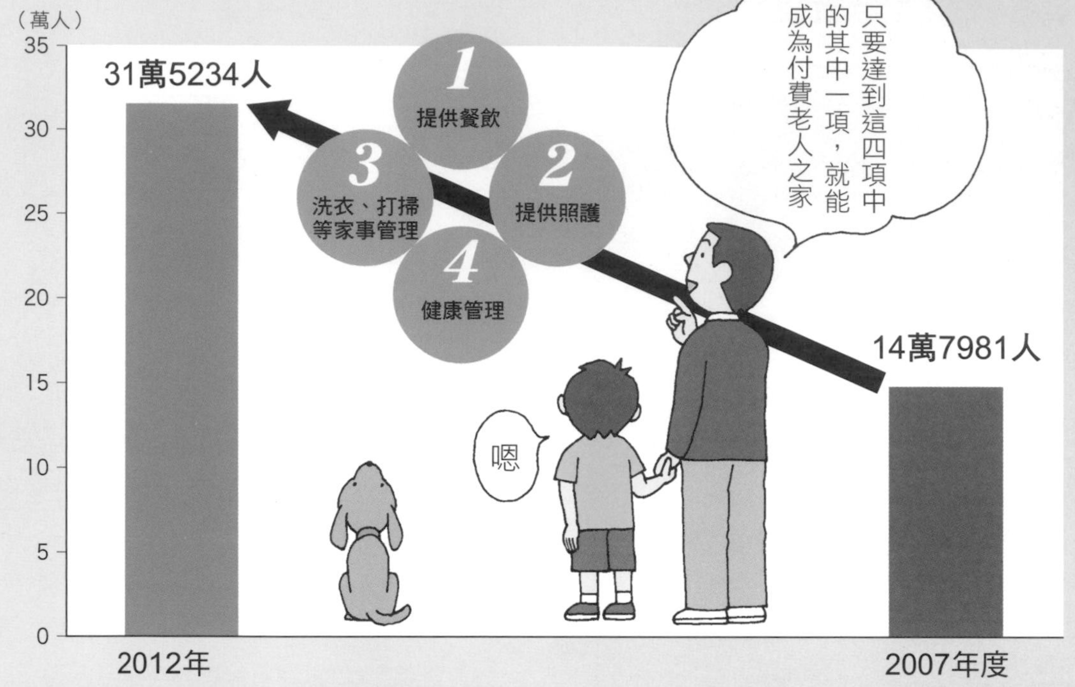
（萬人）
35
30
25
20
15
10
5
0
31萬5234人
1 提供餐飲
2 提供照護
3 洗衣、打掃等家事管理
4 健康管理
只要達到這四項中的其中一項，就能成為付費老人之家
嗯
14萬7981人
2012年
2007年度

2006 年起，付費老人之家的定義放寬，人數漸增。

近年來大幅改變的老人養護中心

日本的付費老人之家在二○○六年產生了巨大變化，這一年廢除了付費老人之家「平時需要十人以上」的入住人數限制，自此以後，只要有提供餐飲、照護、洗衣及打掃等家事、健康管理等其中一項服務，即便只有一名入住者，也能被歸類為付費老人之家。

結果如上方圖表所示，新成立的付費老人之家的數量漸增。而大多數新成立的老人養護中心，都是屬於住宅型。由於住宅型並不需要具備類似內含照護的嚴苛人員配置標準，所以較容易成立。

許多年長者一聽到付費老人之家，腦海應該馬上就會浮現需要龐大費用的高級老人之家。其實高級老人之家並不多，嚴格來說，採低價策略的老人之家才是主流。

其中必須注意的一點，就是身為住宅型，但同時也兼設在家照護支援系統，以及到府照護的老人之家。在這些老人之家當中，有些會由職員兼家事管理員，如此一來，外人完全無法一窺內部狀況，容易不清楚照護是否妥善。在簽訂合約前，請詳細調查清楚。

那家付費老人之家的評價如何？

什麼是廉價老人之家？

所謂的廉價老人之家，是為了在某些情形下無法與家人同住的六十歲以上高齡者，可免費或以低價入住的出租住宅。主要由地區政府或社會福利法人經營，共有內含餐飲的A型、自炊的B型、內含餐飲及照護的關懷機構這三種。廉價老人之家數量非常少，並非每個地方政府都會設置。但是若有無家可住的高齡者，可向政府單位詢問，或許也能找到其他經濟且從優待遇的居住處所。（編按：台灣則提供老人收容安置服務，詳細內容請洽各縣市社會局查詢。）

另有新型的關懷機構，是由地方政府購買民間營建的建築物，再委託業者經營。許多新型的關懷機構，都是屬於 10 人左右的套房式住宅照護機制。

協助重點

也能選擇保持距離

真擔心他在養護機構會被欺負

心不甘情不願卻還選擇繼續照護，照護者會因壓力過大而生病。總歸一句話，在家照護並非毫無缺點。藉由入住養護機構保持距離，有時人會變得寬容一些。與其在家照護導致關係惡化，這樣反而才算是理想的照護。

常見的煩惱

人際關係不佳

過去你讓我吃盡苦頭了

某些照護丈夫的妻子，會覺得「丈夫身體健壯時，任性妄為，讓自己吃盡不少苦頭，所以不想再辛苦照護了」。倘若過去彼此感情不好，在家照護時會處處碰壁。我們必須了解，有時無法要求照顧者，要溫柔對待被照顧者。

小規模多功能型居家照護

屬於與地區緊密結合型服務之一，可協助長期在家生活的制度。

登錄限制人數 29 名以下
「到院」限制人數 18 名以下／日
「留宿」限制人數 9 人以下／日
在家
到府
到院
人數限制在 26 ～ 29 名的機構，可以有條件地將「到院」人數限制在 18 名以下。
留宿
照護管理專員
到院
小規模多功能型居家照護機構

協助居家照護的服務

在日本，這項服務必須向所居住的縣市鄉鎮之小規模多功能型機構登錄，然後委託照護管理專員安排照護計畫，接受某一個機構的「到院」、「到府」、「留宿」服務。

需要另行支付餐費及留宿費，不過會視需要照護程度而定，以每個月為單位限制人數，再預估照護費用。由於登錄限制人數少，最多只到二十九名，因此可經常獲得機構的關懷照護。例如未同住在一起，屬於遠距離照護的家庭，就可以讓獨居以及「老人照顧老人」的父母使用這項服務，這樣即便不住在一起，也不用一直擔心父母的狀況。

如為優質的機構，或許就能成為在家照護生活，得以長久持續下去的最佳幫手。

日本的多功能居住照護機構

1 到院（日照服務）

在 29 名的登錄限制人數當中，每天最多有 18 人可以到院利用日照服務。

2 到府（家事管理）

視需求而定，可接受白天或夜間的家事管理員到府照護。

登錄機構的照護管理專員會協助安排全面的照護計畫，可隨機應變、靈活運用。

3 留宿（短期入住）

在 29 名的登錄限制人數當中，每天最多有 9 人可以利用短期入住服務。

服務與地區緊密結合

為使高齡者得以在習慣的地區繼續生活，與地區緊密結合型服務的目標，就是在各地廣設照護據點。這項服務的特徵，是只能由鄉鎮政府指定業者（其他服務由縣市政府指定），且必須為居住在該地區需要協助，或照護的老年人才能使用。

與地區緊密結合型服務的種類有很多（請見第一二六頁至一二七頁），在超高齡社的趨勢下，小規模多功能型居家照護以及團體家屋，可說是失智症照護的兩大支柱。若能妥善發揮功能，高齡者即便罹患失智症，還是能在住習慣的地區，用適合當事人的步調生活到最後一刻。因此，這類的服務甚至被要求應該要提供臨終照護。（編按：台灣也正在推廣小規模多功能服務，並針對日照中心個案提供多元服務，可自行洽詢。）

小規模多功能型居家照護的優缺點

缺點

- 改成這種服務後，即便過去已經有習慣來往的照護管理專員，也無法再委託同一個人服務。
- 即使對到院、到府、留宿的服務有任何不滿，也無法再委託其他機構提供服務。

- 屬於只有該地區居民，才能利用與地區緊密結合型服務；倘若居住的鄉鎮沒有這項服務，便無法使用。
- 餐費以及留宿費需要另行支付，所以若增加留宿天數，自費金額就會增加。
- 一旦入住特養或老健等長照保險制度認可的養護機購，就必須解除登錄資格。

優點

- 3 種主要服務皆由同一個機構負責，所以可接受長期的照護，有助於維持在家生活。

- 只需在一個機構登錄即可，不需要與不同機構簽約。
- 通常會在前一個月安排照護計畫，再視身心狀況與當天的狀況，自由選擇到院、到府、留宿服務。

- 也能在夜間提供到府照護，比起一般的到府照護，更有彈性。
- 總是由熟悉的工作人員提供服務，容易建立人際關係。

無法貼身照護孤立無援的高齡者時

協助重點

● 身邊無人可照護、可能孤立無援的高齡者，只要登錄後即可隨時提供關懷。

● 目的在於維持在家生活的狀態，無法因為孤立無援便連續留宿。

● 獨居高齡者通常不受周遭鄰居歡迎。此時須表明其能繼續在家生活的可能性，獲得鄰居理解。

● 將當事人與地區連結也是協助者的工作之一。到府服務時應向鄰居打招呼，再次建立人際關係。

許多照護書籍都會強調「應以到院服務為主」，日本政府方面的指導也是如此，但是有良心的小規模多功能型居家照護機構，則會將重點放在到府服務。除了照護計畫所規定的服務之外，倘若機構本身無法積極到府關懷，這個機構的服務便不算完善。

複合型服務更貼近需求

在日本，利用小規模多功能型居家照護後，雖然會出現無法使用長照保險制度認可的其他服務，但是自二〇一二年起，也推出了結合到府照護的複合型服務。

複合型服務是由小規模多功能型居家照護機構的照護管理專員，以一條龍的方式管理，其中包括居家護理。如此一來，對於希望臨終之前都能維持在家生活的高齡者，才能以最貼近需求的方式展現出更佳的應變力。因此自二〇一五年四月起，改名為「看護小規模多功能型居家照護」。

日本的小規模多功能型居家照護，過去一直受批評在醫療需求方面應變不佳。未來希望能與到府照護合作。

團體家屋

這是讓少數罹患失智症的高齡者，一邊接受職員照顧服務、一邊共同生活的地方。

在人數少的環境下提供家庭式的照護，讓失智症患者得以寧靜生活。
房間
公共空間
（客廳、餐廳、廚房、浴室等）
餐飲準備或採購，盡量由職員與入住者一起進行。
有 24 小時的照護，晚上由晚班職員負責。

透過共同生活，有效治療失智症狀

屬於該鄉鎮之居民，且需要協助程度在2級以上的高齡失智患者方可使用，屬於與地區緊密結合型服務的一種，正式名稱為失智症應對型共同生活照護。

入住者的人數，控制在五~九人為一組或兩組。房間基本上是四或五張塌塌米空間的單人房，如為夫妻也有雙人房可供使用。客廳、餐廳、廚房、浴室等設備，則由同一組的入住者共同使用。

在團體家屋裡，是由少數熟悉的使用者及職員共同生活。因此，失智症行為及心理症狀的治療效果相當可期，過去甚至被喻為「失智症照護的最佳服務」，非常受到家屬推崇，使用人數眾多。

團體家屋的生活情形（入住後）

能力範圍內的事情自行處理

如準備餐點或折衣服等，入住者也能參與能力範圍內的家事，屬於相當有效的失智症職能治療。

基本上是單人套房

房間原則上是單人房。某些團體家屋不會共用洗臉台及廁所，會設置在單人房裡。

可獲得24小時的照護

白天每3名入住者會配屬1名照顧服務員。另有夜間及夜班職員，令人十分安心。

在家庭氛圍下生活

在套房內的生活環境，職員都是固定的幾名人員，可一直在熟悉的入住者及職員環繞下生活。

何謂家庭式的氛圍？

失智症加劇後，會出現行為及心理症狀，有些人還會造成其他人的困擾。因此某些團體家屋會要求這種人退住，以免「擾亂家庭式的氛圍」，但是不會擾亂家庭氛圍的人，一開始根本就不會入住團體家屋。既然名為失智症應對型團體家屋，卻以失智症為由要求退住，實在矛盾至極。

另外也有某些團體家屋會要求入住者，一旦達到照護程度4～5級後就得退住。每家可入住的期間長短各異，所以入住前，應先確實調查清楚。罹患失智症的高齡者，會因為環境改變受到極大傷害。家屬應釐清在「在家庭式氛圍」這句話底下的含義。並非人數少，就一定能獲得較妥善的照護，需要一併調查照護內容再作選擇。（編按：台灣目前的失智症團家屋有七間，供中度（含）以上失智者使用，可於台灣失智症社會支持中心網頁中的「照護資源」查詢。）

團體家屋

必須能分辨照護服務的優劣

協助重點

- 務必帶著當事人前往參觀，確認是否能融入其中。若有提供短期入住等服務，請要求試住。
- 即便入住團體家屋，不擅長與人來往的人，失智症會因窩在房間裡，導致病情惡化。
- 不擅長交際者，可能並不適合一定得認識其他人，或與人交流的大型機構或日照服務。
- 入住後經過幾年，入住者會逐漸高齡化。需要照護的程度較高，無法隨意外出，並不等於此處為不適合的團體家屋，應視照護服務優劣加以分辨。

分辨的重點之一，就是夜班體制。最理想的狀態是，每一組套房有2名夜班人員，即便只配置1名，如果是由資深照顧服務員或負責人輪夜班，也值得信賴。

機構品質差距甚大，請仔細挑選

人數少，可獲得家庭式照護的另一面，也代表著團體家屋容易出現封閉性的危險。過去也曾發生職員虐待入住者的事件，所以必須確認是否為開放性的團體家屋。

最理想的狀態是，入住者有許多購物或散步等外出機會，但是團體中心經營得越久，入住者的高齡化情形也會加劇。如果無法隨意外出，是否為開放性的團體家屋，例如：會有義工頻繁出入，或是參觀者及到院探望的人數較多等，便很重要。照護涵蓋程度高的團體家屋，甚至還會負責臨終照護。

此外，由於過去曾多次發生團體家屋失火的意外，因此也必須裝設消防灑水系統。

入住團體家屋後，維持殘存能力很重要

入住團體家屋後，會由團體家屋內的照護管理專員擬定照護計畫（失智症對應型共同生活照顧服務員計畫）。在這項計畫當中，會安排外出或參加地區活動的行程，以達成維持入住者殘存能力之目的最為理想。

除此之外，正如同入住內含照護的宿舍一般。入住者必須全額負擔長照保險中一～兩成的自付額與生活費（居住費、餐費、水電費、紙尿褲費等）。入住時，有時需繳交保證金及入住金，所以必須事前研討全部費用。

入住團體家屋的人，正如同「居住在另一個『家』一樣，還是以該地區的一份子生活，不會被排除。」

入住團體家屋前的必備知識

緊急求診時

到醫院求診時，一般會由家人陪同。問題若在某天突然腳痛必須上骨科求診時，必須確認職員是否能夠協助送院。

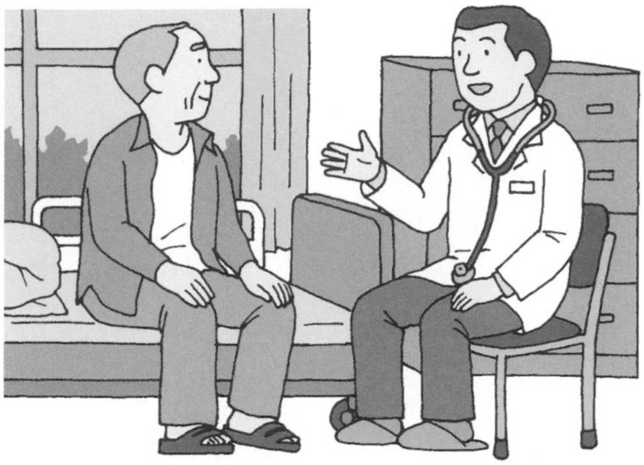

與醫療的結合

由於並未規定得配置護理師，所以應確認是否有與醫療機關保持合作關係。如果合作的醫療機關有醫師定期出診，較令人安心。

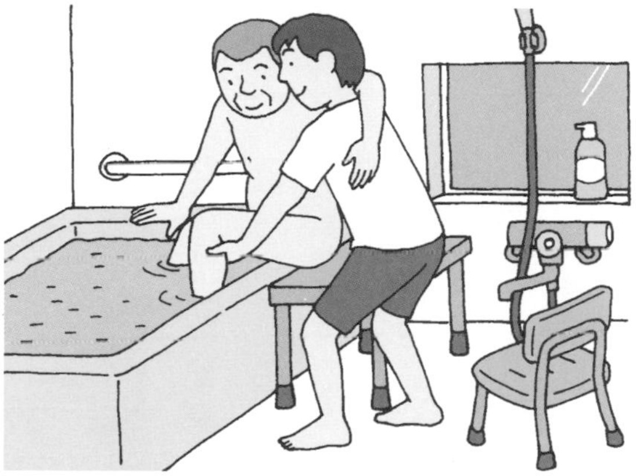

無法入浴時

有些年高齡者臥床不起後，會因為「缺乏機械沐浴設備」等理由被要求退住。因此，團體家屋最少應具備可協助進入家庭用浴缸沐浴的照護能力。

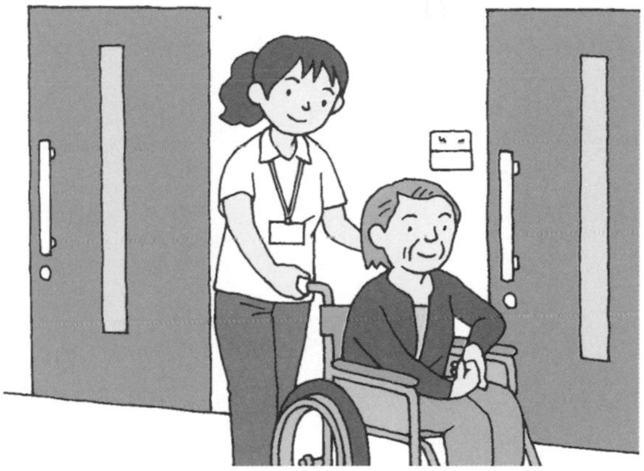

是否會協助照護

應確認即便身體狀況演變成必須隨時有人幫忙推輪椅時，是否還會協助照護；也應確認是否會協助用餐或更換紙尿褲。

男女共同生活的不便

某些機構無法從客廳看見所有房間外觀，所以即便男性進入女性房間也無從發現。再加上有跌倒的風險，所以必須注意照護上是否有死角。

家人是否能前往探訪

如果房間只有睡床，即便家人來訪也無法在房內喝茶。必須詢問是否可自行添購桌子，以便擺放家人帶來的餐點。

內含服務的高齡者專用住宅

近年來照護與醫療常攜手合作，可協助高齡者的住宅不斷進步中。

定期巡迴、隨時應對型的到府照護服務
內含服務的高齡者專用住宅
（由日本政府共同管理）
醫療及照護服務
診所、到府照護機構、家事管理機構、日照服務中心
即居住在習慣的環境下，接受必須的服務繼續生活。

適合高齡者，可長期租用的住宅

將過去以高齡者為導向的出租住宅，在法律上統一規範，成為日本政府推動建設的內含服務高齡者專用住宅（服高住）。此為滿足無障礙設施及確認安全無虞等，關懷高齡者基本生活條件的出租住宅。

最大的特徵就是無法因長期住院等理由，由房東片面解約，所簽訂之合約都是以高齡者能居住穩定為出發點。此外，不會徵收押金、房租、服務等額外費用，也有歸還預付金之規定，以確保房客權益。

對象為高齡單身者或高齡夫妻，但是需要協助程度1級以上，且未滿六十歲的人，也可以入住。

內含服務的高齡者專用住宅生活情形

有無障礙設施

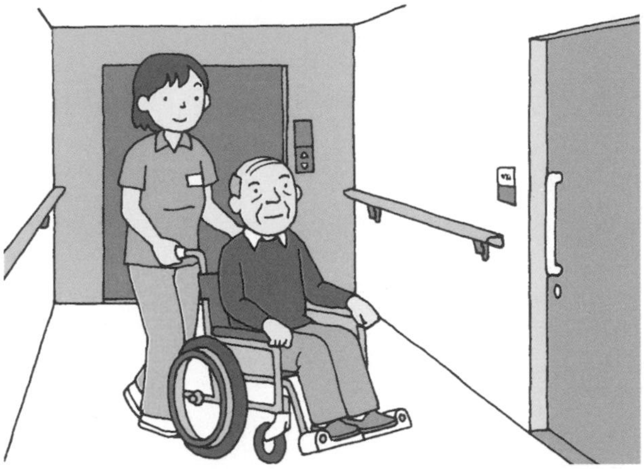

地面無落差，且附有扶手的無障礙設施。走廊加寬，以便輪椅通過。

房間空間寬廣

原則上為 25 坪以上（若共用廚房，也有 18 坪以上），類似一房公寓，面積比養護機構的單人房大。

可在習慣的地區生活

只要入住在過去居住的熟悉環境附近，就能維持現有的人際關係，繼續生活。

內含安心的服務

白天有照護人員常駐，負責生活諮詢及確認安全；也設有通知人員的呼叫鈕。

不一定提供照護

此類住宅很適合還不夠資格申請長照保險認可養護機構的人，預期老後生活的不便而入住。為了解決過去存在已久，房東不願意與高齡者簽訂租賃合約的問題，日本才會訂立規範推出此類住宅。

需要照護的入住者，可以利用長照保險提供照護服務。此時只要所入住的內含服務高齡者專用住宅，已接受特定機構之認證，即可接受該住宅工作人員的照護，但是未接受認證時（大多不接受認證），則可利用外包服務。

內含服務的高齡者專用住宅，必須負責生活諮詢與確認安全，但是若非認證機構，就無法向常駐的工作人員要求上述工作以外的服務，所以無法像特養或是內含照護的付費老人之家一樣，照料生活，照護服務得委託外包機構。（編按：台灣也有業者自行推出適合高齡者居住的銀髮住宅，讀者可自行洽詢。）

內含服務的高齡者專用住宅

以地區性照護系統為中心的「居住處所」

醫療
○○醫院
到院
照護
到家
居住處所
自宅、內含服務的高齡者住宅
地區性支援中心
照護管理專員
到府照護、照顧服務員
生活支援、預防照護
老人社團
自治會
預防照護
生活支援等

年紀增長後，建議搬入居住

目前日本的高齡者單身家庭，或是只有高齡者同住的家庭，不斷增加當中。但是與照顧、醫療有合作關係，能夠支援這些高齡者家庭，內含服務的住宅卻供不應求。

在北歐及西歐等福利先進國家，當事人需要看護或照護後，一般都會結束在自宅的生活，搬進居住地區所成立的高齡者專用住宅。因為在這些國家，幾乎只要孩子成年後就會離家，剩下夫妻兩人居住在自宅中，等到無法自理生活時（或是只剩下一個人時），就會決定處理自宅。政府也會態度強硬地指導大家比照辦理，讓他們搬進高齡者專用住宅居住，自在地安享晚年。由於並非養護機構，所以也不需要改變生活習慣。

「住習慣的地區」如何定義？

請參考右頁的插圖，這就是日本政府未來想實現的「地區性照護系統」之概念。地區性照護系統意指：「以提供所需的住宅為基本方針，此外為確保生活上能過得安全、安心、健康；除了醫療、照護、預防照護之外，也會在日常生活中，適當提供包含福利服務等，各式生活支援服務之地區性體制」。

因此，希望能夠實現大致上在三十分鐘內即可提供所需服務的體制。

行政用語上的地區，幾乎等同於「日常生活範圍」的意思，一般指的就是「學區」。表示平均人口約在 1 萬 2000 人的範圍內。

慎選高齡者專用住宅，避免入住時發生危險

比較健康的高齡者，如果入住內含服務的高齡者專用住宅，或許可視身心機能衰退程度再增加服務，以因應老化情形即可。但是已全面接受醫療及照護服務的高齡者，一旦入住就會引發問題。

某個團體家屋無法依規定設置消防灑水系統，因而改為內含服務的高齡者專用住宅。結果因為照護服務驟減的關係，據說引起許多入住者的恐慌，其至有人因此死亡，所以必須多加留意才行。

內含服務的高齡者專用住宅，建議還是在身體衰退程度較輕時入住，再依需求增加照護服務，讓當事人逐漸順應老化現象。

一般醫院與老人醫院

無論是照護人員或是家屬，必須事先了解慢性期醫院的存在性，及為何需要入住。

急性期醫院

因應心肌梗塞或腦血管障礙等，急性疾病症狀處理的醫療機關。可進行高度的醫療處置，甚至在救回一命後，還可導入復建治療，轉換醫療處置方向以達到初期穩定狀態。

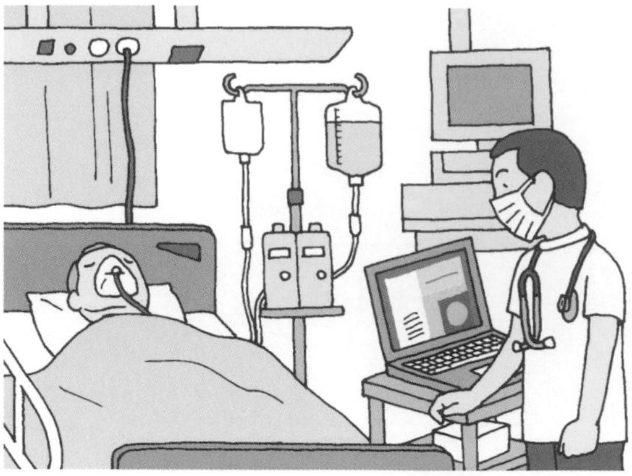

回復期醫院

當患者從急性期醫院轉院過來後，再緊接著進行復建，以幫助回歸家庭的醫療機關。一般會依不同疾病限制住院時間，例如必須在發病或手術後２個月內出院。

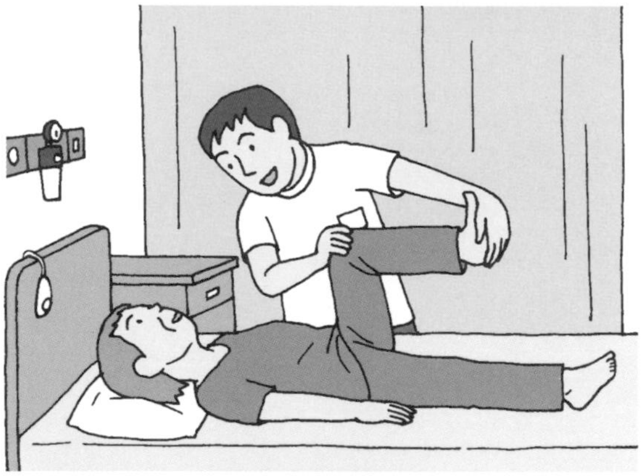

慢性期醫院

症狀穩定但無法回歸家庭的患者、需要長期接受醫療觀察的患者等，需要入住的醫療機關。又分為一般病床、醫療療養病床、照護療養病床等。

事先了解醫院種類

在日本，診所及醫院病床（住院病床）應具備的機能如上圖所示，分成急性期、回復期、慢性期。但在制度面而言，只會大致區分成一般病床或療養病床，而且每家醫療機關的功能劃分並不明確。

因此經由數次修訂醫療法後，才進展到「細分並相互搭配病床功能」，以提供符合超高齡社會的醫療制度，而今病床功能將區分成：「高度急性期」、「急性期」、「回復期」、「慢性期」這四種。

未來日本政府會設定各科醫療的所需病床數，其最大目的便在於減少無法從回復期醫院回歸家庭，滯留在慢性期醫院的高齡者人數。

日本廢止、刪減療養病床的現況

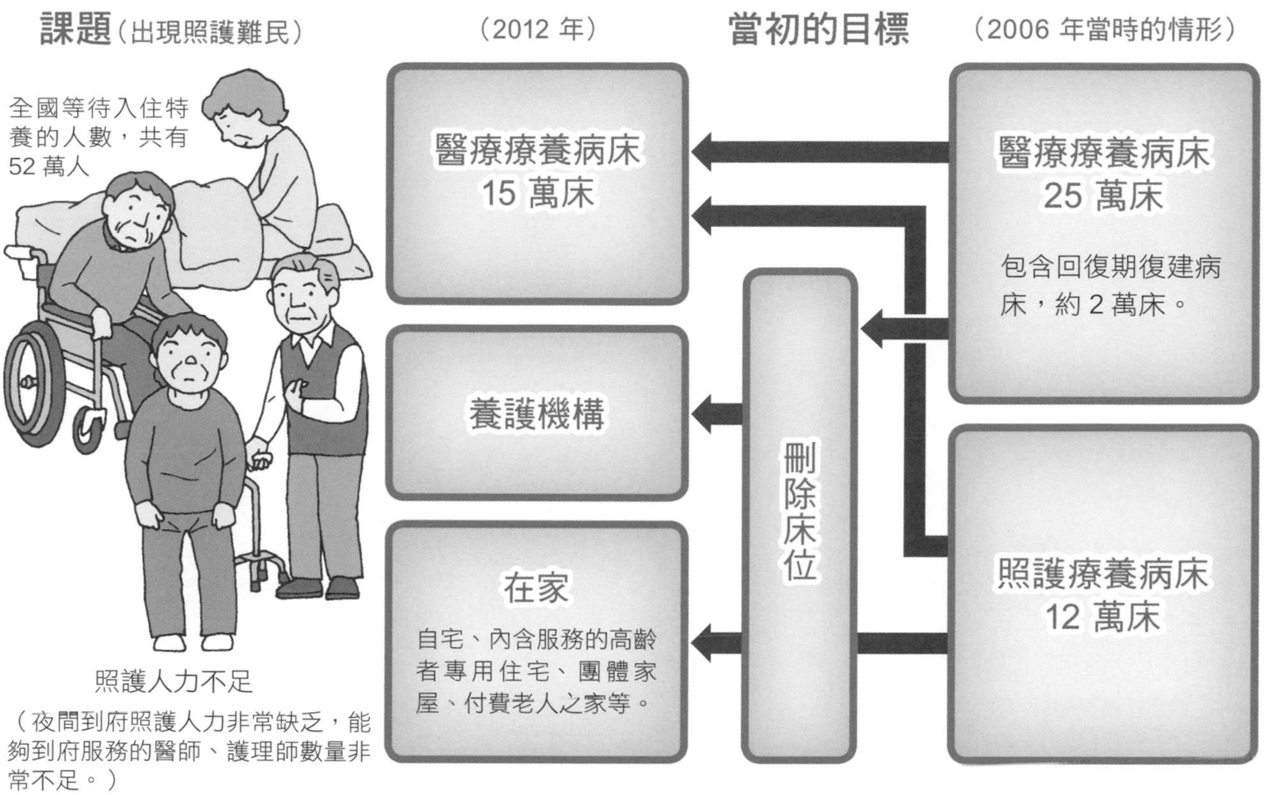
課題（出現照護難民）
全國等待入住特養的人數，共有52萬人
照護人力不足
（夜間到府照護人力非常缺乏，能夠到府服務的醫師、護理師數量非常不足。）
（2012年）
醫療療養病床
15萬床
養護機構
在家
自宅、內含服務的高齡者專用住宅、團體家屋、付費老人之家等。
刪除床位
當初的目標
（2006年當時的情形）
醫療療養病床
25萬床
包含回復期復建病床，約2萬床。
照護療養病床
12萬床

療養病床與一般病床的差異

在日本，所謂的療養病床，就是除了精神疾病、感染症、結核病外，需要長期療養的患者所使用的病床。一般病床則是指排除上述所有狀況的病人，其使用的病床。

療養病床與一般病床最大的差異，在於病床的面積及環境。傳統的一般病床面積狹窄（也包含急性期醫院），僅不到一坪，相較之下療養床病的面積則有約兩坪，還設有機能訓練、交誼室、餐廳、浴室等設備。此外，療養病床的醫療費基本上是定額制。

減少住院而刪減病床

如同在下一篇的「戰後醫療制度變遷圖」所示，過去日本政府推出全民保險制度後，由於老人醫療免費，因而掀起一股興建醫院的熱潮。其中，大多數興建的都是老人醫院或精神科醫院，所以才會導致發生濫用藥物、濫用檢查之醫療行為。其中更有六人房、八人房等惡劣環境的存在，日常生活更會進行許多約束。

八〇年代以後，日本政府修訂醫療法，將醫療方針轉向為促進在家醫療，才出現療養型病床。後來在長照保險制度上路之際，療養病床被區分成使用醫療保險的醫療療養病床，以及使用長照保險的照護療養病床。今後將大幅刪減醫療療養病床，且預定全面廢止照護療養病床。（編按：目前台灣的醫院類型也如日本，分為急性或慢性等不同，建議讀者可詢問就診醫院，提供高齡者適合的照護。）

日本戰後醫療制度的變遷圖

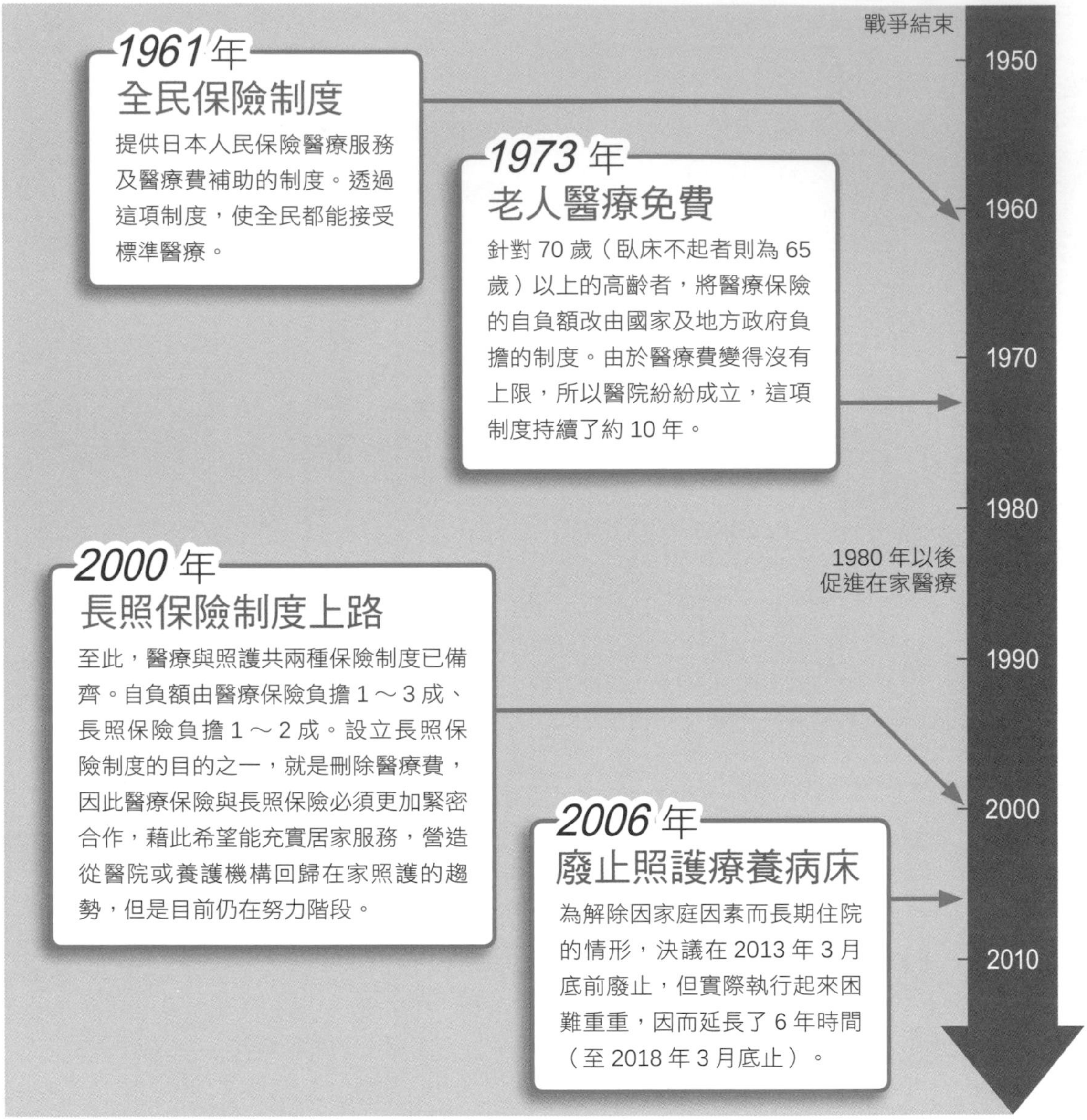
（年）
戰爭結束
1950
1960
1970
1980
1990
2000
2010
1961 年
全民保險制度
提供日本人民保險醫療服務及醫療費補助的制度。透過這項制度，使全民都能接受標準醫療。
1973 年
老人醫療免費
針對 70 歲（臥床不起者則為 65 歲）以上的高齡者，將醫療保險的自負額改由國家及地方政府負擔的制度。由於醫療費變得沒有上限，所以醫院紛紛成立，這項制度持續了約 10 年。
1980 年以後
促進在家醫療
2000 年
長照保險制度上路
至此，醫療與照護共兩種保險制度已備齊。自負額由醫療保險負擔 1 ～ 3 成、長照保險負擔 1 ～ 2 成。設立長照保險制度的目的之一，就是刪除醫療費，因此醫療保險與長照保險必須更加緊密合作，藉此希望能充實居家服務，營造從醫院或養護機構回歸在家照護的趨勢，但是目前仍在努力階段。
2006 年
廢止照護療養病床
為解除因家庭因素而長期住院的情形，決議在 2013 年 3 月底前廢止，但實際執行起來困難重重，因而延長了 6 年時間（至 2018 年 3 月底止）。

在家照護是未來趨勢

日本於一九六一年實施全民保險制度，全國成立了不少國保診所、國保醫院，以求醫療符合所徵收保險費之公平化原則。此外自一九七三年起，老人醫療免費化之後，更掀起興建老人醫院的風潮。

因此，才會演變成住院病床為數眾多（據說是世界第一）的情形。一九六〇年時，原本在醫院死亡的人數只有兩成，現在則增加至八成。

高齡者會在醫院去世，原因正是出在缺乏在家醫療或家庭核心化，導致照護能力不足的關係。在這當中，其至出現「因家庭關係」造成想出院也無法如願的高齡者。雖然日本政府致力於刪減療養病床，朝回歸家庭而努力，但也因此必須充實居家服務才行。（編按：台灣目前也與日本相同，致力減少長期住院。）

盡快從醫療轉換成照護

協助重點

- 脫離急性期後應盡早出院。若有房子，最重要的就是回歸自宅。
- 即便在回復期醫院可以進行復建，但是除了訓練以外的時間，都得躺在病床上度日。
- 急性期、回復期過後，就是漫長的慢性期。應將這段期間視為生活期，藉由日常活動進行復建。
- 出院後就不再是病人，而是一般人。僅在需要協助時給予幫忙，慢慢增加自己可以完成的事情。

不能對醫院及養護機構抱持過多期待。為了接受復建而延長住院時間，對身體反而會出現反效果。所謂「日常活動就是最佳的復建」，應盡早回復正常生活，享受人生。

高齡者若長期住院，容易臥床不起

長期住院會引發廢用症候群（請見第二三八頁）。因為會嚴重影響身體健康的因素，並非疾病或受傷等造成住院的原因，而是因為整天躺在病床上。

急性期醫院並不允許長期住院，但是也有些專家認為，這段住院期間其實已經過長了。日本會讓病患在一～三個月內出院，但是歐美先進國家平均住院天數只有四～五天。如果轉至慢性期醫院繼續躺在病床上生活，臥床不起的機率將會有增無減。

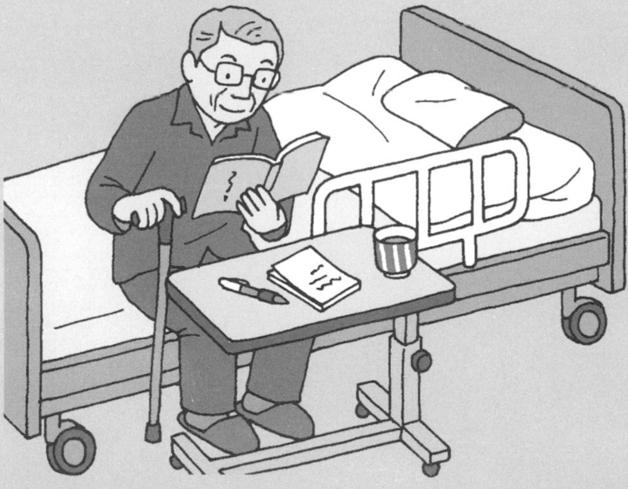

過了急性期後，白天一定要離開病床並坐起，雙腳著地過生活。若不這麼做，會引發廢用症候群，變成臥床不起。

固定就診醫師及出診醫師

為了實現在家照護，必須找到固定就診的醫師與能出診的醫師。

固定就診的醫師

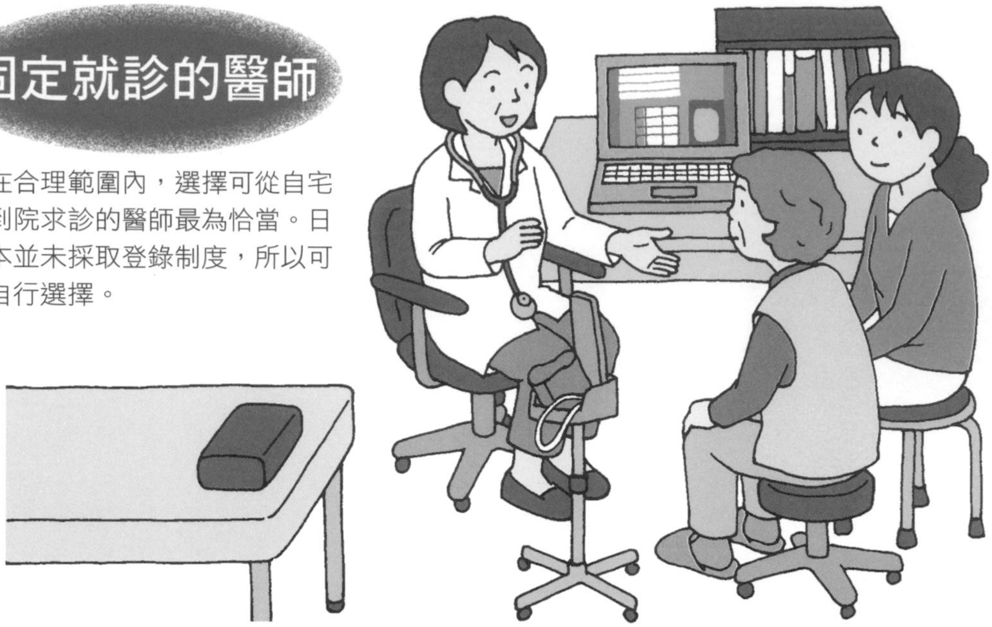

在合理範圍內，選擇可從自宅到院求診的醫師最為恰當。日本並未採取登錄制度，所以可自行選擇。

出診醫師

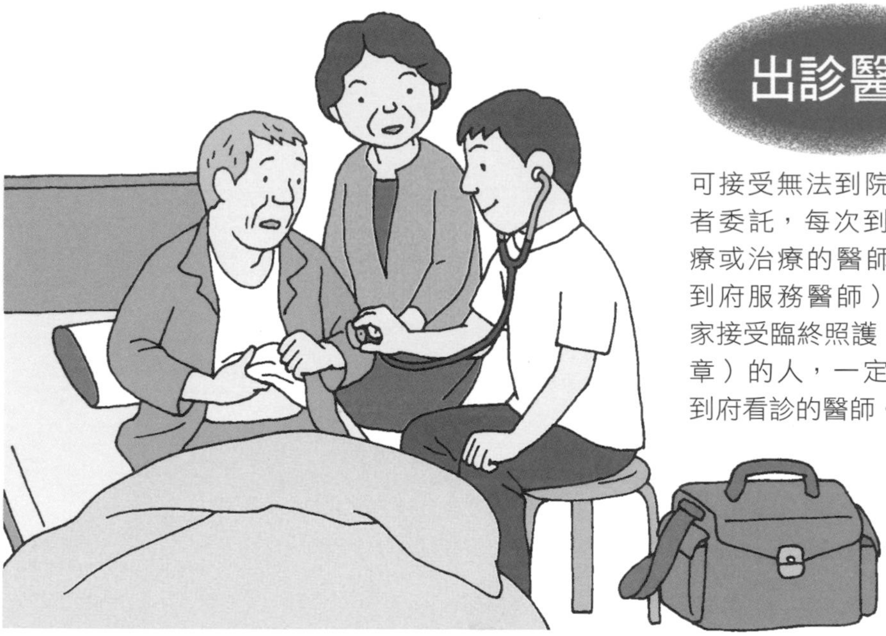

可接受無法到院求診的患者委託，每次到府進行診療或治療的醫師（不同於到府服務醫師）。想要在家接受臨終照護（請見第9章）的人，一定要找到能到府看診的醫師。

所謂固定就診醫師，必須能全面看診

所謂固定就診醫師，即經常前往看診的醫師。罹患慢性病的患者，會有定期前往看診的醫師，如果沒有慢性疾病，當身體不適時就會立刻前往看診的醫師，也可當作是固定就診醫師。

問題在於，這位醫師是否能診療任何疑難雜症。以日本為例，從醫學系畢業再通過醫師國家考試後，即可在醫療法規範下，開設任何一種科別的診所。在此制度下，許多開業醫師都會以專科醫師自居。

原則上醫院才會存在專科醫師，診所的固定就診醫師，不受專科領域限制，必須為可全面看診的綜合醫師。

日本在家療養支援診所的服務內容

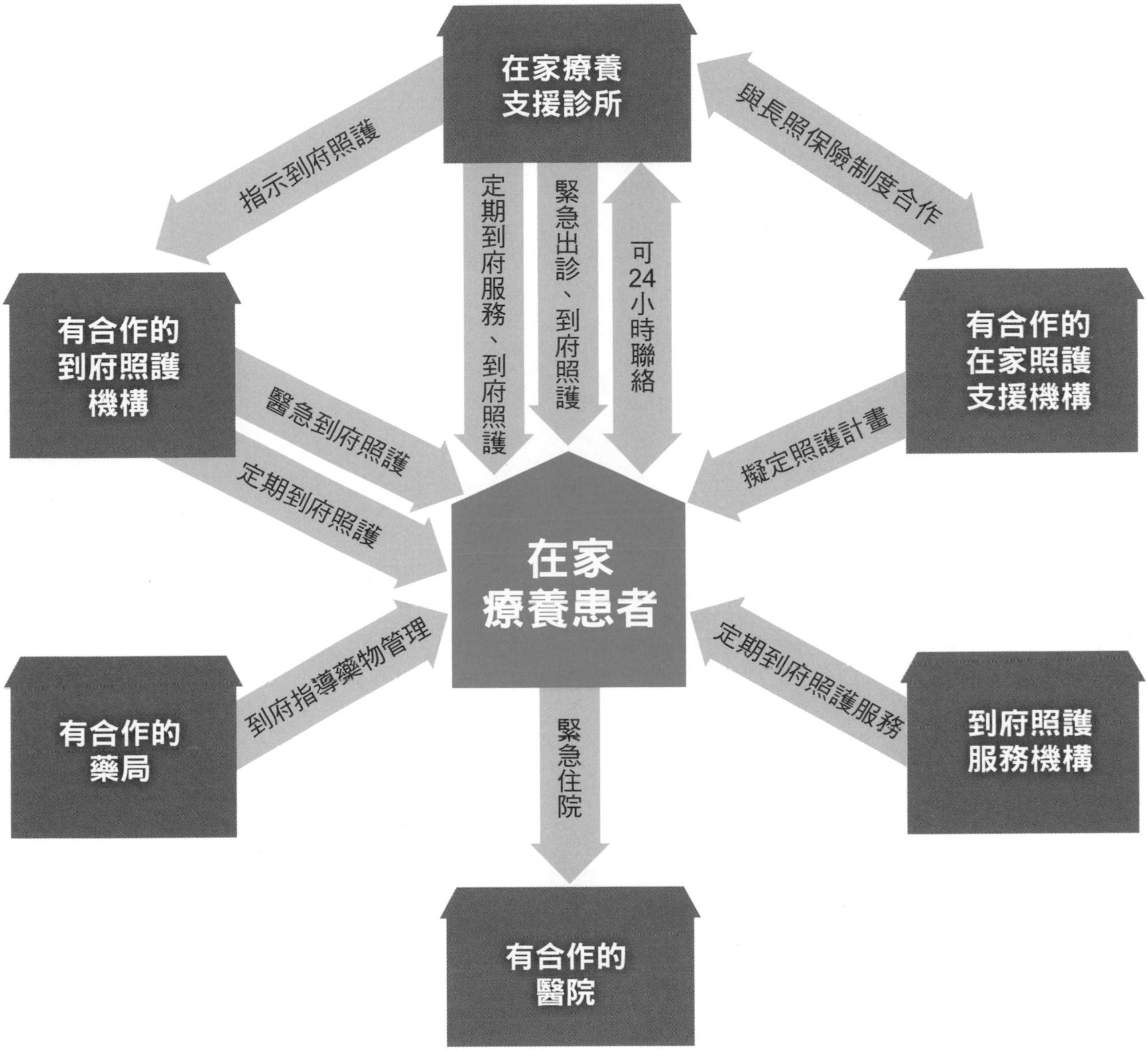
在家療養
支援診所
指示到府照護
與長照保險制度合作
定期到府服務、到府照護
緊急出診、到府照護
可24小時聯絡
有合作的
到府照護
機構
有合作的
在家照護
支援機構
醫急到府照護
定期到府照護
擬定照護計畫
在家
療養患者
到府指導藥物管理
定期到府照護服務
有合作的
藥局
到府照護
服務機構
緊急住院
有合作的
醫院

支援在家療養的診所

日本近年來，也在重新檢討一次醫療、二次醫療的問題。即在整個求診過程中，首先患者必須接受區域性固定就診的醫師看診（一次醫療），取得需要高度治療的轉診單後，再到二次醫療的醫院接受專科醫師看診。

二〇〇六年醫療法修訂後，在家療養支援診所配置了可二十四小時聯絡的醫師或護理師，鼓勵大家減少住院進而在家療養。如上圖所示，架構出聯絡網後，即可支援在家療養患者，在住家附近，若配有這種聯絡網，即是最可靠的醫療體制。目前日本共有超過一萬間的在家療養支援診所。

一般會透過到府服務與出診支援在家醫療。前者為定期至患者自宅服務；後者是突然不適時，接受患者或家人要求，不定期到府看診。

固定就診醫師及出診醫師

規範固定就診醫師職責的歐洲醫療制度

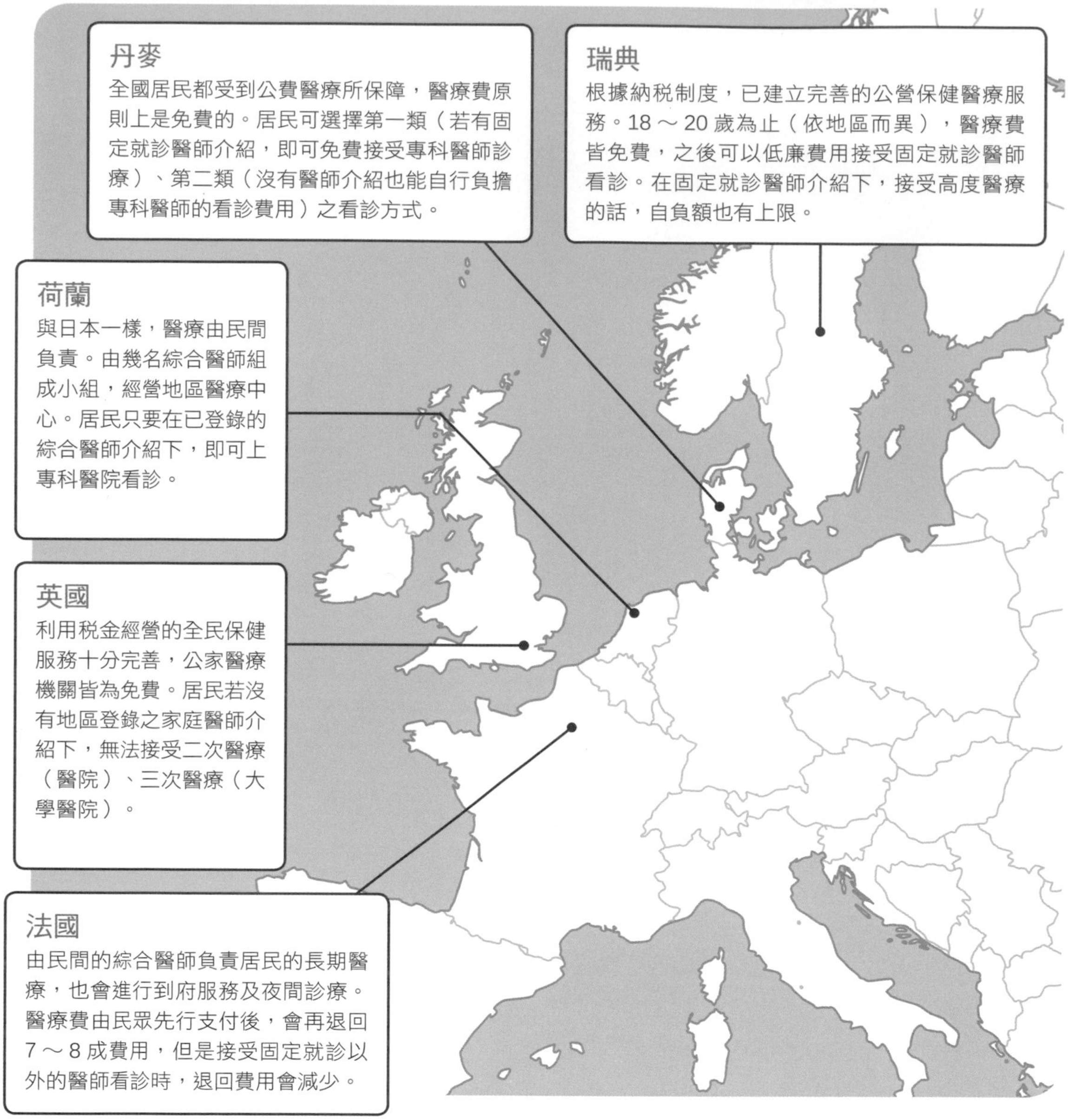
丹麥
全國居民都受到公費醫療所保障，醫療費原則上是免費的。居民可選擇第一類（若有固定就診醫師介紹，即可免費接受專科醫師診療）、第二類（沒有醫師介紹也能自行負擔專科醫師的看診費用）之看診方式。
瑞典
根據納稅制度，已建立完善的公營保健醫療服務。18～20 歲為止（依地區而異），醫療費皆免費，之後可以低廉費用接受固定就診醫師看診。在固定就診醫師介紹下，接受高度醫療的話，自負額也有上限。
荷蘭
與日本一樣，醫療由民間負責。由幾名綜合醫師組成小組，經營地區醫療中心。居民只要在已登錄的綜合醫師介紹下，即可上專科醫院看診。
英國
利用稅金經營的全民保健服務十分完善，公家醫療機關皆為免費。居民若沒有地區登錄之家庭醫師介紹下，無法接受二次醫療（醫院）、三次醫療（大學醫院）。
法國
由民間的綜合醫師負責居民的長期醫療，也會進行到府服務及夜間診療。醫療費由民眾先行支付後，會再退回 7～8 成費用，但是接受固定就診以外的醫師看診時，退回費用會減少。

歐洲的醫療劃分

在日本，通常一生病就上大醫院求診，因此最近大醫院紛紛將初診費用提高，或規定沒有轉診單便無法接受看診，推動與固定就診醫師間的功能劃分。

在歐洲，無法直接上大醫院求診。在區域性開業的醫師多為綜合醫師，會為患者進行全身診療，若被判斷需要接受專科醫師看診時，才能取得轉診單轉往大醫院看診。

歐洲的綜合醫師除了內科之外，也兼任小兒科、骨科、耳鼻喉科等。居民一般會搭配一名綜合醫師，由這名醫師看診至年長。反過來說，綜合醫師也能細心觀察患者的日常狀況，甚至會負起臨終照護的責任。另外，也有幾名醫師組成小組，開設綜合醫師診所的例子。（編按：台灣目前也致力推動醫療功能劃分，避免民眾濫用急診。）

如何尋找可出診的醫師？

協助重點

- 尋找可協助在家醫療的醫療機關時，必須限制在從自宅開車三十分鐘內可到達的地方。
- 以日本而言，在一般社團法人「全國在家療養支援診所聯絡會」的官方網站上，就有公開的診所名單可供參考。
- 若在官網找不到，可向區公所、地區性支援中心、各地醫師公會等處洽詢。
- 如有兼設到府照護機構，或有與到府照護機構合作的診所，在醫師指示下會有護理師到府服務。

（編按：台灣讀者若有需求，可向各地長照管理中心詢問並提出申請。）

如果不需要住院，不妨利用到府服務或出診服務在自宅療養。若採行這種體制，未來也能在自宅進行臨終照護。

充實居家服務，減少住院人數

在自家居住會被熟悉的人事物環繞，來到醫院就只能看到一堆病床。有些患者在醫院無法正常生活，所以長時間住院會使身心陷入廢用症候群（身體會變得臥床不起，精神上會導致失智症）。日本相較於歐美國家，若以人口數來計算，病床實在過多了。其至有些專家直接表明：「確實需要可進行手術的急性期醫院，但是並不需要住院設施充足的大型醫院。」

由於日本長照保險制度長期優待養護機構，因此才會無法抑制讓家人入住養護機構的趨勢，為此必須更充實居家服務才行。

到診所接受門診的患者，平均年齡一直上升。接下來一定要由各地區開始守護在家的高齡者，而非老是依賴大型醫院或養護機構。

專欄 8

認識日本的「留宿日照」服務

日本長照保險制度中的日照服務，屬於當天來回的服務。目的若為留宿，而在其他機構利用短期入住服務時，可稱為一般的照護計畫，有些機構可在同一處接受日照及短期入住服務。

不過，也有越來越多小規模的日照服務機構，開始提供可留宿的「留宿日照服務」，也就是白天的日照服務。是以長照保險制度認同的養護機構之身分提供服務，從傍晚起到隔天早上為止，則由保險規範外的其他營運事業提供留宿服務。

自二〇〇七年左右開始，新增留宿服務（以超低價提供一宿二食），以爭取長照保險日照服務使用者的商業模式與日俱增。小規模型態的日照服務機構數量倍增，其中許多機構皆提供「留宿日照」的服務。

這種商業行為會開始興起，正是因照護人力不足，無法在家生活的高齡者變多的關係。某些家庭希望養護機構也能廉價提供夜間留宿服務，於是才會陸續出現養護機構從其他的日照服務改成留宿日照服務的情形。其中，某些「留宿日照」機構，甚至會將高齡者關在惡劣的環境當中，更有人投訴這些機構問題重重，例如不分男女全都擠在一起睡覺、不負責照料起居、強制穿紙尿褲（夜間不會更換）、無執照者負責夜班工作等。

東京、大阪等這幾個縣市，雖然已制定經營規範，但是並不具有法律約束力，導致機構若不遵從也無計可施。終於在二〇一五年四月三十日由政府提出指導方針，狀況才開始有了改變。

指導方針所規範的內容包括：❶以自主事業身分提供留宿服務的合格、到院養護機構等，規定必須向縣市政府提出申請；❷留宿服務，僅限緊急狀況或短期時間，連續留宿時間超過四天時，必須提出「留宿服務計畫」。此外即便未滿四天，但反覆留宿時，也必須比照辦理；❸留宿者必須在日照服務限制人數的一半或九人以下；❹房間基本上應為單人房或每房四人以下，並以隔板妥善隔間，且不可男女同室；❺夜間必須隨時配置一名以上的照顧服務員或是護理人員，其中需固定有負責人在場；❻必須設有消防灑水系統。

由於屬於指導方針，對於自主事業機構毫無罰則可言，但如果沒有提出申請，或是在發生意外時沒有通報，就會被取消日照服務的指定資格。

第 9 章

陪伴走過最後一程的臨終照護

臨終照護的心理準備

進入在家臨終照護階段後，照護者及支援者應做好哪些準備呢？

在家臨終照護主要的支援體系及角色

居家護理師

護理師依照出診醫師指示，定期到自宅關心患者的情況。到府次數比出診醫師更為頻繁，所以有任何病狀或在照護上有疑慮時，家屬都能放心詢問，彼此關係密切。工作上會經常與醫師合作，當家屬有擔心或疑問時，會積極向醫師詢問，再由護理師向家屬傳達。

出診醫師

一旦成為主治醫師，必要時會前往自宅進行診療及醫療等處理行為。若找不到出診醫師，家屬不妨向當地的醫師公會或地區性支援中心洽詢。在家臨終照護時，會讓家屬感到十分不安，所以出診醫師的最大職責，就是向家屬說明今後可能會發生的狀況，以及屆時應做哪些事情，協助做好心理準備。

照護管理專員

與主要照護者緊密配合，理解當事人以及家屬的需求，再向出診醫師、到府服務護理師、其他服務機構溝通聯絡並調整時間。向家屬通報高齡者已安詳去世，也是照護管理專員的職責之一。

居家照護人員

適用長照保險，會定期到自宅關心，提供身體照護以及生活協助。進入臨終階段後，負責照護的家屬在精神上、以及體力上的負擔，都會比之前大幅增加。而居家照護人員，則有助於讓家屬身心能休息片刻。

當高齡者表示想在家往生時

即便過去一直努力在家照護，但聽到高齡者「想在家裡臨終」，應該還是有不少人會感到困擾。站在照護者的角度，必須擔心的事情不勝枚舉，例如：「是否有足夠的照護能力」、「有突發狀況時該如何是好」、「是否能夠接受妥善的醫療」。事實上，在家進行臨終照護，在精神上以及體力上都是極大負擔。

但如能完全尊重當事人意願，在闔眼的那一瞬間，無論是當事人或是照護者，都能獲得最大的滿足感。

想要在家接受臨終照護，最少應具備的條件，就是找到能隨時到府出診的醫師。家人可配合出診醫師或到府護理師，同時進行妥善的照護。

想在家臨終照護，就別聯絡救護車

出診醫師除了會在發生驟變時施予應對處置外，另外還有一項重要職責，就是「開立死亡診斷證明書」。如果沒有醫師可在臨終之際，前來自宅確認死亡、並協助開立死亡診斷證明書，就會被視為非正常死亡，接著就會有警察介入調查。

即便聯絡救護車，運送至醫院前便死亡的亡者，醫院醫師也無法開立死亡診斷證明書。因為有「二十四小時規定」，就是不得替沒有在二十四小時內於該醫療機關接受診療的患者，開立死亡診斷證明書。醫院方面會製作「屍體檢驗報告書」，調查是否為非正常死亡。唯有長時間為亡故高齡者看診的出診醫師（固定就診醫師），即便沒有在二十四小時內進行診療，也能開立死亡診斷證明書。

此外，如果決定在家臨終照護，當發生驟變時，千萬不得聯絡救護車。因為聯絡救護車就表示，「無論採取哪一種醫療措施，都要救回一命」的意思。因此發生驟變時，請聯絡出診醫師而非救護車。

當發生驟變時，手忙腳亂會令人驚慌失措而想聯絡救護車。但請先思考一下，當事人當時所期望的臨終照護方式，所以應先聯絡出診醫師。

如何支援在家進行臨終照護的家屬？

協助重點

- 患者是否能在家接受臨終照護，其有無同居家屬，及照護者人數、照護能力等，都有很大影響。
- 到了臨終階段，會出現無法上醫院求診的情形，所以需要同時與出診醫師、居家護理師討論，如何分擔支援工作。
- 死亡會突然來臨，所以很難一直守護在側，建議家屬正常過自己的生活，同時守護在高齡者身旁。
- 即便當事人強烈希望在家照護，但是日後有時會出現親友批評「沒讓高齡者接受妥善醫療」的情形。由於大多是主要照護者遭受指責，因此，應向家屬解釋需要向親友說明的重要性。

一旦到了臨終照護階段，平時甚少有機會與醫療相關人員接觸的照護支援者，就會有很多機會與醫療相關人員接觸。共同詳細討論什麼事情做得到、什麼事情做不到，是非常重要的事。

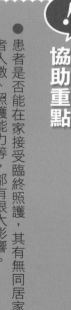

協助當事人安寧地迎接死亡

怎麼做才能盡量減少痛苦，安寧地迎接最後一刻？

安寧迎接最後一刻的重點

尊重當事人的意見

反正有吃一口布丁就夠了
不要勉強餵食

居家照護與住院不同，日常生活可以做些自己開心的事。像這種自在的生活會分散當事人的注意力，減輕臨終階段的痛苦。來到臨終階段後，無須再限制行動，讓當事人想怎麼過就怎麼過。此外，在臨終階段一定會食欲不振，所以讓當事人隨心所欲就好，雖然不免讓人擔心「不吃東西會活不下去」，但事實並非如此，反而是「因為死亡來臨，所以才會不吃東西」。與其勉強餵食或注射點滴讓當事人痛苦好幾天，倒不如在最後階段順應他的意思，依照自己的方式過生活。

盡量不打點滴

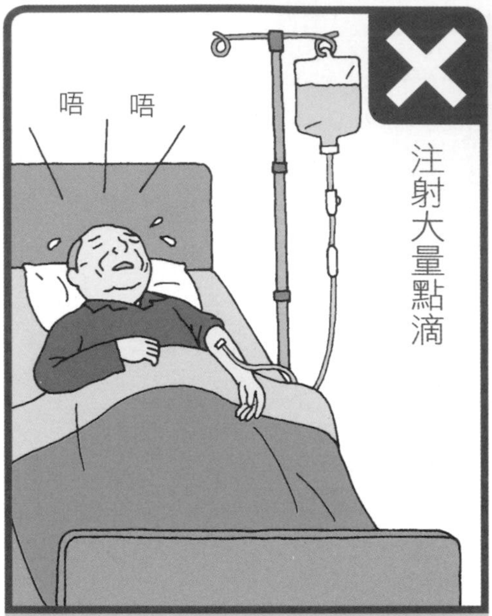
唔 唔
注射大量點滴

在臨終階段食欲會減退，因此容易營養攝取不足或是脫水。待在醫院會被視為接受治療而一直打點滴，在家照護則不用打點滴，就算要打最多也不會超過500ml。若是進入臨終階段的高齡者，注射超過 500ml 的點滴，會導致他們的痰增加、呼吸變痛苦，再加上代謝變慢，打點滴會造成水腫情形加劇，也會造成褥瘡（嚴重時會從肌膚滲水、肺部也會積水，呈現類似溺死的狀態）。在臨終階段注射過多點滴，會增加高齡者的痛苦，甚至遠超過治療效果，一定要特別注意。

在家迎接死亡前的最後一刻

在家臨終照護對照護家屬而言，最擔心的一件事，莫過於「無法接受適當醫療，高齡者可能會感覺痛苦」。

醫院是拯救性命的地方，直到最後一刻都能接受所有的醫療行為。但是在醫院能否在毫無痛苦的情形下去世，這又另當別論。當然還是有許多人在醫院安詳地迎接死亡，但是在醫院通常會積極進行治療直到最後一刻，所以有許多患者往往都是在痛苦中去世的。

反觀在家臨終照護，也能進行某種程度的醫療處置、減除痛苦，因為近年來透過嗎啡等藥劑，控制疼痛的技術已經相當進步。此外如有需要，也能在家進行氧氣治療（在自家

案例

直到最後一刻都使用日照服務的九十五歲老奶奶

F女士非常喜歡與先夫一同建造的自宅，身體健康時便常說：「想在這個家裡迎接最後一刻。」

後來這位F女士在九十幾歲時跌倒，導致脊椎壓迫性骨折。由於這場意外，自此開始由獨生女負責照護生活起居。

但是獨生女本身也很虛弱無力，所以每天早上會讓F女士到托老所接受日照服務，委託協助沐浴及三餐。而且經由這家托老所介紹，認識了能到自宅進行診療的出診醫師。

九十四歲後，F女士開始出現頻繁的血便現象。儘管如此，在出診醫師、F女士、獨生女三個人討論下，認為檢查本身也會對身體造成負擔，於是便決定依照原狀繼續過生活。

九十五歲後的某一天，發生了一件事。F女士和平時一樣去接受日照服務，在傍晚四點過後一回到家便倒臥不起。結果F女士在當天晚上八點，便在獨生女與出診醫師的守護下長眠了。最後幾個小時，她一直神志不清，但在臨終前都毫無痛苦，十分安寧。

由於未經過司法解剖，所以至今仍不清楚真正死因，可能是身體某處罹患了癌症，不過最後是在「衰老」的狀態下進行臨終照護。或許有人會認為「當時應該去醫院進行精密檢查才對」，但是獨生女並沒有遺憾。

去世前的四個小時，F女士在接受日照服務期間，還與朋友及每個職員開心談笑。所以直到最後一刻，F女士都能隨心所欲地生活，結束她圓滿的人生。

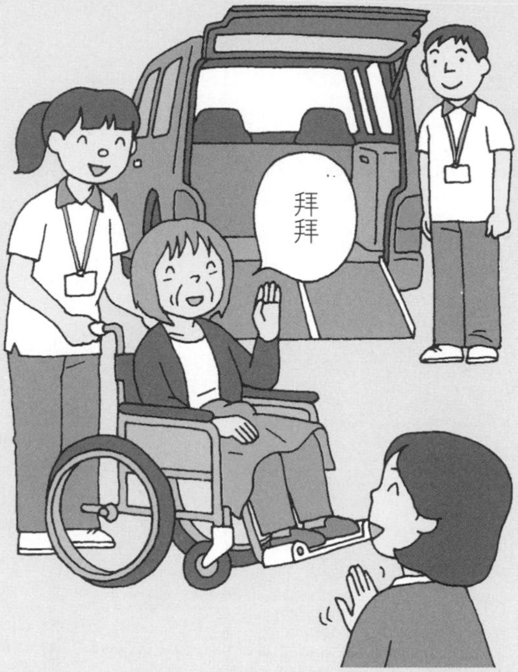

日間託老所的職員，看到F女士的最後一眼，據說是她上車前，笑容滿面地說了聲「拜拜」。

設置氧氣濃縮器，進行氧氣吸入治療。）

在家迎接最後一刻，不但幸運，而且最終可說是「能隨心所欲地生活，在最後一刻靜靜地停止呼吸」，而且當下不會進行不合理的延命措施。所謂不合理的延命措施，就是讓無法進食的人，從嘴巴灌進營養成分，或讓無法呼吸的人經氣切後送入空氣的行為。

為使當事人能安寧地迎接最後一刻，最佳作法就是順其自然。沒有食欲就不要勉強餵食，不想喝東西就給少量茶水飲用，或是將嘴巴沾濕即可。人類即使滴水不進，也能撐過一週的時間。

像這樣讓一切都順其自然進展，雖然在最後會變成「皮包骨」的模樣，但這就是人類原始臨終的姿態。骨瘦如材迎接最後一刻的人，大多數不會因為多餘的水分造成痰或水腫現象而感到痛苦，可以安詳地死去。

臨終照護的具體準備流程

一般人大多從未經歷過臨終照護，究竟應該如何做準備呢？

臨終照護的準備流程

確認當事人的意思

即便不具法律效力，但是如有「尊嚴死宣示書」、「醫療委任代理人委任書」，或是可詳細確認當事人意願的「臨終筆記」，就應確認內容如何陳述。假設當事人沒有特別準備的話，口頭告知也無妨，最重要的就是確認當事人的意思。

↓

與家屬親友討論

明白當事人的意思後，應與家屬及親友共同討論是否得以實現。尤其最重要的應以同住家屬為主，再與臨近可以幫忙的親友討論、如何達成當事人的意思。接下來為避免意見不合，可上網收集資訊，同時針對各種可能性詳加討論。

↓

辦理行政程序

如果有住進醫院或安寧病房，必須辦理住院手續。即便沒有住院，大多數醫院也會有名為「地區合作室」的在家照護支援部門，可提供諮詢。如果想在家接受臨終照護，大致上需要做的工作包括「配屬人力」、「準備用品」、「辦理行政程序」。

↓

辦理行政程序

在日本，當一個月的醫療費超過自負額的限度時，政府會將超額部分退還，但是必須向區公所詢問是否符合資格。每年花費超過 10 萬日元醫療費的人，亦可在年終報稅時申報「列舉醫療費扣除額」。（台灣方面請向國稅局諮詢。）

準備用品

自宅如果沒有充足的照護用品，可利用長照保險租用或添購適當的照護用品。例如吸痰機或家用製氧機等醫療設備，會有租賃業者送貨到府，不妨向出診醫師詢問。另外，也可以參考本書第三章，整理床鋪周圍的環境。

配屬人力

若沒有固定的出診醫師，可以尋找自家附近願意到府服務的醫師與到府護理師，並選擇可 24 小時服務的醫療機關，較令人放心。此外，進入臨終階段後有時需要照護的程度會增加，必須重新接受需要照護的查核，另行安排照護計畫。

提早準備迎接死亡

因癌症等疾病被宣告只剩下不多時間時，當事人與家屬會比較容易進行臨終照護的準備，知道「在最後這段時間應如何度過」。

但是因衰老等原因慢慢走向死亡的人，臨終照護的準備就會變得非常困難。當事人通常無法為最後一刻做好準備。另外，在家屬方面，即便心中多少會擔心，但還是會覺得在當事人仍活力十足時，便考量臨終照護的問題，不僅不夠謹慎而且還很失禮。

結果當事情突然發生的當下，有時就會不清楚當事人所期望的最後一刻應如何處置，有時就得接受無可奈何的醫療處置，或是親友對於治療方針會出現意見相左的情形。如果可以，應趁當事人還健在時，

如何詢問當事人及家屬的需求？

協助重點

- 未曾從事過照護或醫療相關行業的人，幾乎沒有機會可親眼目睹其他人的臨終階段，所以很難發現家人已經進入臨終階段。站在專業的角度，當感覺到當事人似乎要進入臨終階段時，就會與家人討論如何著手準備臨終照護。
- 倘若當事人有失智症、癌症末期、衰老等情形，應對方式也會有所不同。還得視當事人有無意識，所以支援人員應事先向家屬約定好，如何提出暗示。
- 當事人仍有意識時，如果家屬不方便向當事人表明，可由支援者提出以「問卷」調查每個人的方式，確認當事人的想法。
- 催促家屬進行臨終照護的準備時，應具體提出過去無法順利進行臨終照護的案例，讓大家容易做好心理準備。

這是由「日本厚生勞働科學研究、癌症對策戰略研究及安寧療護普及化地區專案」所制定的手冊。內容記載著有關癌症末期病人與家屬的生活方式。

事先向當事人詢問「想在哪裡迎接最後一刻」，或是「是否想接受延命措施」等問題。

另外，也可製作「臨終筆記」。在筆記裡寫下想提問的事情，就能整理當事人的意思，發生不幸時能比照辦理。

再者，雖不具法律效力，但是準備「尊嚴死宣示書」、「醫療委任代理人委任書」也是相當有效的作法。尊嚴死宣示書會記錄當事人對醫療的期盼，所以即便當事人已無法判斷，也能表明對於醫療的想法。而醫療委任代理人委任書，則是當事人無法判斷時，事先指名可代替當事人決斷的人選。

清楚當事人的意思或期望後，再與家屬及親友討論是否可行。接下來依照討論結果進行準備，不明白之處再向照護管理專員、或當地政府的相關單位洽詢即可。（編按：台灣近年亦推動居家安寧及社區安寧療護，相關內容可上台灣安寧照顧協會網頁查詢。）

臨終階段的飲食

一旦進入臨終階段，在飲食方面會出現哪些變化？又會發生什麼問題呢？

臨終階段的食欲不振

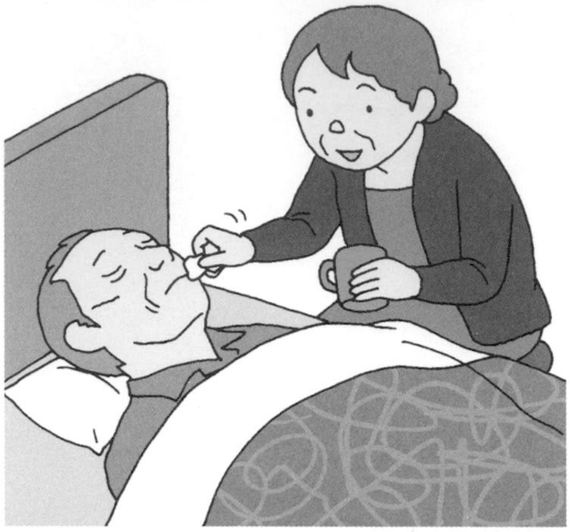

來到臨終階段，必然會出現食欲不振的現象，這不是照護者的錯。不妨讓當事人一口一口慢慢喝水，或是讓當事人少量攝取容易入喉的食物。請求當事人喝下的那一口飲食，在臨終階段會發揮極大效果。到最後什麼都無法入口時，可將紗布用茶或水沾濕，放在嘴唇上保持濕潤度，以幫助對方攝取水分。

無法經口攝取時的其他作法

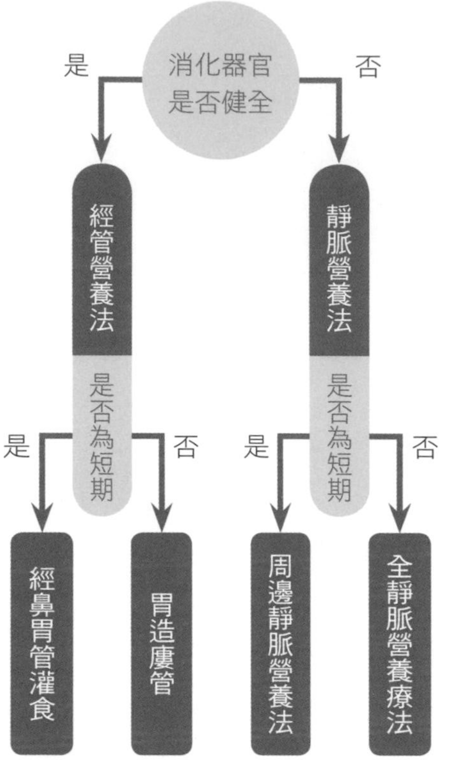
消化器官是否健全
是
否
經管營養法
靜脈營養法
是否為短期
是否為短期
是
否
是
否
經鼻胃管灌食
胃造廔管
周邊靜脈營養法
全靜脈營養療法

在家照護的好處，就是能吃喜歡的食物

人一旦進入臨終階段，會變得什麼都吃不下，即便是最愛吃的食物，也會很難下嚥。到了這種時候，往往會讓人聯想最後一刻恐怕即將到來。反過來說，終日虛脫無力、幾乎都在睡覺的當事人，若一直有在攝取三餐，或許也能視為時候未到。

即便因為食欲不振猜想時日恐怕不多了，但有時也可能只是夏季炎熱不適，或是感冒所造成的暫時性飲食不振。判斷是否到了臨終階段是非常困難的一件事，所以照護者及出診醫師必須審慎觀察才行。

當臨終階段終於到來，嚼咀能力衰退後，照護者可能會想製作泥狀食物，或將食物切碎讓高齡者能多少攝取一些。可是當人生走來到最後一刻時，還會看在容易食用的分上，而吃這些泥狀食物嗎？

有別於每天有固定菜單的醫院，能視當事人喜好決定菜色，這一點可說是在家照護最大的優點之一。在人生的最後一刻，比起容易入口的食物，倒不如提供當事人想吃的食物，或是能引起食欲的食物。如果愛吃布丁，可以每餐都吃布丁，喜歡壽司或啤酒的人，不妨也少量提供。

反觀在醫院只要無法從嘴巴進食，一般都會施予各種醫療措施。例如：採取全靜脈營養療法，從鎖骨下的粗大靜脈等處灌入營養液，或是選擇胃造廔管，將營養送進胃部。

是否該接受胃造瘻管手術？

所謂胃造瘻管，就是藉由簡單的手術，以便直接將營養送進胃部的醫療措施。設置胃造瘻管後，即便無法從嘴巴吃東西，也能攝取到充足的營養。罹患腦溢血等重大疾病，經由緊急處置施予胃造瘻管手術後，的確可以完全解決回復健康前這段期間的營養問題。但是被視為緊急處置的胃造瘻管，頂多只能算是為了屆時能夠找回飲食樂趣的過度角色。

反觀在臨終階段「吃不下東西」的情形下，明明沒有希望好轉，卻仍得接受胃造瘻管手術，這個問題很值得爭議。像這種「被視為延命措施的胃造瘻管」，在當事人毫無意識的狀態下，究竟是否需要設置，站在個人尊嚴的觀點來探討時，意見仍然相當分歧。

是否應接受胃造瘻管手術，請務必從下述三點仔細考量：❶最終有望回復健康時、❷當事人有精神重症，但意識清楚且有生存意識時、❸想讓可能沒有意識也無法進食的高齡者延長壽命時。

有沒有康復的可能性？
本人有生存意識嗎？
需要進行延命措施嗎？

如何避免在臨終時感到痛苦？

協助重點

- 當進入臨終並食欲不振後，許多家屬都會急著想讓高齡者「多少吃一些東西也好」。但是勉強餵食對當事人來說，是相當痛苦的一件事。因此，臨終階段必然會出現食欲不振的現象，應詳加說明直到家屬接受為止。
- 無法進食後，有些家屬會提出「至少可以打點滴維持營養攝取」的要求，但是點滴幾乎都是水分而已，必須向家屬說明，這麼做對於維持生命並沒有幫助，脫水反而能恢復些許意識，否則只會增加痛苦。

需要進行延命措施嗎？

為了避免家屬及照護者在當事人去世後內心痛苦，後悔「當時沒有再多努力治療」，支援者需要用心地向家屬及照護者說明清楚，使他們能理解。

臨終階段的排泄

即便來到臨終階段，排泄還是攸關個人尊嚴的重大課題。

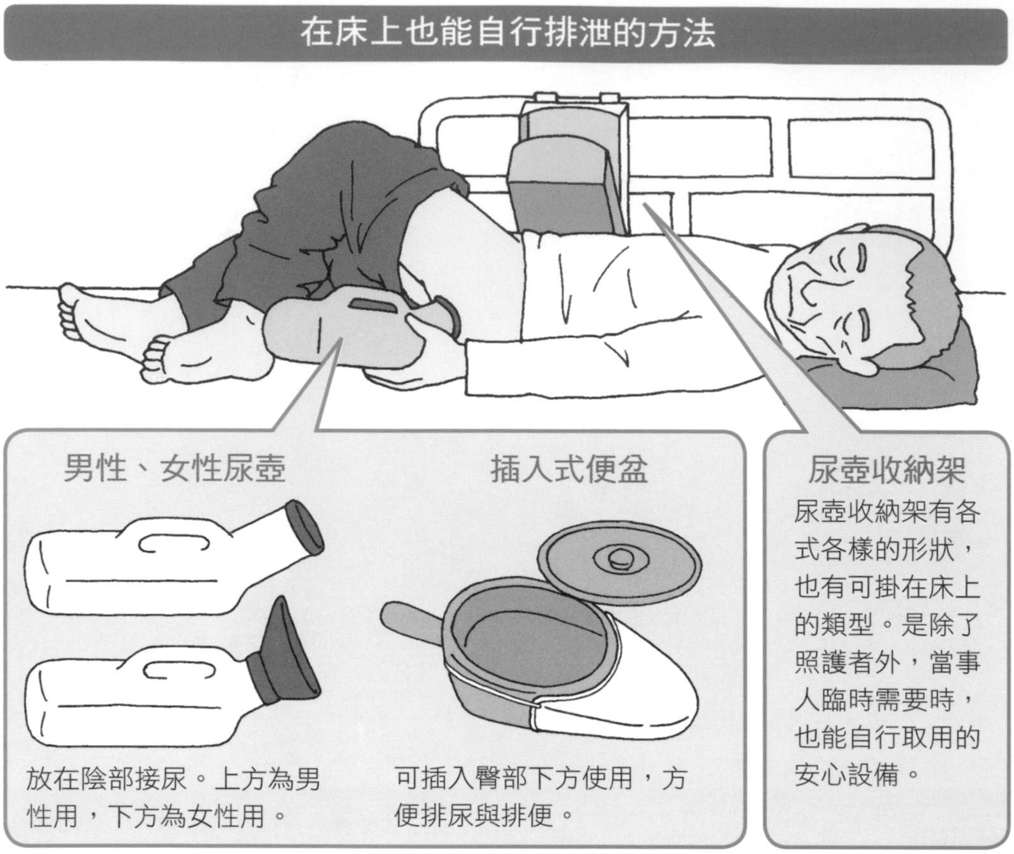
在床上也能自行排泄的方法
男性、女性尿壺
放在陰部接尿。上方為男性用，下方為女性用。
插入式便盆
可插入臀部下方使用，方便排尿與排便。
尿壺收納架
尿壺收納架有各式各樣的形狀，也有可掛在床上的類型。是除了照護者外，當事人臨時需要時，也能自行取用的安心設備。

若年長者有意識，請讓他自行排泄

前文已說明，負責照護時不可以輕易使用紙尿褲，應盡可能讓高齡者到廁所或利用移動式便座排泄。排泄是攸關個人尊嚴的重大課題，若想維持生存意識與自尊，自行排泄是非常重要的一環。然而一旦進入臨終階段，多數長者都會變得很難到廁所如廁。原因有很多種，例如病情惡化、藥物的副作用、體力明顯下降等。

但是倘若當事人尚有意識，應多方摸索可自行排泄的方法。只要當事人不是處於昏睡狀態，應該會盡可能避免穿上紙尿褲，想要靠一己之力排泄才對。

話雖如此，當終於無法移動至廁所，或是無法換至移動式便座時，不妨參考上圖這些尿壺的使用方式。相較於排泄在紙尿褲上，排泄在尿壺裡比較不會感覺到不適，也能減少當事人的厭惡感。使用尿壺的當下，有些人會無法將腰部抬高，所以可能會需要協助。儘管如此，能夠自行控制排泄還很棒的一件事。而且記得要體諒當事人，將尿壺放置妥當後應離開現場，等到排泄結束後再請當事人出聲告知。

即便像這樣努力達到某種程度的照護，可能還是會面臨不得不換上紙尿褲的情形。此時，照護者至少應頻繁更換紙尿褲，讓不適的感覺控制在最小範圍內。

從排泄察覺生命的強韌與最後一刻

一般人在人生中只會有一～二次為他人進行臨終照護的機會，但是對於醫師、護理師、照顧服務員等行業的人來說，會有許多進行臨終照護的機會。聽取這些專業人士的經驗談後，會發現可藉由觀察排泄物，來察覺「最終告別的時刻是否快要來臨」。

一旦進入臨終階段，當事人會變得無法再接受飲食。但是人類的身體非常奧妙，即便不吃不喝，還是會排尿排便，將廢物排泄出來。體內的水分會以尿液的形式排泄出來，然後逐漸變成粉末狀。但是並不是直接排出粉末狀的尿，而是排出高濃度的尿，等水分被吸收後再變成類似結晶狀的物質。

如果有排便，有時在進入臨終階段後，就會出現類似黏液的膠狀物質沾附在大便上排泄出來。出現這些情形後，資深的支援者就會知道「可能差不多要迎接最後一刻了」。當然，並非所有人都一定會經過這段排泄過程，排泄只是在最後那一瞬間之前，仍能讓人感受到人類生命強韌度、最神奇的生理機能之一。

無需慌張失措
排出類似膠狀的糞便了……
有時會出現這種現象喔

支援者在臨終階段可協助的排泄工作

協助重點

- 需要事先明確告知照顧者，排泄時出現哪些變化、是否應聯絡醫療相關人員等。例如：血尿、尿液混濁、超過半天未排尿等。
- 即便在臨終階段，也會因便祕導致腹脹不適。應向照顧者說明，先施予簡單的按摩方法。
- 倘若猜想當事人可能不想透過穿紙尿褲協助排泄時，必須找機會以專家的角度，用輕鬆的方式向當事人解釋「這是每個人的必經之路」、「專家已經習慣了，根本無需害羞」。

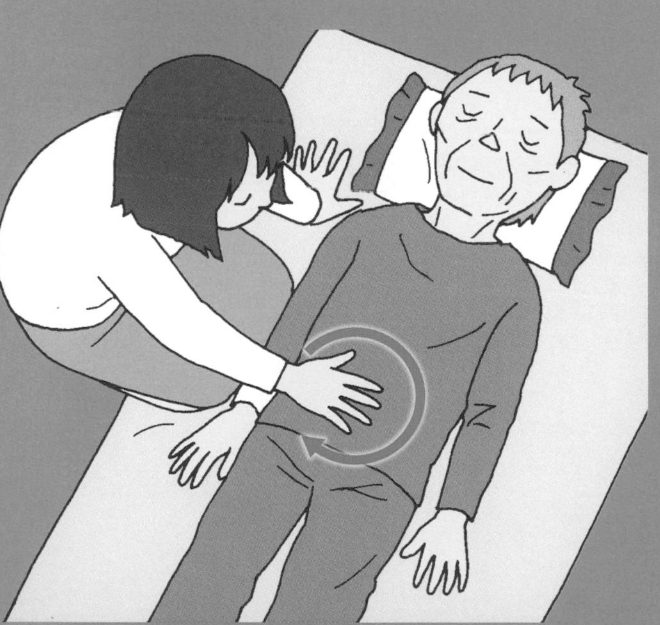

受便祕所苦的人，可在肚臍周圍慢慢地以「畫圓」的方式按摩。利用這個方法雖然無法幫助惡性便祕的人排便，但只要能排氣，就能緩解腹脹不適。

臨終階段的身體清潔

在家進入臨終階段時，應如何保持身體清潔呢？

無法坐著時

配合擦澡及部分入浴方式

能短暫坐著時

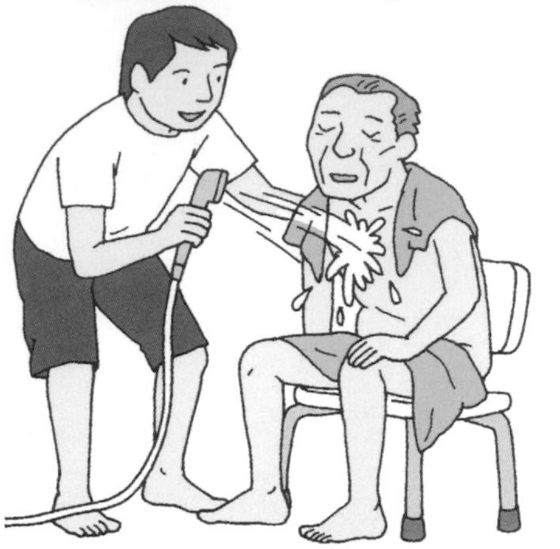

在臨終階段無法外出、利用日照服務協助入浴的人，可利用到府協助入浴的服務，但是僅限於臥床無法動彈的人可提出要求。其實很少會有高齡者喜歡在多人的協助下，直接躺著進入簡易浴缸洗澡。如果能到廁所如廁，倒不如到浴室坐在沐浴椅上，請照顧者協助入浴來得舒服。

若能坐著時，請盡可能在浴室洗澡

本書已於第三章說明過，在家照護時協助入浴的作法。如今在養護機構，也開始重新檢討「個人沐浴」的課題，認為最理想的沐浴方式還是在家裡洗澡，倘若無法行走的高齡者還能坐著，就應該說服他在自家的浴缸裡沐浴（請見第八十八頁～八十九頁）。

因此，若在臨終階段也能入浴，將是最理想的狀態。生活復建式的入浴法，是準備與浴缸高度相當的沐浴椅，請高齡者坐在這裡進出浴缸。只是為避免造成身體負擔，應縮短泡在浴缸裡的時間。身患疾病的人，則必須先向醫師或護理師諮詢。當醫師或護理師對於浸泡在浴缸一事面有難色時，可以改成坐著淋浴（將毛巾放在肩膀及膝蓋上，用蓮蓬頭的熱水從肢體末端往身體中心部位沖水）。

但是無法坐著的人，就無法採用坐著淋浴的方式，所以此時便需要使用擦澡。擦澡的方式如左頁介紹，除了單純的擦澡之外，也要與部分浴（手浴或足浴）相互配合清潔身體（請見上方插圖）。單純擦澡時，只有在別無他法時才會這麼做。

每次在照護講習會上，論及保持清潔的主題時，通常會先談到擦澡，其次才提到協助入浴，因此上過安寧療護課程的人，馬上就會聯想到要用擦澡的方式。擦澡適合用於臥床不起的患者，因此在照護時，須避免進行擦澡。

無法入浴時再擦澡

擦澡的目的

❶清潔汙垢堆積的部位。
❷透過按摩改善血液循環。
❸改善血液循環，預防褥瘡或感染症。
❹與入浴時一樣，可檢查身體狀況。
❺溫熱身體，改善關節活動。

擦澡的順序

❶以溫熱毛巾擦拭（或熱敷）。
❷用沾有肥皂的溫熱毛巾擦拭。
❸用新的溫熱毛巾擦去肥皂。
❹用乾毛巾擦乾水分。
❺視需要，塗上痱子粉或軟膏。

擦澡時的注意事項

❶ 改善血液循環，必須像按摩一樣，由手腳往心臟部位擦澡。
❷ 顧及保溫及個人隱私，尚未擦澡的部位要用浴巾蓋起來。
❸ 臉、手、後背、腋下、陰部容易藏汙納垢，須仔細清潔。
❹ 發燒或身體不適時，應暫停擦澡。

清潔身體時要注意的事項

協助重點

- 無論如何都無法保持身體清潔時，不妨委託到府入浴照護服務。這是相當有效的最後手段。
- 除了清潔身體之外，整理儀容也很重要。男性需要刮鬍子，女性只需要化妝，看起來就會神清氣爽。
- 當地區政府有提供到府理容（美容）服務時，會有理容（美容）車到府服務，可自行查詢。
- 男性照護者很難體會女性化妝的重要性，支援者應隨同協助。

曾有報告指出，女性透過化粧就能活化大腦，還能提高免疫力。可尋求女性親友或是義工的協助，即便在臨終階段也能打理儀容。

臨終階段的其他照護

除了飲食照護、排泄照護、保持清潔之外，臨終階段還需要哪些照護？

清潔身體時要注意的事項

對於已經無法溝通的高齡者而言，肌膚接觸可以取代語言。
只是，原則上必須由親友或氣味相投的人進行肌膚接觸。

人肉貼布

照護者將自己的雙手摩擦生熱，再將雙手輕輕地放在高齡者的肩膀或後背，將手中溫度傳遞至對方身上。

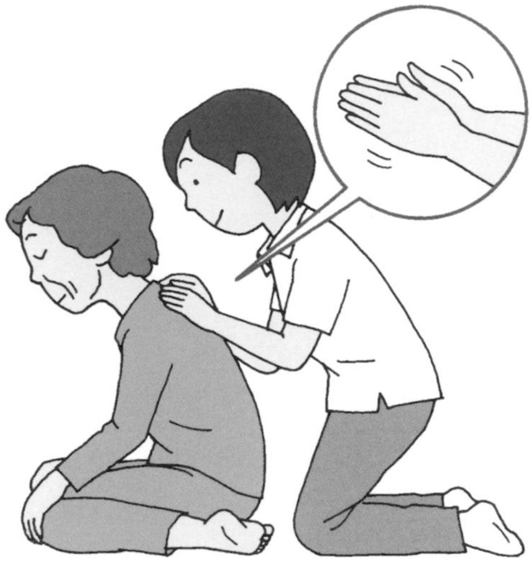

互相接觸身體

握手時，可請高齡者抓住手腕，然後將他的手拉過來，觸碰照護者的臉部以確認身分。

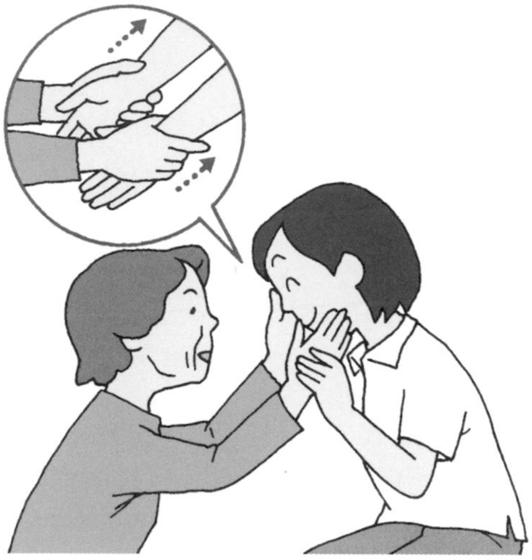

輕搖身體

請高齡者仰躺並全身放鬆，照護者將單手放在其雙腳下方作支撐，另一隻手再抓著雙腳，左右搖晃使腹部也能受到振動。

透過適合的體操，避免身體僵硬

除了飲食、排泄、入浴（保持清潔）這三大照護之外，協助移動以及支援外出等照護，也相當重要，但是一旦來到臨終階段，做起來就會很困難。此時可避免高齡者關節僵硬的預防攣縮體操，以及緩解痛苦的安寧緩和體操等，就是極為理想的照護方式。

這些照護方式的特色，包含高齡者無法自行移動身體時，可由照顧服務員或是復建人員協助進行的體操（被動式復建）。上方插圖就是屬於安寧緩和體操的一部分。透過肌膚接觸，帶給高齡者安心感。（編按：本書並未收錄完整體操，建議讀者若有需求請直接詢問護理人員，尋找適合被照顧者的方法。）

當事人開始意識不清後

協助重點

● 必須選擇胃造廔管手術時，僅限於當事人有表現出求生意識，家屬也是如此期望的時候。

● 明明已經失去意識，卻仍然採取延命措施，此時支援者應向家屬說明，這麼做只會造成當事人的痛苦。

● 縱使醫師為預防誤嚥性肺炎而建議進行胃造廔管手術，也無法藉由胃造廔管防止誤嚥性肺炎。因為出現食物誤嚥的情形較少，但卻經常發生來自胃部的嘔吐物逆流進入氣管，或是內含細菌的唾液，在睡眠期間流入氣管的隱性誤嚥。

建議將有限的時間，運用在當事人及家屬身上。

在臨終階段會出現吞嚥障礙的高齡者，即便進行胃造廔管手術，也無法延長太多生存時間。支援者須以溫和的表現方式，告知家屬這項事實。

臨終階段的「簽名問題」

接近臨終階段時，或是高齡者失智症狀加劇時，有時根本無法寫下自己的名字。這樣一來，會發生什麼問題呢？

第一個就是簽名的問題。包括入住機構的合約，還有醫療及照護等各方面的文件，都無法由家屬代替本人簽名。若代替簽名，是屬於違法行為。只有透過成年人監護制度，方可代替當事人簽約，所以照護家屬必須迅速完成成年人監護的手續（編按：此為日本制度，詳情請見第六章。但台灣可透過申請印鑑委任證明書，以蓋章代替簽名，由家屬協助辦理相關事宜）。

無法將當事人名下的定期存款解約，這也是一個很大的問題。家屬通常會希望在當事人去世後，將定期存款轉成一般存款，以便用提款卡領錢，但是在這過程中會存在許多困難。包括去世後戶口就會馬上被凍結等，所以必須仔細調查清楚。

ATM

家屬在當事人剛去世就趕在戶口被凍結前將存款領出，往往會成為引起紛爭的源頭。其實只要備妥繼承所需文件即可，建議先謹慎思考避免草率行動。

如何配合醫療處置？

在家臨終照護時，醫師能夠發揮什麼功用呢？

在家臨終照護時，醫師能發揮的功用

目前，日本有近八成的人是在醫院去世，一般人通常很少能夠安寧地死去。醫院是與死亡奮戰的場所，許多「醫院死亡案例」都會被施予心肺復甦術。在醫療現場，當病患呼吸停止時便施予人工呼吸，當心臟停止時便按摩心臟，以求能盡可能延長生命，而且家屬還會被請出病房。

總之要醫師停止積極著手治療，「靜靜守護即將死去的人」，這種行為他們根本做不來。因此，著重於在家醫療的出診醫師屬於少數派，能夠支援由家屬負責的在家臨終照護，更是少之又少。

儘管如此，還是需要有醫師能為在家照護提供出診服務。而且最理想的狀態是，醫師能在晚上到府出診。

當判斷需要出診時，醫師會趁著工作空檔，或是在家休息的時間前來服務，雖然得等候一些時間，但能有出診醫師的幫忙，對於家屬及照護者而言都是最佳後盾。

資深的出診醫師，深知人類自然死亡並不會伴隨太大苦痛。據說只要不替接近臨終的患者積極進行治療，當他們的意識逐漸模糊後，就不會感到太多痛苦了。能夠向家屬作如此說明的醫師，通常就能夠完全理解臨終照護的意義。

做好準備以便醫師出診

出診時，必須事先將過去固定就診醫師所開立的轉診單、診斷所需的圖像資料及檢查結果、病歷及生活習慣筆記等資料準備妥當，才能方便出診醫師順利著手在家醫療的準備。

臨終時，在家醫療照護的重點

褥瘡照護

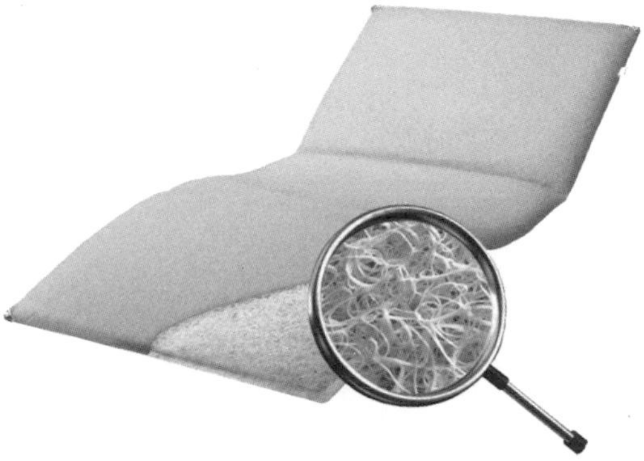

已經形成的褥瘡，只要經常清洗再以醫療紗布包紮即可自然痊癒。而另一種「開放性濕潤療法」，則是不加以乾燥的治療方式※。為了避免形成褥瘡，請讓高齡者使用高反發床墊（較硬挺的床墊），避免使用氣墊床。例如日本的 Happy Ogawa 股份有限公司，就推出類似絲瓜的粗糙且透氣性佳的床墊（請見P122）。此外，也可租借「褥瘡預防用品」來使用。

※ 若由照顧服務員或家屬協助時，請在醫療人員指示下進行。

口腔照護

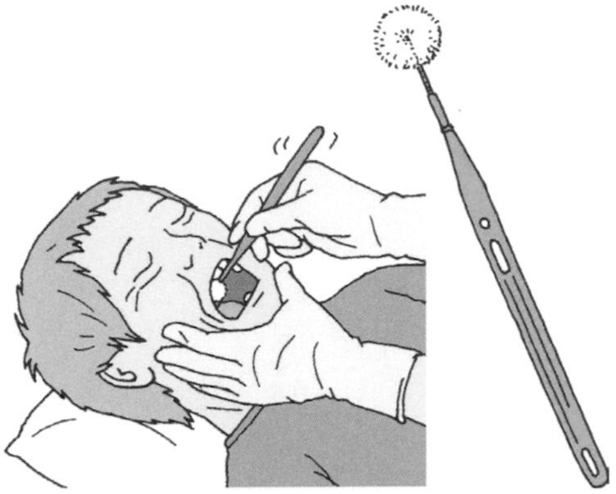

使用口腔黏膜清潔刷清理口腔黏膜，這種刷子在前端部位，使用了圓球狀軟毛材質，可保持高齡者口中的清潔，否則當口中因為痰而變得黏稠不堪的時候，市售的海綿刷並無法清理乾淨。口腔黏膜清潔刷屬於醫療養護機構專用器材，一般人也能透過網路商店購得。

呼吸困難時的因應方式

利用血氧機（請見 P115）測量血液中的氧氣濃度，若達到危險數值再選擇在家氧氣治療。此時只要向出租醫療機器的業者提供要求，就能馬上送貨到府，所以可委由出診醫師協助處理。肺部積水（胸水）是造成呼吸困難的原因，躺著反而會導致喘不過氣，因此照護者應像上方插圖，協助高齡者起身，引導他們「坐起來呼吸」。

抽痰

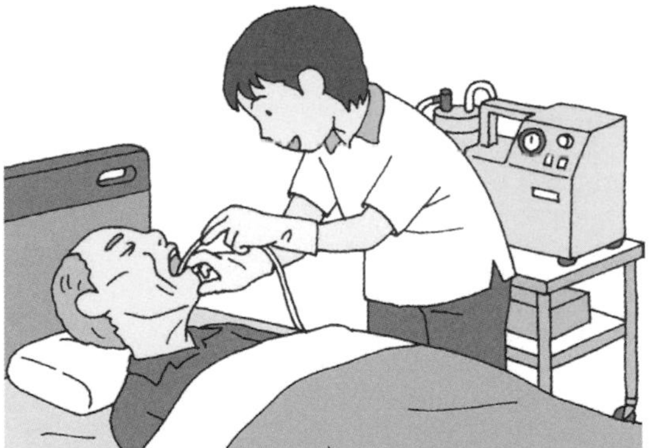

高齡者進入臨終階段後，經常會有痰不斷出現的情形。因此是否能夠抽痰，也是攸關能否在家照護的重大問題之一。家中須準備或租用移動式抽痰機，但抽痰屬於醫療行為，僅持有執照的照顧服務員或家屬才能操作。具有抽痰證照者，請務必教導家人如何使用。

居家護理師的職責

善加運用居家護理師服務，對於在家臨終照護，也是非常重要的一件事。

臨終時，居家護理師能協助的事情

即便已經找到出診醫師，但若是少了居家護理師，便無法完全發揮臨終階段的在家照護功能。因為在家臨終照護時，居家護理師所負責的處置工作比醫師更多。

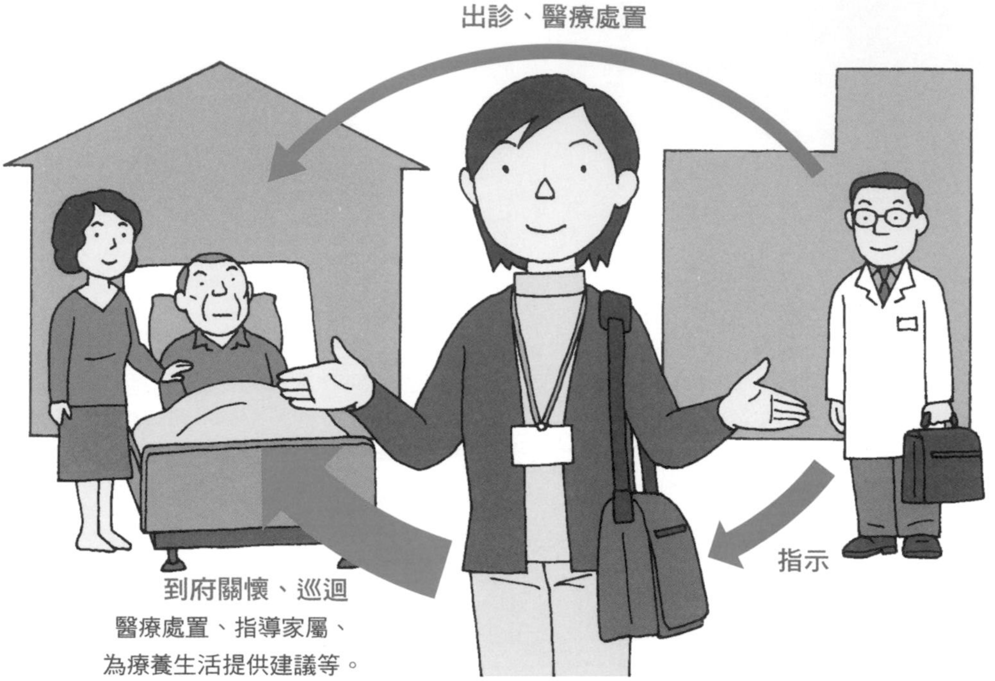
出診、醫療處置
指示
到府關懷、巡迴
醫療處置、指導家屬、
為療養生活提供建議等。

居家護理師的責任

在日本，居家護理通常由居家護理中心負責，大多數的居家護理中心會以全年無休的方式，到使用者的家中關懷（平均每週三次），比到醫院或診所看診的次數更為頻繁，因此，居家護理師與使用者及家屬的關係非常密切。

居家護理師會根據醫師指示，以巡迴的模式進行醫療處置或安排照護計畫。此外，除了指導家屬負責的醫療處置及醫療器具管理之外，也會針對療養生活提供建議，支援在家照護。尤其在臨終階段的照護上，更能顯現出居家護理師存在的價值。

藉由居家護理師在出診醫師與患者及家屬之間協調溝通，才得以掌控為數眾多的在家臨終照護。家屬往往會二十四小時一直處於緊張狀態，備受未來不知會如何變化、這種不安情緒所折磨。此時不方便向醫師諮詢的細節，皆可向居家護理師商量，包括鼓勵家屬、將家屬的想法與當事人的狀況確實向醫師回報，這些都是居家護理師的職責。

但是，居家護理師也有無法配合的另一面。倘若主治醫師沒有開立居家護理指示書，便無法使用居家護理師的服務，而且當高齡者通過查核需要照護後，原則上會以長照保險為優先，所以需要擬定照護計畫。長照保險有給付限定額度，因此，也有人反應單價高的居家護理並不實用。（編按：台灣的居家護理服務可洽詢中華民國老人福利推動聯盟，請直撥 02-2592-7999 即可詢問。）

各種居家護理

選擇保險種類

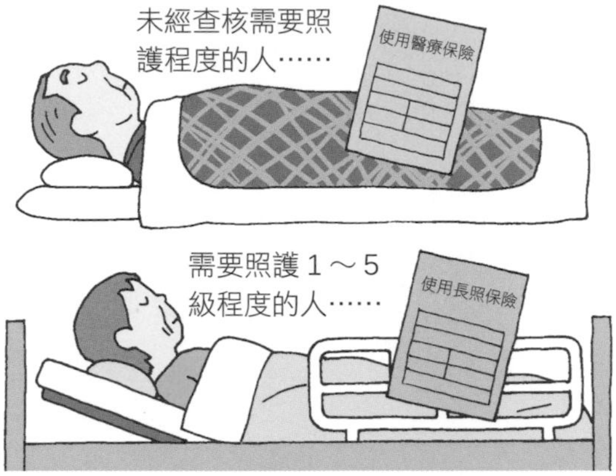
未經查核需要照護程度的人……
使用醫療保險
需要照護１～５級程度的人……
使用長照保險

在日本，未經查核需要照護程度的患者可使用醫療保險；但是需要照護程度１～５級者，可優先適用長照保險。使用長照保險可與其他居家服務一樣，負擔１～２成費用即可，但是超過給付限額的部分，則需要全額自負，使用醫療保險則沒有上限。（編按：台灣若超過健保給付部分必須自費，但若有保醫療險，建議可搭配使用，減輕負擔。）

居家護理中心

居家護理中心

除了醫院及診所外，可提供居家護理的機構。過去並不允許護理師個別居家護理，僅有助產師可以一個人到府服務。一九九二年日本的老人保健法修訂後，開始於全國設置居家護理中心，因此現在護理師及保健師也有開業資格。護理師、準護理師、保健師等都能到府服務，有時也會有物理治療師、職能治療師、語言治療師到府服務。（編按：台灣許多醫院也有居家護理服務，可直接洽詢。）

義工護理師

全國到府服務義工護理師協會
「CANNUS」

CANNUS

〒251-0025　神奈川縣藤澤市鵠沼石上1-6-1

官網：http://nurse.jp

會命名為 CANNUS，是取自「護理師（Nurse）在能力範圍內完成做得到（CAN）的事情」之意。為了家事或育兒引退的護理師們，為了在日本各地活用各自的經驗與技術，自告奮勇成立了這個付費義工的全國性網絡。臨終階段出現長照保險或醫療保險無法涵蓋的需求時，不妨洽詢此單位。（編按：台灣亦可詢問各醫院的居家護理服務。）

制度外的付費服務

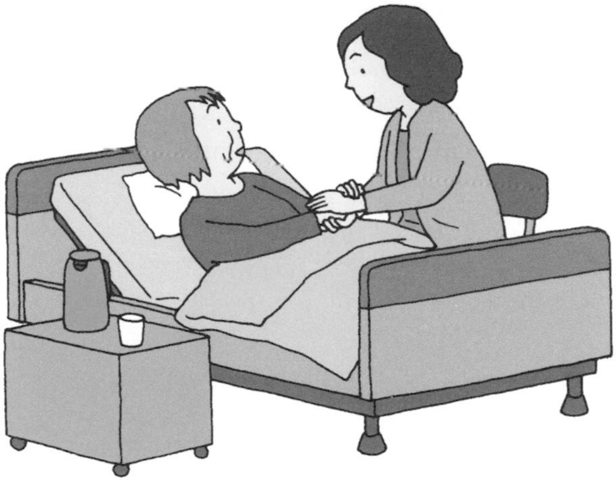

居家護理中心可使用國家保險（醫療保險或長照保險）進行居家護理，但是同時也有單獨提供付費服務的機構。舉例來說，當家屬不在家時可提供隨身照護、外出或看診時的隨身照護、為當事人按摩或伸展、手腳浮腫及手腳冰冷的照護、關懷傾聽當事人、及家屬的不安或煩惱等。對於在家照護，可說是十分有助益的服務。

延命措施的是與非

「延命」是醫學面對死亡的單一標準作法。但是，這麼做真的好嗎？

各種延命措施

人工呼吸器

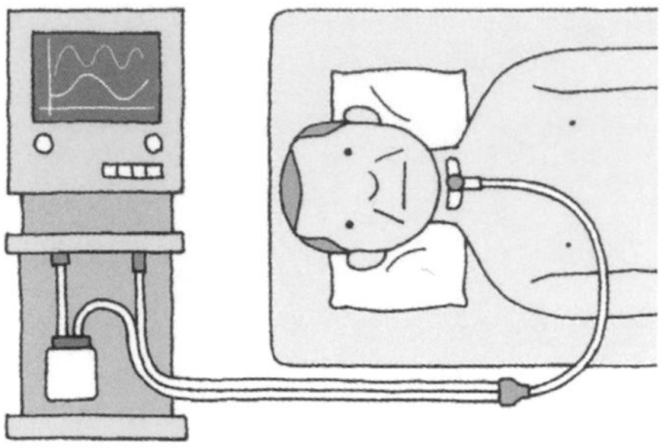

切開喉嚨插入氣管導管，再從此處接上機器後，就能進行人工呼吸，但是這樣也就無法再從嘴巴呼吸。如果同時放入胃造廔管與人工呼吸器，單靠胃造廔管便不會引發誤嚥性肺炎，因此也不會引發感染症，這正是所謂的終極延命措施。

氣切

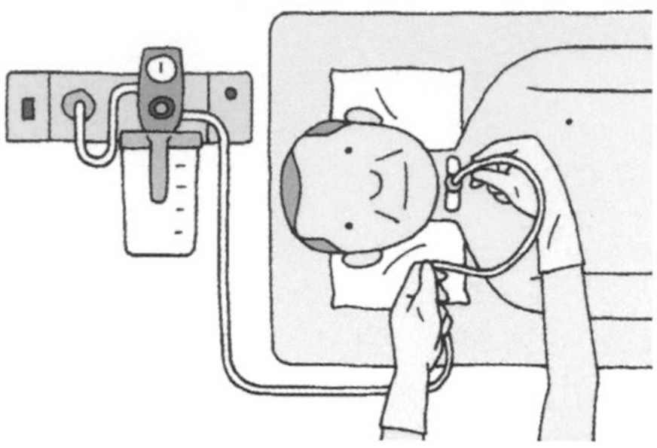

因痰多無法從口鼻插管將痰抽乾淨時，會切開喉嚨底部，再從此處插入抽痰導管，進行抽痰。為了抽痰而氣切時，通常是為了避免患者窒息，但有時也會反過來造成痰變得更多。

皮下輸液

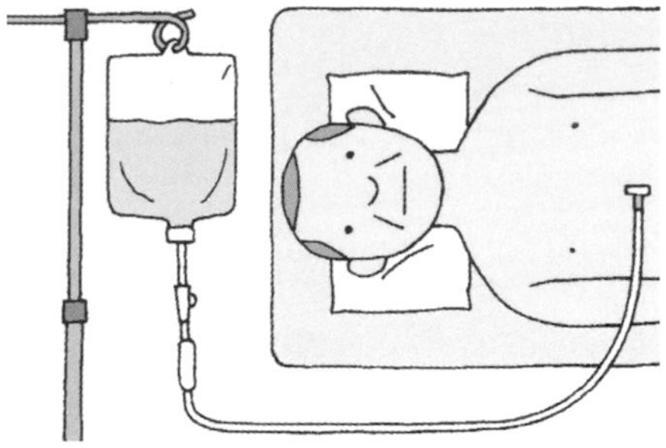

水分無法經口攝取後，會陷入脫水狀態，因此會注射點滴。但是用針刺在靜脈上，高齡者脆弱的血管會無法負荷，所以才會另行選擇皮下輸液，採取將針刺進腹部後留置原處，讓點滴成分可以緩慢送進體內吸收的方式。

強制人工營養注射

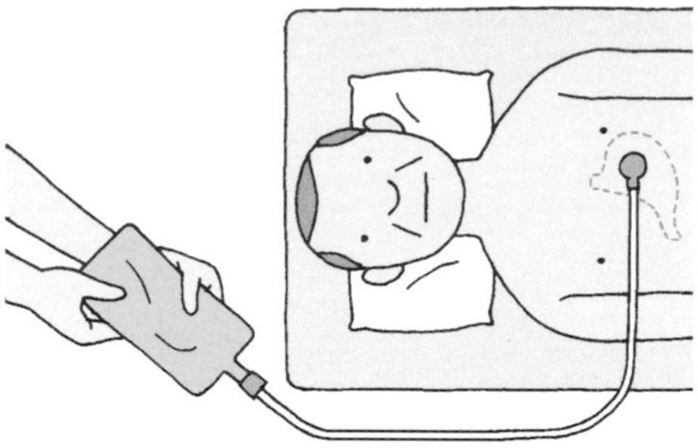

有從鼻子插入導管後灌入營養的經鼻胃管灌食（大多會束縛雙手以避免被拔除）、在腹部開洞直接將營養送進胃部的胃造廔管、在鎖骨下方的粗大靜脈等處，留置導管輸送營養液的全靜脈營養療法等。而近年來，施予胃造廔管的情形十分常見。

採取延命措施的時機

對於死亡已經迫在眉梢的高齡者而言，單純只是為了讓死期延後所進行的醫療行為，便稱為延命措施。如上圖所示的醫療行為，就是最具代表性的延命措施。但是在臨終階段為腎衰竭的患者進行人工透析，或是為血便不止的人繼續輸血等，也都是屬於延命措施的一種。此外，在心肺停止狀態下施予心肺復甦術（心臟按摩或電擊），也可算是延命措施之一。

相對於延命的另一種極端意見，就是尊嚴死。尊嚴死是由不治且臨近死期的人，經由自主意志拒絕延命措施之意。但是目前並沒有能提供尊嚴死的醫師可遵守的法則，所以在很多時候，醫療都會以延命措施為優先。

當被詢問是否該延命時

協助重點

- 聯絡救護車一定會立即進行延命措施。所以心肺一停止，救護人員就會進行心肺復甦術。
- 此時施行的心肺復甦術，就是壓迫胸骨按摩心臟。對於身材瘦小的高齡者而言，肋骨可能會因此骨折。
- 由於點滴只能輸入些微營養，所以替無法進食的人注射點滴，也無法延命。
- 在臨終階段注射點滴只會讓痰變多，使水腫及褥瘡加劇，讓高齡者更加痛苦。因此必須告知家屬，「不進行延命措施、但仍要注射點滴」，反而會造成反效果。

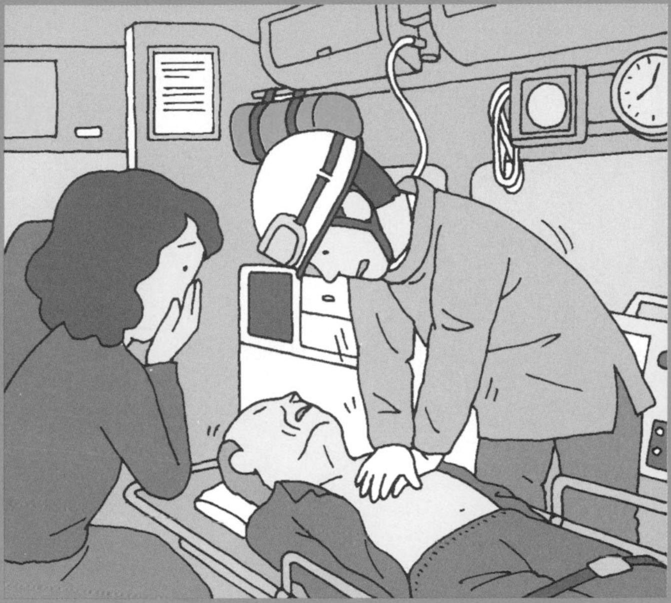

一旦聯絡救護車，就免不了會施行延命措施。叫救護車又希望能「安寧臨終」的人，根本是自相矛盾。多餘的點滴除了無法延命，甚至會造成痛苦，必須格外注意。

延命裝置無法移除

承前文所述，因為「吞嚥狀況不佳，為避免引發誤嚥性肺炎而建議施予胃造廔管」，其實是錯誤的觀念。許多在臨終階段所發生的誤嚥性肺炎，都是因為含有細菌的唾液，流進氣管所造成的隱性誤嚥。但是同時進行胃造廔管，以及氣切後裝設人工呼吸器，由於氣管會被氣管導管堵塞，口中的物質不會流至氣管，如此便不可能引發誤嚥性肺炎。

這樣一來，在引發感染症機率極低的環境下，持續給予氧氣與營養後，高齡者安寧迎接最後一刻的日子，將遙遙無期。

一旦演變成這種狀態，移除人工呼吸器、胃造廔管可能將成為殺人事件（沒有醫師會想要做出可能會被問罪的行為）。所以在開始使用延命裝置的當下，必須事先充分考慮清楚的原因便在於此。

無論是人工呼吸器或是胃造廔管，都是拯救不少生命的醫療器材。但是在臨終階段使用時，將會讓延命裝置變樣。照護者在開始使用這些延命裝置前，必須考慮清楚才行。

疼痛控制與安寧緩和照護

為了讓高齡者安寧地迎接最後一刻，能控制疼痛的治療是必要的。

在家安寧療護的目的

在家安寧療護，就是在患者自宅提供安寧療護，而不在醫院或診所。將在家安寧療護的負責醫師委由出診醫師負責後，即便在癌症末期也能在自宅接受臨終照護。

台灣提供安寧照顧的單位簡介

對象

主要是疾病末期病患，在台灣則是以癌症病人為主。

聯絡方式

財團法人台灣安寧照顧基金會

http://www.hospice.org.tw/2009/chinese/index.php

打開上述網頁即可搜尋到各種安寧療護資料。

基本理念

幫助及尊重病患、減輕痛苦、照顧他們，讓病患能擁有生命的尊嚴及完成心願，安然逝去；家屬也能勇敢地渡過哀傷，重新展開自己的人生。目前台灣已有許多醫院及基金會可提供協助，不妨依需求詢問。

了解在家安寧療護

在安寧病房所施行的照護服務，是為了讓罹患癌症及所剩時間不多的患者緩解疼痛，讓當事人在剩下的每一天正常度日。近來也有越來越多的醫療機構（標榜在家安寧療護），在患者自宅中實踐這樣的觀念與作法。

上圖為在家安寧療護的基本理念、對象、及可聯絡單位。假使希望在家臨終的高齡者罹患癌症，或許也能從相關單位提供的醫師名單，尋找到出診醫師。此外上網輸入「在家安寧療護」，也能找到許多醫療機關，若有需要，不妨試著搜尋看看。

控制癌症疼痛的藥物療法

世界衛生組織提供的緩解癌症疼痛指引，是由治療時必須遵守的止痛藥使用 5 大原則（❶ 經口、❷ 定時規律服藥、❸ 遵照止痛藥使用階梯原則，依效力使用、❹ 每位患者有各自的使用量、❺ 再加上細心觀察），與下述 3 階段止痛階梯原則所組成。

世界衛生組織的 3 階段止痛階梯原則

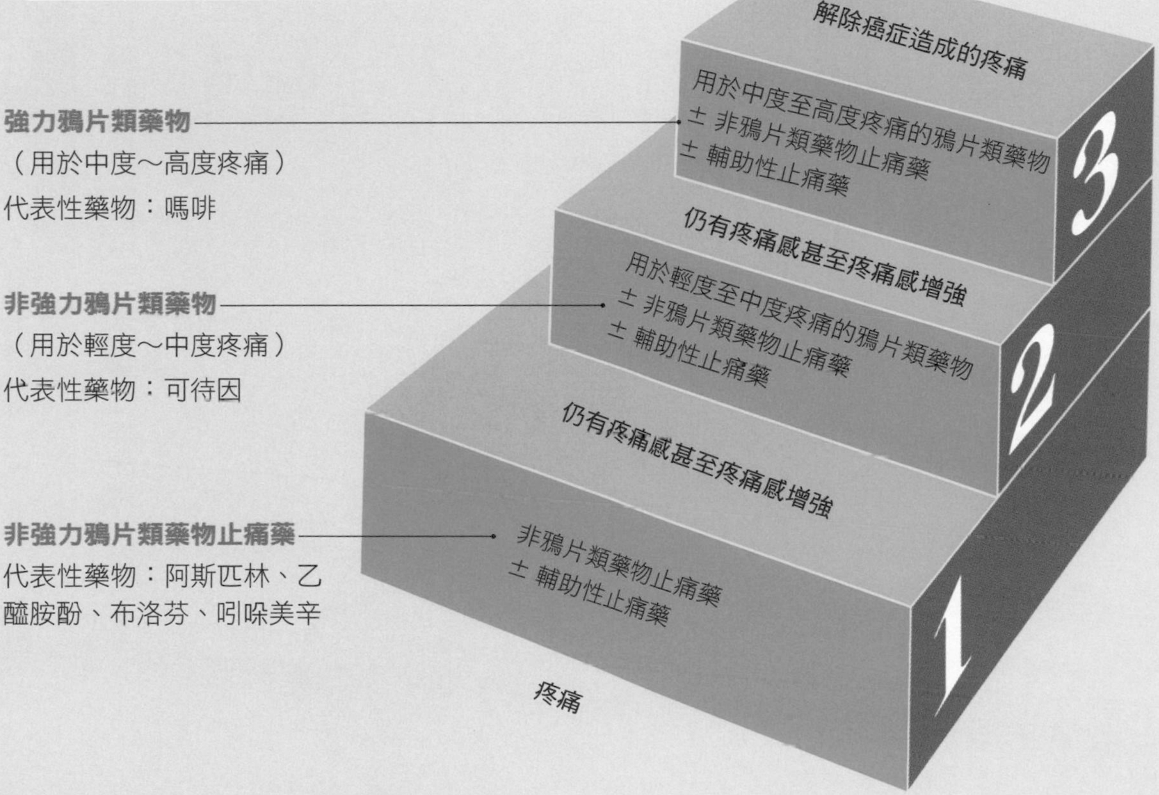
解除癌症造成的疼痛
用於中度至高度疼痛的鴉片類藥物
± 非鴉片類藥物止痛藥
± 輔助性止痛藥
3
仍有疼痛感甚至疼痛感增強
用於輕度至中度疼痛的鴉片類藥物
± 非鴉片類藥物止痛藥
± 輔助性止痛藥
2
仍有疼痛感甚至疼痛感增強
非鴉片類藥物止痛藥
± 輔助性止痛藥
1
疼痛
強力鴉片類藥物
（用於中度～高度疼痛）
代表性藥物：嗎啡
非強力鴉片類藥物
（用於輕度～中度疼痛）
代表性藥物：可待因
非強力鴉片類藥物止痛藥
代表性藥物：阿斯匹林、乙醯胺酚、布洛芬、吲哚美辛

※ 所謂的鴉片類藥物，就是具有與鴉片相同作用的總稱。± 為「視需求使用」之意。

※ 上圖依據日本安寧緩和醫療學會「2014 年癌症疼痛藥物療法相關指導方針」繪製而成。

妥善使用麻醉藥，最後時光也能很美好

上述所介紹的，是世界衛生組織（WHO）推薦用來控制癌症疼痛的3階段止痛階梯原則，其所提出的藥物搭配方式。所謂的階梯原則就是一層一層的意思，視疼痛加劇的程度加強止痛藥的使用。這個方法早在約三十年前便已公布，但是對於醫療用麻醉藥物存有強烈偏見的日本，一直無法被採用。

讓癌症末期的患者忍耐疼痛，其實一點意義也沒有，且醫療用麻醉藥物也不會縮短生命，更不會使人中毒。只是藥效太強會讓人一直沉睡，藥效不夠又無法讓疼痛消失。只要精通醫療用麻醉藥物以及止痛藥用法的醫師，能夠妥善控制，患者就能在最後的時光中過得很有意義。在家使用的醫療用麻醉藥物以口服藥為主，另外也有塞劑或貼布，患者可依需求自由運用，使用後甚至還能外出旅行。

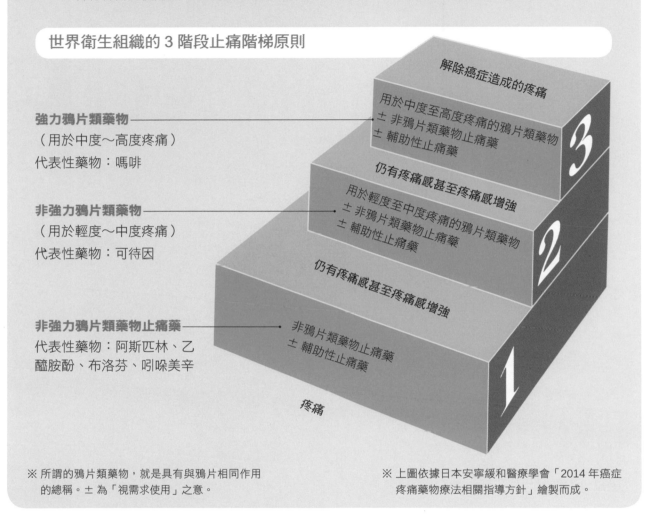

臨終之際

居家照護來到臨終階段時，最常呈現什麼樣的狀態？

接近臨終時的徵兆

譫妄

意識障礙再加上幻覺及妄想的興奮狀態，便稱作譫妄。即便口出沒有條理的話語也不要予以否定，以同理心傾聽，再用「你說的沒錯」加以回應，接著溫柔地撫摸身體給予安心感即可。

意識障礙

接近臨終時，似睡非睡的時間會不斷增加，會經過一呼喚就會清醒的時期，不久後即便叫名字也沒有反應。呈現這種狀態時，千萬不可讓患者飲用任何食物。

尿液量減少

嘴巴滴水未進也會排出尿液，這是因為利用了身體水腫及腹水等多餘水分在維持生命的關係。不久後當死亡的時刻接近時，就不會再排出尿液了。

癌症與自然死亡，最後的模樣並不同

如同前篇介紹的內容，即便是癌症末期，只要能控制疼痛，在死亡前一刻為止，都能繼續過著正常的生活。此時雖說會變得衰弱，但是有些直到二至三天前仍有反應的人，也會突然死亡，因此家屬很難發現臨終的徵兆。

反觀因衰老或失智症加劇，完全沒有反應的高齡者，卻能預測他們的臨終時刻。如果患者沒有採取延命措施，一般等到嘴巴滴水未進後，在五～六天內就會去世（因人而異，有些人十天左右才會去世）。由於身體在這段期間仍會繼續燃燒老廢物質，所以在去世前還是會一直排尿。

臨終前後

停止呼吸

來到臨終階段，會出現睡眠中數度停止呼吸的「呼吸節律異常」（Cheyne-Stokes respiration）、缺氧造成大口急速呼吸的「呼吸窘迫」、喉嚨會發出異音的「死前喘鳴」等現象。不久，呼吸會經過下顎呼吸階段後完全停止。

開始下顎呼吸

喪失鼓起並壓縮肺部的呼吸能力後，高齡者就會想要活動下顎藉此吸入空氣。雖然看似痛苦，但是由於意識狀態已經非常模糊，所以在這個階段已經不會感到痛苦了。因此，這時候應謹慎避免鼓勵當事人要「加油」。

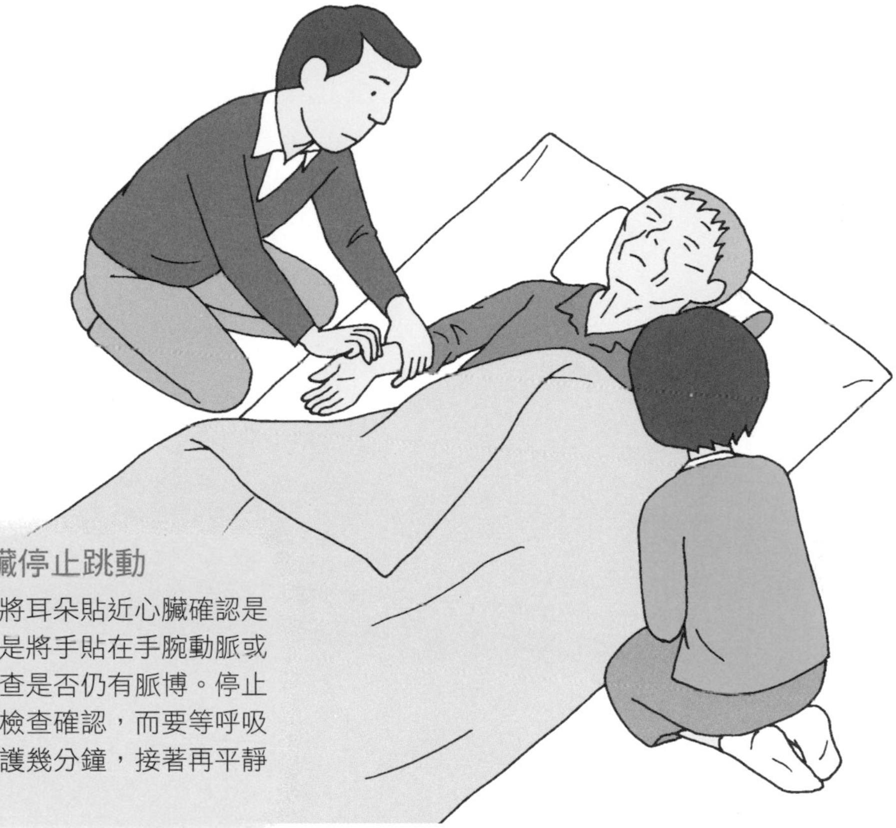

心臟停止跳動

呼吸停止後，可將耳朵貼近心臟確認是否仍有跳動，或是將手貼在手腕動脈或脖子頸動脈上檢查是否仍有脈博。停止呼吸後不要急著檢查確認，而要等呼吸停止後再靜靜守護幾分鐘，接著再平靜地進行確認。

去世時與去世後

一般都知道享盡天年的高齡者去世時會進行下顎呼吸。所謂的下顎呼吸，就是下顎會呈現往下張開的狀態，以進行呼吸的行為。下顎呼吸被視為臨終的徵兆，接下來一般會呈現暫時停止呼吸的狀態，最後再大口呼吸結束生命。

在現場陪同的家屬及照護者，當高齡者停止呼吸後，請暫時靜靜地守護在旁。如果人在醫院，顯示生命徵象的機器，其曲線會變平坦，但是也常發生曲線又回復的情形。

停止呼吸後隔沒多久心臟就會停止跳動，所以當確認心臟停止後，請記錄時間，再聯絡出診醫師，這才是正確的程序。如果是在未注意的情形下去世，請馬上與出診醫師聯絡。待出診醫師確認死亡後，再由護理師進行死後的處置。

悲傷輔導

當事人去世後，支援者必須負責家屬的悲傷關懷輔導。

悲傷的時間及過程

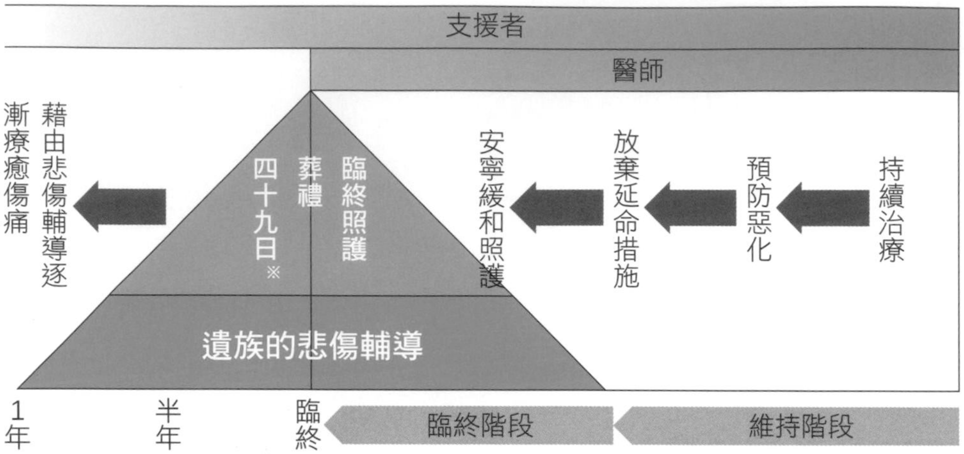
支援者
醫師
持續治療
預防惡化
放棄延命措施
安寧緩和照護
臨終照護
葬禮
四十九日※
藉由悲傷輔導逐漸療癒傷痛
遺族的悲傷輔導
1年
半年
臨終
臨終階段
維持階段

※ 日本在人死後第 49 天所辦的法事。

何謂悲傷輔導？

失去親愛的家人後，必須面對悲傷，再從悲傷中重新振作（這段過程稱作悲傷工作）。由周遭親友、專業人員、友人等支援者協助度過悲傷工作的行為，就是悲傷輔導。

臨終後不久

只要未施予過度治療，即便會掙扎或出現譫妄，當事人也不會感到痛苦。醫療相關人員可以告知家屬「當事人走得很安寧」，照護相關人員則可以安慰家屬「把當事人照護得很周到」。

從何時開始進行？

悲傷輔導應從支援者與家屬們一起著手臨終照護時，就要展開了。歐美先進國家已規範出一套安寧療護方案，更已將悲傷輔導納入安寧療護方案當中。

出席葬禮

雖然是因為工作才會彼此認識，但既然是參與臨終照護的對象，就應出席守靈或告別式。奠儀不需要依照禮儀來包，而應由工作的機構負責。只是會讓人回想起生前照護時的不捨，所以應避免嚎啕大哭。

聽到不滿之聲時

越是感到不滿意的親友，越會批評為什麼要在家臨終照護，認為「應該送去醫院才對」。此時支援者應該肩付起解釋原委的角色，就算是稍微安慰主要照護者，也能看出一定的效果。

最重要的事情

周遭的人要持續慰勞主要照顧者（關鍵者），告訴他「你做的很好」，讓主要照護者能在不知不覺間認同自己「真的做得很好了」，這才是最重要的一件事。

不能缺少關懷

因工作關係而參與臨終照護的支援者，葬禮後有時必須向遺族提出請款單。此時不能只是將請款單送達而已，務必再說一些安慰的話語，這算是最低限度的禮貌。

寫信給遺族

因為工作的關係而參與臨終照護的支援者，葬禮後可與家屬保持距離。此時不妨藉由寫信來進行悲傷輔導，以免出現空窗期。在去世後立刻進行，或是一年後寫信給遺族，便稱作悲傷慰問卡。

營造感情的出口

失去親愛家人的主要照顧者，容易出現憂鬱症或身體不適的情形。支援者不妨找尋一個感情的出口，例如：建議主要照護者接受提供遺族輔導的門診、在照護家族社團分享心情、開始著手實現當事人遺志等。

時間需半年至一年

悲傷輔導的時間，並沒有最恰當的長短可言。通常如果是因為照護的關係，而參與臨終照護的個人或機構，悲傷輔導時間預估為半年至一年。即便期間有中斷，也要持續進行約半年至一年為止。

專欄 9

日本的臨終醫療與歐美有何不同？

最初在一九八五年，是由記者大熊由紀子女士揭露，唯有日本才會出現「老人臥床不起」的特殊現象。大熊女士在探訪歐洲各國後，確認並沒有老人會臥床不起，駁斥當時政府所提出一個預估值：「日本目前有四十八萬老人臥床不起，十五年後將達到八十萬人，四十年後會變成一百四十萬人。」她更控訴「臥床不起全是人為造成的」、「老人會臥床不起的前提，起因於日本特有的醫療及福利制度，在其他國家眼中，實屬不正常」。

近年來類似的言論，此起彼落。居住在北海道的宮本顯二先生以及禮子女士這對醫師夫婦，便開設了「從現在開始正視高齡者臨終醫療」部落格，引來不少熱烈討論。

宮本夫婦同樣也很關注日本眾多老人臥床不起的現象，但是這種現象在歐美幾乎很難見到。於是他們走訪先進國家進行調查，再於部落格上發表這些結論。

「明明因高齡或癌症末期走到臨終階段後，無法再從嘴巴進食，然而全民卻都認同用不合理的方式，透過胃造廔管或點滴等人工營養來延命。反過來想，這些處置甚至可說是在虐待老人。

但是歐美不會像日本這樣，當高齡者無法從嘴巴進食後就在體內放入胃造廔管，更不會注射點滴。即便出現肺炎也不會注射抗生素，僅會提供內服藥，因此也不需要將雙手束縛。總而言之，許多患者在臥床不起前就會去世了，當然也不會出現臥床不起的老人。」

這個部落格在二〇一五年六月，被集結成《歐美沒有臥床不起的老人》一書，由中央公論新社出版上市。宮本顯二先生在書中提到：「日本是世界第一的長壽國家，但是高齡者醫療卻仍未確立。因此，虛弱的高齡者所接受的檢查和年輕人相去無幾，開立的藥物也相同。此外，高齡者及其家屬都期望受到無微不至的醫療照護，於是在臨終階段透過點滴或經管營養法來延命。

反觀在歐美，則會為高齡者進行緩解痛苦及提升維護生活品質的安寧緩和醫療。在臨終階段並不會檢查血液、測量血壓、檢測尿液量，在這段時間只會一直守護在患者身邊。」

而日本終於也在近幾年開始，不再為天年將近的高齡者施行過度醫療了。（編按：台灣近年也提倡安寧醫療等制度，能接受的人也越來越多。）

附錄

照護案例分析

案例分析❶

年長者已生病，但想持續開車

一旦當事人對任何事都充滿自信，便很難使其打消念頭

田中先生原本是一位計程車司機（化名，約六十五歲，男性），他從計程車公司退休後，便在銀髮族人力銀行登錄資料，負責駕駛接送日間托老中心使用者的車輛。沒有開車的時候，他則擔任休閒志工，和日間托老中心的使用者一起寫書法等。

在度過了兩年這樣的日子之後，田中先生因為腦溢血而住院了。所幸，他並沒什麼大礙，很快就出院了。他雖然無法繼續擔任接送車輛的駕駛員，但也恢復到可以開車載家人或朋友去旅行的程度。雖然平常的生活起居都沒有問題，但已經不能像以前一樣寫出一手漂亮的書法，是田中先生唯一的遺憾。

又過了兩年左右，他的腦溢血復發。雖然右半身輕微癱瘓，但最後可以不靠拐杖行走，右手也恢復到可以自己拿湯匙進食的程度。

就在這時出現了一個問題——那就是開車。田中先生本來以駕駛為業，因此對自己的駕駛技術非常有自信。當然，在腦溢血復發之後，他依然想開車。後來，田中先生某次想要稍微移動一下停在自家停車場裡的自用車，但卻撞上了牆壁。對以前的田中先生來說，這是一個完全無法想像的失

誤，家人這才驚覺後遺症的嚴重，於是希望能想辦法叫他不要再開車。

田中先生的妻子與兒子很清楚，他們之中必須要有一個人去告訴田中先生這件事，可是他們同時也知道，這份宣告對田中先生來說會是多大的打擊，因此遲遲難以啟齒。

他們兩人找了田中先生擔任駕駛員的日間托老中心主管商量。由於當時田中先生已經被判定為需要照護，因此來到該中心使用日間托老服務。主管聽完事情的始末，認為考慮到未來的生活，若是讓親人來扮演這個角色，實在太殘忍了，因此他決定接下這份任務。

主管見到田中先生後，便詢問他是否有腦溢血的後遺症（即使外表看起來癱瘓症狀不明顯，但其實很容易失去平衡等）。另外，主管也告訴他，為了避免他多年的優良駕駛資歷出現瑕疵，現在就必須下定決心不再開車。

於是，田中先生主動提起他最近駕車時不小心撞上自宅牆壁的事情，而縱然有千百個不願意，但他仍決定自願註銷駕照。

有些年長者因為上了年紀或身體出現障礙的關係，而必須戒除他原本喜歡的事物；在這個時候，身旁的人就必須展現出充分的理解與體貼，給予支持。

透過此案例看見的重點

若欲說服患者停止不當行為，建議由第三者勸說較好

田中先生的年紀尚輕，也沒有失智症；對於只有輕度癱瘓的人來說，車輛是生活中不可或缺的工具，因此比較難做出判斷。日本在二〇一五年六月修訂了道路交通法，規定七十五歲以上的高齡駕駛人必須在兩年內進行認知機能檢查（編按：台灣則預計於二〇一七年七月起實施高齡駕駛人駕駛執照管理制度，七十五歲以上的高齡駕駛人須經過體檢及認知機能檢測後，才可換發兩年效期的駕照）。以下為其概要：

七十五歲以上駕駛人欲更換新駕照時，在進行高齡者講習前，必須先接受認知機能檢查；此檢查將駕駛人分為第一類（有失智症之虞）、第二類（有認知機能衰退之虞）及第三類（沒有問題）。被歸為第一類者，無論是否違規，都必須接受臨時認知機能檢查；被歸為第二、三類者，若有違規，必須接受臨時認知機能檢查。被歸為第一類者，接受醫師診斷後若為失智症，必須註銷駕照。

最好的狀況固然是以上述行政手段強制註銷駕照，否則勢必得由旁人說服當事者，讓當事者自願註銷駕照。在上述的案例中，這個任務由日間托老中心的主管負責；像這樣由第三者來進行說服，效果會比較好。或請託親戚中的長輩、主治醫師等，受到當事者信賴的人來說服他。

案例分析❷

因失智而無法處理火源的年長者

判斷當事人能做到哪些事，非常重要

齊藤女士（化名，八十多歲，女性）有定向感障礙（disorientation），記憶力衰退，目前已確診為失智症，需照護指數（nursing care level）為3。但她仍具有言語溝通能力，日間托老中心請她和其他罹患失智症的年長者聊天，她總能扮演很棒的聽眾角色。

齊藤女士和屆臨退休的女兒同住。對於有定向感障礙的她而言，每天都過得很平淡，母女關係也像以前一樣（她認為自己在照顧女兒）。由於她已經無法單獨完成烹飪等廚房裡的工作，因此早餐都是由女兒準備，兩人一同進餐；中午在日間托老中心用餐；晚餐則根據照護計畫，每週有一天與照顧服務員共同烹調，另一天則利用外送餐點服務。

然而身為母親的齊藤女士，總是覺得自己必須在女兒回家之前準備好晚餐，因此打開了瓦斯爐火，而瓦斯爐上那鍋她先前和照顧服務員一起煮好的料理便燒焦了。齊藤女士的女兒透過照護管理專員，請照顧服務員在回家之前繞到自家後方，將桶裝瓦斯的總開關關上。齊藤女士因為瓦斯爐火點不著，以為是桶裝瓦斯沒了，於是等女兒回來之後，便將這件事告訴女兒，並為自己沒有準備好晚餐而道歉。

齊藤女士的女兒與日間托老中心的主管商量，詢問是否將瓦斯爐換成電磁爐比較好，因為她最擔心的就是火災。

主管表示，電磁爐對齊藤女士來說是一種截然不同的文化（明明沒有火，卻能烹調食物），擔心齊藤女士會產生混亂。現在齊藤女士在照顧服務員的陪同之下，還能保有烹調餐點的生活能力，如果換成電磁爐，很可能會連這項能力都從她身上奪走，因此建議不要換電磁爐比較好。

「妳保留瓦斯爐，而請照顧服務員在回家之前關上瓦斯總開關的做法非常好，要不要暫時繼續維持呢？不過，也請妳向桶裝瓦斯業者說明這個情況，萬一令堂以為瓦斯沒了，而打電話去叫瓦斯，就請對方表示『我知道了』即可。」日間托老中心的主管這麼建議齊藤女士的女兒。

主管認為齊藤女士雖罹患失智症，但基於她多年的主婦經驗，應該還具有打電話的判斷力。同樣是失智症，有些人會急速喪失語言能力和生活能力，有些人就算定向感或長期記憶衰退，也仍保有即時的判斷力與某種程度的生活能力。本案例的重點便在於區分這兩者的不同。

透過此案例看見的重點

善用機器的定時功能，避免發生火災等事件

若是像上述案例中的烹飪問題，可以透過關閉瓦斯總開關來解決，但若是與暖氣相關的問題，便有可能引起火災。除了煤油暖爐之外，電暖爐倒下也會引起火災，所以對罹患失智症的年長者來說皆很危險。

一般來說，電暖桌或電毯較安全，可是這些產品又無法讓整個房間變暖。雖然電費會變貴一些，但應該有許多人會選擇使用暖氣機吧！罹患失智症的年長者不擅長操作遙控器，因此一般的解決方法，就是將空調設定在不會太熱（夏天時則是不會太冷）的溫度，一整天開著。

另外，最近的空調機種定時功能都很長，因此與當事者同住的家人在出門上班前設定即可。

齊藤女士平日白天雖然都獨自在家，但還是和女兒同住。對於獨居的失智症年長者而言，炊煮與暖氣問題更為嚴重。有越來越多鄰居表示：「為了避免引起火災，希望能將獨居的失智症年長者安置在安養中心。」

案例分析③

年長者想獨自照護另一半，不願他人協助

男性照顧者容易一肩扛起，甚至影響就醫時機

鈴木女士（化名，七十多歲，女性）與八十多歲的丈夫兩人同住。鈴木女士罹患阿茲海默症，失去生活自理能力，被判定為需照護指數2，平日需利用特別養護中心的日間托老服務生活。她有個已婚的女兒就住在附近，但卻因為和父親感情不睦，所以無法協助照護。

某次日間托老中心在協助鈴木女士沐浴時，赫然發現她的身上有瘀青。日間托老中心不知道鈴木女士在家裡受到什麼樣的照護，但不免懷疑她是否受虐。照護管理專員與日間托老中心的職員商量後，決定請鈴木女士申請入住特別養護中心，一邊等候床位，一邊慎重地觀察這對夫婦的狀況。

在鈴木女士的需照護指數到達3的時候，特別養護中心空出了一個床位。然而當鈴木女士的丈夫得知此事之後，他便開始拖延入住的時間。鈴木女士的丈夫表示：「等過完年我就會把她送過去住。」於是錯過了這個時機，必須等待下一個空床。據說他除了想在家裡照顧妻子之外，一旦少了一個需要照顧的對象，自己就不知道該怎麼生活了。

在下一個入住機會來臨時，照護管理專員對鈴木女士的丈夫這麼說：「你要繼續居家照護也沒關係，但是萬一你出了什麼事，尊夫人要怎麼辦？」聽見這番話，鈴木女士的丈

夫才下定決心將她送進養護中心。

住進養護中心後，鈴木女士與丈夫之間的關係便出現了變化。鈴木女士的丈夫每個星期會來養護中心與她會面一次，兩人的感情非常好。鈴木女士的丈夫自從擺脫了照護的重擔，便有更多餘力可以專注在精神方面的照護了。

另外，嫁到附近的女兒態度也改變了。鈴木女士的女兒原本很擔心再這樣下去，總有一天父親會倒下，她就必須接手照顧母親；可是身在婆家的她又不能把母親接來照顧，所以非常自責。鈴木女士住進養護中心之後，她的不安迎刃而解，和父親的關係也變好了。

後來，鈴木女士的丈夫因為身體出了狀況而住院。他表示：「幸好我當時讓我太太住進養護中心。我很感謝日間托老中心的人員們，在我一直堅持居家照護的時候，仍不斷建議我把太太送去養護中心。」

有時當妻子先呈現需要照護的狀態時，丈夫總是認為自己可以獨力照護，不但不會向鄰居發出ＳＯＳ訊號，甚至隱瞞妻子需要照護的現狀，夫妻倆自己躲在家裡。等到丈夫也變得需要照護時，旁人往往會發現得太晚，甚至發生憾事。

當丈夫先呈現需要照護的狀態時，雖然也會依每個人的個性而異，但妻子通常會向鄰居訴苦，把狀況告訴對方。男性照護者的獨特問題，就是不願意示弱。

透過此案例看見的重點

有關生活上的不便，男女之間的差距極大

居家照護可說是家事的延伸。如果丈夫原本就是一位會煮飯、洗衣服、打掃等具備家事技能的人，之後再學習如何協助妻子進食、排泄、沐浴等照護技巧，那麼，當丈夫獨力照顧妻子時，通常不會有什麼問題；但大多數的狀況並非如此。

對於獨居的年長者來說，也是一樣。例如照護指數1的女性，雖然在購物時需要照顧服務員的協助，但生活家事卻勉強還能應付，因此通常會安排以外出為目的的照護計畫。但是男性一旦沒有生活上的協助，往往就無法生活，因此大多會尋求照顧服務員的協助，較難以「單位」（支付限額）來計算使用了多少日間托老服務。

日本的長照保險制度理念是，「以當事人的狀況來判斷，與性別、是否與家人同住無關」，但實際上卻大幅受到現實狀況影響。

第二個差別，就是與鄰居的關係。一般來說女性通常從年輕時就經常和鄰居交流，建立起在緊急時可以互相幫忙的良好關係。可是男性卻並非如此，所以必須全部仰賴照護服務。

案例分析❹

夫妻感情不好，太太卻必須照護先生

與家人間的關係，會左右居家照護的效果

山本女士（化名，六十五歲，女性）是一位辛苦的居家照護者，負責照顧罹患初期阿茲海默症的丈夫（六十八歲）。這是發生在日本長照保險制度實施前的事情。山本女士每次都陪丈夫搭電車前往民營的日間托老中心。

山本女士的丈夫是一位在公家機關服務到退休的紳士。由於他的失智症並不嚴重，因此日間托老中心的職員們對他的印象都很好。

然而山本女士卻時常斥責她的丈夫。「喂，你要記得帶包包啊。」、「你應該換鞋子了。」這種責罵的口吻，讓職員們覺得她對丈夫非常冷淡。

一次，某位職員問山本女士為什麼要用這種方式說話。

「我先生把家裡的事全部丟給我，不管是養育小孩或是照顧他的雙親，全都落在我一個人身上。那段期間，我先生假借工作的名義，到處拈花惹草。我真的希望他在家的時候，他都不在家；現在需要人照顧了，才每天都待在家裡。他現在失智了，就算提起以前的事情，他也都不知道；看到他以一種完全無能的狀態待在家裡，我就非常生氣。」

山本女士對職員如此抱怨道。

據說日間托老中心的職員們聽完這番話，便非常能理解山本女士平常的態度，也很能感同身受。

「他們有那樣的過去，身為第三者，我們也很難要求她對丈夫溫柔一點吧。一般都認為居家照護比接受機構照護要來得幸福，可是我不禁思考，在這種狀況下，難道還要讓他繼續待在家裡嗎？」

「我覺得讓他早點進入一個能夠重新建立人際關係的新環境，或許比較好吧。一直處於那麼焦慮的狀態，照護者也容易罹患臟器疾病。其實很多有不少居家照護者因為照護所帶來的壓力而罹癌呢！」這就是職員們的感想。

這是一個很久以前的案例，不過在現代依然通用。因為就算時代變遷，「人際關係仍是居家照護的基礎」，這一點也不會改變。

最後，山本女士的丈夫進入了療養型醫院，不再前往日間托老中心，因此無法得知山本夫婦後來的情況。

然而這樣的案例，其實不勝枚舉。

例如當妻子正在考慮離婚的時候，丈夫忽然因為腦中風而倒下，結果妻子便無法離開。如果妻子丟下半身癱瘓的丈夫而離婚，不但自己的內心過意不去，旁人也會說閒話，所以不得不照顧這個令自己憎恨的丈夫。

在社會福利制度健全的北歐及西歐諸國，在這種時候，妻子還是會選擇離婚。比起在日本時有所聞的「照護殺人（即照顧者殺死被照顧者的事件）」，歐洲的做法或許還比較符合人性。

透過此案例看見的重點

比起身體狀況，人際關係更重要

在居家照護的讀書會上，經常出現的問題之一就是：「身體狀況要在什麼程度以上，才適合居家照護呢？」

本書的編著者之一——金田由美子對這個問題的回答是：「左右能否持續進行居家照護的關鍵，不是身體狀況，而是人際關係。」

我們身邊有許多長期臥床、需照護指數達到5的年長者，或是失智症非常嚴重的年長者，都是長期接受居家照護的案例。相反地，也有許多案例擁有高度生活自理能力，頭腦也很清楚，卻選擇進入療養機構。這兩者所導出的結論，就是「比起身體狀況，人際關係更重要」。

所謂的人際關係，並不只是被照顧者與主要照顧者之間的關係。就算兩者是夫妻，那麼會帶來影響的除了夫妻關係之外，還有圍繞著兩人的親子關係或親戚關係。不同於重視當事者自決的歐美國家，在日本，人們很難無視於周圍的意見。

我們無從得知未來將會由誰來照顧自己，但為了那一天，我們應該及早經營人際關係。

案例分析 5

年長者因病，排斥用嘴巴進食

即使做了胃造口手術，還是可透過嘴巴進食

山田稱一先生（八十歲）在二〇〇八年十一月因為腦梗塞而倒下。被救護車送到醫院後，他撿回了一命，但卻留下了右半身癱瘓與失語等後遺症。

稱一先生趁著過年期間，回到了他以前和家人同住的山中湖別墅。該建築物是他的兒子山田穰先生（本書第三章的顧問，也是復健設計研究所的代表）等人用來當作研習中心的地方，因此浴室、廁所等設施，都是依照生活復健的概念而打造的。

然而，因為癱瘓而無法隨心所欲活動嘴巴的稱一先生，卻放棄了進食。稱一先生認為自己「本來該死但卻沒死成」，無法接受自己成為身障者的事實，看起來就像是失去了求生意志。

當時的狀況非常危急。穰先生和家人與照護工作的夥伴們商量後，決定「以再次從嘴巴進食為目標」，替稱一先生裝設胃造口（即在病人的左上腹打一個可通至胃內的小洞，再將灌食管從肚皮直接插到胃部，以進行灌食）。二〇〇九年一月中旬，稱一先生再度住院動手術，之後進行復健；等他再次回到山中湖的別墅，已經是三個月後的事了。稱一先生這時的需照護指數是5。

起初稱一先生有時利用胃造口進食，有時自行食用一般食物。與家人們圍著餐桌一同吃飯時，稱一先生只挑他吃得下的食物吃。之所以不勉強他吃，是因為還有胃造口的關係。維持生命所需的營養與水分，可以透過胃造口來攝取。

為了正式進行復健，稱一先生在二〇〇九年九月搬進了伊豆・稻取的照護設施。稱一先生在這裡變得更有活力，不但能長時間坐著，在攙扶之下也能站穩。

這段時間，穰先生會前往伊豆探視稱一先生，開車載他出去兜風，帶他去吃他最喜歡的拉麵。稱一先生可以用力地吸取麵條，也能順利地喝湯。這時，穰先生確信「只要能吃下帶有湯汁的食物，就能卸除胃造口了」。

二〇一一年六月，稱一先生住進了埼玉縣草加市的付費老人院，同時也拆除了胃造口。假如沒有願意接受他的照護設施或醫師，這樣的處置是很難完成的。醫師說：「既然都做了胃造口，不用拆掉也沒關係吧？」護理師也說：「要是日後又無法進食怎麼辦？」

然而穰先生的回答是：「假如我父親又變得無法進食，我就會放棄，但為了不讓此事發生，我想盡量營造讓他可以進食的環境。」

之後，稱一先生學會用活動自如的左手用餐，有時還和穰先生一起去居酒屋或壽司店，喝點他最喜歡的酒。他每星期會泡澡四次，也會去泡溫泉。據說在穰先生主辦的沐浴講座上，他還充當模特兒。

稱一先生在二〇一二年六月離開了人世，而這個案例讓我們明白了胃造口真正的用途。

透過此案例看見的重點

胃造口只是協助用餐的輔具，最終目標仍是恢復以口進食

在討論是否應該裝設胃造口時，必須分成三個狀況來討論。第一個是像山田稱一先生一樣，暫時無法進食的狀況。如果能透過訓練而恢復經由嘴巴進食，那麼就應該選擇胃造口。

第二個是如同ALS（肌萎縮性脊髓側索硬化症）等神經病變的狀況。如果當事人意識清楚並具有求生意志，則會選擇裝設胃造口。

第三個是為了延續生命的胃造口。即使是不久於人世而無法以嘴巴進食的年長者，只要裝設胃造口，便能延續生命。然而就連日本老年醫學會也不推薦在這種情況下，強行裝置胃造口。

歐美各國並不會替病人裝設延續生命的胃造口。而在日本，雖然醫師會說：「之後還會恢復成從嘴巴進食。」而推薦胃造口，然而根據調查，年長者做了胃造口之後，再次恢復經口進食的機率僅有六・五%，其餘的九十三・五%全都是放置不管。

未來，將會需要更多能替已恢復生活自理能力的年長者，協助進行早日卸除胃造口的專業照顧服務員。

參考文獻・相關圖書（以作者姓名五十音順序排列）

ＮＰＯ法人介護者サポートネットワークセンター・アラジン『介護者支援実践ガイド　介護者の会立ち上げ・運営』筒井書房、2012
大熊由紀子『「寝たきり老人」のいる国　いない国　真の豊かさへの挑戦』ぶどう社、1990
大蔵暢『「老年症候群」の診察室　超高齢社会を生きる』朝日新聞出版、2013
大田仁史『終末期リハビリテーション　リハビリテーション医療と福祉との接点を求めて』荘道社、2002
大田仁史『リハビリテーション入門』ＩＤＰ新書、2012
大田仁史（編著）、三好春樹（編集協力）『完全図解　介護予防リハビリ体操　大全集』講談社、2010
大田仁史、三好春樹（監修）『実用介護事典　改訂新版』講談社、2013
大田仁史、三好春樹（監修・編著）、東田勉（編集協力）『完全図解　新しい介護　全面改訂版』講談社、2014
金田由美子『ぼけの始まったお年寄りと暮らす　プロが伝える生き活き介護術』筒井書房、2007
金田由美子『介護不安は解消できる』集英社新書、2011
阪井由佳子『親子じゃないけど家族です　私が始めたデイケアハウス』雲母書房、2002
佐々木静枝『早引き　介護の急変時対応ハンドブック』ナツメ社、2012
篠塚恭一『介護旅行にでかけませんか　トラベルヘルパーがおしえる旅の夢のかなえかた』講談社、2011
杉山孝博『介護職・家族のためのターミナルケア入門』雲母書房、2009
長尾和宏『「平穏死」という親孝行　親を幸せに看取るために子どもがすべき27のこと』アース・スターエンターテイメント、2013
長尾和宏、丸尾多重子『ばあちゃん、介護施設を間違えたらもっとボケるで！』ブックマン社、2014
中矢暁美『老いを支える古屋敷　託老所あんき物語』雲母書房、2003
新田國夫『安心して自宅で死ぬための5つの準備　病院ではなくホスピスでもなく』主婦の友社、2012
羽田冨美江『介護が育てる地域の力』鞆の浦・さくらホーム、2015
羽成幸子『介護の達人　家庭介護がだんぜん楽になる40の鉄則』文春文庫、2002
ビヤネール多美子『スウェーデンにみる「超高齢社会」の行方　義母の看取りからみえてきた福祉』ミネルヴァ書房、2011
松本健史『認知症介護「その関わり方、間違いです！」』関西看護出版、2014
宮本顕二、宮本礼子『欧米に寝たきり老人はいない　自分で決める人生最後の医療』中央公論新社、2015
三好春樹『関係障害論』（シリーズ生活リハビリ講座1）雲母書房、1997
三好春樹『生活障害論』（シリーズ生活リハビリ講座2）雲母書房、1997
三好春樹『身体障害学』（シリーズ生活リハビリ講座3）雲母書房、1998
三好春樹『介護技術学』（シリーズ生活リハビリ講座4）雲母書房、1998
三好春樹『希望としての介護』雲母書房、2012
三好春樹、多賀洋子『認知症介護が楽になる本　介護職と家族が見つけた関わり方のコツ』講談社、2014
三好春樹（監修）、東田勉（編著）『完全図解　介護のしくみ　改訂第3版』講談社、2015
山田滋（著）、あいおいリスクコンサルティング（監修）、ブリコーラージュ（編）『安全な介護Ｑ＆Ａ　実践！　ポジティブ・リスクマネジメント』筒井書房、2007
和田行男、小宮英美『ダメ出し認知症ケア』中央法規、2015

HealthTree
健康樹　健康樹系列 153

居家照護全書【完全圖解】(暢銷平裝版)

日常起居・飲食調理・心理建設・長照資源・疾病護理・失智對策，第一本寫給照顧者的全方位實用指南

完全図解 在宅介護 実践．支援ガイド

監　　修　三好春樹
編 著 者　東田勉・金田由美子
審 定 者　黃惠玲
譯　　者　蘇暐婷・游韻馨・蔡麗蓉・周若珍
總 編 輯　何玉美
主　　編　紀欣怡
責任編輯　盧欣平
封面設計　張天薪
內文排版　許貴華・菩薩蠻電腦科技有限公司
日本製作團隊　封面設計　アルビレオ
封面插圖　畦地梅太郎
內文插圖　松本剛
設計・插圖　長橋誓子
地圖・人體插圖　さくら工芸社
協力　今崎和　千田和幸

出版發行　采實文化事業股份有限公司
行銷企畫　陳佩宜・黃于庭・馮羿勳・蔡雨庭・陳豫萱
業務發行　張世明・林踏欣・林坤蓉・王貞玉・張惠屏
國際版權　王俐雯・林冠妤
印務採購　曾玉霞
會計行政　王雅蕙・李韶婉・簡佩鈺
法律顧問　第一國際法律事務所　余淑杏律師
電子信箱　acme@acmebook.com.tw
采實官網　www.acmebook.com.tw
采實臉書　www.facebook.com/acmebook01

ＩＳＢＮ　9789865072445
定　　價　750 元
初版一刷　2017 年 7 月
平裝一刷　2021 年 2 月
劃撥帳號　50148859
劃撥戶名　采實文化事業股份有限公司
10457 台北市中山區南京東路二段 95 號 9 樓
電話：(02) 2511-9798　傳真：(02) 2571-3298

國家圖書館出版品預行編目資料

居家照護全書【完全圖解】(暢銷平裝版)：日常起居．飲食調理．心理建設．長照資源．疾病護理．失智對策，第一本寫給照顧者的全方位實用指南 / 三好春樹監修；金田由美子，東田勉編著；蘇暐婷，游韻馨，蔡麗蓉，周若珍譯．-- 再版．-- 臺北市：采實文化事業股份有限公司，2021.02
312 面；21×25.7 公分．--（健康樹；153）
譯自：完全図解 在宅介護 実践．支援ガイド
ISBN 978-986-507-244-5(平裝)
1. 居家照護服務 2. 家庭護理 3. 老人養護
429.5　109019718

【附錄】

◆台灣各縣市長期照顧管理中心聯絡表

縣市別	照顧管理中心	地址	連絡電話
新北市	新北市政府長期照顧管理中心	新北市板橋區中正路 10 號	02-29683331
台北市	台北市長期照顧管理中心	台北市信義區市府路 1 號 B1 中央	02-2720-8889 分機 5880
台中市	台中市長期照顧管理中心（台北分區）	台中市北區永興街 301 號 6 樓（北區區公所 6 樓）	04-22285260
	台中市長期照顧管理中心（豐原站）	台中市豐原區中興路 136 號 4 樓	04-25152888
台南市	臺南市政府照顧服務管理中心	台南市安平區中華西路二段 315 號 6 樓	06-2931233
	台南縣政府照顧服務管理中心	台南市安平區中華西路 2 段 315 號 6 樓	06-2931232
高雄市	高雄市高齡整合照顧管理中心	高雄市苓雅凱旋二路 132 號	07-7131500
	高雄市政府衛生局照顧管理中心（美濃站）	高雄市美濃區美中路 246 號	07-6822810
宜蘭縣	宜蘭縣長期照顧管理中心	宜蘭縣宜蘭市聖後街 141 號	03-9359990
桃園市	桃園市長期照顧管理中心	桃園市桃園區縣府路 55 號 1 樓	03-3340935
新竹縣	新竹縣政府救助及身障科	新竹縣竹北市光明六路十號	03-5518101 分機 3133
	新竹縣長期照顧管理中心	新竹縣竹北市光明六路 10 號（新竹縣政府 B 棟）	03-5518101
苗栗縣	苗栗縣政府長期照顧管理中心	苗栗縣苗栗市府前路 1 號 5 樓	037-559316
彰化縣	彰化縣長期照顧管理中心	彰化縣彰化市曉陽路 1 號	04-7278503 分機 23
南投縣	南投縣長期照顧管理中心	南投縣南投市復興路 6 號	049-2209595
雲林縣	雲林縣長期照顧管理中心	雲林縣斗六市府文路 22 號	05-5352880
嘉義縣	嘉義縣長期照顧管理中心	嘉義縣太保市祥和 2 路東段 3 號	05-3625750
屏東縣	屏東縣長期照護管理中心	屏東縣屏東市自由路 272 號	08-7662990
台東縣	台東縣長期照顧管理中心	台東縣台東市博愛路 336 號 1 樓	089-30068
	台東縣政府社會處福利科	台東縣台東市桂林北路 201 號	089-340720
花蓮縣	花蓮縣長期照護管理中心	花蓮縣花蓮市文苑路 12 號 3 樓 花蓮縣社會福利館	03-8226889
澎湖縣	澎湖縣長期照顧管理中心	澎湖縣馬公市中正路 115 號 澎湖縣政府衛生局 1 樓	06-9272162
基隆市	基隆市長期照顧管理中心	基隆市安樂區安樂路二段 164 號 5 樓	02-24340234
新竹市	新竹市長期照顧管理中心	新竹市中央路 241 號 10 樓	03-5355283
嘉義市	嘉義市長期照顧管理中心	嘉義市東區德明路 1 號	05-2336889
金門縣	金門縣長期照護管理中心	金門縣金湖鎮新市里中正路 1-1 號 4 樓	082-334228
連江縣	連江縣長期照顧管理中心	連江縣南竿鄉復興村 216 號	0836-22095 分機 8827

資料來源：衛生福利部社會及家庭署 http://e-care.sfaa.gov.tw/MOI_HMP/HMPa002/goB002.action

◆台灣常用長期照顧管理資源一覽表

單位名稱	地址	連絡電話	主要諮詢項目
中華民國老人福利推動聯盟	104 台北市中山區民權西路 79 號 3 樓之 2	02-2592-7999	老人福利
台灣長期照護專業協會	103 台北市大同區承德路二段 46 號 3 樓之 3	02-2552-5347	長期照護
中華民國家庭照顧者關懷總會	104 台北市中山區民權西路 19 號 7 樓	0800-507-272	家庭照顧者
財團法人台灣天主教 長期照顧機構協會	108 台北市萬華區德昌街 125 巷 11 號	02-2305-0815	長期照顧機構
財團法人天主教失智老人 社會福利基金會	108 台北市萬華區德昌街 125 巷 11 號	02-2332-0992	失智症
社團法人台灣失智症協會	104 台北市中山區中山北路三段 29 號 3 樓之 2	02-25988580	失智症

資料整理：采實文化編輯部

廣 告 回 信
台北郵局登記證
台北廣字第03720號
免 貼 郵 票

采實文化 采實文化事業股份有限公司

104台北市中山區南京東路二段95號9樓

采實文化讀者服務部　收

讀者服務專線：02-2511-9798

完全図解 在宅介護 実践・支援ガイド

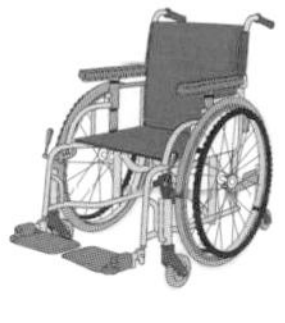

居家照護全書

完全圖解

【暢銷平裝版】

日常起居・飲食調理・心理建設・長照資源・疾病護理・失智對策

第一本寫給照顧者的全方位實用指南

健康樹系列專用回函

系列：健康樹系列153
書名：**居家照護全書【完全圖解】（暢銷平裝版）**
日常起居・飲食調理・心理建設・長照資源・疾病護理・失智對策，
第一本寫給照顧者的全方位實用指南

讀者資料（本資料只供出版社內部建檔及寄送必要書訊使用）：

1. 姓名：
2. 性別：□男　□女
3. 出生年月日：民國　　　年　　　月　　　日（年齡：　　　歲）
4. 教育程度：□大學以上　□大學　□專科　□高中（職）　□國中　□國小以下（含國小）
5. 聯絡地址：
6. 聯絡電話：
7. 電子郵件信箱：
8. 是否願意收到出版物相關資料：□願意　□不願意

購書資訊：

1. 您在哪裡購買本書？□金石堂（含金石堂網路書店）　□誠品　□何嘉仁　□博客來
　□墊腳石　□其他：＿＿＿＿＿＿＿＿（請寫書店名稱）
2. 購買本書日期是？＿＿年＿＿月＿＿日
3. 您從哪裡得到這本書的相關訊息？□報紙廣告　□雜誌　□電視　□廣播　□親朋好友告知
　□逛書店看到　□別人送的　□網路上看到
4. 什麼原因讓你購買本書？□喜歡作者　□注重健康　□被書名吸引才買的　□封面吸引人
　□內容好，想買回去做做看　□其他：＿＿＿＿＿＿＿＿＿＿＿＿（請寫原因）
5. 看過書以後，您覺得本書的內容：□很好　□普通　□差強人意　□應再加強　□不夠充實
　□很差　□令人失望
6. 對這本書的整體包裝設計，您覺得：□都很好　□封面吸引人，但內頁編排有待加強
　□封面不夠吸引人，內頁編排很棒　□封面和內頁編排都有待加強　□封面和內頁編排都很差

寫下您對本書及出版社的建議：

1. 您最喜歡本書的特點：□圖片精美　□實用簡單　□包裝設計　□內容充實
2. 關於長照或失智的訊息，您還想知道的有哪些？

＿＿＿＿＿＿＿＿＿＿＿＿＿＿＿＿＿＿＿＿＿＿＿＿＿＿＿＿＿＿

＿＿＿＿＿＿＿＿＿＿＿＿＿＿＿＿＿＿＿＿＿＿＿＿＿＿＿＿＿＿

3. 您對書中所傳達的長期照護知識，是否有不清楚的地方？

＿＿＿＿＿＿＿＿＿＿＿＿＿＿＿＿＿＿＿＿＿＿＿＿＿＿＿＿＿＿

＿＿＿＿＿＿＿＿＿＿＿＿＿＿＿＿＿＿＿＿＿＿＿＿＿＿＿＿＿＿

4. 未來，您還希望我們出版哪一方面的書籍？

＿＿＿＿＿＿＿＿＿＿＿＿＿＿＿＿＿＿＿＿＿＿＿＿＿＿＿＿＿＿

＿＿＿＿＿＿＿＿＿＿＿＿＿＿＿＿＿＿＿＿＿＿＿＿＿＿＿＿＿＿